JN295329

確率微分方程式
入門から応用まで

B.エクセンダール 著

谷口説男 訳

丸善出版

すべての問題が完全に解決したわけではない．見出した答は，新たな問題を生み出したに過ぎない．相変わらず混迷が続いているように思える．しかし，より深化した混迷であり，より深遠な問題にかかわる混迷であるに違いない．

Tromsø大学数学読書室の前の掲示

Translation from the English language edition:
Stochastic Differential Equations by Bernt Øksendal
Copyright © Springer-Verlag Berlin Heidelberg 1998
All Rights Reserved

まえがき

まえがき（第1版）

　本書は 1982 年春に Edinburgh 大学で行った確率微分方程式に関する大学院向けの講義に基づいている．講義では，測度論は既に学習しているものとしたが，確率微分方程式についての知識は何ら前提とはしなかった．

　なぜ確率微分方程式を学ぶべきであるのか？　その理由を幾つか挙げてみよう．まず，確率微分方程式は数学以外の分野への広い応用範囲を持っていることが挙げられる．そして，確率微分方程式は数学の他の分野と関連して豊富な結果を生んでいること，さらに，多くの興味深い未解決の問題を持つ魅力的な研究分野として急速に発展していることが挙げられる．

　不幸なことに，多くの確率微分方程式に関する書物は，厳密さと完全さに力点を置くあまり，確率微分方程式を専門に研究してるのではない人達にとって取り付きにくいものとなっている．本書の目的は，非専門家の視点からの確率微分方程式というテーマへのアプローチである．では，偶然その名を聞いたことはあっても何の知識も持たないときに，確率微分方程式についてまず何を知りたいと思うであろうか．筆者の思い描くのは次のようなものである．

1) どのような状況で確率微分方程式は出現するのか？
2) 確率微分方程式の本質的な特徴は何か？
3) どのような応用があり，他の分野との関連はどうなっているのか？

　著者は，非常に一般的な設定で証明を与えることにさほど興味を覚えない．むしろ証明の本質を見通しうる特別な場合のより簡明な証明の方が大切であると思う．さらに，基本的な応用を論ずるためには，いくつかの基礎的な結果については，取り敢えず証明することなく認めてもかまわないと考えている．

本書は以上のような著者の考え方を反映している．問題へのこの類のアプローチにより，最も重要な問題点により素早く，そしてより簡単にたどり着くことが可能である．この点において，本書が既存の専門書までの間隙を埋める助けとなることを願っている．しかし，本書の供するコースは前菜である．本書を読んで確率微分方程式に興味を持った読者には，確率微分方程式に関する研究に役立つ素晴らしい著書の山が待っている．これらの専門書の一部を本書の最後に挙げておいた．

1章で，問題解決に際し確率微分方程式が基本的な役割を果たす6つの問題を紹介する．これらの問題の幾つかを数学的に定式化するために必要となる基本的な概念を2章で導入する．3章で，これを伊藤積分の概念へと発展させる．4章では，確率解析(伊藤の公式)を取り扱う．この確率解析を用いて，5章で確率微分方程式を解く．1章のはじめの2つの問題は，確率微分方程式そのものと関連している．6章では，確率解析を応用して**線形フィルターの問題**(1章の3番目の問題はこの例となっている)の解を与える．1章の4番目の問題は**ディリクレ問題**である．この問題は，解析的で決定論的な問題であるが，7章と8章において，対応する伊藤拡散過程により，簡明，直感的，かつ有用な確率論的な解の構成が得られることを概説する．これが確率論的ポテンシャル論の礎石となっている．5番目の問題は**最適制御問題**である．9章で，時刻 t におけるシステムの状態が伊藤拡散過程で与えられる場合に，対応する最適制御問題を解く．この解にはポテンシャル論的な概念が必要となる．たとえば，8章のディリクレ問題の解により与えられる一般化された調和拡大などである．6番目の問題は1928年にR.P.Ramseyにより扱われた古典的制御問題の確率論版である．一般化された**確率制御問題**を10章で確率微分方程式を用いて定式化し，7，8章で得られた結果を利用してこの問題が(決定論的な)ハミルトン＝ヤコビ＝ベルマン方程式を解く問題に帰着されることを見る．実例として最適ポートフォリオ選択問題を考察する．

Edinburghで1982年に最初の講義を行った後，Agder単科大学，Oslo大学において内容に修正・追加を行って講義した．いずれの場合も，聴衆のおよそ半分は応用分野の人達であり，残りがいわゆる"純粋数学"を専門とする数学者であった．聴衆のこの理想的な組み合わせのおかげで，広い範囲におよぶ有益な論評をいただいた．このことを深く感謝している．有意義な議論

を行った K.K.Aase, L.Csink, そして A.M.Davie に, とくに感謝したい.

イギリスの Science and Engineering Research Council, ノルウェーの Norges Almenvitenskapelige Forskningsråd (NAVF)からの援助に感謝する. そして, この2年間の原稿の数え切れない変更にもかかわらず, 素晴らしいタイプを仕上げてくれた Agder 単科大学の Ingrid Skram と Oslo 大学の Inger Prestbakken にも深く感謝している.

オスロにて, 1985年6月
ベァーント・エクセンダール

注: 第1版の8, 9, 10章は, 第2版では9, 10, 11章に変更された.

まえがき(第2版)

第2版では, 拡散過程について述べた章を, 7章, 8章の2つに分けた. 7章では, 拡散過程の基本的な性質について述べた. これは最後の3つの章で確率微分方程式を応用する際に必要となる. どのような応用があるかをすぐに知りたい読者は, 7章から続いて9, 10, 11章に進むとよい.

8章では, 前章で触れなかった拡散過程の重要な特性を述べている. 本書の他の章を読むにあたって必要なものではないが, これらは今日の確率解析の中心であり, 多くの応用において極めて重要となる.

この改訂により, 本書がより多くの利用目的にかなうものとなることを願っている. いくつか表現を手直しし, ミスプリントと誤りの訂正を行った(この修正による新たなミスプリント, 誤りが生じていなければよいのだが). 著者は, 本書についていただいた多くの教示に感謝している. とくに Henrik Martens の有益な批評に感謝したい.

Tove Lieberg の正確で素早いタイプは非常に印象的であった. 彼女の助力と辛抱強さに感謝する. そして彼女のタイプをしばしば手伝ってくれた Dina Haraldsson と Tone Rasmussen に感謝する.

オスロにて, 1989年8月
ベァーント・エクセンダール

まえがき（第3版）

　第3版では2章から11章までの各章に章末問題を追加した．問題を解くことで，本文の内容をより良く理解できるであろう．問題のいくつかは機械的に解け，また本文中の結果を例証するだけのものもある．しかしより難しい，挑戦的な問題もある．さらに，本文で述べた結果を拡張するための問題もある．

　前の版と同様に，できる限りミスプリントと誤りを訂正し，表現の手直しを行った．H.A.Davis, Håkon Gjessing, Torgny Lindvall, Håkon Nyhus の諸氏から非常に有益な批評，教示をいただいた．これらの方々に深く感謝したい．

　数学とは無関係な特筆すべき本書の改良点は，$\TeX$ で組版したことである．本書のタイプは，以前の版と同様に Tove Lieberg が行った．彼女の尽力と限りない忍耐に深く感謝する．

オスロにて，1991年6月
ベァーント・エクセンダール

まえがき（第4版）

　この版では，応用で特に役立つ話題を追加した．追加したのは，マルチンゲール表現定理(4章)，最適制御問題に付随する変分不等式(10章)，終端条件を持つ確率制御問題(11章)である．さらに章末問題の一部に解答もしくはヒントを付けた．また，ギルサノフの定理の証明と述べ方を，定理の応用（たとえば経済学への応用）の際により使いやすいように変更した．より読みやすくかつ使いやすくするように文章の見直し，訂正も行った．

　この改訂の間に多くの方から有益な助言をいただいた．そのうち Knut Aase, Sigmund Berntsen, Mark H.A.Davis, Helge Hoden, Yaozhong Hu, Tom Lindstrøm, Trygve Nilsen, Paulo Ruffino, Isaac Saias, Clint Scovel, Jan Ubøe, Suleyman Üstünel, Qinghau Zhang, Tusheng Zhang, Victor Daniel Zurkowski の方々の名を挙げておく．これらの方からいただいた助力に感謝する．

また，原稿の大半を詳細に読み，色々な有用な提言，および改良点について の多くの意見を与えてくれた Håkon Nyhus にとくに感謝する．

最後になったが，非常に熟練した技術で原稿をタイプしてくれた Tove Møller と Dina Haraldson に感謝する．

オスロにて，1995 年 6 月
ベァーント・エクセンダール

まえがき(第 5 版)

第 5 版では，数理ファイナンスへの応用について述べた 12 章を追加した．この分野の最近 10～20 年間の驚くべき進展を思えば，この話題を，確率解析の主要な応用分野として取り上げることは適切であろう．この分野での理論的成果と応用との緊密さは驚異的である．たとえば，今日ブラック=ショールズの公式を用いずにオプションを取り引きする会社はほとんどない．

はじめの 11 章は前の版とほとんど変わっていない．ただし，表現の手直しと，誤りとミスプリントの訂正は行った．新しい章末問題も追加した．さらに，使いやすいように各章を節に分割した．通読できない場合は，幾つかの小節をつなぎ合わせて 1 つのテーマについて学ぶことができる．話題と小節の関連を下に図示しておく．

たとえば，12 章の最初の 2 つの節で述べる話題を学ぶには，(少なくとも) 1～5 章，7 章と 8.6 節を読んでいなければならない．12.3 節，とくにアメリカ型オプションについての小節を読むためには，10 章，したがって 9.1 節がさらに必要となる．

この改訂には，多くの人から助言をいただいた．とくに次の方々の名を挙げ，感謝の意を表わしたい(アルファベット順)．Knut Aase, Luis Alvarez, Peter Christensen, Kian Esteghamat, Nils Christian Framstad, Helge Holden, Christian Irgens, Saul Jacka, Naoto Kunitomo とその研究グループ, Sure Mataramvura, Trond Myhre, Anders Øksendal, Nils Øvrelid, Walter Schachermayer, Bjarne Schielderop, Atle Seierstad, Jan Ubøe, Gjermund Våge, Dan Zes.

前の版と同じく原稿は Dina Haraldsson が非常に熟練した技能でタイプし

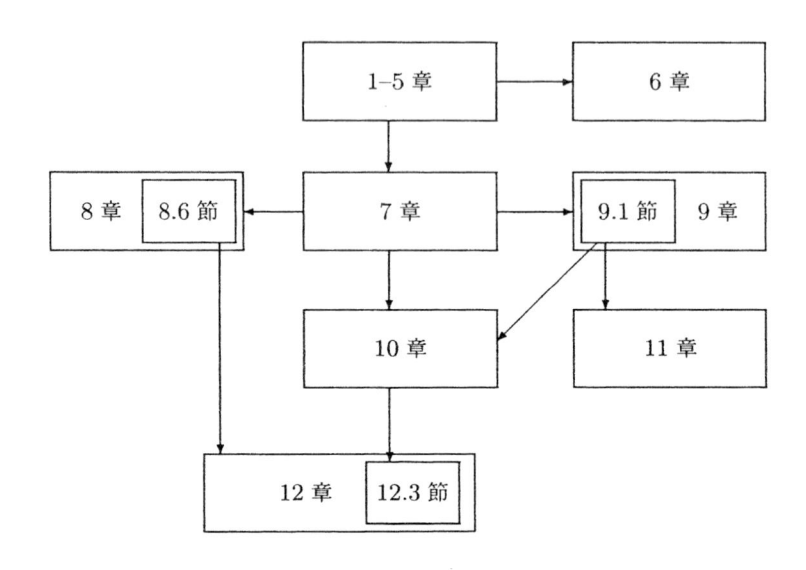

```
┌─────────┐    ┌─────┐
│ 1–5 章  │───▶│ 6 章│
└─────────┘    └─────┘
     │
     ▼
┌─────┬──────┐  ┌─────┐  ┌──────┬─────┐
│ 8 章│8.6 節│◀─│ 7 章│─▶│9.1 節│ 9 章│
└─────┴──────┘  └─────┘  └──────┴─────┘
                   │         │
                   ▼         ▼
               ┌──────┐  ┌──────┐
               │ 10 章│  │ 11 章│
               └──────┘  └──────┘
                   │
                   ▼
           ┌──────┬───────┐
           │ 12 章│12.3 節│
           └──────┴───────┘
```

てくれた．彼女は LaTeX のジャングルを，道に迷うことなく通り抜けたのである．彼女の協力と忍耐に感謝する．私，すべての改訂版，新版，改訂版の修正 ... 等々に対する忍耐に ...

Blindern にて，1998 年 1 月
ベァーント・エクセンダール

日本語版へのまえがき

この日本語への翻訳は谷口説男によってなされた．彼は本文を注意深く読み，本書の改良に多くの有用な助言をしてくれた．彼のなした多大な寄与に深く感謝する．

1999 年 2 月
ベァーント・エクセンダール

目　次

第 1 章　序 　1
　1.1　古典的微分方程式の確率論的類似　1
　1.2　フィルターの問題　2
　1.3　境界値問題への確率論的アプローチ　3
　1.4　最適停止問題　3
　1.5　確率制御　4
　1.6　数理ファイナンス　5

第 2 章　準備 　7
　2.1　確率空間，確率変数と確率過程　7
　2.2　重要な例：ブラウン運動　12
　問題　16

第 3 章　伊藤積分 　23
　3.1　伊藤積分の定義　23
　3.2　伊藤積分の性質　33
　3.3　伊藤積分の拡張　37
　問題　41

第 4 章　伊藤の公式とマルチンゲール表現定理 　49
　4.1　伊藤の公式（1次元）　49
　4.2　伊藤の公式（多次元）　55

x 目次

    4.3 マルチンゲール表現定理 56
    問題 62

第5章 確率微分方程式   71
    5.1 例と直接的解法 71
    5.2 存在と一意性 77
    5.3 弱い解と強い解 82
    問題 85

第6章 フィルターの問題   93
    6.1 はじめに 93
    6.2 1次元線形フィルターの問題 96
    6.3 多次元線形フィルターの問題 118
    問題 119

第7章 拡散過程：基本的な性質   125
    7.1 マルコフ性 125
    7.2 強マルコフ性 129
    7.3 伊藤拡散過程の生成作用素 136
    7.4 ディンキンの公式 139
    7.5 特性作用素 141
    問題 144

第8章 拡散過程に関する他の話題   155
    8.1 コルモゴロフの後退方程式．レゾルベント ... 155
    8.2 ファインマン=カッツの公式．消滅 160
    8.3 マルチンゲール問題 163
    8.4 いつ伊藤過程は拡散過程となるか？ 166
    8.5 時間変更 172
    8.6 ギルサノフの定理 180
    問題 188

第9章 境界値問題への応用 — **197**

- 9.1 ディリクレ=ポアソン混合問題．一意性 197
- 9.2 ディリクレ問題．正則点 200
- 9.3 ポアソン問題 215
- 問題 222

第10章 最適停止問題への応用 — **231**

- 10.1 時間的に一様な場合 231
- 10.2 時間的に一様でない場合 247
- 10.3 積分を含む最適停止問題 253
- 10.4 変分不等式との関係 255
- 問題 260

第11章 確率制御への応用 — **267**

- 11.1 確率制御とは 267
- 11.2 ハミルトン=ヤコビ=ベルマン方程式 270
- 11.3 終端条件をもつ確率制御問題 286
- 問題 287

第12章 数理ファイナンスへの応用 — **295**

- 12.1 市場モデル，ポートフォリオ，裁定 295
- 12.2 裁定と完備性 307
- 12.3 オプションの価格付け 317
- 問題 339

付録A ガウス型確率変数 — **346**

付録B 条件付き期待値 — **350**

付録C 一様可積分性とマルチンゲール収束定理 — **353**

付録D 近似定理 — **357**

問題の解答とヒント	**361**
記号・用語	**370**
参考文献	**375**
訳者あとがき	**382**
索　引	**384**

* 本書の脚注は訳者による.

第1章

序

確率微分方程式が大切な研究課題であることを見るために,この方程式が現れ,そして利用される事例をいくつか挙げよう.

§1.1 古典的微分方程式の確率論的類似

微分方程式の係数にランダムな変数を介在させることにより,より現実的な数学的モデルを得るということがしばしば起きる.

問題 1 次のような簡単な人口変動を記述するモデルを考えよう.

$$\frac{dN}{dt} = a(t)N(t), \quad N(0) = N_0 \text{ (定数)}. \tag{1.1.1}$$

ただし,$N(t)$ は時刻 t における人口であり,$a(t)$ は時刻 t における相対変動率とする.この $a(t)$ が完全には判明しないことが,つまり,何らかのランダムな環境の影響のために $a(t)$ が

$$a(t) = r(t) + \text{"ノイズ(雑音)"}$$

という形をとることがある.ここで,このノイズ項の正確な挙動は分からず,その確率分布だけが分かっている.また,関数 $r(t)$ はランダムではない.さて,この場合にどのように (1.1.1) を解けばよいであろうか.

問題 2 電気回路のある点での時刻 t における電荷 $Q(t)$ は

$$L \cdot Q''(t) + R \cdot Q'(t) + \frac{1}{C} \cdot Q(t) = F(t), \; Q(0) = Q_0, \; Q'(0) = I_0 \tag{1.1.2}$$

という微分方程式を満たす．ここで，L はインダクタンス，R は抵抗，C は静電容量，そして $F(t)$ は時刻 t における印加電圧である．

問題1のように係数の何れか（たとえば $F(t)$）が確定的ではなく

$$F(t) = G(t) + \text{"ノイズ"} \tag{1.1.3}$$

という形をしているかも知れない．このとき，(1.1.2)をどのように解けばよいであろうか？

より一般に，係数がランダムであることを許すことで得られる微分方程式を**確率微分方程式**と呼んでいる（これについては後で正確に述べる）．この確率微分方程式の解は何らかのランダムさを伴うこと，つまり，解の確率分布についてのみ議論が可能であることはことは明らかであろう．

§1.2 フィルターの問題

問題3 たとえば問題2の解に関する情報を得るために，時刻 $s \leq t$ において $Q(s)$ の観測 $Z(s)$ を行ったとしよう．しかし，測定機器の不正確さのために，$Q(s)$ を正確に計測することはできず，

$$Z(s) = Q(s) + \text{"ノイズ"} \tag{1.2.1}$$

という観測がなされたとする．

フィルターの問題とは，「$s \leq t$ のとき，(1.2.1)の観測 $Z(s)$ に基づく，(1.1.2)を満たす $Q(t)$ の最良の推定は何か？」という問題である．直感的には，これは観測から最良の方法でノイズを"ろ過（フィルター）"することを意味する．

1960 年にカルマン（Kalman）が，そして 1961 年にカルマンとブーシー（Bucy）が今日カルマン=ブーシー・フィルターとして知られているフィルター理論を証明した．このフィルター理論により，基本的には，"ノイズ"項をもつ線形微分方程式に従うシステムの状態を"ノイズ"を含む一連の観測に基づいて推定する方法が与えられる．

この発見から間をおかず，この理論は宇宙航空工学（レンジャー，マリナー，アポロなど）に応用され，現在はさらに広い分野に応用されている．

このようにカルマン=ブーシー・フィルターは，ただ"潜在的に"有用であるというのではなく，実際に有用であることがすでに証明された最近の数学

的発見の一例である.

それはまた「応用数学は劣った数学である」とか,「現実に有用な数学は初等数学だけである」などという主張に対する反証となっている.なぜなら,カルマン=ブーシー・フィルターは,確率微分方程式における他のすべての研究テーマと同様に,高等な,興味深い,そして第一級の数学を伴っているからである.

§1.3 境界値問題への確率論的アプローチ

問題4 もっとも著名な例は次のディリクレ問題の確率論的な解である.

『$\mathbf{R}^n$ の領域 U と U の境界 ∂U 上の連続関数 f をとる.U の閉包 $\overline{U}$ 上で連続な関数 $\widetilde{f}$ で
(i) ∂U 上 $\widetilde{f} = f$,
(ii) U 上 $\widetilde{f}$ は調和である,すなわち

$$\Delta \widetilde{f}(x) := \sum_{i=1}^{n} \frac{\partial \widetilde{f}}{\partial x_i^2}(x) = 0, \quad \forall x \in U,$$

という2条件を満たすようなものを求めよ.』

1944年に角谷はブラウン運動(これは2章で構成する)を用いてこの解を構成できること,詳しく言えば,$x \in U$ を出発するブラウン運動が U から初めて流出する点での f の値の平均値が解 $\widetilde{f}(x)$ を与えることを証明した.

しかし,これは氷山の一角に過ぎない.実際,多くの半楕円型2階偏微分作用素に付随するディリクレ境界値問題を,対応する確率微分方程式の解の定める確率過程を用いて解くことができる.

§1.4 最適停止問題

問題5 売却する(つまり保有を停止する)予定の資産もしくは資源(家,株,石油,...)を保有しているとしよう.資産の時刻 t における市場での価格 X_t は問題1で述べたのと同様の確率微分方程式

$$\frac{dX_t}{dt} = rX_t + \alpha X_t \cdot \text{``ノイズ''}$$

にしたがって変動する．ただし，r, α は既知の定数である．そして減価率は既知の定数 ρ で与えられているとする．このとき，いつ売る決断を下せばよいであろうか？

現在時刻 t までの X_s の挙動は分かっているとしよう．しかし，システムがノイズを含むので保有者は売却時にその選択が最良のものであるかどうかについて，もちろん確信をもてない．したがって長期的に見て最良の結果を生む売却時の選択，つまり，インフレーションを考慮に入れた**期待効用**を最大にする（保有の）停止戦略を探さねばならない．

これが**最適停止問題**である．この問題の解は，境界は未知（自由境界）となるが，境界値問題（問題4）の解で表現できる．また，解を**変分不等式**を用いても表しうる．

§1.5 確率制御

問題6（**最適ポートフォリオ選択問題**） 2種類の投資を考える．

(1) **危険証券**（たとえば株）．時刻 t における単位あたりの価格 $p_1(t)$ は問題1で考えたような確率微分方程式

$$\frac{dp_1}{dt} = (a + \alpha \cdot \text{"ノイズ"})p_1 \tag{1.5.1}$$

に従う．ここで，$a > 0$ と $\alpha \in \mathbf{R}$ は定数．

(2) **安全証券**（たとえば債券）．時刻 t における単位あたりの価格 $p_2(t)$ は次の方程式に従い，指数的に増大する．

$$\frac{dp_2}{dt} = bp_2 \tag{1.5.2}$$

ただし，b は $0 < b < a$ なる定数．

資産の保有者は各時刻 t に，資産額 X_t のどれだけの割合（u_t とする）を危険証券に投資するかを決める．したがって残りの $(1-u_t)X_t$ は安全証券に投資する．与えられた効用関数 U と満期期日 T に対し，最適なポートフォリオ $u_t \in [0,1]$ を見出したい．言い換えれば，対応する満期時の資産額 $X_T^{(u)}$ の期待効用を最大にする，つまり，最大値

$$\max_{0 \leq u_t \leq 1} \left\{ E\left[U(X_t^{(u)}) \right] \right\} \tag{1.5.3}$$

を実現する投資戦略 $u_t, 0 \leq t \leq T$, を見出したい.

§1.6 数理ファイナンス

時刻 $t = T$ に特定の価格 K で危険証券を 1 単位買う権利 (義務はない) が, 時刻 0 に問題 6 の資産の保有者に提示されたとしよう. そのような権利をヨーロッパ型コールオプションと言う. 保有者は, このオプションにどれほどの対価を喜んで支払うであろうか? この問題が解決されたのは, 価格の理論値 (ブラック=ショールズのオプション評価式と呼ばれている) を計算するために Fischer Black と Myron Scholes (1973) が確率解析と均衡議論を用いたときである. この理論値はすでにフリーマーケットの均衡価格として得られていた価格と一致した. この公式は, ファイナンスにおける数学的モデル化のもたらした大功績であり, オプションや他のデリバティブの取り引きにおいて必要不可欠の道具となっている. 1997 年に Myron Scholes と Robert Merton はこの公式に関連する業績に対しノーベル経済学賞を受賞した (Fischer Black は 1995 年に死去した).

必要となる数学的道具を準備した後, これらの問題 1~6 を考察しよう. 問題 1 と 2 には 5 章で解答を与える. フィルターの問題 (問題 3) は 6 章で, そして一般化されたディリクレ問題 (問題 4) は 9 章で取り扱う. 問題 5 は 10 章で解決し, 確率制御問題 (問題 6) は 11 章で考察する. 最後に 12 章で数理ファイナンスへの応用を述べる.

第2章

準備

§2.1 確率空間，確率変数と確率過程

前章では本書で考察する問題について述べた．次に関連する数学的概念，対応する数学的モデルを与えよう．まず以下に述べるものに数学的解釈を与える必要がある．

(1) ランダムな量，
(2) 独立性，
(3) (離散もしくは連続な)パラメータをもつランダムな量の族，
(4) フィルターの問題における"最良の"評価とは何か？
(5) 観測に"基づく"評価とは何を意味するのか(問題3)？
(6) "ノイズ"を数学的にはどのように理解するか？
(7) 確率微分方程式を数学的にどのように解釈するか？

この章では(1)～(3)について簡単に述べる．次章で(6)を扱う．その考察は，(7)への解答となる伊藤積分へと続く．(4)と(5)は6章で取り扱う．

ランダムな量の数学的モデルは確率変数である．この定義を与える前に，確率論の基本的な用語を復習しよう．詳しいことは，たとえば，Williams (1991)を参照せよ．

定義 2.1.1 集合 Ω 上の σ-加法族 $\mathcal{F}$ とは，Ω の部分集合からなる族 $\mathcal{F}$ で次の性質を満たすものを言う．

(i) $\emptyset \in \mathcal{F}$,
(ii) $F \in \mathcal{F} \Rightarrow F^C \in \mathcal{F}$. ただし,$F^C = \Omega \setminus F$ は F の Ω での補集合,
(iii) $A_1, A_2, \cdots \in \mathcal{F} \Rightarrow A := \bigcup_{i=1}^{\infty} A_i \in \mathcal{F}$.

組 $(\Omega, \mathcal{F})$ を**可測空間**と呼ぶ.さらに,写像 $P : \mathcal{F} \to [0,1]$ で次の性質をもつものを $(\Omega, \mathcal{F})$ 上の**確率測度**と言う.

(a) $P(\emptyset) = 0$, $P(\Omega) = 1$,
(b) もし $A_1, A_2, \cdots \in \mathcal{F}$ かつ $\{A_i\}$ が互いに素 $(A_i \bigcap A_j = \emptyset, i \neq j)$ ならば,
$$P\left(\bigcup_{i=1}^{\infty} A_i\right) = \sum_{i=1}^{\infty} P(A_i).$$

3つ組 $(\Omega, \mathcal{F}, P)$ を**確率空間**と言う.P-外測度がゼロとなる集合 G,つまり,

$$P^*(G) := \inf\{P(F); F \in \mathcal{F}, G \subset F\} = 0$$

となる G がすべて $\mathcal{F}$ に属するとき,確率空間は**完備**であると言う.

任意の確率空間は,外測度ゼロの集合を $\mathcal{F}$ に付加し P を自然に拡張することで完備確率空間となる.

$\mathcal{F}$ に属する Ω の部分集合 F を $\mathcal{F}$-**可測集合**と呼ぶ.これらは**事象**とも呼ばれる.

$$P(F) = \text{``事象 } F \text{ が起きる確率''}$$

である.特に,$P(F) = 1$ となるとき,「事象 F は確率 1 で起きる」「ほとんど確実に起きる」と言う.事象 $\{\omega; 命題\ A(\omega)\ が成り立つ\}$ が確率 1 で起きるとき,「命題 A がほとんど確実に成り立つ」と言い,「A a.s.」「$A(\omega)$ a.a.ω」などと表す.

任意の集合族 $\mathcal{U}$ に対し,それを含む最小の σ-加法族 $\mathcal{H}_{\mathcal{U}}$ が存在する(次で与えられる).

$$\mathcal{H}_{\mathcal{U}} = \bigcap\{\mathcal{H}; \mathcal{H} \text{ は } \Omega \text{ の } \sigma\text{-加法族で } \mathcal{U} \subset \mathcal{H} \text{ を満たす }\}.$$

この $\mathcal{H}_{\mathcal{U}}$ を $\mathcal{U}$ で**生成される σ-加法族**と言う(問題 2.3 参照).

$\mathcal{U}$ が位相空間 Ω (たとえば $\Omega = \mathbf{R}^n$) の開集合全体のときには，$\mathcal{B} = \mathcal{H}_\mathcal{U}$ は Ω 上のボレル(**Borel**)集合族と呼ばれ，その元はボレル集合と呼ばれる．$\mathcal{B}$ はすべての開集合，すべての閉集合，すべての閉集合の可算和，さらにそのような集合の可算和などを含んでいる．

確率空間 $(\Omega, \mathcal{F}, P)$ 上の関数 $Y : \Omega \to \mathbf{R}^n$ は，すべての開集合 $U \subset \mathbf{R}^n$ に対して(したがってすべてのボレル集合 $U \subset \mathbf{R}^n$ に対して)

$$Y^{-1}(U) := \{\omega \in \Omega; Y(\omega) \in U\} \in \mathcal{F}$$

を満たすとき $\mathcal{F}$-可測であると言う．

関数 $X : \Omega \to \mathbf{R}^n$ の生成する σ-加法族 $\mathcal{H}_X$ を，

$$X^{-1}(U), \quad U \subset \mathbf{R}^n \text{ は開集合}$$

で与えられる集合をすべて含む最小の σ-加法族と定義する．$\mathcal{B}$ を $\mathbf{R}^n$ のボレル集合族とすれば，

$$\mathcal{H}_X = \{X^{-1}(B); B \in \mathcal{B}\}$$

となることは容易に分かる．明らかに，X は $\mathcal{H}_X$-可測であり，さらに $\mathcal{H}_X$ は X を可測にする最小の σ-加法族である．

次の有用な結果は，ドゥーブ=ディンキン(**Doob-Dynkin**)の補題と呼ばれている結果の特別な場合として得られる．詳しくは M.M.Rao (1984, Prop.3, p.7) を見よ．

補題 2.1.2 関数 $X, Y : \Omega \to \mathbf{R}^n$ を考える．Y が $\mathcal{H}_X$-可測となるための必要十分条件はボレル可測関数 $g : \mathbf{R}^n \to \mathbf{R}^n$ が存在して次の関係式を満たすことである．

$$Y = g(X).$$

以下，$(\Omega, \mathcal{F}, P)$ は完備確率空間とする．$\mathcal{F}$-可測関数 $X : \Omega \to \mathbf{R}^n$ を($\mathbf{R}^n$-値)**確率変数**と呼ぶ．確率変数 X は

$$\mu_X(B) = P(X^{-1}(B))$$

で定まる $\mathbf{R}^n$ 上の確率測度を誘導する．この測度 μ_X を X の**分布**と言う．

$\int_\Omega |X(\omega)| dP(\omega) < \infty$ を満たす確率変数 X に対し，

$$E[X] := \int_\Omega X(\omega)dP(\omega) = \int_{\mathbf{R}^n} xd\mu_X(x)$$

を X の(P に関する)期待値(もしくは平均)と呼ぶ.

一般に，ボレル可測関数 $f: \mathbf{R}^n \to \mathbf{R}$ で $\int_\Omega |f(X(\omega))|dP(\omega) < \infty$ なるものに対し

$$E[f(X)] := \int_\Omega f(X(\omega))dP(\omega) = \int_{\mathbf{R}^n} f(x)d\mu_X(x)$$

とおく.

独立性は次のように定義される.

定義 2.1.3 集合 $A, B \in \mathcal{F}$ が独立であるとは

$$P(A \cap B) = P(A) \cdot P(B)$$

が成り立つことを言う. 可測集合の族 $\mathcal{H}_i$ の族 $\mathcal{A} = \{\mathcal{H}_i; i \in I\}$ が独立であるとは，任意の相異なる $i_1, \ldots, i_k \in I$ と任意の $H_{i_1} \in \mathcal{H}_{i_1}, \ldots, H_{i_k} \in \mathcal{H}_{i_k}$ に対して

$$P(H_{i_1} \cap \cdots \cap H_{i_k}) = P(H_{i_1}) \cdots P(H_{i_k})$$

が成立することを言う. 確率変数の族 $\{X_i; i \in I\}$ は，$\{\mathcal{H}_{X_i}; i \in I\}$ が独立であるとき，独立であると言われる.

もし確率変数 $X, Y : \Omega \to \mathbf{R}$ が独立で，$E[|XY|] < \infty$, $E[|X|] < \infty$, かつ $E[|Y|] < \infty$ ならば

$$E[XY] = E[X]E[Y]$$

となる(問題 2.5 を見よ).

定義 2.1.4 集合 T により添字付けられた $(\Omega, \mathcal{F}, P)$ 上の($\mathbf{R}^n$-値)確率変数の族

$$\{X_t\}_{t \in T}$$

を確率過程と呼ぶ.

通常，添字集合 T は半直線 $[0, \infty)$ である. しかし，しばしば閉区間 $[a, b]$ であったり，非負整数全体であったり，また，ときには $\mathbf{R}^n$ の部分集合であっ

たりもする．確率過程では，各 $t \in T$ に確率変数

$$\omega \mapsto X_t(\omega), \quad \omega \in \Omega$$

が対応している．視点を変えて，ω を固定し

$$t \mapsto X_t(\omega), \quad t \in T$$

なる関数と見なすとき，**経路**（もしくは道）と呼ぶ．

t を時間，ω を粒子もしくは実験と考えると，直感的な理解が得やすいであろう．このとき $X_t(\omega)$ は時刻 t での粒子（実験）ω の位置（結果）を表す．しばしば，$X_t(\omega)$ の代わりに $X(t,\omega)$ と表記する．この表記に見られるように確率過程を $T \times \Omega$ から $\mathbf{R}^n$ への 2 変数関数

$$(t,\omega) \mapsto X(t,\omega)$$

と見なしうる．確率解析においては，$X(t,\omega)$ の (t,ω) に関する可測性がしばしば問題となり，その意味で上のような 2 変数関数と見なすのは自然な観点と言える．

最後に，各 ω を，$t \mapsto X_t(\omega)$ なる T から $\mathbf{R}^n$ への写像と同一視しよう．このとき，Ω は T から $\mathbf{R}^n$ への写像の空間 $\widetilde{\Omega} = (\mathbf{R}^n)^T$ の部分集合となる．ボレル集合 $F_i \subset \mathbf{R}^n, 1 \leq i \leq k$，を用いて

$$\{\omega; \omega(t_1) \in F_1, \ldots, \omega(t_k) \in F_k\},$$

と表される集合から生成される $\widetilde{\Omega}$ 上の σ-加法族を $\mathcal{B}$ とする（もし $T = [0,\infty)$ で $\widetilde{\Omega}$ に直積位相を導入すれば，$\mathcal{B}$ は対応するボレル集合族と一致する）．明らかに $\mathcal{F}$ は $\mathcal{B}$ を包含する．したがって，確率過程を $((\mathbf{R}^n)^T, \mathcal{B})$ **上の確率測度** P と見なすこともできる．

確率過程 $\{X_t\}_{t \in T}$ の**(有限次元)分布**とは

$$\mu_{t_1,\ldots,t_k}(F_1 \times F_2 \times \cdots \times F_k) = P[X_{t_1} \in F_1, \ldots, X_{t_k} \in F_k], \quad t_i \in T$$

で与えられる $\mathbf{R}^{nk}$ 上の測度 $\mu_{t_1,\ldots,t_k}, k = 1, 2, \ldots,$ のことを言う．ただし，$F_1, \ldots, F_k$ は $\mathbf{R}^n$ のボレル集合．すべての有限次元分布を知ることで，確率過程 X の（すべてではないが）多くの重要な性質を規定できる．

「$\mathbf{R}^{nk}$ 上の測度 $\nu_{t_1,\ldots,t_k}$ の族 $\{\nu_{t_1,\ldots,t_k}; k \in \mathbf{N}, t_i \in T\}$ からそれらを有限次元分布にもつ確率過程 $Y = \{Y_t\}_{t\in T}$ を構成できるか?」という逆の問題のは大切な問題である.コルモゴロフ(Kolmogorov)の有名な定理の 1 つにより,次に述べるように,もし自然な 2 つの一致条件が満たされれば,確率過程を構成できる(Lamperti (1977) を見よ).

定理 2.1.5(コルモゴロフの拡張定理) $\mathbf{R}^{nk}$ 上の確率測度 $\nu_{t_1,\ldots,t_k}$, $t_1,\ldots,t_k \in T$, $k \in \mathbf{N}$ は,任意の $\{1,2,\ldots,k\}$ の置換 σ に対して,

$$\nu_{t_{\sigma(1)},\ldots,t_{\sigma(k)}}(F_1 \times \cdots \times F_k) = \nu_{t_1,\ldots,t_k}(F_{\sigma^{-1}(1)} \times \cdots \times F_{\sigma^{-1}(k)}) \quad \text{(K1)}$$

を満たし,かつ,すべての $m \in \mathbf{N}$ について

$$\nu_{t_1,\ldots,t_k}(F_1 \times \cdots \times F_k) = \nu_{t_1,\ldots,t_k,t_{k+1},\ldots,t_{k+m}}(F_1 \times \cdots \times F_k \times \mathbf{R}^n \times \cdots \times \mathbf{R}^n) \quad \text{(K2)}$$

を満たすとする.ただし(K2)の右辺は $(k+m)$ 個の集合の直積である.このとき,$(\Omega, \mathcal{F}, P)$ 上の $\mathbf{R}^n$-値確率過程 $\{X_t\}$ で

$$\mu_{t_1,\ldots,t_k}(F_1 \times F_2 \times \cdots \times F_k) = P[X_{t_1} \in F_1, \ldots, X_{t_k} \in F_k]$$

がすべての $t_i \in T$, $k \in \mathbf{N}$ とボレル集合 F_i について成り立つものが存在する.

§2.2 重要な例:ブラウン運動

1828 年にスコットランド人の植物学者ロバート・ブラウン(Robert Brown)は液体中に浮遊する花粉から出てくる微粒子が不規則な運動をすることを観測した.後に,この運動は液体の分子とのランダムな衝突によることが解明された.この運動を数学的に記述するには,花粉から出てくる微粒子 ω の時刻 t での位置を表す確率過程 $B_t(\omega)$ を用いるのが自然であろう.少し一般化し,n 次元に拡張して考えよう.

$\{B_t\}_{t\geq 0}$ を構成するには,コルモゴロフの拡張定理の条件(K1), (K2)を満たす確率測度の族 $\{\nu_{t_1,\ldots,t_k}\}$ を定めれば良い.これらは,花粉から出てくる微粒子の運動の観測に即して次のように定義される.$x \in \mathbf{R}^n$ を固定し,

2.2 重要な例：ブラウン運動

$$p(t,x,y) = (2\pi t)^{-n/2} \cdot \exp\left(-\frac{|x-y|^2}{2t}\right), \quad y \in \mathbf{R}^n,\ t>0$$

とする. $0 \le t_1 \le t_2 \le \cdots \le t_k$ に対し, $\mathbf{R}^{nk}$ 上の測度 $\nu_{t_1,\ldots,t_k}$ を

$$\begin{aligned}
&\nu_{t_1,\ldots,t_k}(F_1 \times \cdots \times F_k) \\
&= \int_{F_1 \times \cdots \times F_k} p(t_1,x,x_1)p(t_2-t_1,x_1,x_2)\cdots \\
&\qquad\qquad\qquad \times p(t_k-t_{k-1},x_{k-1},x_k)dx_1\cdots dx_k \quad (2.2.1)
\end{aligned}$$

で定める. ただし, dx_i は $\mathbf{R}^n$ 上のルベーグ測度であり, $p(0,x,y) = \delta_x(y)$ ($\equiv$ 点 x に集中したディラック測度)である.

この定義を(K1)を満たすように任意の t_i の有限列に拡張する. $\int_{\mathbf{R}^n} p(t,x,y)dy = 1,\ t \ge 0$, となるから, (K2)が成り立つことは容易に分かる. したがって, コルモゴロフの拡張定理より, 確率空間 $(\Omega,\mathcal{F},P^x)$ とその上の確率過程 $\{B_t\}_{t\ge 0}$ がとれて, その有限次元分布が(2.2.1)で与えられる. すなわち

$$\begin{aligned}
&P^x(B_{t_1} \in F_1,\ldots,B_{t_k} \in F_k) \\
&= \int_{F_1 \times \cdots \times F_k} p(t_1,x,x_1)p(t_2-t_1,x_1,x_2)\cdots \\
&\qquad\qquad\qquad \times p(t_k-t_{k-1},x_{k-1},x_k)dx_1\cdots dx_k \quad (2.2.2)
\end{aligned}$$

を満たす.

定義 2.2.1 上で与えられた確率過程を x を出発する**ブラウン運動**と呼ぶ ($P^x(B_0 = x) = 1$ に注意せよ).

上のブラウン運動は一意的ではない. 実際, (2.2.2)を満たす4つ組 $(B_t,\Omega,\mathcal{F},P^x)$ は多数存在する. しかし, 我々の目的にとって, これは問題ではなく, 必要に応じて適当なブラウン運動をとれれば良い. すぐに述べるが, ブラウン運動の経路はほとんど確実に連続である(正確に言えば, そのようにブラウン運動を選べる). したがって, ほとんどすべての $\omega \in \Omega$ と $[0,\infty)$ から $\mathbf{R}^n$ への連続関数 $t \mapsto B_t(\omega)$ を同一視できる. この意味で, ブラウン運動とは, ((2.2.1), (2.2.2)で与えられる)確率測度 P^x を付加した空間 $C([0,\infty),\mathbf{R}^n)$ であるとも言える. このような選び方をしたブラウン運動

を標準的なブラウン運動と言う．標準的なブラウン運動は，非常に直感的である．さらに，$C([0,\infty), \mathbf{R}^n)$ はポーランド空間(完備可分距離空間)なので，標準的ブラウン運動という観点は，この空間上の測度のさらに進んだ解析に有益である(Stroock-Varadhan (1979) を見よ)．

ブラウン運動の基本的な性質を列記しておこう．

(i)　B_t はガウス過程である．すなわち，任意の $0 \leq t_1 \leq \cdots \leq t_k$ に対し，確率変数 $Z = (B_{t_1}, \ldots, B_{t_k}) \in \mathbf{R}^{nk}$ は多次元ガウス分布に従う．つまり，ベクトル $M \in \mathbf{R}^{nk}$ と非負定符号行列 $C = [c_{jm}] \in \mathbf{R}^{nk \times nk}$ ($\equiv nk \times nk$-実行列の全体)が存在して

$$E^x\left[\exp\left(i\sum_{j=1}^{nk} u_j Z_j\right)\right] = \exp\left(-\frac{1}{2}\sum_{j,m} u_j c_{jm} u_m + i\sum_j u_j M_j\right) \quad (2.2.3)$$

がすべての $u = (u_1, \ldots, u_{nk}) \in \mathbf{R}^{nk}$ に対して成り立つ．ここで，$i = \sqrt{-1}$ は虚数単位を表し，E^x は P^x に関する期待値を表す．さらに，もし(2.2.3) が成り立てば，

$$M = E^x[Z] \quad \text{は } Z \text{ の平均}, \quad (2.2.4)$$

$$\left(c_{jm}\right) = \left(E^x[(Z_j - M_j)(Z_m - M_m)]\right) \text{ は } Z \text{ の共分散行列} \quad (2.2.5)$$

となる(付録 A を見よ)．(2.2.2)を用いて(2.2.3)の左辺を直接に計算しよう．すると

$$M = E^x[Z] = (x, x, \ldots, x) \in \mathbf{R}^{nk} \quad (2.2.6)$$

$$C = \begin{pmatrix} t_1 I_n & t_1 I_n & \cdots & t_1 I_n \\ t_1 I_n & t_2 I_n & \cdots & t_2 I_n \\ \vdots & \vdots & & \vdots \\ t_1 I_n & t_2 I_n & \cdots & t_k I_n \end{pmatrix} \quad (2.2.7)$$

とおけば，(2.2.3)が $Z = (B_{t_1}, \ldots, B_{t_k})$ に対し成り立つことが示される(付録 A を見よ)．ゆえに

$$E^x[B_t] = x, \quad \forall t \geq 0, \quad (2.2.8)$$

$$E^x[(B_t-x)^2] = nt, \ E^x[(B_t-x)(B_s-x)] = n\min(s,t) \qquad (2.2.9)$$

となる[1]. さらに, $t \geq s$ ならば

$$E^x[(B_t-B_s)^2] = n(t-s) \qquad (2.2.10)$$

である. これは次のように計算される.

$$E^x[(B_t-B_s)^2] = E^x[(B_t-x)^2 - 2(B_t-x)(B_s-x) + (B_s-x)^2]$$
$$= n(t-2s+s) = n(t-s), \quad t \geq s.$$

(ii) B_t は独立な増分をもつ. すなわち, すべての $0 \leq t_1 \leq \cdots \leq t_k$ に対し

$$B_{t_1}, B_{t_2}-B_{t_1}, \ldots, B_{t_k}-B_{t_{k-1}} \text{ は独立である}. \qquad (2.2.11)$$

これを示すには, ガウス確率変数は相関がないとき, そのときに限り独立になるという事実(付録 A)を利用する. したがって, $t_i < t_j$ ならば

$$E^x[(B_{t_i}-B_{t_{i-1}})(B_{t_j}-B_{t_{j-1}})] = 0 \qquad (2.2.12)$$

となることを示せば良い. しかし, これは C の形から直接次のように計算される.

$$E^x[B_{t_i}B_{t_j} - B_{t_{i-1}}B_{t_j} - B_{t_i}B_{t_{j-1}} + B_{t_{i-1}}B_{t_{j-1}}]$$
$$= n(t_i - t_{i-1} - t_i + t_{i-1}) = 0.$$

(iii) 最後の問題は $t \mapsto B_t(\omega)$ は連続であるか否かである. ところが, 集合 $H = \{\omega; t \mapsto B_t(\omega)$ は連続$\}$ は $(\mathbf{R}^n)^{[0,\infty)}$ 上のボレル集合族 $\mathcal{B}$ に関し可測ではないので(H は非可算無限個の t にかかわっている), この問は意味をなさない. しかし, 述べ方を少し修正すれば, 問に対し肯定的に答えることができる. これを見るために次の概念を導入しよう.

定義 2.2.2 $\{X_t\}, \{Y_t\}$ を $(\Omega, \mathcal{F}, P)$ 上の確率過程とする. $\{X_t\}$ が $\{Y_t\}$ の修正であるとは

$$P(\{\omega; X_t(\omega) = Y_t(\omega)\}) = 1, \quad \forall t$$

---

[1] $x = (x_1, \ldots, x_n), y = (y_1, \ldots, y_n) \in \mathbf{R}$ に対し, $xy = \sum_i x_i y_i, \ x^2 = \sum_i x_i^2$.

となることを言う．もし，$\{X_t\}$ が $\{Y_t\}$ の修正であれば，$\{X_t\}$ と $\{Y_t\}$ は同じ有限次元分布をもつ．したがって，$(\mathbf{R}^n)^{[0,\infty)}$ 上の確率測度という観点で見れば，$\{X_t\}$ と $\{Y_t\}$ は同一視される．しかし，それぞれの経路の性質は異なるかもしれない(問題 2.9 を見よ)．

ブラウン運動の経路の連続性の問題は次の有名なコルモゴロフの定理により解決できる．

定理 2.2.3（コルモゴロフの連続性定理）確率過程 $\{X_t\}_{t\geq 0}$ を考える．もし，任意の $T > 0$ に対し，正の定数 α, β, D がとれて

$$E[|X_t - X_s|^\alpha] \leq D|t-s|^{1+\beta}, \quad 0 \leq s, t \leq T \tag{2.2.13}$$

が成立するならば，X の連続な修正が存在する．

証明は，たとえば，Stroock-Varadhan (1979, p.51) を見よ．

ブラウン運動 B_t に対して，次の関係式を示すことは難しくない(問題 2.8 を見よ)．

$$E^x[|B_t - B_s|^4] = n(n+2)|t-s|^2. \tag{2.2.14}$$

したがって，ブラウン運動はコルモゴロフの連続性定理の条件(2.2.13)を $\alpha = 4, D = n(n+2), \beta = 1$, として満足しており，ゆえに，連続な修正をもつ．今後，ブラウン運動と言えば，常にこの連続な修正を意味するものとする．

次に注意してこの章を終わろう．

『もし $B_t = (B_t^{(1)}, \ldots, B_t^{(n)})$ が n 次元ブラウン運動ならば，

1 次元確率過程 $\{B_t^{(j)}\}_{t\geq 0}$ は独立な 1 次元ブラウン運動である．』 (2.2.15)

問題

2.1 $X : \Omega \to \mathbf{R}$ は可算個の値 $a_1, a_2, \cdots \in \mathbf{R}$ をとる関数とする．

a) X は

$$X^{-1}(a_k) \in \mathcal{F}, \quad \forall k = 1, 2, \ldots \tag{2.2.16}$$

が成り立つとき,そのときに限り確率変数となることを示せ.

b) $(2.2.16)$ が成り立つとする.このとき次を示せ.
$$E[|X|] = \sum_{k=1}^{\infty} |a_k| P[X = a_k]. \quad (2.2.17)$$

c) もし $(2.2.16)$ が成り立ち,$E[|X|] < \infty$ ならば
$$E[X] = \sum_{k=1}^{\infty} a_k P[X = a_k]$$
となることを示せ.

d) もし $(2.2.16)$ が成り立ち,$f : \mathbf{R} \to \mathbf{R}$ が可測かつ有界ならば,次が成り立つことを示せ.
$$E[f(X)] = \sum_{k=1}^{\infty} f(a_k) P[X = a_k].$$

2.2 確率変数 $X : \Omega \to \mathbf{R}$ の分布関数 F を
$$F(x) = P[X \le x]$$
と定める.

a) F は次の性質をもつことを示せ:
 (i) $0 \le F \le 1$, $\lim_{x \to -\infty} F(x) = 0$, $\lim_{x \to \infty} F(x) = 1$,
 (ii) F は非減少である,
 (iii) F は右連続である.すなわち,$F(x) = \lim_{\substack{h \to 0 \\ h > 0}} F(x+h)$.

b) 可測関数 $g : \mathbf{R} \to \mathbf{R}$ は $E[|g(X)|] < \infty$ を満たすとする.
$$E[g(X)] = \int_{-\infty}^{\infty} g(x) dF(x)$$
となることを証明せよ.ただし,右辺の積分はルベーグ=スティルチェス積分である.

c) $p(x) \ge 0$ を $\mathbf{R}$ 上の可測関数とする.X が密度関数 p をもつとは
$$F(x) = \int_{-\infty}^{x} p(y) dy, \quad \forall x$$

となることを言う．(2.2.1)～(2.2.2) より，0 から出発する 1 次元ブラウン運動の時刻 t での位置 B_t は密度関数

$$p(x) = \frac{1}{\sqrt{2\pi t}} \exp\left(-\frac{x^2}{2t}\right), \quad x \in \mathbf{R}$$

をもつと言える．B_t^2 の密度関数を求めよ．

2.3 $\{\mathcal{H}_i\}_{i \in I}$ を Ω 上の σ-加法族の族とする．

$$\mathcal{H} = \bigcap \{\mathcal{H}_i; i \in I\}$$

も σ-加法族となることを証明せよ．

2.4 a) $X : \Omega \to \mathbf{R}^n$ を，適当な $0 < p < \infty$ に対して

$$E[|X|^p] < \infty$$

を満たす確率変数とする．このとき，チェビシェフ (**Chevychev**) の不等式

$$P[|X| \geq \lambda] \leq \frac{1}{\lambda^p} E[|X|^p], \quad \forall \lambda \geq 0$$

が成り立つことを示せ．(ヒント．$A = \{\omega; |X(\omega)| \geq \lambda\}$ とし，$\int_\Omega |X|^p dP \geq \int_A |X|^p dP$ となることを用いよ．)

b) $k > 0$ がとれて

$$M = E[\exp(k|X|)] < \infty$$

が成り立つとする．このとき $P[|X| \geq \lambda] \leq Me^{-k\lambda}$ がすべての $\lambda \geq 0$ に対して成り立つことを証明せよ．

2.5 $X, Y : \Omega \to \mathbf{R}$ は独立な確率変数とする．さらに，簡単のため，X, Y はともに有界であると仮定する．

$$E[XY] = E[X]E[Y]$$

が成り立つことを証明せよ．(ヒント．$|X| \leq M, |Y| \leq N$ と仮定せよ．X, Y をそれぞれ単関数 $\varphi(\omega) = \sum_{i=1}^m a_i \mathcal{X}_{F_i}(\omega), \psi(\omega) = \sum_{j=1}^n b_j \mathcal{X}_{G_j}(\omega)$ で近似せよ．ただし，$-M = a_0 < a_1 < \cdots < a_m = M, -N = b_0 < b_1 < \cdots < b_n = N, F_i = X^{-1}([a_i, a_{i+1})), G_j = Y^{-1}([b_j, b_{j+1}))$ である．このとき，

$$E[X] \approx E[\varphi] = \sum_i a_i P(F_i), \quad E[Y] \approx E[\psi] = \sum_i b_i P(G_i)$$

かつ

$$E[XY] \approx E[\varphi\psi] = \sum_{i,j} a_i b_j P(F_i \cap G_j)$$

となることを用いよ.)

2.6 $(\Omega, \mathcal{F}, P)$ を確率空間とし, $A_1, A_2, \cdots \in \mathcal{F}$ は

$$\sum_{k=1}^{\infty} P(A_k) < \infty$$

を満たすとする. ボレル=カンテリ (**Borel-Cantelli**) の補題

$$P\left(\bigcap_{m=1}^{\infty} \bigcup_{k=m}^{\infty} A_k\right) = 0$$

が成り立つこと, つまり, ω が無限個の A_k に属する確率はゼロであることを証明せよ.

2.7 a) $G_1, \ldots, G_n$ は互いに素な Ω の部分集合で

$$\Omega = \bigcup_{i=1}^{n} G_i$$

を満たすとする. $\mathcal{G}$ を $\emptyset$ と $G_1, \ldots, G_n$ のすべてもしくは一部の和集合からなる集合族とすれば, $\mathcal{G}$ は Ω の σ-加法族となることを示せ.

b) 任意の有限個の元からなる Ω の σ-加法族 $\mathcal{F}$ は a) で扱ったような σ-加法族として実現されることを示せ.

c) 有限個の元からなる Ω の σ-加法族 $\mathcal{F}$ と $\mathcal{F}$-可測関数 $X : \Omega \to \mathbf{R}$ を考える. X は有限個の値しかとらないことを示せ. すなわち, 互いに素な $F_1, \ldots, F_m \in \mathcal{F}$ と実数 $c_1, \ldots, c_m$ があって,

$$X(\omega) = \sum_{i=1}^{m} c_i \mathcal{X}_{F_i}(\omega)$$

となることを証明せよ.

2.8 B_t を 0 を出発する $\mathbf{R}$ 上のブラウン運動とし, $E = E^0$ とする.

a) (2.2.3) を用いて次の関係式を示せ.
$$E[e^{iuB_t}] = \exp\left(-\frac{1}{2}u^2 t\right), \quad \forall u \in \mathbf{R}.$$

b) 指数関数をべき級数に展開し，さらに u の同じ次数の項の係数を比較して
$$E[B_t^4] = 3t^2$$
となることを，さらに一般に，
$$E[B_t^{2k}] = \frac{(2k)!}{2^k \cdot k!} t^k, \quad k \in \mathbf{N}$$
となることを証明せよ.

c) もし b) の方法が厳密でないと思うなら，次のように証明せよ．(2.2.2) から，等式
$$E[f(B_t)] = \frac{1}{\sqrt{2\pi t}} \int_\mathbf{R} f(x) e^{-\frac{x^2}{2}} dx$$
が成り立つことを導け．ただし，f は右辺が収束するような任意の可測関数 f である．これを $f(x) = x^{2k}$ に適用し，部分積分の公式，k に関する帰納法を用いて b) の結論を導け.

d) (2.2.14) を b) と n に関する帰納法とを用いて証明せよ.

2.9 有限次元分布だけでは確率過程の経路の連続性を判定できないことを見るために次の例を考えよう．$\mathcal{B}$ を $[0, \infty)$ のボレル集合族，$d\mu$ を $[0, \infty)$ 上の1点集合は測度ゼロとなる確率測度とする．$(\Omega, \mathcal{F}, P) = ([0, \infty), \mathcal{B}, d\mu)$ とする．
$$X_t(\omega) = \begin{cases} 1, & t = \omega \text{ のとき,} \\ 0, & \text{それ以外,} \end{cases}$$
$$Y_t(\omega) = 0, \quad \forall (t, \omega) \in [0, \infty) \times [0, \infty)$$
とおく．このとき $\{X_t\}$ と $\{Y_t\}$ は同じ分布をもつこと，そして $\{X_t\}$ は $\{Y_t\}$ の修正であることを証明せよ．明らかに $t \mapsto Y_t(\omega)$ は連続であるが，すべての ω に対して $t \mapsto X_t(\omega)$ は不連続である.

2.10 確率過程 X_t は，任意の $h > 0$ について $\{X_t\}$ が $\{X_{t+h}\}$ と同じ分布を

もつとき，定常であると言う．ブラウン運動 B_t は定常な増分をもつこと，すなわち，$\{B_{t+h} - B_t\}_{h \geq 0}$ は，任意の t について同じ分布をもつことを示せ．

2.11 (2.2.15) を証明せよ．

2.12 B_t をブラウン運動とし，$t_0 \geq 0$ を固定する．
$$\widetilde{B}_t := B_{t_0+t} - B_{t_0}, \quad t \geq 0$$
もブラウン運動であることを証明せよ．

2.13 B_t を2次元ブラウン運動とし，
$$D_\rho = \{x \in \mathbf{R}^2; |x| < \rho\}, \quad \rho > 0$$
とおく．
$$P^0[B_t \in D_\rho]$$
を求めよ．

2.14 B_t を n 次元ブラウン運動とし，$K \subset \mathbf{R}^n$ は n 次元ルベーグ測度ゼロの集合とする．B_t が K に滞在する時間の長さ $\int_0^\infty \mathcal{X}_F(B_t)dt$ の期待値はゼロであることを証明せよ（これは B_t に付随するグリーン測度がルベーグ測度について絶対連続であることを導く．9章参照）．

2.15 B_t を0を出発する n 次元ブラウン運動とし，$U \in \mathbf{R}^{n \times n}$ を直交行列，すなわち，$UU^T = I$ なる実行列とする（U^T は U の転置行列）．このとき，
$$\widetilde{B}_t := UB_t$$
もブラウン運動であることを証明せよ．

2.16（ブラウン運動のスケーリング）B_t を1次元ブラウン運動とし，定数 $c > 0$ をとる．このとき
$$\widehat{B}_t := \frac{1}{c}B_{c^2 t}$$
もブラウン運動であることを証明せよ．

2.17 連続な確率過程 $X_t(\cdot) : \Omega \to \mathbf{R}$ の p 次変分過程 $\langle X, X \rangle_t^{(p)}$ $(p > 0)$ を

$$\langle X, X \rangle_t^{(p)}(\omega) = \lim_{\Delta t_k \to 0} \sum_{t_k \leq t} |X_{t_{k+1}} - X_{t_k}|^p \quad (\text{確率収束})$$

で定義する[2]．ここで，$0 = t_1 < t_2 < \cdots < t_n = t$, $\Delta t_k = t_{k+1} - t_k$ である．特に，$p = 1$ のときは全変分過程と呼ぶ(問題 4.7 参照)．1 次元ブラウン運動 B_t の 2 次変分過程が

$$\langle B, B \rangle_t(\omega) = \langle B, B \rangle_t^{(2)}(\omega) = t \quad \text{a.s.}$$

を満たすことを次のようにして証明せよ．

a)
$$\Delta B_k = B_{t_{k+1}} - B_{t_k}$$

とおき，
$$Y(t, \omega) = \sum_{t_k \leq t} (\Delta B_k(\omega))^2$$

とせよ．このとき，
$$E\left[\left(\sum_{t_k \leq t} (\Delta B_k)^2 - t\right)^2\right] = 2 \sum_{t_k \leq t} (\Delta t_k)^2$$

となることを示し，$\Delta t_k \to 0$ とするとき，$L^2(P)$ において $Y(t, \cdot) \to t$ となることを導け．

b) a)を用いて，ほとんどすべての経路 ω に関してブラウン運動は $[0, t]$ 上有界変動でないことを，すなわち，ブラウン運動の全変分過程はほとんど至るところ無限大となることを証明せよ．

---

[2] X_n が X に確率収束するとは，任意の $\varepsilon > 0$ に対し $\lim_{n \to \infty} P(|X_n - X| > \varepsilon) = 0$ となることを言う．

第3章

伊藤積分

§3.1 伊藤積分の定義

1章の問題1で挙げた方程式

$$\frac{dN}{dt} = (r(t) + \text{``ノイズ''})N(t),$$

もしくはより一般な方程式

$$\frac{dX}{dt} = b(t, X_t) + \sigma(t, X_t) \cdot \text{``ノイズ''} \tag{3.1.1}$$

(b, σ は適当な与えられた関数)に現れる"ノイズ"に数学的な意味を付けよう.しばらく1次元に制限して考察を行う."ノイズ"としては,確率過程 W_t で

$$\frac{dX}{dt} = b(t, X_t) + \sigma(t, X_t) \cdot W_t \tag{3.1.2}$$

という表現を実現するものを探すのが妥当であろう.現実の応用(たとえば工学)に鑑み, W_t は,少なくとも近似的には,次の性質をもたねばならない.

(i) $t_1 \neq t_2$ ならば W_{t_1} と W_{t_2} は独立である,
(ii) $\{W_t\}$ は定常である.すなわち,同時分布 $\{W_{t_1+t}, \ldots, W_{t_k+t}\}$ は t に依らない,
(iii) すべての t について $E[W_t] = 0$ となる.

しかし,(i),(ii)を満たす"適切な"確率過程は**存在**しない.実際,そのような確率過程は連続な経路をもたない(問題3.11を見よ).さらに, $E[W_t^2] = 1$

と仮定すれば，写像 $(t,\omega) \mapsto W_t(\omega)$ は σ-加法族 $\mathcal{B} \times \mathcal{F}$ に関し可測ですらない(Kallianpur (1980, p.10) を見よ)．ただし，$\mathcal{B}$ は $[0,\infty]$ のボレル集合族．

しかしながら，W_t を一般化された確率過程として実現することは可能である(これを**ホワイトノイズ**(white noise, 白色雑音)過程と呼ぶ)．ここで言う"一般化された"とは，確率過程が，通常の確率過程のように $\mathbf{R}^{[0,\infty)}$ 上の確率測度として実現されるのではなく，緩増加超関数の空間 $\mathcal{S}'$ の上の確率測度として構築されることを意味する．Hida (1980), Adler (1981), Rozanov (1982), Hida-Kuo-Potthoff-Streit (1993), もしくは Holden-Øksendal-Ubøe-Zhang (1996) を参照せよ．

ゆえにこの種の構成は放棄しよう．むしろ(3.1.2)を書き改めて，W_t を適当な確率過程でおき換える変形を考えよう．このため，$0 = t_0 < \cdots < t_m = t$ とおき，(3.1.2)を差分方程式として次のように表してみよう．

$$X_{k+1} - X_k = b(t_k, X_k)\Delta t_k + \sigma(t_k, X_k) W_k \Delta t_k. \tag{3.1.3}$$

ただし

$$X_j = X(t_j), \ \ W_k = W_{t_k}, \ \ \Delta t_k = t_{k+1} - t_k.$$

さらに W_k を用いて表現することを止め，新しい確率過程 $\{V_t\}_{t \geq 0}$ を導入し，$W_k \Delta t_k$ を $\Delta V_k = V_{t_{k+1}} - V_{t_k}$ でおき換えよう．W_t に関する仮定(i)，(ii)と(iii)は V_t が期待値 0 で定常かつ独立な増分をもつことを示唆している．ところが，連続な経路をもつそのような確率過程はブラウン運動に限る(Knight (1981) を見よ)．したがって，$V_t = B_t$ とおき，(3.1.3)から次の関係式を得る．

$$X_k = X_0 + \sum_{j=0}^{k-1} b(t_j, X_j)\Delta t_j + \sum_{j=0}^{k-1} \sigma(t_j, X_j)\Delta B_j. \tag{3.1.4}$$

さて，$\Delta t_j \to 0$ としたときに，何らかの意味で右辺が収束すると言えるであろうか？ もしそうなら，積分の通常の表現を用いて

$$X_t = X_0 + \int_0^t b(t, X_t)dt + \text{``}\int_0^t \sigma(t, X_t)dB_s\text{''} \tag{3.1.5}$$

と表して良いであろうし，(3.1.2)は，$X_t = X_t(\omega)$ が(3.1.5)を満たす確率過程であることを意味していると思えるであろう．

ゆえに，この章では，原点から出発する1次元ブラウン運動 $B_t(\omega)$ と十分に多くの関数 $f:[0,\infty]\times\Omega\to\mathbf{R}$ に対して，何らかの意味で

$$"\int_0^t f(s,\omega)dB_s(\omega)"$$

が存在することを示そう．そして，5章で(3.1.5)の解について考察する．

$0\leq S\leq T$ と $f(t,\omega)$ が与えられたとする．このとき積分

$$\int_S^T f(t,\omega)dB_t(\omega) \tag{3.1.6}$$

を定義したい．そのため，簡単な関数 f に対する定義から始め，近似法を用いて一般化するという手順を踏もう．まず

$$\phi(t,\omega)=\sum_{j\geq 0} e_j(\omega)\cdot\mathcal{X}_{[j2^{-n},(j+1)2^{-n})}(t) \tag{3.1.7}$$

という形をした ϕ をとる．ここで $\mathcal{X}$ は定義関数(特性関数)であり，n は自然数である．

$$t_k=t_k^{(n)}=\begin{cases} k2^{-n}, & S\leq k2^{-n}\leq T \text{ のとき}, \\ S, & k2^{-n}<S \text{ のとき}, \\ T, & k2^{-n}>T \text{ のとき}, \end{cases}$$

とおいて，上のような関数 ϕ に対して，積分を次で定義する．

$$\int_S^T \phi(t,\omega)dB_t(\omega)=\sum_{j\geq 0} e_j(\omega)[B_{t_{j+1}}-B_{t_j}](\omega). \tag{3.1.8}$$

しかし，次の例で見るように，$e_j(\omega)$ に仮定をおかないと，この定義から近似法を用いて一般化するのは難しい．

注意 以下 E は，原点を出発するブラウン運動 B_t の法則 P^0 に関する期待値 E^0 を表すものとする．また，P^0 を簡単に P と書く．

例 3.1.1

$$\phi_1(t,\omega)=\sum_{j\geq 0} B_{j2^{-n}}(\omega)\cdot\mathcal{X}_{[j2^{-n},(j+1)2^{-n})}(t)$$

$$\phi_2(t,\omega)=\sum_{j\geq 0} B_{(j+1)2^{-n}}(\omega)\cdot\mathcal{X}_{[j2^{-n},(j+1)2^{-n})}(t)$$

と定義する．B_t は独立な増分をもつから，

$$E\left[\int_0^T \phi_1(t,\omega)dB_t(\omega)\right] = \sum_{j\geq 0} E[B_{t_j}(B_{t_{j+1}} - B_{t_j})] = 0$$

となる．しかし，(2.2.10) より

$$E\left[\int_0^T \phi_2(t,\omega)dB_t(\omega)\right] = \sum_{j\geq 0} E[B_{t_{j+1}}(B_{t_{j+1}} - B_{t_j})]$$

$$= \sum_{j\geq 0} E[(B_{t_{j+1}} - B_{t_j})^2] = T$$

が従う．よって，ϕ_1 と ϕ_2 はともに

$$f(t,\omega) = B_t(\omega)$$

の非常に適切な近似であるにもかかわらず，(3.1.8) で定義したそれらの積分の値はどんなに n を大きくしても接近しない．

これは B_t の変分が大きすぎるため積分 (3.1.6) をリーマン=スティルチェス積分として定義できないことを反映している．実際，ほとんど確実に経路 $t \mapsto B_t$ は至るところ微分不可能である (Breiman (1968) を見よ)．とくに，ほとんど確実に経路の全変分は無限大となる．

一般には，関数 $f(t,\omega)$ を，$t_j^* \in [t_j, t_{j+1}]$ を用いて，

$$\sum_j f(t_j^*, \omega) \cdot \mathcal{X}_{[t_j, t_{j+1})}(t)$$

という和で近似し，$\sum_j f(t_j^*, \omega)[B_{t_{j+1}} - B_{t_j}](\omega)$ の (何らかの意味での) $n \to \infty$ での極限として $\int_S^T f(t,\omega)dB(s)$ を定義するのが自然であろう．しかし，上の例から分かるように，リーマン=スティルチェス積分のときとは事情が違い，この極限はどのような t_j^* をとるかに依存している．次の2つの t_j^* の選び方がもっとも大切である．

1) $t_j^* = t_j$ (左端点)．これから**伊藤積分**が従う．以下，伊藤積分を

$$\int_S^T f(t,\omega)dB_t(\omega)$$

と表す．

2) $t_j^* = (t_j + t_{j+1})/2$（中点）．これからストラトノビッチ(**Stratonovich**)積分が従う．以下，ストラトノビッチ積分を

$$\int_S^T f(t,\omega) \circ dB_t(\omega)$$

と表す(Protter (1990, Th.V.5.30)を見よ)．

この章の最後で，なぜこれらの分点の選び方が最良と言えるかを説明し，さらに対応する積分の相違について述べる．

何れにせよ，(3.1.6)の被積分関数 $f(t,\omega)$ は，たとえ(3.1.7)のように表現されていても，特別な性質をもつものに制限されねばならない．以下では伊藤による分点の選び方 $t_j^* = t_j$ について説明しよう．もし被積分関数 f が「関数 $\omega \mapsto f(t_j,\omega)$ は $B_s(\omega)$ の時刻 t_j までの挙動にだけ依存する」という性質をもつなら，上で述べた近似法はうまく機能する．この性質を定式化するために，次の定義を導入する．

定義 3.1.2 $B_t(\omega)$ を n 次元ブラウン運動とする．$\mathcal{F}_t = \mathcal{F}_t^{(n)}$ を確率変数の族 $\{B_s(\cdot); s \leq t\}$ により生成される σ-加法族と定義する．すなわち，$\mathcal{F}_t$ は，$t_j \leq t$ とボレル集合 $F_j \subset \mathbf{R}^n$ により

$$\{\omega; B_{t_1}(\omega) \in F_1, \ldots, B_{t_k}(\omega) \in F_k\}$$

と表される集合をすべて含む最小の σ-加法族である(すべての零集合が $\mathcal{F}_t$ に含まれていると仮定する)．

しばしば $\mathcal{F}_t$ を "B_s の時刻 t までの履歴" と考える．関数 $h(\omega)$ が $\mathcal{F}_t$-可測となるのは，h が，有界連続関数 $g_1, \ldots, g_k$ と $t_j \leq t, j \leq k$ により

$$g_1(B_{t_1}) g_2(B_{t_2}) \cdots g_k(B_{t_k})$$

と表される関数の列の概収束極限[1]となるとき，およびそのときに限る(問題 3.14)．直感的に言えば，h が $\mathcal{F}_t$-可測であるとは，$h(\omega)$ が $B_s(\omega), s \leq t$, の値で決定できることを意味している．たとえば，$h_1(\omega) = B_{t/2}(\omega)$ は $\mathcal{F}_t$-可測であるが，$h_2(\omega) = B_{2t}(\omega)$ は $\mathcal{F}_t$-可測ではない．

---

[1] $f_n \to f$ a.s. となることを概収束すると言う．

$s \leq t$ ならば $\mathcal{F}_s \subset \mathcal{F}_t$ となる（つまり，$\{\mathcal{F}_t\}$ は非減少である）．さらに，すべての t について $\mathcal{F}_t \subset \mathcal{F}$ である．

定義 3.1.3 $\{\mathcal{N}_t\}_{t\geq 0}$ は Ω の σ-加法族の非減少族とする．確率過程 $g(t,\omega) : [0,\infty) \times \Omega \to \mathbf{R}^n$ は，各 t について写像

$$\omega \mapsto g(t,\omega)$$

が $\mathcal{N}_t$-可測となるとき $\mathcal{N}_t$-適合であると言う．

たとえば，確率過程 $h_1(t,\omega) = B_{t/2}(\omega)$ は $\mathcal{F}_t$-適合であるが，$h_2(t,\omega) = B_{2t}(\omega)$ は $\mathcal{F}_t$-適合ではない．

定義 3.1.4 $\mathcal{V} = \mathcal{V}(S,T)$ で，次の 3 条件を満たす関数

$$f(t,\omega) : [0,\infty) \times \Omega \to \mathbf{R}$$

の全体を表す．

(i) $(t,\omega) \mapsto g(t,\omega)$ は $\mathcal{B} \times \mathcal{F}$-可測．ただし，$\mathcal{B}$ は $[0,\infty)$ のボレル集合族，
(ii) $f(t,\omega)$ は $\mathcal{F}_t$-適合である，
(iii) $E[\int_S^T f(t,\omega)^2 dt] < \infty$.

伊藤積分
1 次元ブラウン運動 B_t と関数 $f \in \mathcal{V}$ に対して，どのように**伊藤積分**

$$\mathcal{I}[f](\omega) = \int_S^T f(t,\omega) dB_t(\omega)$$

を定義するか，見て行こう．

方針は自然なものである．まず，$\mathcal{I}[\phi]$ を簡単な関数 ϕ に対して定義する．次に，$f \in \mathcal{V}$ はそのような ϕ で（適当な意味で）近似されることを証明する．そして最後にこの近似を用いて $\int f dB$ を $\int \phi dB$ の $\phi \to f$ としたときの極限として定義する．

伊藤積分の定義を詳しく述べよう．関数 $\phi \in \mathcal{V}$ は

$$\phi(t,\omega) = \sum_j e_j(\omega) \cdot \mathcal{X}_{[t_j, t_{j+1})}(t) \tag{3.1.9}$$

なる表現をもつとき，初等的であると言う．$\phi \in \mathcal{V}$であるから，e_jは$\mathcal{F}_{t_j}$-可測となる．したがって，特に，上の例 3.1.1 の ϕ_1 は初等的であるが，ϕ_2 はそうではない．

初等的な関数 $\phi(t,\omega)$ に対して，伊藤積分を(3.1.8)で定義する．つまり次のように定義する．

$$\int_S^T \phi(t,\omega)dB_t(\omega) = \sum_{j\geq 0} e_j(\omega)[B_{t_{j+1}} - B_{t_j}](\omega). \qquad (3.1.10)$$

次の関係式が重要である．

補題 3.1.5（伊藤積分の等長性）　もし $\phi(t,\omega)$ が有界かつ初等的ならば，次の等式が成り立つ．

$$E\left[\left(\int_S^T \phi(t,\omega)dB_t(\omega)\right)^2\right] = E\left[\int_S^T \phi(t,\omega)^2 dt\right]. \qquad (3.1.11)$$

［証明］　$\Delta B_j = B_{t_{j+1}} - B_{t_j}$ とおく．$i < j$ ならば $e_i e_j \Delta B_i$ と ΔB_j は独立であるから，

$$E[e_i e_j \Delta B_i \Delta B_j] = \begin{cases} 0, & i \neq j \text{ のとき}, \\ E[e_j^2] \cdot (t_{j+1} - t_j), & i = j \text{ のとき}, \end{cases}$$

が成り立つ．したがって，

$$E\left[\left(\int_S^T \phi dB\right)^2\right] = \sum_{i,j} E[e_i e_j \Delta B_i \Delta B_j] = \sum_j E[e_j^2] \cdot (t_{j+1} - t_j)$$
$$= E\left[\int_S^T \phi^2 dt\right]$$

となる．　　□

等長性(3.1.11)を利用して伊藤積分の定義を初等的な関数から一般の $\mathcal{V}$ に属する関数に拡張しよう．このための準備をいくつかの段階に分けて行う．

第1段階　$g \in \mathcal{V}$ は有界で，各 ω について $g(\cdot,\omega)$ は連続であるとする．このとき初等的な関数 $\phi_n \in \mathcal{V}$ がとれて

$$E\left[\int_S^T (g - \phi_n)^2 dt\right] \to 0 \quad (n \to \infty)$$

とできる.

[証明] $\phi_n(t,\omega) = \sum_j g(t_j,\omega) \cdot \mathcal{X}_{[t_j,t_{j+1})}(t)$ とおく. このとき, $g \in \mathcal{V}$ ゆえ ϕ_n は初等的である. さらに $g(\cdot,\omega)$ が連続ゆえ, すべての ω について

$$\int_S^T (g - \phi_n)^2 dt \to 0 \quad (n \to \infty)$$

が成り立つ. したがって, $E\left[\int_S^T (g - \phi_n)^2 dt\right] \to 0 \ (n \to \infty)$ となる. □

第2段階 有界な $h \in \mathcal{V}$ をとる. このとき, 有界な $g_n \in \mathcal{V}$ で, すべての ω と n に対し $g_n(\cdot,\omega)$ は連続となり, かつ

$$E\left[\int_S^T (h - g_n)^2 dt\right] \to 0 \quad (n \to \infty)$$

となるものが存在する.

[証明] すべての (t,ω) について $|h(t,\omega)| \leq M$ が成り立つ定数 M を選ぶ. **R** 上の非負連続関数 ψ_n で

(i) $x \leq -\frac{1}{n}$ もしくは $x \geq 0$ ならば $\psi_n(x) = 0$, かつ
(ii) $\int_{-\infty}^{\infty} \psi_n(x) dx = 1$

を満たすものをとり,

$$g_n(t,\omega) = \int_0^t \psi_n(s-t) h(s,\omega) ds$$

とおく. このとき, 任意の ω に対し $g_n(\cdot,\omega)$ は連続で, $|g_n(t,\omega)| \leq M$ が成り立つ. $h \in \mathcal{V}$ であるから, すべての t について $g_n(t,\cdot)$ は $\mathcal{F}_t$-可測である[2]. さらに, $\{\psi_n\}$ は合成積における単位元に収束するから (Hoffmann (1962, p.22) を見よ), 各 ω について

$$\int_S^T (g_n(s,\omega) - h(s,\omega))^2 ds \to 0 \quad (n \to \infty)$$

---

[2] 本質的にはフビニの定理である. しかし, フビニの定理を用いるには, $\mathcal{F}_t$-適合かつ (t,ω)-可測な h が発展的可測(progressively measurable)な修正をもつことを利用する必要がある. すなわち, $h(s) = \tilde{h}(s)$ a.s. で, $(s,\omega) \mapsto \tilde{h}(s \wedge t, \omega)$ は $\mathcal{B}([0,t]) \times \mathcal{F}_t$-可測となるものがとれる. 詳しくは, Meyer (1966) を見よ.

となる．有界収束定理より，
$$E\left[\int_S^T (h-g_n)^2 dt\right] \to 0 \quad (n \to \infty)$$
を得る． □

第3段階 $f \in \mathcal{V}$ とせよ．それぞれの h_n は有界で，さらに
$$E\left[\int_S^T (f-h_n)^2 dt\right] \to 0 \quad (n \to \infty)$$
となる $\{h_n\} \subset \mathcal{V}$ が存在する．

[証明]
$$h_n(t,\omega) = \begin{cases} -n, & f(t,\omega) < -n \text{ のとき,} \\ f(t,\omega), & -n \le f(t,\omega) \le n \text{ のとき,} \\ n, & f(t,\omega) \ge n \text{ のとき,} \end{cases}$$
とする．優収束定理を用いて望む収束を得る． □

以上で $f \in \mathcal{V}$ の近似列の構成が完了した．

伊藤積分
$$\int_S^T f(t,\omega) dB_t(\omega), \quad f \in \mathcal{V}$$
の定義を与えよう．$f \in \mathcal{V}$ に対して，上の第1～3段階を用いて，初等的な関数 $\phi_n \in \mathcal{V}$ で
$$E\left[\int_S^T |f-\phi_n|^2 dt\right] \to 0$$
となるものがとれる．(3.1.11) より $\left\{\int_S^T \phi_n(t,\omega) dB_t(\omega)\right\}$ は $L^2(P)$ でコーシー列となるので，次の $L^2(P)$-極限として伊藤積分を定義できる．
$$\mathcal{I}[f](\omega) := \int_S^T f(t,\omega) dB_t(\omega) := \lim_{n \to \infty} \int_S^T \phi_n(t,\omega) dB_t(\omega).$$
以上をまとめると次の定義となる．

定義 3.1.6（伊藤積分） $f \in \mathcal{V}(S,T)$ とする．f の（時間 S から T までの）伊藤積分は

$$\int_S^T f(t,\omega)dB_t(\omega) = \lim_{n\to\infty}\int_S^T \phi_n(t,\omega)dB_t(\omega) \quad (L^2(P)\text{-極限}) \quad (3.1.12)$$

で定義される.ここで,$\{\phi_n\}$ は初等的な関数の列で

$$E\left[\int_S^T |f(t,\omega) - \phi_n(t,\omega)|^2 dt\right] \to 0 \quad (n\to\infty) \quad (3.1.13)$$

を満たすものである.

(3.1.13)を満たす $\{\phi_n\}$ の存在は先の第1〜3段階の考察で見た.さらに,(3.1.11)より,(3.1.12)の極限値は(3.1.13)を満たす $\{\phi_n\}$ のとり方によらない.また,(3.1.11)と(3.1.12)から以下の重要な主張が従う.

系 3.1.7(伊藤積分の等長性) すべての $f \in \mathcal{V}(S,T)$ に対して次の関係式が成り立つ.

$$E\left[\left(\int_S^T f(t,\omega)dB_t\right)^2\right] = E\left[\int_S^T f^2(t,\omega)dt\right]. \quad (3.1.14)$$

系 3.1.8 もし $f \in \mathcal{V}(S,T)$, $f_n \in \mathcal{V}(S,T)$, $n = 1,2,\ldots$, かつ $E[\int_S^T (f_n(t,\omega) - f(t,\omega))^2 dt] \to 0 \ (n\to\infty)$ ならば,

$$\int_S^T f_n(t,\omega)dB_t(\omega) \to \int_S^T f(t,\omega)dB_t(\omega) \quad (n\to\infty) \quad (L^2(P)\text{-収束}).$$

伊藤積分に関する例を挙げよう.

例 3.1.9 $B_0 = 0$ とする.このとき,次の等式が成り立つ.

$$\int_0^t B_s dB_s = \frac{1}{2}B_t^2 - \frac{1}{2}t$$

[証明] $B_j = B_{t_j}$ とし,$\phi_n(s,\omega) = \sum B_j(\omega) \cdot \mathcal{X}_{[t_j, t_{j+1})}(s)$ とおく.このとき

$$E\left[\int_0^t (\phi_n - B_s)^2 ds\right] = E\left[\sum_j \int_{t_j}^{t_{j+1}} (B_j - B_s)^2 ds\right]$$

$$= \sum_j \int_{t_j}^{t_{j+1}} (s - t_j)ds = \sum_j \frac{1}{2}(t_{j+1} - t_j)^2 \to 0 \quad (\Delta t_j \to 0).$$

したがって,系 3.1.8 より,

$$\int_0^t B_s dB_s = \lim_{\Delta t_j \to 0} \int_0^t \phi_n dB_s = \lim_{\Delta t_j \to 0} \sum_j B_j \Delta B_j$$

となる(問題 3.13 も参照せよ). さて,

$$\Delta(B_j^2) = B_{j+1}^2 - B_j^2 = (B_{j+1} - B_j)^2 + 2B_j(B_{j+1} - B_j)$$
$$= (\Delta B_j)^2 + 2B_j \Delta B_j$$

であるから, $B_0 = 0$ と合わせると,

$$B_t^2 = \sum_j \Delta(B_j^2) = \sum_j (\Delta B_j)^2 + 2\sum_j B_j \Delta B_j.$$

これを変形して,

$$\sum_j B_j \Delta B_j = \frac{1}{2} B_t^2 - \frac{1}{2} \sum_j (\Delta B_j)^2$$

を得る. $L^2(P)$ において $\sum_j (\Delta B_j)^2 \to t$ ($\Delta t_j \to 0$) となるから(問題 2.17), 望む等式を得る. □

余分な項 $-\frac{1}{2}t$ は, 伊藤積分が通常の積分のようには振舞わないことを示している. 次章において伊藤の公式を証明するが, その公式を用いればこの例を一般的な見地から説明できる. さらに, 伊藤の公式により, 色々な確率積分が容易に計算できるようになる.

§3.2 伊藤積分の性質

まず伊藤積分は次のような性質をもつことに注意する.

定理 3.2.1 $f, g \in \mathcal{V}(0, T), 0 \leq S \leq T$ とする. このとき以下が成り立つ.

(i) $\int_S^T f dB_t = \int_S^U f dB_t + \int_U^T f dB_t$ (a.a.ω)
(ii) $\int_S^T (cf + g) dB_t = c \int_S^T f dB_t + \int_S^T g dB_t$ (a.a.ω). ただし, c は定数.
(iii) $E[\int_S^T f dB_t] = 0$
(iv) $\int_S^T f dB_t$ は $\mathcal{F}_T$-可測である.

[証明] 初等的な関数に対して主張が成り立つことは明らかである. よって極限操作により, 一般の $f, g \in \mathcal{V}$ に対する主張を得る. □

伊藤積分の大切な性質は，それが（次に定義する）**マルチンゲール**になるということである．

定義 3.2.2 $(\Omega, \mathcal{F})$ 上の**フィルトレーション**とは，$\mathcal{F}$ の部分 σ-加法族の増大列，つまり，$\mathcal{M}_t \subset \mathcal{F}$ かつ

$$0 \leq s < t \Rightarrow \mathcal{M}_s \subset \mathcal{M}_t$$

となる列 $\mathcal{M} = \{\mathcal{M}_t\}_{t \geq 0}$ のことを言う．$(\Omega, \mathcal{F}, P)$ 上の $\mathbf{R}^n$-値確率過程 $\{M_t\}$ は次の3条件が満たされるときフィルトレーション $\{\mathcal{M}_t\}_{t \geq 0}$（と P）に関して**マルチンゲール**であると言う．

(i) M_t は $\mathcal{M}_t$-可測である，
(ii) すべての t について $E[|M_t|] < \infty$,
(iii) $s \geq t$ ならば $E[M_s | \mathcal{M}_t] = M_t$ となる．

上の定義で用いた期待値と条件付き期待値はともに $P = P^0$ に関するものである（条件付き期待値については付録 B を見よ）．

例 3.2.3 $\mathbf{R}^n$ 上のブラウン運動 B_t は $\{B_s; s \leq t\}$ から生成される σ-加法族 $\mathcal{F}_t$ に関しマルチンゲールである．これを証明しよう．まず，

$$E[|B_t|]^2 \leq E[|B_t|^2] = |B_0|^2 + nt$$

となるから，(i), (ii) が満たされる．次に，$s \geq t$ とすると，$B_s - B_t$ と $\mathcal{F}_t$ が独立なので $E[(B_s - B_t)|\mathcal{F}_t] = E[(B_s - B_t)] = 0$ となる（(2.2.11) と定理 B.2.d を見よ）．また B_t は $\mathcal{F}_t$-可測なので $E[B_t|\mathcal{F}_t] = B_t$ となる（定理 B.2.c を見よ）．これらより，次のように計算し，(iii) が成り立つことも分かる．

$$E[B_s|\mathcal{F}_t] = E[B_s - B_t + B_t|\mathcal{F}_t]$$
$$= E[B_s - B_t|\mathcal{F}_t] + E[B_t|\mathcal{F}_t] = 0 + B_t = B_t.$$

連続マルチンゲール[3]に関してはドゥーブ (Doob) による次の基本的な不等式が成り立つ（証明は，たとえば Stroock-Varadhan (1979, Theorem 1.2.3), Revuz-Yor (1991, Theorem II.1.7) を見よ）．

---

[3] (経路が) 連続 (関数となる) マルチンゲール．

定理 3.2.4（ドゥーブのマルチンゲール不等式） もし M_t が，ほとんど確実に $t \mapsto M_t(\omega)$ が連続となるマルチンゲールであれば，すべての $p \geq 1$, $T \geq 0$, と $\lambda > 0$ に対し

$$P[\sup_{0 \leq t \leq T} |M_t| \geq \lambda] \leq \frac{1}{\lambda^p} \cdot E[|M_T|^p]$$

が成り立つ（右辺 $= \infty$ を許す）．

この不等式を使って，伊藤積分

$$\int_0^t f(s,\omega) dB_s$$

を t に関して連続となるように定義できることを示そう．

定理 3.2.5 $f \in \mathcal{V}(0,T)$ とする．このとき

$$\int_0^t f(s,\omega) dB_s(\omega), \quad 0 \leq t \leq T$$

の t-連続修正が存在する．すなわち，$(\Omega, \mathcal{F}, P)$ 上の t-連続な確率過程 J_t が存在し

$$P\left[J_t = \int_0^t f dB\right] = 1, \quad 0 \leq \forall t \leq T \tag{3.2.1}$$

が成り立つ．

[証明]　$\phi_n = \phi_n(t,\omega) = \sum_j e_j^{(n)}(\omega) \mathcal{X}_{[t_j^{(n)}, t_{j+1}^{(n)})}(t)$ を

$$E\left[\int_0^T (f - \phi_n)^2 dt\right] \to 0 \quad (n \to \infty)$$

を満たす初等的な関数とする．

$$I_n(t,\omega) = \int_0^t \phi_n(s,\omega) dB_s(\omega)$$
$$I_t = I(t,\omega) = \int_0^t f(s,\omega) dB_s(\omega), \quad 0 \leq t \leq T$$

とおく．このとき，すべての n について $I_n(\cdot, \omega)$ は連続である．さらに $I_n(t,\omega)$ は $\mathcal{F}_t$ に関しマルチンゲールである．実際，$t < s$ とすれば，定理 B.3 と B.2.d

から次のように変形できる．

$$
\begin{aligned}
E[I_n(s,\omega)|\mathcal{F}_t] &= E\left[\left(\int_0^t \phi_n dB + \int_t^s \phi_n dB\right)\Big|\mathcal{F}_t\right] \\
&= \int_0^t \phi_n dB + E\left[\sum_{t\le t_j^{(n)}\le t_{j+1}^{(n)}\le s} e_j^{(n)}\Delta B_j\Big|\mathcal{F}_t\right] \\
&= \int_0^t \phi_n dB + \sum_j E\big[E[e_j^{(n)}\Delta B_j|\mathcal{F}_{t_j^{(n)}}]|\mathcal{F}_t\big] \\
&= \int_0^t \phi_n dB + \sum_j E\big[e_j^{(n)}E[\Delta B_j|\mathcal{F}_{t_j^{(n)}}]|\mathcal{F}_t\big] \\
&= \int_0^t \phi_n dB = I_n(t,\omega). \tag{3.2.2}
\end{aligned}
$$

したがって $I_n - I_m$ もまた $\mathcal{F}_t$-マルチンゲールである．マルチンゲール不等式（定理 3.2.4）を適用すれば，次の収束が従う．

$$
\begin{aligned}
P\left[\sup_{0\le t\le T}|I_n(t,\omega) - I_m(t,\omega)| > \varepsilon\right] &\le \frac{1}{\varepsilon^2}\cdot E\big[|I_n(T,\omega) - I_m(T,\omega)|^2\big] \\
&= \frac{1}{\varepsilon^2}E\left[\int_0^T (\phi_n - \phi_m)^2 ds\right] \to 0 \quad (m,n\to\infty).
\end{aligned}
$$

よって

$$
P\Big[\sup_{0\le t\le T}|I_{n_{k+1}}(t,\omega) - I_{n_k}(t,\omega)| > 2^{-k}\Big] < 2^{-k}
$$

を満たす部分列 $n_k \uparrow \infty$ が存在する．ボレル=カンテリの補題を用いれば，ほとんどすべての ω に対して $k_1(\omega)$ がとれて

$$
\sup_{0\le t\le T}|I_{n_{k+1}}(t,\omega) - I_{n_k}(t,\omega)| \le 2^{-k}, \quad \forall k \ge k_1(\omega)
$$

となる．ゆえに，ほとんどすべての ω に対して，$I_{n_k}(t,\omega)$ は $t\in[0,T]$ に関して一様収束し，その極限 $J_t(\omega)$ は $t\in[0,T]$ に関して連続となる．$I_{n_k}(t,\cdot)$ は $I(t,\cdot)$ に $L^2(P)$-収束するから，

$$
I_t = J_t \quad \text{a.s.}
$$

がすべての $t\in[0,T]$ で成り立つ． □

以後つねに $\int_0^t f(s,\omega)dB_s(\omega)$ はほとんど確実に t-連続であるとする.

系 3.2.6 任意の T に対し,$f(t,\omega) \in \mathcal{V}(0,T)$ とする.このとき

$$M_t = \int_0^t f(s,\omega)dB_s$$

は $\mathcal{F}_t$ に関してマルチンゲールとなり,さらに次の不等式が成り立つ.

$$P\Big[\sup_{0 \le t \le T}|M_t| \ge \lambda\Big] \le \frac{1}{\lambda^2} \cdot E\Big[\int_0^t f(s,\omega)^2 ds\Big], \quad \lambda, T > 0. \qquad (3.2.3)$$

[証明] (3.2.2),M_t の t-連続性,マルチンゲール不等式(定理 3.2.4)と伊藤積分の等長性(3.1.14)から従う. □

§3.3 伊藤積分の拡張

伊藤積分 $\int fdB$ は $\mathcal{V}$ よりも広い被積分関数 f に対して定義できる.まず,定義 3.1.4 の可測性に関する条件 (ii) は次のように弱めることができる.

(ii)′ a) B_t は $\mathcal{H}_t$-マルチンゲールであり,かつ b) f_t は $\mathcal{H}_t$-適合である

という条件を満たす σ-加法族の増大列 $\{\mathcal{H}_t\}_{t \ge 0}$ が存在する.

条件 a) から $\mathcal{F}_t \subset \mathcal{H}_t$ となる.B_t が f_s の時刻 t までの履歴に関してマルチンゲールである限りは,f_t は $\mathcal{F}_t$ がもつ以上の情報に依存しても良いという点が,この拡張の要点である.もし (ii)′ が成り立てば,$E[B_s - B_t|\mathcal{H}_t] = 0$ となる.先に伊藤積分を定義した際の証明を思い出せば,この仮定のもとでもまったく同様の構成法が実行できることが分かるであろう.

(ii)′ が適用できる(が (ii) は適用できない)もっとも重要な例を挙げよう.$B_t(\omega) = B_k(t,\omega)$ を n 次元ブラウン運動 $(B_1, \ldots, B_n)$ の第 k 成分とする.$\mathcal{F}_t^{(n)}$ を $\{B_1(s,\cdot), \ldots, B_n(s,\cdot); s \le t\}$ が生成する σ-加法族とする.このとき,$s > t$ ならば $B_k(s,\cdot) - B_k(t,\cdot)$ は $\mathcal{F}_t^{(n)}$ と独立であるから,$B_k(t,\omega)$ は $\mathcal{F}_t^{(n)}$ に関してマルチンゲールとなる.よって $\mathcal{F}_t^{(n)}$-適合な被積分関数 $f(t,\omega)$ に対して伊藤積分 $\int_0^t f(s,\omega)dB_k(s,\omega)$ が定義できる.特に

$$\int B_2 dB_1, \quad \int \sin(B_1^2 + B_2^2)dB_2$$

のような n 次元ブラウン運動のいくつかの成分を含む積分も定義できる(こ

こで $dB_1 = dB_1(s,\omega)$ と略記した．他も同様である）．

これにより次のような**多次元伊藤積分**が定義できる．

定義 3.3.1 $B = (B_1, B_2, \ldots, B_n)$ を n 次元ブラウン運動とする．フィルトレーション $\mathcal{H} = \{\mathcal{H}_t\}_{t \geq 0}$ に対し，各成分 $v_{ij}(t,\omega)$ が定理 3.1.4 の条件 (i) と (iii)，および上の (ii)′ を満たす $m \times n$-行列値確率過程 $v = [v_{ij}(t,\omega)]$ の全体を $\mathcal{V}_\mathcal{H}^{m \times n}(S,T)$ と表す．$v \in \mathcal{V}_\mathcal{H}^{m \times n}(S,T)$ の伊藤積分を，行列表現を用いて，

$$\int_S^T v dB = \int_S^T \begin{pmatrix} v_{11} & \cdots & v_{1n} \\ \vdots & & \vdots \\ v_{m1} & \cdots & v_{mn} \end{pmatrix} \begin{pmatrix} dB_1 \\ \vdots \\ dB_n \end{pmatrix}$$

と定義する．すなわち，$m \times 1$-行列（列ベクトル）で，その第 i 成分が次の（拡張された）伊藤積分の和で与えられるものと定める．

$$\sum_{j=1}^n \int_S^T v_{ij}(s,\omega) dB_j(s,\omega).$$

$\mathcal{H} = \mathcal{F}^{(n)} = \{\mathcal{F}_t^{(n)}\}_{t \geq 0}$ のとき $\mathcal{H}$ を略して $\mathcal{V}^{m \times n}(S,T)$ と表す．また $m = 1$ ときは $\mathcal{V}_\mathcal{H}^{n \times 1}(S,T)$ の代わりに $\mathcal{V}_\mathcal{H}^n(S,T)$，$\mathcal{V}^{n \times 1}(S,T)$ の代わりに $\mathcal{V}^n(S,T)$ と表す．さらに

$$\mathcal{V}^{m \times n} = \mathcal{V}^{m \times n}(0, \infty) = \bigcap_{T > 0} \mathcal{V}^{m \times n}(0, T)$$

とおく．

次に行う拡張は，定理 3.1.4 の条件 (iii) を

(iii)′ $P\left[\int_S^T f(s,\omega)^2 ds < \infty\right] = 1$

というものに弱めることである．

定義 3.3.2 フィルトレーション $\mathcal{H} = \{\mathcal{H}_t\}_{t \geq 0}$ をとる．定理 3.1.4 の条件 (i) と上の (ii)′ および (iii)′ を満たす確率過程 $f(t,\omega) \in \mathbf{R}$ の全体を $\mathcal{W}_\mathcal{H}(S,T)$ と表す．先の定義と同様に $\mathcal{W}_\mathcal{H} = \bigcap_{T > 0} \mathcal{W}_\mathcal{H}(0,T)$ とおき，行列値確率変数に対しても $\mathcal{W}_\mathcal{H}^{m \times n}(S,T)$ を先と同様に定義する．また，$\mathcal{H} = \mathcal{F}^{(n)}$ のときには，$\mathcal{F}^{(n)}$ を略すものとする．たとえば $\mathcal{W}_{\mathcal{F}^{(n)}}(S,T)$ の代わりに $\mathcal{W}(S,T)$ と

書く.

次元が n であることが明らかなときには,さらに $\mathcal{F}^{(n)}$ の添字 (n) も略し,$\mathcal{F}$ と表すこともある.

B_t を 1 次元ブラウン運動とする.もし $f \in \mathcal{W}_{\mathcal{H}}$ ならば,階段関数 $f_n \in \mathcal{W}_{\mathcal{H}}$ で,P について確率収束 $\int_0^t |f_n - f|^2 ds \to 0$ が起きるものがとれる.このとき,$\int_0^t f_n(s,\omega) dB_s(\omega)$ は確率収束の意味で収束し,極限は $\{f_n\}$ のとり方によらず,f のみに依存して定まる.したがって,$f \in \mathcal{W}_{\mathcal{H}}$ に対し伊藤積分が次で定義できる.

$$\int_0^t f(s,\omega) dB_s(\omega) = \lim_{n \to \infty} \int_0^t f_n(s,\omega) dB_s(\omega) \quad (確率収束). \quad (3.3.1)$$

前と同様に,この積分の t-連続な修正が存在する(Friedman (1975, Chap.4) もしくは McKean (1969, Chap.2) を見よ).しかし,この積分はもはやマルチンゲールではない.たとえばダドレイ(Dudley)の定理(定理 12.1.5)を参照せよ.この積分は,局所マルチンゲールと呼ばれるものとなっている(Karatzas-Shreve (1991, p.146) もしくは問題 7.12 を見よ).

伊藤積分とストラトノビッチ積分の比較

この章の最初で行った考察を思い出そう.それはホワイトノイズを含む方程式

$$\frac{dX}{dt} = b(t, X_t) + \sigma(t, X_t) \cdot W_t \quad (3.3.2)$$

に数学的な意味を与えるには,

$$X_t = X_0 + \int_0^t b(s, X_s) ds + \text{``} \int_0^t \sigma(s, X_s) dB_s\text{''} \quad (3.3.3)$$

という積分方程式の最後の積分に意味付けをし,X_t をその積分方程式の解とせよ,というものであった.しかしながら,先に指摘したように,伊藤積分は

$$\text{``} \int_0^t \sigma(s, X_s) dB_s\text{''} \quad (*)$$

という形の積分に対するいくつもの意味付けのうちの 1 つにすぎない.たとえばストラトノビッチ積分は別の選択肢であり,それからは(一般に)異なった結果が従う.したがって次の疑問は解けずに残ったままである.「どのよう

に(∗)を解釈すれば，(3.3.3)を(3.3.2)の"適切な"数学的モデルと見なせるか？」状況によってはストラトノビッチ積分がもっとも適切な選択となることがある．それについて述べよう．t について連続的微分可能な確率過程 $B_t^{(n)}$ で，ほとんどすべての ω について，収束

$$B^{(n)}(t,\omega) \to B(t,\omega) \quad (n \to \infty)$$

が任意の有界区間上 t について一様収束となるようなものを選ぶ．各 ω ごとに，$X_t^{(n)}(\omega)$ を常微分方程式

$$\frac{dX_t}{dt} = b(t, X_t) + \sigma(t, X_t)\frac{dB_t^{(n)}}{dt} \tag{3.3.4}$$

の解と定義する．このとき $X_t^{(n)}(\omega)$ は適当な関数 $X_t(\omega)$ に，$B^{(n)}$ と同様の収束をする．つまり，ほとんどすべての ω に対し，任意の有界区間上 t について一様に $X_t^{(n)}(\omega)$ は $X_t(\omega)$ に収束する．

このようにして得られる X_t はストラトノビッチ積分を使って解釈した (3.3.3) の解，つまり積分方程式

$$X_t = X_0 + \int_0^t b(s, X_s)ds + \int_0^t \sigma(s, X_s) \circ dB_s \tag{3.3.5}$$

の解と一致する (Wang-Zakai (1969)，Sussman (1978) を見よ)．さらに，この X_t は

$$X_t = X_0 + \int_0^t b(s, X_s)ds + \frac{1}{2}\int_0^t \sigma'(s, X_s)\sigma(s, X_s)ds + \int_0^t \sigma(s, X_s)dB_s \tag{3.3.6}$$

という変形された伊藤型の方程式を満たす (Stratonovich (1966) を見よ)．ここで，σ' は $\sigma(t,x)$ の x に関する導関数である．

この観点から見れば，伊藤積分による解釈

$$X_t = X_0 + \int_0^t b(s, X_s)ds + \int_0^t \sigma(s, X_s)dB_s \tag{3.3.7}$$

ではなく，(3.3.6)(つまりストラトノビッチ積分による解釈)を用いる方が，ホワイトノイズ方程式 (3.3.2) のモデルとして妥当である．

しかるに一方，(例 3.1.1 の後で述べたような) 伊藤積分には"未来からの情報の流入がない"という性質がある．これが色々な場面で(たとえば生物学

(Turelli (1977) を参照せよ))伊藤積分による解釈が用いられる理由であろう．これら2つの解釈の差違は例5.1.1で触れる．もし $\sigma(t,x)$ が x に依存しなければ，(3.3.6)と(3.3.7)は一致する．このような一致は，たとえば，6章で述べるフィルターの問題で扱われる線形な場合に現れる．

いずれにせよ伊藤積分による解釈とストラトノビッチ積分による解釈の間には(3.3.6)という明確な関係式(多次元の場合の同様の関連については(6.1.3)を見よ)があるので，多くの場合，2つの積分のうち何れか一方を扱えば十分である．ストラトノビッチ積分は(変数)変換に際し通常の連鎖微分の公式を導くという利点を持っている．つまり，ストラトノビッチ積分での伊藤の公式に相当するものには2次微分の項は現れない(定理4.1.2, 4.2.1を見よ)．この性質により，たとえば多様体上の確率微分方程式の考察ではストラトノビッチ積分を用いることが自然である(Elworthy (1982)もしくはIkeda-Watanabe (1989)を見よ)．

しかしながら，伊藤積分はマルチンゲールであるが，ストラトノビッチ積分はそうではない．たとえ変換という観点からはあまり良い振舞いをしないとしても，これは伊藤積分の計算に際しての重要な利点である(例3.1.9を思い出せ)．我々の目的にとっては伊藤積分がもっとも便利であるので，以下では伊藤積分に基づいて議論を進めよう．

問題

特に断らない限り，B_t は $B_0 = 0$ なる1次元ブラウン運動を表す．

3.1 伊藤積分の定義(定義3.1.6)から直接

$$\int_0^t s dB_s = tB_t - \int_0^t B_s ds$$

となることを示せ．(ヒント．次の関係式を用いよ．

$$\sum_j \Delta(s_j B_j) = \sum_j s_j \Delta B_j + \sum_j B_{j+1} \Delta s_j.)$$

3.2 伊藤積分の定義(定義3.1.6)から直接

$$\int_0^t B_s^2 dB_s = \frac{1}{3} B_t^3 - \int_0^t B_s ds$$

となることを示せ.

3.3 確率過程 $X_t : \Omega \to \mathbf{R}^n$ に対し，$\{X_s(\cdot); s \leq t\}$ の生成する σ-加法族を $\mathcal{H}_t = \mathcal{H}_t^{(X)}$ と表す．

a) あるフィルトレーション $\{\mathcal{N}_t\}_{t\geq 0}$ に関して X_t がマルチンゲールであれば，X_t は $\{\mathcal{H}_t^{(X)}\}_{t\geq 0}$ に関してもマルチンゲールとなることを示せ．

b) もし X_t が $\{\mathcal{H}_t^{(X)}\}_{t\geq 0}$ に関してマルチンゲールならば，
$$E[X_t] = E[X_0], \quad \forall t \geq 0 \qquad (*)$$
となることを証明せよ．

c) $(*)$ を満たすが自らが生成する σ-加法族 $\mathcal{H}_t$ に関してはマルチンゲールとはならない例を挙げよ．

3.4 以下の X_t は $\mathcal{F}_t$ に関しマルチンゲールであるかどうか判定せよ．

(i) $X_t = B_t + 4t$
(ii) $X_t = B_t^2$
(iii) $X_t = t^2 B_t - 2 \int_0^t s B_s ds$
(iv) $X_t = B_1(t) B_2(t)$．ただし $(B_1(t), B_2(t))$ は2次元ブラウン運動．

3.5 例 3.1.9 を使わずに
$$M_t = B_t^2 - t$$
が $\mathcal{F}_t$-マルチンゲールであることを直接証明せよ．

3.6 $N_t = B_t^3 - 3tB_t$ はマルチンゲールであることを示せ．

3.7 伊藤の有名な結果(1951)によれば，次の等式が n 重伊藤積分に対して成り立つ．
$$n! \int \cdots \left(\int \left(\int dB_{u_1} \right) dB_{u_2} \right) \cdots dB_{u_n} = t^{\frac{n}{2}} h_n \left(\frac{B_t}{\sqrt{t}} \right). \qquad (3.3.8)$$
$$_{0 \leq u_1 \leq \cdots \leq u_n \leq t}$$

ここで h_n は
$$h_n(x) = (-1)^n e^{\frac{x^2}{2}} \frac{d^n}{dx^n} \left(e^{-\frac{x^2}{2}} \right), \quad n = 0, 1, 2, \ldots$$

で与えられる次数 n のエルミート(**Hermite**)多項式である(たとえば $h_0(x) = 1$, $h_1(x) = x$, $h_2(x) = x^2 - 1$, $h_3(x) = x^3 - 3x$ である).

a) 各 n 重伊藤積分において被積分関数が定義 3.1.4 の仮定を満たすことを証明せよ.
b) 例 3.1.9 と問題 3.2 を用いて,(3.3.8)を $n = 1, 2, 3$ に対して証明せよ.
c) b) を用いて問題 3.6 の別証明を与えよ.

3.8 a) Y を
$$E[|Y|] < \infty$$
となる $(\Omega, \mathcal{F}, P)$ 上の確率変数とする.
$$M_t = E[Y|\mathcal{F}_t], \quad t \geq 0$$
とおけば,M_t は $\mathcal{F}_t$-マルチンゲールであることを証明せよ.

b) 逆に M_t は実数値 $\mathcal{F}_t$-マルチンゲールで
$$\sup_{t \geq 0} E[|M_t|^p] < \infty$$
が適当な $p > 1$ に対して成り立つとする.このとき $Y \in L^1(P)$ が存在して
$$M_t = E[Y|\mathcal{F}_t]$$
となることを証明せよ.
(ヒント.系 C.7 を用いよ.)

3.9 ほとんどすべての ω について写像 $t \mapsto f(t, \omega)$ が連続となる $f \in \mathcal{V}(0, T)$ をとる.
$$\int_0^T f(t, \omega) dB_t(\omega) = \lim_{\Delta t_j \to 0} \sum_j f(t_j, \omega) \Delta B_j \quad (L^2(P)\text{-収束})$$
となることはすでに見た.同様に f のストラトノビッチ積分を,もし収束すれば,次の右辺で定義する.
$$\int_0^T f(t, \omega) \circ dB_t(\omega) = \lim_{\Delta t_j \to 0} \sum_j f(t_j^*, \omega) \Delta B_j \quad (L^2(P)\text{-収束}).$$

ただし $t_j^* = \frac{1}{2}(t_j + t_{j+1})$. 一般にこれら2種類の積分は相異なる. たとえば,

$$\int_0^T B_t \circ dB_t$$

を計算し, 例3.1.9と比べよ.

3.10 もし問題3.9の f が t に "滑らかに" 依存しているならば, 伊藤積分とストラトノビッチ積分は一致する. これを詳しく見よう.

$$E[|f(s,\cdot) - f(t,\cdot)|^2] \leq K|s-t|^{1+\varepsilon}, \quad 0 \leq s, t \leq T$$

となる定数 $K < \infty$ と $\varepsilon > 0$ が存在すると仮定する. このとき, どのような $t_j' \in [t_j, t_{j+1}]$ の選びかたをしても

$$\int_0^T f(t,\omega)dB_t = \lim_{\Delta t_j \to 0} \sum_j f(t_j',\omega)\Delta B_j \quad (L^1(P)\text{-収束})$$

となることを証明せよ. 特に

$$\int_0^T f(t,\omega)dB_t = \int_0^T f(t,\omega) \circ dB_t$$

が成り立つ. (ヒント. $E[|\sum_j f(t_j,\omega)\Delta B_j - \sum_j f(t_j',\omega)\Delta B_j|]$ を考えよ.)

3.11 W_t を (3.1.2) の後に述べた条件 (i), (ii), (iii) を満たす確率過程とする. W_t は連続な経路をもちえないことを証明せよ. (ヒント. $W_t^{(N)} = (-N) \vee (N \wedge W_t)$, $N = 1, 2, \ldots$ とおいて $E[(W_t^{(N)} - W_s^{(N)})^2]$ を計算せよ.)

3.12 問題3.9と同様に, $\circ dB_t$ でストラトノビッチ積分を表す.

(i) (3.3.6) を用いて次のストラトノビッチ型確率微分方程式を伊藤型確率微分方程式に直せ.
   (a) $dX_t = \gamma X_t dt + \alpha X_t \circ dB_t$
   (b) $dX_t = \sin X_t \cos X_t dt + (t^2 + \cos X_t) \circ dB_t$

(ii) 次の伊藤型確率微分方程式をストラトノビッチ型確率微分方程式に直せ.
   (a) $dX_t = \gamma X_t dt + \alpha X_t dB_t$
   (b) $dX_t = 2e^{-X_t}dt + X_t^2 dB_t$

3.13 確率過程 $X_t : \Omega \to \mathbf{R}$ が2乗平均連続であるとは, $E[X_t^2] < \infty$ かつ

$$\lim_{s\to t} E[(X_s - X_t)^2] = 0, \quad \forall t \geq 0$$

となることを言う．

a) ブラウン運動 B_t は 2 乗平均連続であることを示せ．
b) $f: \mathbf{R} \to \mathbf{R}$ をリプシッツ連続な関数とする．すなわち定数 $C > 0$ がとれて次式が成り立つとする．

$$|f(x) - f(y)| \leq C|x - y|, \quad \forall x, y \in \mathbf{R}.$$

このとき

$$Y_t := f(B_t)$$

は 2 乗平均連続であることを証明せよ．

c) X_t は 2 乗平均連続な確率過程で $X_t \in \mathcal{V}(S,T)$, $T < \infty$ であるとする．

$$\phi_n(t,\omega) = \sum_j X_{t_j^{(n)}}(\omega) \mathcal{X}_{[t_j^{(n)}, t_{j+1}^{(n)})}(t)$$

とおけば

$$\int_S^T X_t dB_t = \lim_{n\to\infty} \int_S^T \phi_n(t,\omega) dB_t(\omega) \ (L^2(P)\text{-収束}), \ \forall T < \infty$$

となることを証明せよ．（ヒント．次の関係式を用いよ．

$$E\left[\int_S^T (X_t - \phi_n(t))^2 dt\right] = E\left[\sum_j \int_{t_j^{(n)}}^{t_{j+1}^{(n)}} (X_t - X_{t_j^{(n)}})^2 dt\right].)$$

3.14 関数 $h(\omega)$ は，有界連続関数 $g_1, \ldots, g_k$ と $t_j \leq t, j \leq k,$ により

$$g_1(B_{t_1}) g_2(B_{t_2}) \cdots g_k(B_{t_k})$$

と表される関数の線形和の概収束極限となっているとき，そのときに限り $\mathcal{F}_t$-可測をなることを証明せよ．
（ヒント．次の手順で証明せよ．

a) h は有界であると仮定してよい．
b) $n = 1, 2, \ldots, j = 1, 2, \ldots$ に対し $t_j = t_j^{(n)} = j \cdot 2^{-n}$ とおく．n を固定し，$\mathcal{H}_n$ を $\{B_{t_j}(\cdot)\}_{t_j \leq t}$ で生成される σ-加法族とおく．系 C.9 を用いて，

$$h = E[h|\mathcal{F}_t] = \lim_{n\to\infty} E[h|\mathcal{H}_n] \quad \text{(概収束)}$$

となることを証明せよ．

c) $h_n := E[h|\mathcal{H}_n]$ とおく．ドゥーブ=ディンキンの補題（補題 2.1.2）から，適当なボレル可測関数により

$$h_n(\omega) = G_n(B_{t_1}(\omega), \ldots, B_{t_k}(\omega))$$

と表現されることを証明せよ．ただし，$k = \max\{j; j \cdot 2^{-n} \le t\}$ である．次に，ボレル可測関数は概収束の意味で連続関数の列により近似できることを思い出せ．最後にストーン=ワイエルシュトラスの定理を用いて証明を完遂せよ．)

3.15 $f, g \in \mathcal{V}(S, T)$ とし，定数 C, D が存在して

$$C + \int_S^T f(t,\omega) dB_t(\omega) = D + \int_S^T g(t,\omega) dB_t(\omega) \quad \text{a.a.} \omega \in \Omega$$

が成り立っているとする．このとき

$$C = D$$
$$f(t,\omega) = g(t,\omega) \quad \text{a.a.}(t,\omega) \in [S,T] \times \Omega$$

となることを証明せよ．

3.16 $X : \Omega \to \mathbf{R}$ は $E[X^2] < \infty$ なる確率変数で，$\mathcal{H} \subset \mathcal{F}$ は σ-加法族とする．

$$E[(E[X|\mathcal{H}])^2] \le E[X^2]$$

となることを示せ．（ヒント．補題 6.1.1 を見よ．また，条件付き期待値に対するイェンセン（Jensen）の不等式（付録 B）を見よ．)

3.17 $(\Omega, \mathcal{F}, P)$ を確率空間とし，$X : \Omega \to \mathbf{R}$ を $E[|X|] < \infty$ なる確率変数とする．もし $\mathcal{G} \subset \mathcal{F}$ が有限 σ-加法族ならば，問題 2.7 より，分割 $\Omega = \bigcup_{i=1}^n G_i$ がとれて $\mathcal{G}$ は $\emptyset$ と $G_1, \ldots, G_n$ のいくつかの和集合からなる．

a) $E[X|\mathcal{G}](\omega)$ は各 G_i 上で定数となることを説明せよ（問題 2.7c を見よ）．
b) $P(G_i) > 0$ と仮定する．

$$E[X|\mathcal{G}](\omega) = \frac{\int_{G_i} X dP}{P(G_i)}, \quad \omega \in G_i$$

となることを証明せよ．

c) X は有限個の値 $a_1, \ldots, a_m$ のみをとると仮定する．初等確率論を用いて，

$$E[X|G_i] = \sum_{k=1}^{m} a_k P[X = a_k | G_i]$$

となることを証明せよ（問題 2.1 を見よ）．これを b) と比べ，関係式

$$E[X|G_i] = E[X|G](\omega), \quad \omega \in G_i$$

が成り立つことを示せ．

この考察により，付録 B で与えられた条件付き期待値の定義は，初等確率論での条件付き期待値の概念の拡張であると言える．

第4章

伊藤の公式とマルチンゲール表現定理

§4.1 伊藤の公式(1次元)

例 3.1.9 が示唆しているように，与えられた積分を計算するためには，伊藤積分の定義そのものはさほど重要でない．このことはリーマン積分の場合と同様である．実際，与えられたリーマン積分を計算するには，通常解析学の基本定理と連鎖定理が用いられ，リーマン積分の定義に立ち戻って計算を行うことはまずない．

伊藤積分は，積分理論ではあるが，微分理論ではない．しかし，連鎖定理の伊藤積分版(伊藤の公式と呼ばれる)が確立できる．例で見るように，伊藤の公式は伊藤積分の計算において非常に有効な道具となる．

関係式

$$\int_0^t B_s dB_s = \frac{1}{2}B_t^2 - \frac{1}{2}t \quad (言い換えると) \quad \frac{1}{2}B_t^2 = \frac{1}{2}t + \int_0^t B_s dB_s \tag{4.1.1}$$

を見れば，関数 $g(x) = \frac{1}{2}x^2$ と伊藤積分 $B_t = \int_0^t dB_s$ を合成して得られる確率過程はもはや

$$\int_0^t f(s,\omega) dB_s(\omega)$$

という伊藤積分の形をしておらず，

$$\frac{1}{2}B_t^2 = \frac{1}{2}t + \int_0^t B_s dB_s \tag{4.1.2}$$

という dB_s-積分と ds-積分の組み合わせとなっている．それゆえ，dB_s-積分

と ds-積分の和を伊藤過程と呼ぶことにすれば,伊藤過程からなる族は滑らかな関数との合成で閉じているであろうと思われる.よって,次のような定義を導入する.

定義 4.1.1 (1 次元伊藤過程) B_t を $(\Omega, \mathcal{F}, P)$ 上の 1 次元ブラウン運動とする.$(\Omega, \mathcal{F}, P)$ 上の 1 次元確率過程 X_t が

$$X_t = X_0 + \int_0^t u(s,\omega)ds + \int_0^t v(s,\omega)dB_s \quad (4.1.3)$$

と表されるとき,伊藤過程と呼ぶ.ただし $v \in \mathcal{W}_\mathcal{H}$ は

$$P\left[\int_0^t v(s,\omega)^2 ds < \infty, \ \forall t \geq 0\right] = 1 \quad (4.1.4)$$

を満たし(定義 3.3.2 を見よ),$u(s,\omega)$ は $\mathcal{H}_t$-可測($\mathcal{H}_t$ は 3.3 節の (ii)′ で述べたもの)で

$$P\left[\int_0^t |u(s,\omega)|ds < \infty, \ \forall t \geq 0\right] = 1 \quad (4.1.5)$$

を満たす.

(4.1.3)で与えられる伊藤過程を次のように形式的に微分形で表すこともある.

$$dX_t = udt + vdB_t. \quad (4.1.6)$$

たとえば(4.1.1)(もしくは(4.1.2))は

$$d\left(\frac{1}{2}B_t^2\right) = \frac{1}{2}dt + B_t dB_t$$

となる.さて,この章の主定理を述べよう.

定理 4.1.2 (伊藤の公式 (1 次元)) X_t を

$$dX_t = udt + vdB_t$$

で定義される伊藤過程とする.$g(t,x) \in C^2([0,\infty) \times \mathbf{R})$ とする(つまり g は $[0,\infty) \times \mathbf{R}$ 上 2 回連続的微分可能).このとき

$$Y_t = g(t, X_t)$$

は再び伊藤過程であり

$$dY_t = \frac{\partial g}{\partial t}(t, X_t)dt + \frac{\partial g}{\partial x}(t, X_t)dX_t + \frac{1}{2}\frac{\partial^2 g}{\partial x^2}(t, X_t) \cdot (dX_t)^2 \quad (4.1.7)$$

を満たす．ただし，$(dX_t)^2 = dX_t \cdot dX_t$ は次の計算規則で求められる．

$$dt \cdot dt = dt \cdot dB_t = dB_t \cdot dt = 0, \quad dB_t \cdot dB_t = dt. \quad (4.1.8)$$

伊藤の公式を証明する前にいくつかの例を挙げよう．

例 4.1.3 再び3章で述べた

$$I = \int_0^t B_s dB_s$$

という伊藤積分を考えよう．$X_t = B_t$, $g(t,x) = \frac{1}{2}x^2$ とする．このとき

$$Y_t = g(t, B_t) = \frac{1}{2}B_t^2$$

である．伊藤の公式を用いれば，

$$dY_t = \frac{\partial g}{\partial t}dt + \frac{\partial g}{\partial x}dB_t + \frac{1}{2}\frac{\partial^2 g}{\partial x^2}(t, X_t) \cdot (dB_t)^2$$
$$= B_t dB_t + \frac{1}{2}(dB_t)^2 = B_t dB_t + \frac{1}{2}dt$$

となる．したがって，

$$d\left(\frac{1}{2}B_t^2\right) = B_t dB_t + \frac{1}{2}dt$$

を得る．これは

$$\frac{1}{2}B_t^2 = \int_0^t B_s dB_s + \frac{1}{2}t$$

という3章で得た関係式に他ならない．

例 4.1.4 積分

$$\int_0^t s dB_s$$

を求めよう．初等解析を思い出せば，tB_t という積が関係することが推測できる．したがって

$$g(t, x) = tx$$

とおき，
$$Y_t = g(t, B_t) = tB_t$$
と定義する．このとき伊藤の公式から
$$dY_t = B_t dt + t dB_t + 0,$$
すなわち，
$$d(tB_t) = B_t dt + t dB_t$$
を得る．これを積分形にすれば
$$tB_t = \int_0^t B_s ds + \int_0^t s dB_s$$
となり，関係式
$$\int_0^t s dB_s = tB_t - \int_0^t B_s ds$$
が従う．部分積分の公式を思い出せば，これは妥当な等式であると言える．

一般に，上の例と同様の議論により，次を得る．

定理 4.1.5（部分積分の公式） $f(s, \omega) = f(s)$ は s のみに依存し，連続でかつ $[0, t]$ 上有界変動であるとする．このとき次の関係式が成り立つ．
$$\int_0^t f(s) dB_s = f(t) B_t - \int_0^t B_s df_s.$$

この定理では f が ω に依存しないことが肝要である（問題 4.3 を見よ）．

[伊藤の公式の証明の概略] 関係式
$$dX_t = udt + vdB_t$$
を (4.1.7) に代入し，そして (4.1.8) を用いれば，次の等式を得る．
$$\begin{aligned}
g(t, X_t) = g(0, X_0) &+ \int_0^t \left(\frac{\partial g}{\partial s}(s, X_s) + u_s \frac{\partial g}{\partial x}(s, X_s) \right. \\
&\left. + \frac{1}{2} v_s^2 \cdot \frac{\partial^2 g}{\partial s^2}(s, X_s) \right) ds + \int_0^t v_s \cdot \frac{\partial g}{\partial x}(s, X_s) dB_s. \quad (4.1.9)
\end{aligned}$$

ただし，$u_s = u(s,\omega)$, $v_s = v(s,\omega)$. よって，(4.1.9) は定義 4.1.1 の意味での伊藤過程となる.

$g, \frac{\partial g}{\partial s}, \frac{\partial g}{\partial x}$ および $\frac{\partial^2 g}{\partial x^2}$ はすべて有界であると仮定してよい．なぜなら，もし (4.1.9) がこのような g に対して証明されれば，g を $g_n, \frac{\partial g_n}{\partial s}, \frac{\partial g_n}{\partial x}$ および $\frac{\partial^2 g_n}{\partial x^2}$ はすべて有界で，任意の $[0, \infty) \times \mathbf{R}$ のコンパクト部分集合上，$g, \frac{\partial g}{\partial s}, \frac{\partial g}{\partial x}$ および $\frac{\partial^2 g}{\partial x^2}$ に一様収束するような C^2 級関数 g_n で近似することで，一般の C^2 級の g に対する証明が得られるからである（問題 4.9 を見よ）．さらに，(3.3.1) より，$u(t,\omega), v(t,\omega)$ は初等的であると仮定してよい．テーラーの定理から

$$g(t, X_t) = g(0, X_0) + \sum_j \Delta g(t_j, X_j) = g(0, X_0) + \sum_j \frac{\partial g}{\partial t} \Delta t_j$$
$$+ \sum_j \frac{\partial g}{\partial x} \Delta X_j + \frac{1}{2} \sum_j \frac{\partial^2 g}{\partial t^2} (\Delta t_j)^2 + \sum_j \frac{\partial^2 g}{\partial t \partial x} (\Delta t_j)(\Delta X_j)$$
$$+ \frac{1}{2} \sum_j \frac{\partial^2 g}{\partial x^2} (\Delta X_j)^2 + \sum R_j$$

となる．ただし，$\sum_j$ 中の $\frac{\partial g}{\partial t}, \frac{\partial g}{\partial x}$ などは点 (t_j, X_{t_j}) での値であり，

$$\Delta t_j = t_{j+1} - t_j, \quad \Delta X_j = X_{t_{j+1}} - X_{t_j},$$
$$\Delta g(t_j, X_j) = g(t_{j+1}, X_{t_{j+1}}) - g(t_j, X_{t_j}),$$

$R_j = o(|\Delta t_j|^2 + |\Delta X_j|^2)$ である．

$\Delta t_j \to 0$ とすれば，

$$\sum_j \frac{\partial g}{\partial t} \Delta t_j = \sum_j \frac{\partial g}{\partial t}(t_j, X_{t_j}) \Delta t_j \to \int_0^t \frac{\partial g}{\partial t}(s, X_s) ds \tag{4.1.10}$$

$$\sum_j \frac{\partial g}{\partial x} \Delta X_j = \sum_j \frac{\partial g}{\partial x}(t_j, X_{t_j}) \Delta X_j \to \int_0^t \frac{\partial g}{\partial x}(s, X_s) dX_s. \tag{4.1.11}$$

となる．さらに u, v は初等的であるから，$u_j = u(t_j, \omega), v_j = v(t_j, \omega)$ と略記すれば，

$$\sum_j \frac{\partial^2 g}{\partial x^2} (\Delta X_j)^2 = \sum_j \frac{\partial^2 g}{\partial x^2} u_j^2 (\Delta t_j)^2 + 2 \sum_j \frac{\partial^2 g}{\partial x^2} u_j v_j (\Delta t_j)(\Delta B_j)$$
$$+ \sum_j \frac{\partial^2 g}{\partial x^2} v_j^2 \cdot (\Delta B_j)^2 \tag{4.1.12}$$

となる. このうち最初の 2 項は $\Delta t_j \to 0$ のとき 0 に収束する. たとえば,

$$E\left[\left(\sum_j \frac{\partial^2 g}{\partial x^2}u_j v_j(\Delta t_j)(\Delta B_j)\right)^2\right]$$
$$= \sum_j E\left[\left(\frac{\partial^2 g}{\partial x^2}u_j v_j\right)^2\right](\Delta t_j)^3 \to 0 \quad (\Delta t_j \to 0).$$

最後の項が, $\Delta t_j \to 0$ のとき

$$\int_0^t \frac{\partial^2 g}{\partial x^2}v^2 ds$$

に $L^2(P)$-収束することを示そう. このため, $a(t) = \frac{\partial^2 g}{\partial x^2}(t, X_t)v^2(t, \omega)$, $a_j = a(t_j)$ とおき,

$$E\left[\left(\sum_j a_j(\Delta B_j)^2 - \sum_j a_j \Delta t_j\right)^2\right]$$
$$= \sum_{i,j} E\left[a_i a_j((\Delta B_i)^2 - \Delta t_i)((\Delta B_j)^2 - \Delta t_j)\right]$$

を考える. もし $i < j$ ならば, $a_i a_j((\Delta B_i)^2 - \Delta t_i)$ と $(\Delta B_j)^2 - \Delta t_j$ は独立であるから, このような項は平均には寄与しない. また, $j < i$ に対応する項も寄与しない. したがって, 残った項を計算すると

$$\sum_j E[a_j^2((\Delta B_j)^2 - \Delta t_j)^2]$$
$$= \sum_j E[a_j^2] \cdot E[(\Delta B_j)^4 - 2(\Delta B_j)^2(\Delta t_j) + (\Delta t_j)^2]$$
$$= \sum_j E[a_j^2] \cdot (3(\Delta t_j)^2 - 2(\Delta t_j)^2 + (\Delta t_j)^2) = 2\sum_j E[a_j^2] \cdot (\Delta t_j)^2$$
$$\to 0 \quad (\Delta t_j \to 0)$$

となる. 結局, $\Delta t_j \to 0$ のとき

$$\sum_j a_j(\Delta B_j)^2 \to \int_0^t a(s)ds \quad (L^2(P)\text{-収束})$$

となる. このことを象徴的に次のように表現しよう ((4.1.8)参照).

$$(dB_t)^2 = dt. \tag{4.1.13}$$

上の議論により，$\Delta t_j \to 0$ のとき $\sum_j R_j \to 0$ となることも従う．以上のようにして伊藤の公式を証明できる． □

注　$X_t(\omega) \in U$ $(\forall (t,\omega) \in [0,\infty) \times \Omega)$ を満たす開集合 $U \subset \mathbf{R}$ が存在したとする．もし $g(t,x)$ が $[0,\infty) \times U$ 上 C^2 級であれば伊藤の公式は適用できる．さらに言えば，$g(t,x)$ は t に関して C^1 級，x に関して C^2 級 であれば十分である．

§4.2　伊藤の公式(多次元)

高次元での考察を行おう．$B(t,\omega) = (B_1(t,\omega), \ldots, B_m(t,\omega))$ を m 次元ブラウン運動とする．各確率過程 $u_i(t,\omega)$, $v_{ij}(t,\omega)$ $(1 \leq i \leq n, 1 \leq j \leq m)$ が定義 4.1.1 の条件を満たすならば，次のような n 次元伊藤過程が定義できる．

$$\begin{cases} dX_1 = u_1 dt + v_{11} dB_1 + \cdots + v_{1m} dB_m \\ \vdots \quad\quad \vdots \quad\quad\quad\quad\quad\quad\quad\quad \vdots \\ dX_n = u_n dt + v_{n1} dB_1 + \cdots + v_{nm} dB_m \end{cases} \tag{4.2.1}$$

これは行列表現を用いれば

$$dX(t) = u dt + v dB(t) \tag{4.2.2}$$

となる．ただし

$$X(t) = \begin{pmatrix} X_1(t) \\ \vdots \\ X_n(t) \end{pmatrix}, \quad u = \begin{pmatrix} u_1 \\ \vdots \\ u_n \end{pmatrix},$$

$$v = \begin{pmatrix} v_{11} & \cdots & v_{1m} \\ \vdots & & \vdots \\ v_{n1} & \cdots & v_{nm} \end{pmatrix}, \quad dB(t) = \begin{pmatrix} dB_1(t) \\ \vdots \\ dB_m(t) \end{pmatrix}. \tag{4.2.3}$$

このような $X(t)$ を n 次元伊藤過程(もしくは簡単に伊藤過程)と呼ぶ．

滑らかな関数と X の合成は次で与えられる関係式を満たす．

第4章 伊藤の公式とマルチンゲール表現定理

定理 4.2.1 (一般の伊藤の公式)

$$dX(t) = udt + vdB(t)$$

を上のような n 次元伊藤過程とする．$\mathbf{R}^p$ に値をとる $[0,\infty) \times \mathbf{R}^n$ 上の C^2 級の関数 $g(t,x) = (g_1(t,x), \ldots, g_p(t,x))$ を考える．このとき確率過程

$$Y(t,\omega) = g(t, X(t))$$

は伊藤過程となり，その第 k 成分 Y_k は次で与えられる．

$$dY_k = \frac{\partial g_k}{\partial t}(t,X)dt + \sum_i \frac{\partial g_k}{\partial x_i}(t,X)dX_i + \frac{1}{2}\sum_{i,j}\frac{\partial^2 g_k}{\partial x_i \partial x_j}(t,X)dX_i dX_j.$$

ただし $dB_i dB_j = \delta_{ij}dt$, $dB_i dt = dt dB_i = 0$ とする．

1 次元の場合とまったく同様に証明できるので証明は略する．

例 4.2.2 $B = (B_1, \ldots, B_n)$ を $\mathbf{R}^n$ 上のブラウン運動とする ($n \geq 2$ とする)．$B(t,\omega)$ の原点からの距離

$$R(t,\omega) = |B(t,\omega)| = (B_1^2(t,\omega) + \cdots + B_n^2(t,\omega))^{\frac{1}{2}}$$

を考える．関数 $g(t,x) = |x|$ は原点で C^2 級でないが，$n \geq 2$ のとき，ほとんど確実に B_t は原点に到達しないので (問題 9.7 を見よ)，伊藤の公式を適用できる．その結果，関係式

$$dR = \sum_{i=1}^n \frac{B_i dB_i}{R} + \frac{n-1}{2R}dt$$

を得る．確率過程 R は，n 次元ベッセル (**Bessel**) 過程と呼ばれている．その理由は，生成作用素 (7 章を見よ) がベッセル微分作用素 $Af(x) = \frac{1}{2}f''(x) + \frac{n-1}{2x}f'(x)$ と一致するからである．

§4.3 マルチンゲール表現定理

$B(t) = (B_1(t), \ldots, B_n(t))$ を n 次元ブラウン運動としよう．3 章 (系 3.2.6) において，$v \in \mathcal{V}^n$ の伊藤積分

$$X_t = X_0 + \int_0^t v(s,\omega)dB(s), \quad t \geq 0$$

はフィルトレーション $\mathcal{F}_t^{(n)}$（と測度 P）に関してマルチンゲールとなることを見た．この節では，逆に $\mathcal{F}_t^{(n)}$-マルチンゲールが伊藤積分として表されることを見る．これは**マルチンゲール表現定理**と呼ばれている結果であり，色々な応用で重要な役割を果たす（たとえば数理ファイナンス（12 章を見よ））．簡単のため，ここでは $n=1$ の場合の証明を与えるが，同様の証明が一般の n についても適用できることは容易に確かめられる．

いくつかの準備的考察をしておこう．

補題 4.3.1 $T>0$ を固定する．確率変数の集合

$$\{\phi(B_{t_1},\ldots,B_{t_n}); t_i \in [0,T],\ \phi \in C_0^\infty(\mathbf{R}^n),\ n=1,2,\ldots\}$$

は $L^2(\mathcal{F}_T, P)$ で稠密である．

[証明] 有界な $g \in L^2(\mathcal{F}_T, P)$ が上のような $\phi(B_{t_1},\ldots,B_{t_n})$ で近似されることを示せばよい．$\{t_i\}_{i=1}^\infty$ を $[0,T]$ の稠密な部分集合とし，$\mathcal{H}_n$ を $B_{t_1}(\cdot),\ldots,B_{t_n}(\cdot)$ が生成する σ-加法族とする．明らかに

$$\mathcal{H}_n \subset \mathcal{H}_{n+1}$$

であり，$\mathcal{F}_T$ はすべての $\mathcal{H}_n$ を含む最小の σ-加法族である．マルチンゲール収束定理（系 C.9（付録 C））より，

$$g = E[g|\mathcal{F}_T] = \lim_{n\to\infty} E[g|\mathcal{H}_n]$$

となる．この収束は $(P\text{-})$ 概収束であり，かつ $L^2(\mathcal{F}_T, P)$-収束でもある．ドゥーブ＝ディンキンの補題（補題 2.1.2）より，ボレル可測関数 $g_n : \mathbf{R}^n \to \mathbf{R}$ がとれて

$$E[g|\mathcal{H}_n] = g_n(B_{t_1},\ldots,B_{t_n})$$

と表される．$g_n(B_{t_1},\ldots,B_{t_n})$ を $\phi_n(B_{t_1},\ldots,B_{t_n})$ ($\phi_n \in C_0^\infty(\mathbf{R}^n)$) という表現をもつ関数で近似すれば，結論が従う． □

補題 4.3.2 確定的な[1] $h \in L^2[0,T]$ を用いて

---

[1] ω に依存しないことを"確定的"，"決定論的"と言う．

$$\exp\left\{\int_0^T h(t)dB_t(\omega) - \frac{1}{2}\int_0^T h^2(t)dt\right\} \tag{4.3.1}$$

と表される確率変数の張る線形空間は $L^2(\mathcal{F}_T, P)$ で稠密である．

[証明] $g \in L^2(\mathcal{F}_T, P)$ は，(4.3.1)で与えられる表現をもつすべての確率変数と $L^2(\mathcal{F}_T, P)$ で直交していると仮定しよう．このとき，とくに，任意の $\lambda = (\lambda_1, \ldots, \lambda_n) \in \mathbf{R}^n$ と $t_1, \ldots, t_n \in [0, T]$ に対し

$$G(\lambda) := \int_\Omega \exp\{\lambda_1 B_{t_1}(\omega) + \cdots + \lambda_n B_{t_n}(\omega)\}g(\omega)dP(\omega) = 0 \tag{4.3.2}$$

が成り立つ．$G(\lambda)$ は $\lambda \in \mathbf{R}^n$ に関し実解析的であり，複素空間 $\mathbf{C}^n$ に

$$G(z) = \int_\Omega \exp\{z_1 B_{t_1}(\omega) + \cdots + z_n B_{t_n}(\omega)\}g(\omega)dP(\omega) \tag{4.3.3}$$

という形で拡張される．ただし，$z = (z_1, \ldots, z_n) \in \mathbf{C}^n$ (問題 2.8 b)の評価式を用いよ)．$\mathbf{R}^n$ 上 $G = 0$ であり G は解析的であるから，$\mathbf{C}^n$ 上 $G = 0$ となる．とくに，任意の $y = (y_1, \ldots, y_n) \in \mathbf{R}^n$ に対し $G(iy_1, iy_2, \ldots, iy_n) = 0$ である．これより，すべての $\phi \in C_0^\infty(\mathbf{R}^n)$ について，

$$\begin{aligned}
\int_\Omega & \phi(B_{t_1}, \ldots, B_{t_n})g(\omega)dP(\omega) \\
&= \int_\Omega (2\pi)^{-n/2} \left(\int_{\mathbf{R}^n} \widehat{\phi}(y) e^{i(y_1 B_{t_1} + \cdots + y_n B_{t_n})}dy\right) g(\omega)dP(\omega) \\
&= (2\pi)^{-n/2} \int_{\mathbf{R}^n} \widehat{\phi}(y) \left(\int_\Omega e^{i(y_1 B_{t_1} + \cdots + y_n B_{t_n})}g(\omega)dP(\omega)\right) dy \\
&= (2\pi)^{-n/2} \int_{\mathbf{R}^n} \widehat{\phi}(y) G(iy)dy = 0
\end{aligned} \tag{4.3.4}$$

となる．ただし，$\widehat{\phi}$ は

$$\widehat{\phi}(y) = (2\pi)^{-n/2} \int_{\mathbf{R}^n} \phi(x) e^{-ix\cdot y}dx$$

で与えられる ϕ のフーリエ変換であり，(4.3.4)の変形ではフーリエ逆変換の公式

$$\phi(x) = (2\pi)^{-n/2} \int_{\mathbf{R}^n} \widehat{\phi}(y) e^{ix\cdot y}dy$$

を用いた(たとえば Folland (1984)を見よ)．

(4.3.4) と補題 4.3.1 より，g は $L^2(\mathcal{F}_T, P)$ の稠密な部分集合に直交している．したがって，$g = 0$ となる．ゆえに (4.3.1) で与えられる関数の張る線形空間は $L^2(\mathcal{F}_T, P)$ で稠密である． □

$B(t) = (B_1(t), \ldots, B_n(t))$ を n 次元ブラウン運動とする．もし $v(s, \omega) \in \mathcal{V}^n(0, T)$ ならば，確率変数

$$V(\omega) := \int_0^T v(t, \omega) dB(t) \tag{4.3.5}$$

は $\mathcal{F}_T^{(n)}$-可測である．伊藤積分の等長性より，

$$E[V^2] = \int_0^T E[v^2(t, \cdot)] dt < \infty$$

となる．とくに $V \in L^2(\mathcal{F}_T^{(n)}, P)$ である．次の結果より，この逆も成り立つ．

定理 4.3.3 (伊藤の表現定理) $F \in L^2(\mathcal{F}_T^{(n)}, P)$ とする．このとき，$f(t, \omega) \in \mathcal{V}^n(0, T)$ がとれて，次の等式が成り立つ．

$$F(\omega) = E[F] + \int_0^T f(t, \omega) dB(t). \tag{4.3.6}$$

[証明] 再び $n = 1$ の場合を考える（一般の次元の場合の証明は同様にできる）．まず，F は (4.3.1) のように表されると仮定しよう．つまり，$h(t) \in L^2[0, T]$ を用いて，

$$F(\omega) = \exp\left\{\int_0^T h(t) dB_t(\omega) - \frac{1}{2}\int_0^T h^2(t) dt\right\}$$

と表されているとする．

$$Y_t(\omega) = \exp\left\{\int_0^t h(t) dB_t(\omega) - \frac{1}{2}\int_0^t h^2(t) dt\right\}, \quad 0 \leq t \leq T$$

とおく．伊藤の公式より，

$$dY_t = Y_t(h(t) dB_t - \frac{1}{2} h^2(t) dt) + \frac{1}{2} Y_t (h(t) dB_t)^2 = Y_t h(t) dB_t$$

となる．したがって，

$$Y_t = 1 + \int_0^t Y_s h(s) dB_s, \quad t \in [0, T]$$

である.ゆえに
$$F = Y_T = 1 + \int_0^T Y_s h(s) dB_s$$
となり,とくに $E[F]=1$ である.以上より,この場合には (4.3.6) が成り立つ.(4.3.6) の線形性より,(4.3.1) という表現をもつ関数の線形結合に対しては (4.3.6) が成立する.

さて,一般の $F \in L^2(\mathcal{F}_T, P)$ をとる.この F を (4.3.1) の形をした関数の線形結合として得られる F_n で $L^2(\mathcal{F}_T, P)$-近似しよう.上の考察から,$f_n \in \mathcal{V}(0,T)$ がとれて

$$F_n(\omega) = E[F_n] + \int_0^T f_n(s,\omega) dB_s(\omega)$$

となる.伊藤積分の等長性から

$$E[(F_n - F_m)^2] = E\left[\left(E[F_n - F_m] + \int_0^T (f_n - f_m) dB\right)^2\right]$$
$$= (E[F_n - F_m])^2 + \int_0^T E[(f_n - f_m)^2] dt \to 0 \quad (n, m \to \infty)$$

となる.よって $\{f_n\}$ は $L^2([0,T] \times \Omega)$ でコーシー列となる.$f \in L^2([0,T] \times \Omega)$ をその極限値とする.$f_n \in \mathcal{V}(0,T)$ であるから,$f \in \mathcal{V}(0,T)$ である(これは次のようにして証明できる.必要ならば部分列をとることにより,ほとんどすべての (t,ω) について $\{f_n(t,\omega)\}$ は $f(t,\omega)$ に収束するとしてよい.このとき,ほとんどすべての t に関して $f(t,\cdot)$ は $\mathcal{F}_t$-可測である.したがって,$f(t,\omega)$ を t-零集合だけ修正すれば,$f(t,\omega)$ を $\mathcal{F}_t$-可測にできる).再び,伊藤積分の等長性を使えば,$L^2(\mathcal{F}_T, P)$ において次の収束を得る.

$$F = \lim_{n \to \infty} F_n = \lim_{n \to \infty} \left(E[F_n] + \int_0^T f_n dB\right) = E[F] + \int_0^T f dB.$$

したがって,表現 (4.3.6) がすべての $F \in L^2(\mathcal{F}_T, P)$ について成り立つ.

一意性は伊藤積分の等長性から従う.実際,$f_1, f_2 \in \mathcal{V}(0,T)$ により

$$F(\omega) = E[F] + \int_0^T f_1(t,\omega) dB_t(\omega) = E[F] + \int_0^T f_2(t,\omega) dB_t(\omega)$$

と表されたとする.このとき

$$0 = E\left[\left(\int_0^T (f_1(t,\omega) - f_2(t,\omega))dB_t(\omega)\right)^2\right]$$
$$= \int_0^T E[(f_1(t,\omega) - f_2(t,\omega))^2]dt$$

となる．これより，ほとんどすべての $(t,\omega) \in [0,T] \times \Omega$ に対して $f_1(t,\omega) = f_2(t,\omega)$ となる． □

注 $f(t,\omega)$ は F のフレッシェ微分を用いて表すことができるし，また，マリアヴァン微分を用いて表すこともできる．Clark (1970/71)，Ocone (1984) を見よ．

定理 4.3.4 (マルチンゲール表現定理) $B(t) = (B_1(t), \ldots, B_n(t))$ を n 次元ブラウン運動とする．M_t を (P に関する) $\mathcal{F}_t^{(n)}$-マルチンゲールとし，$M_t \in L^2(P)$ がすべての $t \geq 0$ に対して成り立っているとする．このとき，$g \in \mathcal{V}^{(n)}(0,t)$ ($\forall t \geq 0$) なる確率過程 $g(s,\omega)$ がとれて，すべての $t \geq 0$ で次の等式が成り立つ．

$$M_t(\omega) = E[M_0] + \int_0^t g(s,\omega)dB(s) \quad \text{a.s.}$$

[証明] 一般の場合も同様に証明できるので，$n = 1$ の場合に証明する．定理 4.3.3 を $T = t$，$F = M_t$ として適用すると，$f^{(t)}(s,\omega) \in L^2(\mathcal{F}_t, P)$ が一意的に見つかって

$$M_t(\omega) = E[M_t] + \int_0^t f^{(t)}(s,\omega)dB_s(\omega) = E[M_0] + \int_0^t f^{(t)}(s,\omega)dB_s(\omega)$$

となる．$0 \leq t_1 < t_2$ とする．このとき

$$M_{t_1} = E[M_{t_2}|\mathcal{F}_{t_1}] = E[M_0] + E\left[\int_0^{t_2} f^{(t_2)}(s,\omega)dB_s(\omega)\bigg|\mathcal{F}_{t_1}\right]$$
$$= E[M_0] + \int_0^{t_1} f^{(t_2)}(s,\omega)dB_s(\omega) \tag{4.3.7}$$

となる．ところが，

$$M_{t_1} = E[M_0] + \int_0^{t_1} f^{(t_1)}(s,\omega)dB_s(\omega) \tag{4.3.8}$$

であるから，(4.3.7) と (4.3.8) を比較して

$$0 = E\left[\left(\int_0^{t_1}(f^{(t_2)}-f^{(t_1)})dB\right)^2\right] = \int_0^{t_1} E[(f^{(t_2)}-f^{(t_1)})^2]ds$$

を得る．したがって

$$f^{(t_1)}(s,\omega) = f^{(t_2)}(s,\omega) \quad \text{a.a.} \ (s,\omega) \in [0,t_1] \times \Omega$$

となる．これより，$f(s,\omega)$ を，$s \in [0,N]$ ならば

$$f(s,\omega) = f^{(N)}(s,\omega)$$

と定義すれば，この f により

$$M_t = E[M_0] + \int_0^t f^{(t)}(s,\omega)dB_s(\omega) = E[M_0] + \int_0^t f(s,\omega)dB_s(\omega),$$

$$\forall t \geq 0$$

と表現される． □

問題

4.1 伊藤の公式を使い，$u \in \mathbf{R}^n, v \in \mathbf{R}^{n \times m}$ および次元 m,n をうまくとって，以下の確率過程 X_t を

$$dX_t = u(t,\omega)dt + v(t,\omega)dB_t$$

という形に表せ．

a) $X_t = B_t^2$ （B_t は 1 次元ブラウン運動）
b) $X_t = 2 + t + e^{B_t}$ （B_t は 1 次元ブラウン運動）
c) $X_t = B_1^2(t) + B_2^2(t)$ （(B_1,B_2) は 2 次元ブラウン運動）
d) $X_t = (t_0+t, B_t)$ （B_t は 1 次元ブラウン運動）
e) $X_t = (B_1(t)+B_2(t)+B_3(t), B_2^2(t)-B_1(t)B_3(t))$ （(B_1,B_2,B_3) は 3 次元ブラウン運動）

4.2 伊藤の公式を用い，次の等式を示せ．

$$\int_0^t B_s^2 dB_s = \frac{1}{3}B_t^3 - \int_0^t B_s ds.$$

4.3 X_t, Y_t を $\mathbf{R}$ 上の伊藤過程とする.

$$d(X_t Y_t) = X_t dY_t + Y_t dX_t + dX_t \cdot dY_t$$

となることを証明せよ. さらに, これより一般の部分積分の公式

$$\int_0^t X_s dY_s = X_t Y_t - X_0 Y_0 - \int_0^t Y_s dX_s - \int_0^t dX_s \cdot dY_s$$

を導け.

4.4 (指数マルチンゲール) $\theta_k(t,\omega) \in \mathcal{V}(0,T)$, $1 \leq k \leq n$, $T \leq \infty$, とし, $\theta(t,\omega) = (\theta_1(t,\omega), \ldots, \theta_n(t,\omega)) \in \mathbf{R}^n$ とおく. さらに

$$Z_t = \exp\left\{\int_0^t \theta(s,\omega)dB(s) - \frac{1}{2}\int_0^t \theta^2(s,\omega)ds\right\}, \quad 0 \leq t \leq T$$

と定義する. ただし, $B(s) \in \mathbf{R}^n$ で $\theta^2 = \theta \cdot \theta$ (内積).

a) 伊藤の公式を用いて,

$$dZ_t = Z_t \theta(t,\omega) dB(t)$$

となることを証明せよ.

b) もし

$$Z_t \theta_k(t,\omega) \in \mathcal{V}(0,T), \quad 1 \leq k \leq n$$

ならば, $t \leq T$ に対し Z_t はマルチンゲールであることを示せ.

注 Z_t がマルチンゲールとなるための十分条件は, 風巻の条件と呼ばれている

$$E\left[\exp\left(\frac{1}{2}\int_0^t \theta(s,\omega)dB(s)\right)\right] < \infty, \quad \forall t \leq T \tag{4.3.9}$$

という条件である. これは, より強い (しかしより確かめやすい) ノビコフ (**Novikov**) の条件と呼ばれる十分条件

$$E\left[\exp\left(\frac{1}{2}\int_0^t \theta^2(s,\omega)ds\right)\right] < \infty, \quad \forall t \leq T \tag{4.3.10}$$

から導かれる. Ikeda-Watanabe (1989, Section III.5) とその参考文献表を見よ.

4.5 $B_t \in \mathbf{R}$, $B_0 = 0$ とする.
$$\beta_k(t) = E[B_t^k], \quad k = 0, 1, 2, \ldots, \ t \geq 0$$
とおく. 伊藤の公式を使って,
$$\beta_k(t) = \frac{1}{2}k(k-1)\int_0^t \beta_{k-2}(s)ds, \quad k \geq 2$$
を証明せよ. これから
$$E[B_t^4] = 3t^2 \quad ((2.2.14)参照)$$
を導き,
$$E[B_t^6]$$
を求めよ.

4.6 a) 定数 c, α と $B_t \in \mathbf{R}$ に対し
$$X_t = e^{ct + \alpha B_t}$$
とおく. 等式
$$dX_t = \left(c + \frac{1}{2}\alpha^2\right)X_t dt + \alpha X_t dB_t$$
を示せ.

b) 定数 $c, \alpha_1, \ldots, \alpha_n$ と $B_t = (B_1(t), \ldots, B_n(t)) \in \mathbf{R}^n$ に対し
$$X_t = \exp\left(ct + \sum_{j=1}^n \alpha_j B_j(t)\right)$$
とおく.
$$dX_t = \left(c + \frac{1}{2}\sum_{j=1}^n \alpha_j^2\right)X_t dt + X_t\left(\sum_{j=1}^n \alpha_j dB_j\right)$$
が成り立つことを証明せよ.

4.7 $v \in \mathbf{R}^n = \mathbf{R}^{1 \times n}$, $v \in \mathcal{V}(0, T)$, $B_t \in \mathbf{R}^n$, $0 \leq t \leq T$, とする. 伊藤過程 X_t を
$$dX_t = v(t, \omega)dB_t(\omega)$$

で定める.

a) X_t^2 は一般にはマルチンゲールでない. このことを示す例を挙げよ.

b) もし v が有界ならば

$$M_t := X_t^2 - \int_0^t |v_s|^2 ds$$

はマルチンゲールとなることを証明せよ. 確率過程 $\langle X, X \rangle_t := \int_0^t |v_s|^2 ds$ をマルチンゲール X_t の **2 次変分過程**と呼ぶ. 一般の確率過程 X_t に対して, 2 次変分過程は

$$\langle X, X \rangle_t = \lim_{\Delta t_k \to 0} \sum_{t_k \leq t} |X_{t_{k+1}} - X_{t_k}|^2 \quad （確率収束） \quad (4.3.11)$$

と定義する. ただし $0 = t_1 < t_2 \cdots < t_n = t$, $\Delta t_k = t_{k+1} - t_k$ である. 連続な 2 乗可積分マルチンゲールならば, 上の極限が存在することが知られている. たとえば Karatzas-Shreve (1991) を見よ.

4.8 a) B_t を n 次元伊藤過程とし, $f : \mathbf{R}^n \to \mathbf{R}$ を C^2 級とする. 伊藤の公式を使って

$$f(B_t) = f(B_0) + \int_0^t \nabla f(B_s) dB_s + \frac{1}{2} \int_0^t \Delta f(B_s) ds$$

となることを示せ. ただし, Δ はラプラシアン, すなわち $\Delta = \sum_{i=1}^n \frac{\partial^2}{\partial x_i^2}$ で定義される微分作用素である.

b) $g : \mathbf{R} \to \mathbf{R}$ は各点で C^1 級で, 有限個の点 $z_1, \ldots, z_N$ を除いて C^2 級であり, さらに定数 M がとれて $|g''(x)| \leq M$, $x \notin \{z_1, \ldots, z_N\}$, が成り立つとする. このとき $n=1$ として a) の主張, つまり, 関係式

$$g(B_t) = g(B_0) + \int_0^t g'(B_s) dB_s + \frac{1}{2} \int_0^t g''(B_s) ds$$

が成り立つことを証明せよ. (ヒント. $f_k \in C^2(\mathbf{R})$ を, f_k, f_k' は g, g' に一様収束し, $|f_k''| \leq M$ であり, さらに f_k'' は $z_1, \ldots, z_N$ 以外で g'' に各点収束するようにとれ. f_k に a) を適用し, $k \to \infty$ とせよ.)

4.9 伊藤の公式の証明(定理 4.1.2)において g とその 2 次までの微係数はす

べて有界であるとしてよいことを，次の手順で証明せよ．$t \geq 0$ を固定し，g_n を，自身とその 2 次までの微係数はすべて有界で，$s \leq t$ かつ $|x| \leq n$ ならば $g_n(s, x) = g(s, x)$ となる関数とする．(4.1.9) がこれらの g_n について成り立ったとしよう．

$$\tau_n = \tau_n(\omega) = \inf\{s > 0; |X_s(\omega)| \geq n\}$$

と定義し (τ_n を停止時刻と呼ぶ (7 章を見よ))，すべての n について，次の関係式を証明せよ．

$$\left(\int_0^t v \frac{\partial g_n}{\partial x}(s, X_s) \mathcal{X}_{s \leq \tau_n} dB_s := \right)$$
$$\int_0^{t \wedge \tau_n} v \frac{\partial g_n}{\partial x}(s, X_s) dB_s = \int_0^{t \wedge \tau_n} v \frac{\partial g}{\partial x}(s, X_s) dB_s.$$

これから

$$g(t \wedge \tau_n, X_{t \wedge \tau_n}) = g(0, X_0)$$
$$+ \int_0^{t \wedge \tau_n} \left(\frac{\partial g}{\partial s} + u \frac{\partial g}{\partial x} + \frac{1}{2} v^2 \frac{\partial^2 g}{\partial x^2} \right) ds + \int_0^{t \wedge \tau_n} v \frac{\partial g}{\partial x} dB_s$$

を導け．

$$P[\tau_n > t] \to 1 \quad (n \to \infty)$$

に注意して，g に対し (4.1.9) がほとんど確実に成り立つことを結論せよ．

4.10（田中の公式と局所時間）B_t が 1 次元ブラウン運動で $g(x) = |x|$ のときに伊藤の公式を適用すればどうなるであろうか？ この場合，g は原点で C^2 級ではない．そこで次のような近似を行おう．$\varepsilon > 0$ に対し

$$g_\varepsilon(x) = \begin{cases} |x|, & |x| \geq \varepsilon \text{ のとき}, \\ \frac{1}{2}(\varepsilon + \frac{x^2}{\varepsilon}), & |x| < \varepsilon \text{ のとき}, \end{cases}$$

とおく．

a) 問題 4.8b) を適用して次の等式を証明せよ．

$$g_\varepsilon(B_t) = g_\varepsilon(B_0) + \int_0^t g'_\varepsilon(B_s) dB_s$$
$$+ \frac{1}{2\varepsilon} \cdot |\{s \in [0, t]; B_s \in (-\varepsilon, \varepsilon)\}|.$$

ここで，$|F|$ は集合 F のルベーグ測度を表す．

b) $\varepsilon \to 0$ とすれば，$L^2(P)$ において
$$\int_0^t g'_\varepsilon(B_s) \cdot \mathcal{X}_{B_s \in (-\varepsilon, \varepsilon)} dB_s = \int_0^t \frac{B_s}{\varepsilon} \cdot \mathcal{X}_{B_s \in (-\varepsilon, \varepsilon)} dB_s \to 0$$
となることを証明せよ．(ヒント．伊藤積分の等長性を
$$E\left[\left(\int_0^t \frac{B_s}{\varepsilon} \cdot \mathcal{X}_{B_s \in (-\varepsilon, \varepsilon)} dB_s\right)^2\right]$$
に適用せよ．)

c)
$$L_t = \lim_{\varepsilon \to 0} \frac{1}{2\varepsilon} \cdot |\{s \in [0,t]; B_s \in (-\varepsilon, \varepsilon)\}| \quad (L^2(P)\text{-極限})$$
とし，
$$\mathrm{sign}(x) = \begin{cases} -1, & x \leq 0 \text{ のとき,} \\ 1, & x > 0 \text{ のとき,} \end{cases}$$
とおく．$\varepsilon \to 0$ として
$$|B_t| = |B_0| + \int_0^t \mathrm{sign}(B_s) dB_s + L_t(\omega) \tag{4.3.12}$$
となることを証明せよ．

L_t は原点から出るブラウン運動の局所時間と呼ばれており，(4.3.12) は (ブラウン運動に対する) 田中の公式と呼ばれている (Rogers-Williams (1987) 参照)．

4.11 (問題 4.3 で述べたような) 伊藤の公式を用いて次の確率過程が $\{\mathcal{F}_t\}$-マルチンゲールであることを示せ．ただし，B_t は 1 次元ブラウン運動とする．

a) $X_t = e^{\frac{1}{2}t} \cos B_t$
b) $X_t = e^{\frac{1}{2}t} \sin B_t$
c) $X_t = (B_t + t) \exp(-B_t - \frac{1}{2}t)$

4.12 n 次元伊藤過程 $dX_t = u(t,\omega)dt + v(t,\omega)dB_t$ を考える．
$$E\left[\int_0^t |u(r,\omega)| dr\right] + E\left[\int_0^t |vv^T(r,\omega)| dr\right] < \infty, \quad \forall t \geq 0$$

が成り立つとする.さらに, X_t は $\{\mathcal{F}_t^{(n)}\}$-マルチンゲールであると仮定する.このとき,

$$u(s,\omega) = 0, \quad \text{a.a. } (s,\omega) \in [0,\infty) \times \Omega \qquad (4.3.13)$$

となることを証明せよ.

注 1) この結果はマルチンゲール表現定理の特別な場合と考えることができる.

2) もし $\mathcal{F}_t^{(n)}$ を $\{X_s; s \le t\}$ の生成する σ-加法族 $\mathcal{M}_t$ におき換えると,すなわち, X_t は自らの生成するフィルトレーションについてマルチンゲールであると仮定すると, 結論 (4.3.13) は成り立たない. たとえば, 8 章のブラウン運動の特徴付けを見よ.

(解答へのヒント. X_t が $\mathcal{F}_t^{(n)}$-マルチンゲールならば,

$$E\left[\int_t^s u(r,\omega)dr \bigg| \mathcal{F}_t^{(n)}\right] = 0, \quad \forall s \ge t$$

となることを示せ. 次に, s について微分し, ほとんどすべての $s > t$ について

$$E[u(s,\omega)|\mathcal{F}_t^{(n)}] = 0, \text{ a.s.}$$

となることを導け. $t \uparrow s$ とし, 系 C.9 を用いて結論を得よ.)

4.13 1 次元伊藤過程 $dX_t = u(t,\omega)dt + dB_t$ ($u \in \mathbf{R}, B_t \in \mathbf{R}$) を考える. 簡単のため, u は有界とする. 問題 4.12 により, $u = 0$ でなければ, X_t は $\mathcal{F}_t$-マルチンゲールではない. しかし, 適当な指数マルチンゲールを掛けてやると X_t はマルチンゲールとなる. これを示そう.

$$M_t = \exp\left(-\int_0^t u(r,\omega)dB_r - \frac{1}{2}\int_0^t u^2(r,\omega)dr\right)$$

とし,

$$Y_t = X_t M_t$$

とおく. 伊藤の公式を使って Y_t は $\mathcal{F}_t$-マルチンゲールであることを証明せよ.

注 1) 問題 4.11c) と比較せよ.

2) これはギルサノフ (**Girsanov**) の定理の特別な場合である．上の結果は，$\{X_t\}_{t\leq T}$ は $\mathcal{F}_T$ 上の

$$dQ = M_T dP \quad (T < \infty)$$

で与えられる確率測度 Q についてマルチンゲールであることを意味している．8.6 節を見よ．

4.14 以下のそれぞれの場合に，(4.3.6) を満たす，すなわち，

$$F(\omega) = E[F] + \int_0^T f(t,\omega) dB_t(\omega)$$

を満たす $f(t,\omega) \in \mathcal{V}(0,T)$ を求めよ．

a) $F(\omega) = B_T(\omega)$
b) $F(\omega) = \int_0^T B_t(\omega) dt$
c) $F(\omega) = B_T^2(\omega)$
d) $F(\omega) = B_T^3(\omega)$
e) $F(\omega) = e^{B_T(\omega)}$
f) $F(\omega) = \sin B_T(\omega)$

4.15 $x > 0$ を固定し

$$X_t = \left(x^{1/3} + \frac{1}{3}B_t\right)^3, \quad t \geq 0$$

とおく．関係式

$$dX_t = \frac{1}{3}X_t^{1/3}dt + X_t^{2/3}dB_t, \quad X_0 = x$$

が成り立つことを証明せよ．

第5章
確率微分方程式

§5.1 例と直接的解法

確率微分方程式
$$\frac{dX_t}{dt} = b(t, X_t) + \sigma(t, X_t)W_t, \quad b(t,x) \in \mathbf{R}, \; \sigma(t,x) \in \mathbf{R} \tag{5.1.1}$$
の解 $X_t(\omega)$ について考えよう.ただし W_t は1次元ホワイトノイズである.3章で見たように伊藤積分による(5.1.1)の解釈は『解 X_t は確率積分方程式

$$X_t = X_0 + \int_0^t b(s, X_s)ds + \int_0^t \sigma(s, X_s)dB_s$$

を満たす』というものであった.これを微分形で書けば

$$dX_t = b(t, X_t)dt + \sigma(t, X_t)dB_t \tag{5.1.2}$$

となる.したがって,(5.1.1)から(5.1.2)を得るには,ホワイトノイズ W_t を形式的に $\frac{dB_t}{dt}$ でおき換え,両辺を dt 倍すればよい.当然,次のような疑問が起きるであろう.

(A) 上の方程式の解の存在と一意性を示せるであろうか? 解はどのような性質をもつであろうか?

(B) どのようにその方程式を解くのか?

まずいくつかの例を挙げ,(B)について考察しよう.そして5.2節で(A)について論ずる.

確率微分方程式を解く際に鍵となるのは,多くの場合伊藤の公式である.こ

のことは次の例によく現れている.

例 5.1.1 1 章で述べた人口変動モデルについて考えよう. すなわち W_t はホワイトノイズ, α は定数, $a_t = r_t + \alpha W_t$ とし, 与えられた初期値 N_0 をもつ方程式

$$\frac{dN_t}{dt} = a_t N_t$$

を考える.

$r_t = r = $ 定数 としよう. 伊藤積分による解釈(5.1.2)により, この方程式は

$$dN_t = rN_t dt + \alpha N_t dB_t \tag{5.1.3}$$

と書き直される. したがって,

$$\frac{dN_t}{N_t} = rdt + \alpha dB_t$$

である. $B_0 = 0$ とすれば, 積分して

$$\int_0^t \frac{dN_s}{N_s} = rt + \alpha B_t \tag{5.1.4}$$

となる. 左辺を求めるために, 伊藤の公式を関数

$$g(t,x) = \ln x, \quad x > 0$$

に適用しよう. すると

$$\begin{aligned}d(\ln N_t) &= \frac{1}{N_t} \cdot dN_t + \frac{1}{2}\left(-\frac{1}{N_t^2}\right)(dN_t)^2 \\ &= \frac{dN_t}{N_t} - \frac{1}{2N_t^2} \cdot \alpha^2 N_t^2 dt = \frac{dN_t}{N_t} - \frac{1}{2}\alpha^2 dt\end{aligned}$$

となる. よって

$$\frac{dN_t}{N_t} = d(\ln N_t) + \frac{1}{2}\alpha^2 dt$$

である. (5.1.4)に代入して

$$\ln \frac{N_t}{N_0} = \left(r - \frac{1}{2}\alpha^2\right)t + \alpha B_t,$$

つまり

$$N_t = N_0 \exp\left(\left(r - \frac{1}{2}\alpha^2\right)t + \alpha B_t\right) \tag{5.1.5}$$

を得る．

比較のために，3章の終わりで行った議論を思い出して，ストラトノビッチ積分の場合を考えて見よう．(5.1.3)のストラトノビッチ積分による解釈は

$$d\overline{N}_t = r\overline{N}_t dt + \alpha \overline{N}_t \circ dB_t$$

となる．この解は

$$\overline{N}_t = N_0 \exp(rt + \alpha B_t) \tag{5.1.6}$$

である．

いずれにせよ，解 $N_t, \overline{N}_t$ は

$$X_t = X_0 \exp(\mu t + \alpha B_t), \quad (\mu, \alpha \text{ は定数})$$

という形をしている．このような確率過程を**幾何学的ブラウン運動**と呼ぶ．これは経済学の価格変動のモデルとしても重要である．詳しくは10～12章を見よ．

注 もし B_t が N_0 と独立であれば，

$$E[N_t] = E[N_0]e^{rt} \tag{*}$$

となる．これを示すために，

$$Y_t = e^{\alpha B_t}$$

とおく．伊藤の公式より

$$dY_t = \alpha e^{\alpha B_t} dB_t + \frac{1}{2}\alpha^2 e^{\alpha B_t} dt,$$

すなわち

$$Y_t = Y_0 + \alpha \int_0^t e^{\alpha B_s} dB_s + \frac{1}{2}\alpha^2 \int_0^t e^{\alpha B_s} ds$$

を得る．$E[\int_0^t e^{\alpha B_s} dB_s] = 0$ であるから(定理 3.2.1 (iii))，

$$E[Y_t] = E[Y_0] + \frac{1}{2}\alpha^2 \int_0^t E[Y_s] ds$$

である．したがって

$$\frac{d}{dt}E[Y_t] = \frac{1}{2}\alpha^2 E[Y_t], \quad E[Y_0] = 1$$

となる．よって
$$E[Y_t] = e^{\frac{1}{2}\alpha^2 t}$$
であり，結局，
$$E[N_t] = E[N_0]e^{rt}$$
となる．

一方，ストラトノビッチ積分に対する解は，同様の計算により，
$$E[\overline{N}_t] = E[N_0]e^{(r+\frac{1}{2}\alpha^2)t}$$
を満たすと言える．

(5.1.5), (5.1.6)の解 $N_t, \overline{N}_t$ の正確な表現を得たから，B_t の挙動を用いて $N_t, \overline{N}_t$ の情報を引き出すことができる．たとえば伊藤積分に関する解 N_t は次のような性質をもつ．

(i) $r > \frac{1}{2}\alpha^2$ ならば，ほとんど確実に，$t \to \infty$ のとき $N_t \to \infty$,
(ii) $r < \frac{1}{2}\alpha^2$ ならば，ほとんど確実に，$t \to \infty$ のとき $N_t \to 0$,
(iii) $r = \frac{1}{2}\alpha^2$ ならば，ほとんど確実に，$t \to \infty$ のとき N_t は任意の非常に大きい数と非常に小さい正数の間を振動する．

これらの結論は(5.1.5)と次の1次元ブラウン運動の基本的な性質から従う．

定理 5.1.2 (重複対数の法則)
$$\limsup_{t \to \infty} \frac{B_t}{\sqrt{2t \log \log t}} = 1 \quad \text{a.s.}$$

証明は Lamperti (1977, §22) を見よ．

ストラトノビッチ積分による解釈に関する解については，上と同様の議論により，$r < 0$ ならばほとんど確実に $\overline{N}_t \to 0, r > 0$ ならばほとんど確実に $\overline{N}_t \to \infty$ となる．

したがって2つの解はまったく違う性質を持っている．「どちらの解がより適切な解であるか？」というのは興味深い問題である．

例 5.1.3 1章の問題2で扱った方程式を思い出そう．それは
$$LQ''_t + RQ'_t + \frac{1}{C}Q_t = F_t = G_t + \alpha W_t \tag{5.1.7}$$

というものであった．ベクトル

$$X = X(t,\omega) = \begin{pmatrix} X_1 \\ X_2 \end{pmatrix} = \begin{pmatrix} Q_t \\ Q'_t \end{pmatrix}$$

を考えると，

$$\begin{cases} X'_1 = X_2 \\ LX'_2 = -RX_2 - \dfrac{1}{C}X_1 + G_t + \alpha W_t \end{cases} \tag{5.1.8}$$

となる．これを伊藤積分を用いて行列表現すれば，

$$dX = dX(t) = AX(t)dt + H(t)dt + KdB_t \tag{5.1.9}$$

である．ただし，

$$dX = \begin{pmatrix} dX_1 \\ dX_2 \end{pmatrix}, \quad A = \begin{pmatrix} 0 & 1 \\ -\dfrac{1}{CL} & -\dfrac{R}{L} \end{pmatrix},$$

$$H(t) = \begin{pmatrix} 0 \\ \dfrac{1}{L}G_t \end{pmatrix}, \quad K = \begin{pmatrix} 0 \\ \dfrac{\alpha}{L} \end{pmatrix} \tag{5.1.10}$$

であり，B_t は 1 次元ブラウン運動である．

このようにして 2 次元確率微分方程式が得られる．(5.1.9) を次のように書き改めよう．

$$\exp(-At)dX(t) - \exp(-At)AX(t)dt$$
$$= \exp(-At)[H(t)dt + KdB_t]. \tag{5.1.11}$$

ただし，$n \times n$-行列 F の指数行列 $\exp(F)$ は $\exp(F) = \sum_{k=0}^{\infty} \dfrac{1}{k!}F^k$ で与えられる $n \times n$-行列である．上式の左辺を

$$d(\exp(-At)X(t))$$

という微分に関連付けたい．このため 2 次元の伊藤の公式 (定理 4.2.1) を利用しよう．すなわち

$$g(t, x_1, x_2) = \exp(-At) \begin{pmatrix} x_1 \\ x_2 \end{pmatrix}$$

で定義される関数 $g : [0, \infty) \times \mathbf{R}^2 \to \mathbf{R}^2$ の成分 g_1, g_2 に伊藤の公式を適用する．すると

$$d(\exp(-At)X(t)) = (-A)\exp(-At)X(t)dt + \exp(-At)dX(t)$$

となる．これに (5.1.11) を代入すれば

$$\exp(-At)X(t) - X(0) = \int_0^t \exp(-As)H(s)ds + \int_0^t \exp(-As)KdB_s$$

である．部分積分の公式（定理 4.1.5）を用いれば

$$X(t) = \exp(At)\bigg\{ X(0) + \exp(-At)KB_t \\ + \int_0^t \exp(-As)[H(s) + AKB_s]ds \bigg\} \quad (5.1.12)$$

を得る．

例 5.1.4 $X = B$ を 1 次元ブラウン運動とし，

$$g(t,x) = e^{ix} = (\cos x, \sin x) \in \mathbf{R}^2, \quad x \in \mathbf{R}$$

とする．このとき伊藤の公式より

$$Y = g(t, X) = e^{iB} = (\cos B, \sin B)$$

もやはり伊藤過程となる．

その座標成分は次の関係式を満たしている．

$$\begin{cases} dY_1(t) = -\sin(B)dB - \dfrac{1}{2}\cos(B)dt, \\ dY_2(t) = \cos(B)dB - \dfrac{1}{2}\sin(B)dt. \end{cases}$$

よって確率過程 Y（これを単位円周上のブラウン運動と呼ぶ）は次の確率微分方程式を満たす．

$$\begin{cases} dY_1 = -\dfrac{1}{2}Y_1 dt - Y_2 dB, \\ dY_2 = -\dfrac{1}{2}Y_2 dt + Y_1 dB. \end{cases} \quad (5.1.13)$$

これを行列の形で表現すれば次のようになる．

$$dY = -\frac{1}{2}Ydt + KYdB, \quad \text{ただし}, K = \begin{pmatrix} 0 & -1 \\ 1 & 0 \end{pmatrix}.$$

章末の問題に，これら以外の例と直接的解法を挙げておく．

Gard (1988, 4 章) に，1 次元確率微分方程式の解法についての分かりやすい説明がある．

§5.2 存在と一意性

先の (A) で挙げた存在と一意性の問題について考えよう．

定理 5.2.1 (確率微分方程式の解の存在と一意性) $T > 0$ とする．可測関数 $b(\cdot, \cdot) : [0, T] \times \mathbf{R}^n \to \mathbf{R}^n$, $\sigma(\cdot, \cdot) : [0, T] \times \mathbf{R}^n \to \mathbf{R}^{n \times m}$ は適当な定数 C, D に対して次の 2 つの条件を満たすとする．

$$|b(t,x)| + |\sigma(t,x)| \leq C(1 + |x|), \quad x \in \mathbf{R}^n,\ t \in [0, T] \qquad (5.2.1)$$

$$|b(t,x) - b(t,y)| + |\sigma(t,x) - \sigma(t,y)| \leq D|x - y|, \quad x, y \in \mathbf{R}^n,\ t \in [0, T]. \qquad (5.2.2)$$

ただし $|\sigma|^2 = \sum |\sigma_{ij}|^2$. 確率変数 Z は $\{B_s(\cdot); s \geq 0\}$ により生成される σ-加法族 $\mathcal{F}_\infty^{(m)}$ と独立であり，かつ

$$E[|Z|^2] < \infty$$

を満たすとする．このとき確率微分方程式

$$dX_t = b(t, X_t)dt + \sigma(t, X_t)dB_t, \quad 0 \leq t \leq T,\ X_0 = Z \qquad (5.2.3)$$

は次の 2 つの性質をもつ t-連続な解 $X_t(\omega)$ を一意的にもつ．

$$\begin{array}{c} X_t \text{ は } Z \text{ と } \{B_s; s \leq t\} \text{ により生成される} \\ \sigma\text{-加法族 } \mathcal{F}_t^Z \text{ に適合である,} \end{array} \qquad (5.2.4)$$

$$E\left[\int_0^T |X_t|^2 dt\right] < \infty. \qquad (5.2.5)$$

注 以下に述べる簡単な常微分方程式 ($\sigma = 0$ の場合) の例から，条件 (5.2.1) と (5.2.2) は自然な要請であることが分かるであろう．

a) 方程式

$$\frac{dX_t}{dt} = X_t^2, \quad X_0 = 1 \tag{5.2.6}$$

は((5.2.1)を満たさない) $b(x) = x^2$ に対応している．そしてこの方程式は

$$X_t = \frac{1}{1-t}, \quad 0 \leq t < 1$$

という解を持っている．つまり，大域的な解(すべての t で定義された解)を見つけることはできない．

一般に条件(5.2.1)は，(5.2.3)の解 $X_t(\omega)$ が爆発しないこと，つまり有限時間内に $|X_t(\omega)|$ が無限大にはならないことを導く．

b) 方程式

$$\frac{dX_t}{dt} = 3X_t^{2/3}, \quad X_0 = 0 \tag{5.2.7}$$

は複数の解を持っている．実際，任意の $a > 0$ に対し

$$X_t = \begin{cases} 0 & t \leq a \text{ のとき} \\ (t-a)^3 & t > a \text{ のとき} \end{cases}$$

は(5.2.7)の解である．この場合，$b(x) = 3x^{2/3}$ はリプシッツ条件(5.2.2)を $x = 0$ で満たしていない．

このように条件(5.2.2)は解の一意性を保証する．これまで述べた一意性とは，もし $X_1(t,\omega), X_2(t,\omega)$ がともに(5.2.3)，(5.2.4)，(5.2.5)を満たす t-連続な確率過程であれば，

$$X_1(t,\omega) = X_2(t,\omega), \quad \forall t \leq T, \quad \text{a.s.} \tag{5.2.8}$$

となることを言う．

[定理 5.2.1 の証明] 一意性は伊藤積分の等長性とリプシッツ連続性(5.2.2)より従う．これを見よう．$X_1(t,\omega) = X_t(\omega), X_2(t,\omega) = \widehat{X}_t(\omega)$ はそれぞれ初期値 $Z, \widehat{Z}$ をもつ解とする．すなわち，$X_1(0,\omega) = Z(\omega), X_2(0,\omega) = \widehat{Z}(\omega)$ なる解とする．定理の一意性の証明のためには $Z = \widehat{Z}$ の場合を考えればよいが，8 章でフェラー連続性を考察する際に必要となるので一般の評価をしておく．

$a(s,\omega) = b(s,X_s) - b(s,\widehat{X}_s)$, $\gamma(s,\omega) = \sigma(s,X_s) - \sigma(s,\widehat{X}_s)$ とおく．このとき次の不等式を得る．

$$\begin{aligned}
E[|X_t - \widehat{X}_t|^2] &= E\left[\left(Z - \widehat{Z} + \int_0^t a\,ds + \int_0^t \gamma\,dB_s\right)^2\right] \\
&\leq 3E[|Z - \widehat{Z}|^2] + 3E\left[\left(\int_0^t a\,ds\right)^2\right] + 3E\left[\left(\int_0^t \gamma\,dB_s\right)^2\right] \\
&\leq 3E[|Z - \widehat{Z}|^2] + 3tE\left[\int_0^t a^2\,ds\right] + 3E\left[\int_0^t \gamma^2\,ds\right] \\
&\leq 3E[|Z - \widehat{Z}|^2] + 3(1+t)D^2 \int_0^t E[|X_s - \widehat{X}_s|^2]\,ds.
\end{aligned}$$

したがって関数

$$v(t) = E[|X_t - \widehat{X}_t|^2], \quad 0 \leq t \leq T$$

は関係

$$v(t) \leq F + A\int_0^t v(s)\,ds \tag{5.2.9}$$

を満たす．ただし

$$F = 3E[|Z - \widehat{Z}|^2], \quad A = 3(1+T)D^2.$$

グロンウォール (Gronwall) の不等式 (問題 5.17) より

$$v(t) \leq F\exp(At), \quad t \leq T \tag{5.2.10}$$

が従う．では $Z = \widehat{Z}$ と仮定しよう．このとき $F = 0$ であり，したがって $v(t) = 0$ ($\forall t \geq 0$) となる．よって，$\mathbf{Q}$ を有理数の全体とすれば，

$$P\big[|X_t - \widehat{X}_t| = 0,\ \forall t \in \mathbf{Q} \cap [0,T]\big] = 1$$

である．$t \mapsto |X_t - \widehat{X}_t|$ の連続性より

$$P\big[|X_t - \widehat{X}_t| = 0,\ \forall t \in [0,T]\big] = 1 \tag{5.2.11}$$

が得られ，一意性が従う．

解の存在は常微分方程式の解の存在定理と同様の方法で示される．$Y_t^{(0)} = X_0$ とし，$Y_t^{(k)} = Y_t^{(k)}(\omega)$ を帰納的に

第 5 章 確率微分方程式

$$Y_t^{(k+1)} = X_0 + \int_0^t b(s, Y_s^{(k)})ds + \int_0^t \sigma(s, Y_s^{(k)})dB_s \qquad (5.2.12)$$

と定義する．上の一意性の証明と同様の計算により，$k \geq 1, t \leq T$ に対し

$$E[|Y_t^{(k+1)} - Y_t^{(k)}|^2] \leq (1+T)3D^2 \int_0^t E[|Y_s^{(k)} - Y_s^{(k-1)}|^2]ds$$

となり，さらに，

$$E[|Y_t^{(1)} - Y_t^{(0)}|^2] \leq 2C^2 t^2 (1 + E[|X_0|^2]) + 2C^2 t(1 + E[|X_0|^2])$$
$$\leq A_1 t$$

となると言える．ただし，A_1 は $C, T,$ および $E[|X_0|^2]$ のみに依存する定数である．ゆえに，$C, T,$ および $E[|X_0|^2]$ のみに依存する定数 A_2 が存在して，次の関係式が成り立つことが，k に関する帰納法により証明できる．

$$E[|Y_t^{(k+1)} - Y_t^{(k)}|^2] \leq \frac{A_2^{k+1} t^{k+1}}{(k+1)!}, \quad k \geq 0, \ t \in [0, T]. \qquad (5.2.13)$$

さて

$$\sup_{0 \leq t \leq T} |Y_t^{(k+1)} - Y_t^{(k)}| \leq \int_0^T |b(s, Y_s^{(k)}) - b(s, Y_s^{(k-1)})|ds$$
$$+ \sup_{0 \leq t \leq T} \left| \int_0^t (\sigma(s, Y_s^{(k)}) - \sigma(s, Y_s^{(k-1)}))dB_s \right|$$

である．マルチンゲール不等式（定理 3.2.4）から

$$P\Big[\sup_{0 \leq t \leq T} |Y_t^{(k+1)} - Y_t^{(k)}| > 2^{-k}\Big]$$
$$\leq P\Big[\Big(\int_0^T |b(s, Y_s^{(k)}) - b(s, Y_s^{(k-1)})|ds\Big)^2 > 2^{-2k-2}\Big]$$
$$+ P\Big[\sup_{0 \leq t \leq T} \Big|\int_0^t (\sigma(s, Y_s^{(k)}) - \sigma(s, Y_s^{(k-1)}))dB_s\Big| > 2^{-k-1}\Big]$$
$$\leq 2^{2k+2} T \int_0^T E\big[|b(s, Y_s^{(k)}) - b(s, Y_s^{(k-1)})|^2\big]ds$$
$$+ 2^{2k+2} \int_0^T E\big[|\sigma(s, Y_s^{(k)}) - \sigma(s, Y_s^{(k-1)})|^2\big]ds$$
$$\leq 2^{2k+2} D^2 (T+1) \int_0^T \frac{A_2^k t^k}{k!} dt \leq \frac{(4A_2 T)^{k+1}}{(k+1)!}$$

となる. ただし, 最後の不等式を導くために $A_2 \geq D^2(T+1)$ であると仮定した(定数 A_2 のとり方より, このように仮定してよい). ゆえにボレル=カンテリの補題を用いて

$$P\left[\text{無限個の } k \text{ について} \sup_{0 \leq t \leq T} |Y_t^{(k+1)} - Y_t^{(k)}| > 2^{-k} \text{ が成り立つ}\right] = 0$$

を得る. したがって, ほとんどすべての ω について $k_0 = k_0(\omega)$ がとれて

$$\sup_{0 \leq t \leq T} |Y_t^{(k+1)} - Y_t^{(k)}| \leq 2^{-k}, \quad \forall k \geq k_0$$

となる. したがって

$$Y_t^{(n)}(\omega) = Y_t^{(0)}(\omega) + \sum_{k=0}^{n-1} (Y_t^{(k+1)}(\omega) - Y_t^{(k)}(\omega))$$

は, ほとんどすべての ω に対し, $[0,T]$ 上一様収束する.

この極限を $X_t = X_t(\omega)$ と表す. $Y_t^{(n)}$ は t-連続であるから, ほとんどすべての ω について, X_t は t-連続である. さらに, $Y_t^{(n)}$ は $\mathcal{F}_t$-可測であるから, X_t も $\mathcal{F}_t$-可測である. すなわち, (5.2.4)が満たされる.

(5.2.13)より, 任意の $m > n \geq 0$ に対し次を得る.

$$\begin{aligned}
E[|Y_t^{(m)} - Y_t^{(n)}|^2]^{1/2} &= \|Y_t^{(m)} - Y_t^{(n)}\|_{L^2(P)} \\
&= \left\|\sum_{k=n}^{m-1}(Y_t^{(k+1)} - Y_t^{(k)})\right\|_{L^2(P)} \leq \sum_{k=n}^{m-1} \|Y_t^{(k+1)} - Y_t^{(k)}\|_{L^2(P)} \\
&\leq \sum_{k=n}^{\infty} \left[\frac{(A_2 t)^{k+1}}{(k+1)!}\right]^{1/2} \to 0 \quad (n \to \infty).
\end{aligned} \quad (5.2.14)$$

したがって $\{Y_t^{(n)}\}$ は極限値 Y_t に $L^2(P)$-収束する. $Y_t^{(n)}$ の適当な部分列は概収束するので, $Y_t = X_t$ がほとんど確実に成り立つ. とくに, ファトウの補題を用いて, X_t が(5.2.5)を満たすことが証明できる.

最後に X_t が(5.2.3)を満たすことを示そう. すべての n に対して

$$Y_t^{(n+1)} = X_0 + \int_0^t b(s, Y_s^{(n)})ds + \int_0^t \sigma(s, Y_s^{(n)})dB_s \quad (5.2.15)$$

が成り立っている. ほとんどすべての ω に関し, 収束 $Y_t^{(n+1)} \to X_t$ は $[0,T]$ 上一様収束となっていた. (5.2.14)とファトウの補題から, $n \to \infty$ のとき,

$$E\left[\int_0^T |X_t - Y_t^{(n)}|^2 dt\right] \leq \limsup_{m\to\infty} E\left[\int_0^T |Y_t^{(m)} - Y_t^{(n)}|^2 dt\right] \to 0$$

である．ゆえに，伊藤積分の等長性から

$$\int_0^t \sigma(s, Y_s^{(n)}) dB_s \to \int_0^t \sigma(s, X_s) dB_s \quad (L^2(P)\text{-収束})$$

となることが従い，ヘルダーの不等式から

$$\int_0^t b(s, Y_s^{(n)}) ds \to \int_0^t b(s, X_s) ds \quad (L^2(P)\text{-収束})$$

となることが従う．したがって，(5.2.15)で $n \to \infty$ として，(5.2.3)が成り立つことが結論できる． □

§5.3 弱い解と強い解

上で構成した解は強い解と呼ばれている．このように呼ばれるのは，ブラウン運動が1つ与えられれば，付随する解を $\mathcal{F}_t^Z$-適合になるように構成できることによる．関数 $b(t,x)$ と $\sigma(t,x)$ だけが与えられ（ブラウン運動は与えられず），適当な確率空間 $(\Omega, \mathcal{H}, P)$ 上の確率過程の組 $((\widetilde{X}_t, \widetilde{B}_t), \mathcal{H}_t)$ で(5.2.3)を満たすものを考えるとき，$\widetilde{X}_t$（正確には $(\widetilde{X}_t, \widetilde{B}_t)$）を**弱い解**と呼ぶ．ただし，$\{\mathcal{H}_t\}$ は σ-加法族の増大列であり，$\widetilde{X}_t$ は $\mathcal{H}_t$-適合であり，$\widetilde{B}_t$ は $\mathcal{H}_t$-ブラウン運動である（すなわち，$\widetilde{B}_t$ はブラウン運動であり，かつ $\mathcal{H}_t$-適合である．したがって，任意の $t, h \geq 0$ に対し，$E[\widetilde{B}_{t+h} - \widetilde{B}_t | \mathcal{H}_t] = 0$ となる）．3章で見たように，このブラウン運動に関し(5.2.3)の右辺の伊藤積分を，$\mathcal{F}_t^{(n)}$ の場合とまったく同様の手順で定義できる．しかしながら，必ずしも，$\widetilde{X}_t$ は $\mathcal{F}_t^Z$-適合とはならない．

強い解は必ず弱い解である．しかし逆は真ではない（以下で述べる例 5.3.2 を見よ）．

上で考察した一意性(5.2.8)は**強い意味の一意性**もしくは**道ごとの一意性**と呼ばれる．これに対し**弱い意味の一意性**とは，2つの解の確率法則が一致すること，つまり，同じ有限次元分布をもつことを言う．弱い解の存在と一意性に関しては Stroock-Varadhan (1979) を見よ．強い解と弱い解に関する一般的な考察は Krylov-Zvonkin (1981) でなされている．

補題 5.3.1 もし b と σ が定理 5.2.1 の条件を満たすならば,

(5.2.3) の (弱い, もしくは強い) 解は弱い意味で一意的である.

[証明] (概略) $((\widetilde{X}_t, \widetilde{B}_t), \widetilde{\mathcal{H}}_t)$ と $((\widehat{X}_t, \widehat{B}_t), \widehat{\mathcal{H}}_t)$ を 2 つの弱い解とする. X_t と Y_t をそれぞれ $\widetilde{B}_t$ と $\widehat{B}_t$ から構成される強い解とする. 先と同様の一意性に関する考察から, ほとんど確実に, 任意の t に対し $X_t = \widetilde{X}_t, Y_t = \widehat{X}_t$ となる. したがって X_t と Y_t が同じ確率法則に従うことを言えばよい. このことは次の考察から従う. もし $X_t^{(k)}$ と $Y_t^{(k)}$ をそれぞれ, ブラウン運動として $\widetilde{B}_t$ と $\widehat{B}_t$ を代入したピカールの近似法 (5.2.12) から得られる第 k 近似とすれば, すべての k に対し

$$(X_t^{(k)}, \widetilde{B}_t) \text{ と } (Y_t^{(k)}, \widehat{B}_t)$$

は同じ確率法則に従う. □

補題の結果は, 7 章およびそれ以降で重要となる. 実際, この結果を利用して, 確率微分方程式の解として得られる確率過程 (伊藤拡散過程) の詳しい性質を調べる.

数学的モデルを立てるという観点から見ると, 弱い解を考える方がより適切となることが, しばしばある. これは, 弱い解を論ずるときには, ホワイトノイズの明確な表現を与えておく必要がないからである. さらに, 弱い解という概念は数学的にも有用である. 実際, 強い解はもたないが (弱い意味での) 一意的な弱い解をもつ確率微分方程式が存在する. その例を挙げよう.

例 5.3.2 (田中の方程式) 1 次元確率微分方程式

$$dX_t = \text{sign}(X_t)dB_t, \quad X_0 = 0 \tag{5.3.1}$$

を考える. ここで,

$$\text{sign}(x) = \begin{cases} +1, & x \geq 0 \text{ のとき}, \\ -1, & x < 0 \text{ のとき}. \end{cases}$$

関数 $\sigma(t, x) = \sigma(x) = \text{sign}(x)$ はリプシッツ条件 (5.2.2) を満たさないから, 定理 5.2.1 は適用できない. 実際, **方程式 (5.3.1) は強い解をもたない**. これを示すために, まず次のような考察を準備する. $\widehat{B}_t$ を σ-加法族 $\widehat{\mathcal{F}}_t$ を生成す

るブラウン運動とし,
$$Y_t = \int_0^t \text{sign}(\widehat{B}_s) d\widehat{B}_s$$
とおく.田中の公式(4.3.12)(問題 4.10)より,$\widehat{L}_t(\omega)$ を $\widehat{B}_t(\omega)$ の局所時間とすれば,
$$Y_t = |\widehat{B}_t| - |\widehat{B}_0| - \widehat{L}_t(\omega)$$
である.よって,Y_t は $\{|\widehat{B}_s(\cdot)|; s \leq t\}$ が生成する σ-加法族 $\mathcal{G}_t$ に関して可測となる.$\mathcal{G}_t$ は $\widehat{\mathcal{F}}_t$ に真に包含されているから,$\{Y_s(\cdot); s \leq t\}$ が生成する σ-加法族 $\mathcal{N}_t$ も $\widehat{\mathcal{F}}_t$ に真に包含されている.

さて (5.3.1) の強い解 X_t が存在したと仮定しよう.このとき定理 8.4.2 から X_t は測度 P に関してブラウン運動となることが従う(循環論法に陥っていることを危惧する読者がいるかもしれないが,定理 8.4.2 の証明とこの例は無関係である).$\mathcal{M}_t$ を $\{X_s(\cdot); s \leq t\}$ が生成する σ-加法族とする.$(\text{sign}(x))^2 = 1$ であるから,(5.3.1) は
$$dB_t = \text{sign}(X_t) dX_t$$
となる.$\widehat{B}_t = X_t, Y_t = B_t$ として上の考察を用いれば,$\mathcal{F}_t$ は $\mathcal{M}_t$ に真に包含されてしまう.しかし,これは X_t が強い解であることに矛盾する.ゆえに (5.3.1) の強い解は存在しない.

(5.3.1) の弱い解を得るには,X_t を任意のブラウン運動 $\widehat{B}_t$ とおけばよい.なぜなら,このとき,
$$\widetilde{B}_t = \int_0^t \text{sign}(\widehat{B}_s) d\widehat{B}_s = \int_0^t \text{sign}(X_s) dX_s$$
と定義すれば,つまり,
$$d\widetilde{B}_t = \text{sign}(X_t) dX_t$$
と定義すれば,
$$dX_t = \text{sign}(X_t) d\widetilde{B}_t$$
が成り立つ.したがって X_t は弱い解である.

上で述べた定理 8.4.2 は,任意の弱い解が P に関しブラウン運動であることを導くから,弱い意味での解の一意性が言える.

問題

5.1 与えられた確率過程が，対応する確率微分方程式を解くことを証明せよ（B_t は 1 次元ブラウン運動とせよ）．

(i) $X_t = e^{B_t}$ は $dX_t = \frac{1}{2}X_t dt + X_t dB_t$ の解である．

(ii) $X_t = \frac{B_t}{1+t}$, $B_0 = 0$ は
$$dX_t = -\frac{1}{1+t}X_t dt + \frac{1}{1+t}dB_t, \quad X_0 = 0$$
の解である．

(iii) $B_0 = a \in (-\frac{\pi}{2}, \frac{\pi}{2})$ なるとき，$X_t = \sin B_t$ は
$$dX_t = -\frac{1}{2}X_t dt + \sqrt{1-X_t^2}dB_t,$$
$$t < T(\omega) = \inf\{s > 0; B_s \notin [-\tfrac{\pi}{2}, \tfrac{\pi}{2}]\}$$
の解である．

(iv) $(X_1(t), X_2(t)) = (t, e^t B_t)$ は
$$\begin{pmatrix} dX_1 \\ dX_2 \end{pmatrix} = \begin{pmatrix} 1 \\ X_2 \end{pmatrix} dt + \begin{pmatrix} 0 \\ e^{X_1} \end{pmatrix} dB_t$$
の解である．

(v) $(X_1(t), X_2(t)) = (\cosh(B_t), \sinh(B_t))$ は
$$\begin{pmatrix} dX_1 \\ dX_2 \end{pmatrix} = \frac{1}{2}\begin{pmatrix} X_1 \\ X_2 \end{pmatrix} dt + \begin{pmatrix} X_2 \\ X_1 \end{pmatrix} dB_t$$
の解である．

5.2 $a > 0, b > 0$ とする．楕円
$$\left\{(x, y); \frac{x^2}{a^2} + \frac{y^2}{b^2} = 1\right\}$$
上のブラウン運動の自然な候補は
$$X_1(t) = a\cos B_t, \quad X_2(t) = b\sin B_t$$
で与えられる確率過程 $X_t = (X_1(t), X_2(t))$ であろう．ただし，B_t は 1 次元

ブラウン運動である．

$$M = \begin{pmatrix} 0 & -\frac{a}{b} \\ \frac{a}{b} & 0 \end{pmatrix}$$

とおけば，X_t は次の確率微分方程式の解となることを証明せよ．

$$dX_t = -\frac{1}{2}X_t dt + MX_t dB_t.$$

5.3 $(B_1, \ldots, B_n)$ を n 次元ブラウン運動とし，$\alpha_1, \ldots, \alpha_n$ を定数とする．確率微分方程式

$$dX_t = rX_t dt + X_t\Big(\sum_{k=1}^{n} \alpha_k dB_k(t)\Big), \quad X_0 > 0$$

を解け(これは，相対変動率に独立な複数のホワイトノイズを含む指数的(人口)変動モデルである)．

5.4 以下の確率微分方程式を解け．

(i) $\begin{pmatrix} dX_1 \\ dX_2 \end{pmatrix} = \begin{pmatrix} 0 \\ 1 \end{pmatrix} dt + \begin{pmatrix} 1 & 0 \\ 0 & X_1 \end{pmatrix} \begin{pmatrix} dB_1 \\ dB_2 \end{pmatrix}.$

(ii) $dX_t = X_t dt + dB_t.$ (ヒント．両辺を e^{-t} 倍し，$d(e^{-t}X_t)$ と比較せよ．)

(iii) $dX_t = -X_t dt + e^{-t} dB_t.$

5.5 a) μ, σ は定数，B_t は 1 次元ブラウン運動とする．次の**オルンシュタイン=ウーレンベック(Ornstein-Uhlenbeck)方程式(ランジバン(Langevin)方程式)**を解け．

$$dX_t = \mu X_t dt + \sigma dB_t.$$

この方程式の解を**オルンシュタイン=ウーレンベック過程**と言う．(ヒント．問題 5.4 (ii) を見よ．)

 b) $E[X_t]$ と $\text{Var}[X_t] := E[(X_t - E[X_t])^2]$ を求めよ．

5.6 r, α は実定数，B_t は 1 次元ブラウン運動とする．確率微分方程式

$$dY_t = rdt + \alpha Y_t dB_t$$

を解け．(ヒント．両辺に

$$F_t = \exp\Big(-\alpha B_t + \frac{1}{2}\alpha^2 t\Big)$$

5.7 平均回帰オルンシュタイン=ウーレンベック過程とは，確率微分方程式
$$dX_t = (m - X_t)dt + \sigma dB_t$$
の解のことを言う．ここで，m, σ は実定数，B_t は 1 次元ブラウン運動．

a) 問題 5.5a)のようにしてこの方程式を解け．
b) $E[X_t]$ と $\mathrm{Var}[X_t] := E[(X_t - E[X_t])^2]$ を求めよ．

5.8 (2 次元)確率微分方程式
$$dX_1(t) = X_2(t)dt + \alpha dB_1(t)$$
$$dX_2(t) = X_1(t)dt + \beta dB_2(t)$$
を解け．ただし $(B_1(t), B_2(t))$ は 2 次元ブラウン運動であり，α, β は定数である．

この方程式はランダムな力を受けて振動する弦のモデルである．例 5.1.3 を見よ．

5.9 1 次元確率微分方程式
$$dX_t = \ln(1 + X_t^2)dt + \mathcal{X}_{\{X_t>0\}} X_t dB_t, \quad X_0 = a \in \mathbf{R}$$
は一意的な強い解をもつことを証明せよ．

5.10 b, σ は(5.2.1)，(5.2.2)を満たすと仮定し，X_t を(5.2.3)の一意的な強い解とする．
$$E[|X_t|^2] \leq K_1 \cdot \exp(K_2 t), \quad \forall t \leq T \tag{5.3.2}$$
となることを証明せよ．ただし，$K_1 = 3E[|Z|^2] + 6C^2 T(T + 1)$，$K_2 = 6(1+T)C^2$ である．(ヒント．(5.2.10)の証明に用いた論法を用いよ．)

注 (5.2.1)で与えられた b, σ の増大条件から，(5.3.2)を $E[|X_t|^2]$ の大域的な評価に拡張できる．

5.11（ブラウン橋(Brownian bridge)）$a, b \in \mathbf{R}$ とする．次の 1 次元確率微分方程式

$$dY_t = \frac{b - Y_t}{1 - t}dt + dB_t, \quad 0 \le t < 1,\, Y_0 = a \qquad (5.3.3)$$

を考える.

$$Y_t = a(1-t) + bt + (1-t)\int_0^t \frac{dB_s}{1-s}, \quad 0 \le t < 1 \qquad (5.3.4)$$

が上の方程式の解となることを証明し，さらに $\lim_{t\to 1} Y_t = b$ となることを証明せよ．解 Y_t は (a から b への) ブラウン橋と呼ばれている．Y_t の別の特徴付けについては Rogers-Williams (1987, pp.86〜89) を見よ．

5.12 微小かつランダムな摂動をもつ振り子の動きを記述するために次の方程式を考える．

$$y''(t) + (1 + \varepsilon W_t)y = 0, \quad (y(0),\, y'(0) \text{ は指定する.})$$

ここで $W_t = \frac{dB_t}{dt}$ は 1 次元ホワイトノイズで，$\varepsilon > 0$ は定数である．

a) 例 5.1.3 のように，この方程式について説明せよ．

b) $y(t)$ は確率ヴォルテラ (Volterra) 方程式

$$y(t) = y(0) + y'(0) \cdot t + \int_0^t a(t,r)y(r)dr + \int_0^t \gamma(t,r)y(r)dB_r$$

に従うことを証明せよ．ただし，$a(t,r) = r - t$, $\gamma(t,r) = \varepsilon(r - t)$ である．

5.13 つなぎ止められた浮き桟橋もしくは船が，不規則な波にもまれ水平方向に緩やかに漂うモデルとして，John Greu (1989) は方程式

$$x_t'' + a_0 x_t' + w^2 x_t = (T_0 - \alpha_0 x_t')\eta W_t \qquad (5.3.5)$$

を導入した．ここで W_t は 1 次元ホワイトノイズ，$a_0, w, T_0, \alpha_0, \eta$ は定数である．

(i) $X_t = \begin{pmatrix} x_t \\ x_t' \end{pmatrix}$ と定義し，さらに

$$A = \begin{pmatrix} 0 & 1 \\ -w^2 & -a_0 \end{pmatrix}, \quad K = \alpha_0 \eta \begin{pmatrix} 0 & 0 \\ 0 & -1 \end{pmatrix},$$

$$M = T_0 \eta \begin{pmatrix} 0 \\ 1 \end{pmatrix}$$

とおき，(5.3.5) を

$$dX_t = AX_t dt + KX_t dB_t + MdB_t$$

と書き直せ．

(ii) もし $X_0 = 0$ ならば，X_t は積分方程式

$$X_t = \int_0^t e^{A(t-s)} KX_s dB_s + \int_0^t e^{A(t-s)} MdB_s$$

を満たすことを証明せよ．

(iii) $\lambda = \frac{a_0}{2}, \xi = (w^2 - \frac{a_0^2}{4})^{\frac{1}{2}}$ とおく．

$$e^{At} = \frac{e^{-\lambda t}}{\xi} \{(\xi \cos \xi t + \lambda \sin \xi t)I + A \sin \xi t\}$$

となることを証明せよ．さらに

$$g_t = \frac{1}{\xi} \text{Im}(e^{\zeta t}),$$
$$h_t = \frac{1}{\xi} \text{Im}(\zeta e^{\zeta t}), \quad \zeta = -\lambda + i\xi \ (i = \sqrt{-1})$$

とせよ．上の考察を用いて，$y_t := x_t'$ とすれば，

$$x_t = \eta \int_0^t (T_0 - \alpha_0 y_s) g_{t-s} dB_s \tag{5.3.6}$$

$$y_t = \eta \int_0^t (T_0 - \alpha_0 y_s) h_{t-s} dB_s \tag{5.3.7}$$

が成り立つことを証明せよ．

したがって，まず (5.3.7) を解いて y_t が得られ，それを (5.3.6) に代入して x_t が得られる．

5.14 2次元ブラウン運動 (B_1, B_2) と複素表現を用いて

$$\mathbf{B}(t) := B_1(t) + iB_2(t) \quad (i = \sqrt{-1})$$

と定義する．これを**複素ブラウン運動**と言う．

(i) $F(z) = u(z) + iv(z)$ を解析関数とする．すなわち，F はコーシー=リー

マンの関係式
$$\frac{\partial u}{\partial x} = \frac{\partial v}{\partial y}, \quad \frac{\partial u}{\partial y} = -\frac{\partial v}{\partial x}, \quad z = x + iy$$
を満たす．このとき，
$$Z_t = F(\mathbf{B}(t))$$
とおけば，
$$dZ_t = F'(\mathbf{B}(t))d\mathbf{B}(t) \tag{5.3.8}$$
となることを示せ．ただし，F' は F の(複素)微分を表す(伊藤の公式の第2項が(5.3.8)には現れないことに注意せよ)．

(ii) α を定数とする．複素確率微分方程式
$$dZ_t = \alpha Z_t d\mathbf{B}(t)$$
を解け．解析関数に関連する複素確率解析については，たとえば Ubøe (1987)を見よ．

5.15 (人口密度の高いランダムな環境での人口変動) 非線形確率微分方程式
$$dX_t = rX_t(K - X_t)dt + \beta X_t dB_t, \quad X_0 = x > 0 \tag{5.3.9}$$
は，しばしば，人口密度の高いランダムな環境下での人口サイズ X_t の変動を表すモデルとして利用されている．定数 K は環境の許容限界であり，定数 $r \in \mathbf{R}$ は環境の "質" を表し，定数 $\beta \in \mathbf{R}$ は系のランダムな揺らぎの大きさを表している．
$$X_t = \frac{\exp\{(rK - \frac{1}{2}\beta^2)t + \beta B_t\}}{x^{-1} + r\int_0^t \exp\{(rK - \frac{1}{2}\beta^2)s + \beta B_s\}ds} \tag{5.3.10}$$
が(5.3.9)の一意的な(強い)解となることを証明せよ(この解は(5.3.9)を線形方程式に変形する変数変換を用いて見つけることができる．詳しくは Gard (1988, 4章)を見よ)．

5.16 $f : \mathbf{R} \times \mathbf{R} \to \mathbf{R}, c : \mathbf{R} \to \mathbf{R}$ を連続関数とする．問題5.6で用いた方法は，次のようなより一般の確率微分方程式に適用可能である．
$$dX_t = f(t, X_t)dt + c(t)X_t dB_t, \quad X_0 = x. \tag{5.3.11}$$

これを次の手順で証明せよ.

a)
$$F_t = F_t(\omega) = \exp\left(-\int_0^t c(s)dB_s + \frac{1}{2}\int_0^t c^2(s)ds\right) \quad (5.3.12)$$

とする. このとき (5.3.11) を
$$d(F_t X_t) = F_t \cdot f(t, X_t)dt \quad (5.3.13)$$

と表現できることを証明せよ.

b)
$$Y_t(\omega) = F_t(\omega) X_t(\omega) \quad (5.3.14)$$

とおけ. したがって
$$X_t = F_t^{-1} Y_t \quad (5.3.15)$$

である. 方程式 (5.3.13) から
$$\frac{dY_t}{dt} = F_t(\omega) \cdot f(t, F_t^{-1}(\omega) Y_t(\omega)), \quad Y_0 = x \quad (5.3.16)$$

となることを導け. 各 $\omega \in \Omega$ について, この方程式は $t \mapsto Y_t(\omega)$ に対する常微分方程式である. したがって, ω をパラメータとしてもつ常微分方程式 (5.3.16) の解として $Y_t(\omega)$ を求めることができ, それを代入すれば, (5.3.15) により $X_t(\omega)$ が求まる.

c) α を定数とする. 上の方法を用いて, 確率微分方程式
$$dX_t = \frac{1}{X_t}dt + \alpha X_t dB_t, \quad X_0 = x > 0 \quad (5.3.17)$$

を解け.

d) α, γ を定数とする. 上の方法を用いて確率微分方程式
$$dX_t = X_t^\gamma dt + \alpha X_t dB_t, \quad X_0 = x > 0 \quad (5.3.18)$$

の解を調べよ. いかなる γ に対して解は爆発するか.

5.17 (グロンウォール (Gronwall) の不等式)) $v(t)$ を, 適当な定数 C, A に

対して，次の関係式を満たす非負関数とする．

$$v(t) \leq C + A \int_0^t v(s)ds, \quad 0 \leq \forall t \leq T.$$

次の評価式を証明せよ．

$$v(t) \leq C \exp(At), \quad 0 \leq \forall t \leq T. \tag{5.3.19}$$

(ヒント．$A \neq 0$ としてよい．$w(t) = \int_0^t v(s)ds$ とおけ．このとき $w'(t) \leq C + Aw(t)$ が成り立つ．$f(t) := w(t)\exp(-At)$ を用いて，

$$w(t) \leq \frac{C}{A}(\exp(At) - 1) \tag{5.3.20}$$

を証明せよ．(5.3.20) から (5.3.19) を導け．)

第6章

フィルターの問題

§6.1 はじめに

1章の問題3は，以下に述べるフィルターの問題の特別な場合になっている．

考える系の時刻 t での状態 $X_t \in \mathbf{R}^n$ は次の確率微分方程式で与えられるとする．

$$\frac{dX_t}{dt} = b(t, X_t)dt + \sigma(t, X_t)W_t, \quad t \geq 0. \tag{6.1.1}$$

ただし $b: \mathbf{R}^{n+1} \to \mathbf{R}^n$, $\sigma: \mathbf{R}^{n+1} \to \mathbf{R}^{n \times p}$ は条件(5.2.1)，(5.2.2)を満たしており，W_t は p 次元ホワイトノイズである．以前と同様に，この方程式を伊藤積分を用いて解釈すれば

(系) $\quad dX_t = b(t, X_t)dt + \sigma(t, X_t)dU_t \tag{6.1.2}$

となる．ここで U_t は p 次元ブラウン運動である．X_0 の分布が U_t と独立であると仮定する．(3.3.6)で述べた1次元の場合と同様に，ストラトノビッチ積分を用いて(6.1.1)を次のように解釈することもできる．

$$dX_t = b(t, X_t)dt + \sigma(t, X_t) \circ dU_t.$$

これを伊藤積分で表せば

$$dX_t = \widetilde{b}(t, X_t)dt + \sigma(t, X_t)dU_t,$$

$$\text{ただし，} \widetilde{b}(t, x) = b(t, x) + \frac{1}{2}\sum_{j=1}^{p}\sum_{k=1}^{n}\frac{\partial \sigma_{ij}}{\partial x_k}\sigma_{kj}, \ 1 \leq i \leq n \tag{6.1.3}$$

となる(Stratonovich (1966)参照). 以下では，伊藤積分による解釈(6.1.2)を用いる.

連続時間パラメータをもつフィルターの問題を考えよう. 連続的に行われる観測 $H_t \in \mathbf{R}^m$ は

$$H_t = c(t, X_t) + \gamma(t, X_t) \cdot \widetilde{W}_t \tag{6.1.4}$$

という形をしていると仮定する. ここで, $c: \mathbf{R}^{n+1} \to \mathbf{R}^m$, $\gamma: \mathbf{R}^{n+1} \to \mathbf{R}^{m \times r}$ は(5.2.1), (5.2.2)を満たす関数で, $\widetilde{W}_t$ は U_t, X_0 とは独立な r 次元ホワイトノイズである.

(6.1.4)に数学的に厳密な意味を与えるために, 確率過程

$$Z_t = \int_0^t H_s ds \tag{6.1.5}$$

を導入しよう. すると, 次のような確率積分による表現が得られる.

(観測) $\quad dZ_t = c(t, X_t)dt + \gamma(t, X_t)dV_t, \quad Z_0 = 0 \tag{6.1.6}$

ここで, V_t は U_t, X_0 とは独立な r 次元ブラウン運動である.

$0 \leq s \leq t$ に対する H_s の値が定まれば, $0 \leq s \leq t$ に対する Z_s の値も定まる. そしてこの逆もまた成り立つ. したがって, H_t の代わりに Z_t を"観測"と見なしても, 得られる情報の増減はない. しかし, このように取り替えたことにより, (6.1.6)というフィルターの問題を考えるための観測に対する数学的モデルが得られるのである.

フィルターの問題とは次のようなものである.

「$0 \leq s \leq t$ で(6.1.6)を満たす観測が与えられたとき, この観測に基づく系の状態 X_t ((6.1.2)に従う)の最良の推定 $\widehat{X}_t$ はどのように与えられるであろうか？」

すでに述べたように, この問題を数学的に定式化する必要がある. $\widehat{X}_t$ が観測 $\{Z_s; s \leq t\}$ に基づく推定であるとは, $\mathcal{G}_t$ を $\{Z_s(\cdot); s \leq t\}$ の生成する σ-加法族とすれば,

$$\widehat{X}_t(\cdot) \text{ は } \mathcal{G}_t\text{-可測} \tag{6.1.7}$$

となることを言う.さらに $\widehat{X}_t$ が最良の推定であるとは

$$\int_\Omega |X_t - \widehat{X}_t|^2 dP = E[|X_t - \widehat{X}_t|^2] = \inf\{E[|X_t - Y|^2; Y \in \mathcal{K}\} \quad (6.1.8)$$

が成り立つことを意味する.ただし,この章を通じて,$(\Omega, \mathcal{F}, P)$ は原点から出発する $(p+r)$ 次元ブラウン運動 (U_t, V_t) に対応する確率空間を,E は P に対する期待値を表し,さらに,$L^2(P) = L^2(\Omega, P)$,

$$\mathcal{K} := \mathcal{K}_t := \mathcal{K}(Z, t) := \{Y : \Omega \to \mathbf{R}^n; Y \in L^2(P) \text{ かつ } Y \text{ は } \mathcal{G}_t\text{-可測}\}. \quad (6.1.9)$$

次に $\widehat{X}_t$ の性質を調べよう.そのために,まず条件付き期待値と射影の関連に注意する.

補題 6.1.1 $\mathcal{H} \subset \mathcal{F}$ を σ-加法族とし,$X \in L^2(P)$ は $\mathcal{F}$-可測であるとする.$\mathcal{N} = \{Y \in L^2(P); Y \text{ は } \mathcal{H}\text{-可測}\}$ と定め,$\mathcal{P}_\mathcal{N}$ でヒルベルト空間 $L^2(P)$ の部分空間 $\mathcal{N}$ への直交射影を表す.このとき次の関係式が成り立つ.

$$\mathcal{P}_\mathcal{N}(X) = E[X|\mathcal{H}].$$

[証明] $E[X|\mathcal{H}]$ は次の2条件を満たす Ω 上の **R**-値確率変数として (P-零集合を除いて) 一意的に定まることを思い出そう (付録 A).

(i) $E[X|\mathcal{H}]$ は $\mathcal{H}$-可測,
(ii) $\int_A E[X|\mathcal{H}]dP = \int_A XdP$ $(\forall A \in \mathcal{H})$.

$\mathcal{P}_\mathcal{N}(X)$ は $\mathcal{H}$-可測であり,さらに

$$\int_\Omega Y(X - \mathcal{P}_\mathcal{N}(X))dP = 0, \quad \forall Y \in \mathcal{N}$$

を満たす.とくに

$$\int_A (X - \mathcal{P}_\mathcal{N}(X))dP = 0, \quad \forall A \in \mathcal{H}.$$

すなわち,次の関係式が成り立つ.

$$\int_A \mathcal{P}_\mathcal{N}(X)dP = \int_A XdP, \quad \forall A \in \mathcal{H}.$$

したがって,条件付き期待値の一意性から $\mathcal{P}_\mathcal{N}(X) = E[X|\mathcal{H}]$ となる. □

ヒルベルト空間の一般論から，(6.1.8) を満たす $\widehat{X}_t$ は直交射影 $\mathcal{P}_{\mathcal{K}_t}(X_t)$ を用いて実現されることが言える．これを，補題 6.1.1 と合わせて次を得る．

定理 6.1.2 次の関係式が成り立つ．

$$\widehat{X}_t = \mathcal{P}_{\mathcal{K}_t}(X_t) = E[X_t|\mathcal{G}_t].$$

これはフィルター理論における藤崎-Kallianpur-國田の等式の基礎となるものである．たとえば Bensoussan (1992), Davis (1984), Kallianpur (1980) を参照せよ．

§6.2 1 次元線形フィルターの問題

以下では，線形な場合を考える．このとき，$\widehat{X}_t$ を確率微分方程式を用いて特徴づけることができる（カルマン=ブーシー・フィルターと言う）．

線形フィルターの問題においては系と観測の方程式は次の形をしている．

（線形な系）　　$dX_t = F(t)X_t dt + C(t)dU_t,$

$$F(t) \in \mathbf{R}^{n \times n}, \quad C(t) \in \mathbf{R}^{n \times p} \qquad (6.2.1)$$

（線形な観測）　$dZ_t = G(t)X_t dt + D(t)dV_t,$

$$G(t) \in \mathbf{R}^{m \times n}, \quad D(t) \in \mathbf{R}^{m \times r} \qquad (6.2.2)$$

フィルターの問題の解の構成方法を理解するために，まず 1 次元の場合を考えよう．つまり

（線形な系）　　$dX_t = F(t)X_t dt + C(t)dU_t, \quad F(t), C(t) \in \mathbf{R} \qquad (6.2.3)$
（線形な観測）$dZ_t = G(t)X_t dt + D(t)dV_t, \quad G(t), D(t) \in \mathbf{R} \qquad (6.2.4)$

となる場合を考えよう．

以下，F, G, C, D はすべて，確定的で，さらに任意の有界区間上有界であると仮定する（条件 **5.2.1** をみよ）．Z_t の定義 (**6.1.5**) に基づき，$Z_0 = 0$ であると仮定する．さらに X_0 はガウス型確率変数で，$\{U_t\}, \{V_t\}$ と独立であるとする．また，$D(t)$ は有界区間上一様に正であると仮定する．

(6.2.1), (6.2.2) の高次元への拡張は技術的であり，とくに新しいアイディ

アを必要としない．したがって 1 次元での考察を済ませてから，(次節で) 高次元への拡張に関する結果だけを述べる．読者は自ら確かめるか，もしくは Bensoussan (1992), Davis (1977), Kallianpur (1980) の本を参照せよ．

X_t, Z_t は (6.2.3)，(6.2.4) を満たす確率過程とする．フィルターの問題の解法について，まず概略を述べよう．

ステップ 1

$$c_0 + c_1 Z_{s_1}(\omega) + \cdots + c_k Z_{s_k}(\omega), \quad s_j \leq t, c_j \in \mathbf{R}$$

という形をした元のなす空間の $L^2(P)$ での閉包を $\mathcal{L} = \mathcal{L}(Z, t)$ とおく．さらに $\mathcal{P}_\mathcal{L}$ を $L^2(P)$ から $\mathcal{L}$ への直交射影とする．このとき (6.1.9) で定義される $\mathcal{K}$ との間に次のような関係があることを示す．

$$\widehat{X}_t = \mathcal{P}_\mathcal{K}(X_t) = E[X_t|\mathcal{G}_t] = \mathcal{P}_\mathcal{L}(X_t).$$

したがって，X_t の最良の Z-可測推定は，最良の Z-線形推定と一致する．

ステップ 2 Z_t を次で定義されるイノベーション過程 N_t とおき換える．

$$N_t = Z_t - \int_0^t (GX)_s^\wedge ds, \quad \text{ただし } (GX)_s^\wedge = \mathcal{P}_{\mathcal{L}(Z,s)}(G(s)X_s) = G(s)\widehat{X}_s.$$

このとき，さらに次が満たされることを示す．

(i) N_t は直交増分をもつ．すなわち，区間 $[s_1, t_1]$ と $[s_2, t_2]$ が交わらなければ，$E[(N_{t_1} - N_{s_1})(N_{t_2} - N_{s_2})] = 0$.
(ii) $\mathcal{L}(N, t) = \mathcal{L}(Z, t)$ が成り立つ．よって $\widehat{X}_t = \mathcal{P}_{\mathcal{L}(N,t)}(X_t)$.

ステップ 3

$$dR_t = \frac{1}{D(t)} dN_t$$

とおけば，R_t は 1 次元ブラウン運動となることを見る．さらに，次の等式を示す．

$$\mathcal{L}(N, t) = \mathcal{L}(R, t),$$
$$\widehat{X}_t = \mathcal{P}_{\mathcal{L}(N,t)}(X_t) = \mathcal{P}_{\mathcal{L}(R,t)}(X_t) = E[X_t] + \int_0^t \frac{\partial}{\partial s} E[X_t R_s] dR_s.$$

ステップ4 確率微分方程式

$$dX_t = F(t)X_t dt + C(t)dU_t$$

を直接解いて，X_t の正確な表現を得る．

ステップ5 ステップ4で求めた X_t の表現を $E[X_t R_s]$ に代入し，ステップ3を用いて $\widehat{X}_t$ の満たす確率微分方程式

$$d\widehat{X}_t = \frac{\partial}{\partial s}E[X_t R_s]_{s=t}dR_t + \left(\int_0^t \frac{\partial^2}{\partial t \partial s}E[X_t R_s]dR_s\right)dt$$

と関連する方程式を求める．

ステップ1~5の実行に移る前に次の例を考えよう．この例は簡単ではあるが，これからの考察の良い動機づけとなるであろう．

例 6.2.1 $X, W_1, W_2, \ldots$ を独立な実確率変数とし，$E[X] = E[W_j] = 0$, $E[X^2] = a^2, E[W_j^2] = m^2 \ (j = 1, 2, \ldots)$ が成り立つとする．$Z_j = X + W_j$ とせよ．

$\{Z_j; j \leq k\}$ に基づく X の最良の線形推定 $\widehat{X}$ とは何であろうか？ 正確に言えば，

$$\mathcal{L} = \mathcal{L}(Z, k) = \{c_1 Z_1 + \cdots + c_k Z_k; c_1, \ldots, c_k \in \mathbf{R}\}$$

とするとき，

$$\widehat{X}_k = \mathcal{P}_k(X)$$

を求めたい．ただし，$\mathcal{P}_k$ は $\mathcal{L}(Z, k)$ への直交射影である．

グラム=シュミットの直交化法を用いて，次の性質をもつ確率変数列 $A_1, A_2, \ldots$ を構成できる．

(i) $i \neq j$ ならば $E[A_i A_j] = 0$,
(ii) すべての k に対し，$\mathcal{L}(A, k) = \mathcal{L}(Z, k)$ が成り立つ．

このとき

$$\widehat{X}_k = \sum_{j=1}^k \frac{E[XA_j]}{E[A_j^2]}A_j, \quad k = 1, 2, \ldots \tag{6.2.5}$$

6.2 1次元線形フィルターの問題

となる．この式が定義可能である（分母が零にならない）ことと，この等式から $\widehat{X}_k$ と $\widehat{X}_{k+1}$ の間の再帰的な関係が従うことを見よう． $\mathcal{P}_{j-1}(W_j) = 0$ であるから，

$$A_j = Z_j - \mathcal{P}_{j-1}(Z_j) = Z_j - \mathcal{P}_{j-1}(X)$$

となる．したがって次の等式を得る．

$$A_j = Z_j - \widehat{X}_{j-1}. \tag{6.2.6}$$

これから次の2つの関係式が従う．

$$E[XA_j] = E[X(Z_j - \widehat{X}_{j-1})] = E[X(X - \widehat{X}_{j-1})] = E[(X - \widehat{X}_{j-1})^2],$$

$$E[A_j^2] = E[(X + W_j - \widehat{X}_{j-1})^2] = E[(X - \widehat{X}_{j-1})^2] + m^2.$$

よって

$$\widehat{X}_k = \widehat{X}_{k-1} + \frac{E[(X - \widehat{X}_{k-1})^2]}{E[(X - \widehat{X}_{k-1})^2] + m^2}(Z_k - \widehat{X}_{k-1}) \tag{6.2.7}$$

である．さて

$$\overline{Z}_k = \frac{1}{k}\sum_{j=1}^{k} Z_j$$

とおけば，(6.2.7)は次のように簡素化できる．

$$\widehat{X}_k = \frac{a^2}{a^2 + \frac{1}{k}\cdot m^2}\overline{Z}_k. \tag{6.2.8}$$

実際，これは次のようにして確かめることができる．

$$\alpha_k = \frac{a^2}{a^2 + \frac{1}{k}\cdot m^2}, \quad U_k = \alpha_k \overline{Z}_k$$

とおく．このとき，次の2つの主張を得る．

(i) $U_k \in \mathcal{L}(Z, k)$.
(ii) $X - U_k \perp \mathcal{L}(Z, k)$ である．なぜなら，

$$E[(X - U_k)Z_i] = E[XZ_i] - \alpha_k E[\overline{Z}_k Z_i]$$

100　第6章　フィルターの問題

$$= E[X(X+W_i)] - \alpha_k \frac{1}{k}\sum_j E[Z_j Z_i]$$

$$= a^2 - \frac{1}{k}\alpha_k \sum_j E[(X+W_j)(X+W_i)]$$

$$= a^2 - \frac{1}{k}\alpha_k[ka^2 + m^2] = 0.$$

したがって(6.2.8)が示せた.

(6.2.8)は次のように解釈できる. 十分大きな k については $\widehat{X}_k \approx \overline{Z}_k$ と思える. 小さな k については a^2 と m^2 の関係が効果を及ぼす. もし $m^2 \gg a^2$ ならば, 観測は大部分無視され $\widehat{X}_k$ はその平均値 0 に一致すると思える. 問題 6.11 も参照せよ.

この例は, 先に述べたフィルターの問題の解法に関連している. 実際, (6.2.5) に類似した $\widehat{X}_t$ の表現を得るために, 確率過程 Z_t を直交増分な確率過程 N_t でおき換えている(ステップ 2). その表現を, 最良の可測推定と最良の線形推定を同一視し(ステップ 1), N_t とブラウン運動の関係を求めた後, ステップ 3 で求めている.

ステップ 1　 Z-線形推定と Z-可測推定
補題 6.2.2 $X, Z_s, s \leq t$ を $L^2(P)$ に属する確率変数とする. 任意の $n \geq 1$ と $s_1, \ldots, s_n \leq t$ に対し

$$(X, Z_{s_1}, \ldots, Z_{s_n}) \in \mathbf{R}^{n+1}$$

はガウス型確率変数であるとする. このとき, 次の関係式が成り立つ.

$$\mathcal{P}_{\mathcal{L}}(X) = E[X|\mathcal{G}] = \mathcal{P}_{\mathcal{K}}(X).$$

言いかえれば, X の Z-線形推定と Z-可測推定は一致する.

[証明] $\check{X} = \mathcal{P}_{\mathcal{L}}(X), \widetilde{X} = X - \check{X}$ とおく. $\widetilde{X}$ は $\mathcal{G}$ と独立であることをみよう. 確率変数 $(Y_1, \ldots, Y_k)$ は, 任意の線形結合 $c_1 Y_1 + \cdots + c_k Y_k$ $(c_1, \ldots, c_k \in \mathbf{R})$ がガウス型確率変数であるとき, およびそのときに限りガウス型確率変数となる. さらに, ガウス型確率変数列の $L^2(P)$-極限は再びガウス型確率変数になる(付録 A). ゆえに, 任意の $s_1, \ldots, s_n \leq t$ に対し,

$(\widetilde{X}, Z_{s_1}, \ldots, Z_{s_n})$ はガウス型確率変数である.
$E[\widetilde{X}Z_{s_j}] = 0$ であるから, $\widetilde{X}$ と Z_{s_j} は相関をもたない$(1 \leq j \leq n)$. よって,
$$\widetilde{X} と (Z_{s_1}, \ldots, Z_{s_n}) は独立である$$
(付録 A 参照). したがって, $\widetilde{X}$ は $\mathcal{G}$ と独立である.

このとき, すべての $G \in \mathcal{G}$ に対し,
$$E[\mathcal{X}_G(X - \check{X})] = E[\mathcal{X}_G \widetilde{X}] = E[\mathcal{X}_G] \cdot E[\widetilde{X}] = 0$$
となる. すなわち $\int_G X dP = \int_G \check{X} dP$ である. $\check{X}$ は $\mathcal{G}$-可測であるから, $\check{X} = E[X|\mathcal{G}]$ を得る. □

この結果に次のような興味深い解釈を与えることができる. $X, \{Z_t\}_{t \in T}$ を指定された共分散をもつ $L^2(P)$-関数とする. この定められた共分散をもつという条件の下
$$(X, Z_{t_1}, \ldots, Z_{t_n})$$
がとりうる分布のうち, ガウス型確率変数は "最悪の" 推定を与える. 実際, どのような分布に対しても,
$$E[(X - E[X|\mathcal{G}])^2] \leq E[(X - \mathcal{P}_\mathcal{L}(X))^2]$$
が成り立つ. ところが, 補題 6.2.2 から, 等号はガウス型確率変数のときに実現される(右辺は共分散のみから定まっており, 共分散を得るために選ぶ分布には依らないことに注意せよ). 同様の結果について, Topsöe (1978)を参照せよ.

補題 6.2.1 をフィルターの問題に適用するには次の結果が必要である.

補題 6.2.3
$$M_t = \begin{pmatrix} X_t \\ Z_t \end{pmatrix} \in \mathbf{R}^2 \quad はガウス過程である.$$

[証明] M_t は 2 次元線形確率微分方程式
$$dM_t = H(t)M_t dt + K(t)dB_t, \quad M_0 = \begin{pmatrix} X_0 \\ 0 \end{pmatrix} \tag{6.2.9}$$

の解と見なせる.ただし,$H(t) \in \mathbf{R}^{2\times 2}$, $K(t) \in \mathbf{R}^{2\times 2}$ で,B_t は 2 次元ブラウン運動である.

ピカール (Picard) の逐次近似法を用いて (6.2.9) を解く.すなわち,

$$M_t^{(n+1)} = M_0 + \int_0^t H(s)M_s^{(n)}ds + \int_0^t K(s)dB_s, \quad n=0,1,2,\ldots \tag{6.2.10}$$

とおく.このとき $M_t^{(n)}$ はガウス過程で,$n \to \infty$ のとき $L^2(P)$ において $M_t^{(n)}$ は M_t に収束する (定理 5.2.1 の証明を参照せよ).したがって M_t はガウス過程である (定理 A.7). □

ステップ2 イノベーション過程

$\mathcal{L}(Z,T) =$ あらゆる線形結合 $c_0 + c_1 Z_{t_1} + \cdots + c_k Z_{t_k}$

$\quad (0 \leq t_i \leq T, c_j \in \mathbf{R})$ のなす線形空間の $L^2(P)$ での閉包

と定義する.イノベーション過程を紹介する前に,$\mathcal{L}(Z,T)$ に属する関数の表現を与えよう.

$f \in L^2[0,T]$ に対し,次の等式が成り立つ.

$$E\left[\left(\int_0^T f(t)dZ_t\right)^2\right]$$
$$= E\left[\left(\int_0^T f(t)G(t)X_t dt\right)^2\right] + E\left[\left(\int_0^T f(t)D(t)dV_t\right)^2\right]$$
$$+ 2E\left[\left(\int_0^T f(t)G(t)X_t dt\right)\left(\int_0^T f(t)D(t)dV_t\right)\right].$$

コーシー=シュワルツの不等式より,定数 A_1 がとれて,次の評価式を得る.

$$E\left[\left(\int_0^T f(t)G(t)X_t dt\right)^2\right] \leq A_1 \int_0^T f(t)^2 dt.$$

また伊藤積分の等長性から

$$E\left[\left(\int_0^T f(t)D(t)dV_t\right)^2\right] = \int_0^T f(t)^2 D(t)^2 dt$$

となる.さらに $\{X_t\}$ と $\{V_t\}$ は独立であるから,f には依存しない定数 A_0, A_2

が見つかって

$$A_0 \int_0^T f^2(t)dt \leq E\left[\left(\int_0^T f(t)dZ_t\right)^2\right] \leq A_2 \int_0^T f^2(t)dt \quad (6.2.11)$$

が成立する．

補題 6.2.4 $\mathcal{L}(Z,T) = \{c_0 + \int_0^T f(t)dZ_t; f \in L^2[0,T], c_0 \in \mathbf{R}\}$.

[証明] 右辺を $\mathcal{N}(Z,T)$ と表す．次の3条件が満たされることを示せばよい．

a) $\mathcal{N}(Z,T) \subset \mathcal{L}(Z,T)$.

b) $\mathcal{N}(Z,T)$ は次の形の線形結合をすべて含む．

$$c_0 + c_1 Z_{t_1} + \cdots + c_k Z_{t_k}, \quad 0 \leq t_i \leq T.$$

c) $\mathcal{N}(Z,T)$ は $L^2(P)$ の閉部分集合である．

それぞれを証明しよう．a) もし f が連続であれば

$$\int_0^T f(t)dZ_t = \lim_{n\to\infty} \sum_j f(j \cdot 2^{-n}) \cdot (Z_{(j+1)\cdot 2^{-n}} - Z_{j \cdot 2^{-n}})$$

となることから従う．

b) $0 \leq t_1 < t_2 < \cdots < t_k = T$ とする．$\Delta Z_j = Z_{t_{j+1}} - Z_{t_j}$ とおくと，c'_j を適当に選んで

$$\sum_{i=1}^k c_i Z_{t_i} = \sum_{j=0}^{k-1} c'_j \Delta Z_j = \sum_{j=0}^{k-1} \int_{t_j}^{t_{j+1}} c'_j dZ_t = \int_0^T \left(\sum_{j=0}^{k-1} c'_j \mathcal{X}_{[t_j, t_{j+1})}(t)\right) dZ_t$$

と表すことができることから従う．

c) (6.2.11) と $L^2(P)$ の完備性から従う． □

イノベーション過程 N_t を次のように定義する[1]．

$$N_t = Z_t - \int_0^t (GX)_s^\wedge ds, \quad \text{ただし } (GX)_s^\wedge = \mathcal{P}_{\mathcal{L}(Z,s)}(G(s)X_s) = G(s)\widehat{X}_s. \tag{6.2.12}$$

---

[1] $[0,T] \times \Omega \ni (s,\omega) \mapsto \widehat{X}_s(\omega)$ の可測性については「確率過程の推定」(國田寛著, 産業図書, 1976) p.80 を見よ．

これを微分形で表せば次の通りである.

$$dN_t = G(t)(X_t - \widehat{X}_t)dt + D(t)dV_t. \qquad (6.2.13)$$

補題 6.2.5 (i) N_t は直交増分をもつ.
(ii) $E[N_t^2] = \int_0^t D^2(s)ds$.
(iii) $\mathcal{L}(N,t) = \mathcal{L}(Z,t) \ (\forall t \geq 0)$.
(iv) N_t はガウス過程である.

[証明] (i) $s < t, Y \in \mathcal{L}(Z,s)$ とする. $r \geq s$ ならば $X_r - \widehat{X}_r \perp \mathcal{L}(Z,r) \supset \mathcal{L}(Z,s)$ となり, さらに V が独立増分をもつから, 次の等式を得る.

$$E[(N_t - N_s)Y] = E\left[\left(\int_s^t G(r)(X_r - \widehat{X}_r)dr + \int_s^t D(r)dV_r\right)Y\right]$$
$$= \int_s^t G(r)E[(X_r - \widehat{X}_r)Y]dr + E\left[\left(\int_s^t DdV\right)Y\right] = 0.$$

$N_u \in \mathcal{L}(Z,u), u \geq 0,$ であるから, これより, N_t が直交増分をもつことが従う.

(ii) 伊藤の公式を $g(t,x) = x^2$ として適用して

$$d(N_t^2) = 2N_t dN_t + \frac{1}{2}2(dN_t)^2 = 2N_t dN_t + D^2 dt$$

となる. よって

$$E[N_t^2] = E\left[\int_0^t 2N_s dN_s\right] + \int_0^t D^2(s)ds$$

が成り立つ.

$$\int_0^t N_s dN_s = \lim_{\Delta t_j \to 0} \sum N_{t_j}[N_{t_{j+1}} - N_{t_j}]$$

であり, さらに N は直交増分をもつから,

$$E\left[\int_0^t 2N_s dN_s\right] = 0.$$

よって(ii)が証明できた.

(iii) $\mathcal{L}(N,t) \subset \mathcal{L}(Z,t)$ となることは明らかである. 逆の包含関係を示すために補題 6.2.4 を利用しよう. 補題 6.2.2, 6.2.4 により, 各 r に対して

$$(GX)\widehat{\ }_r = c(r) + \int_0^r g(r,s)dZ_s$$

となる $g(r,\cdot) \in L^2[0,r]$, $c(r) \in \mathbf{R}$ がとれる[2]. $f \in L^2[0,T]$ に対し

$$\int_0^t f(s)dN_s = \int_0^t f(s)dZ_s - \int_0^t f(r)G(r)\widehat{X}_r dr$$

$$= \int_0^t f(s)dZ_s - \int_0^t f(r)\left[\int_0^r g(r,s)dZ_s\right]dr - \int_0^t f(r)c(r)dr$$

$$= \int_0^t \left[f(s) - \int_s^t f(r)g(r,s)dr\right]dZ_s - \int_0^t f(r)c(r)dr$$

となる．ヴォルテラ (Volterra) 型積分方程式の一般論 (Davis (1977, p.125) を見よ) から，任意の $h \in L^2[0,t]$ に対して

$$f(s) - \int_s^t f(r)g(r,s)dr = h(s)$$

となる $f \in L^2[0,t]$ が存在すると言える．とくに $h = \mathcal{X}_{[0,t_1]}$ $(0 \le t_1 \le t)$ とし，対応する f をとれば，

$$\int_0^t f(r)c(r)dr + \int_0^t f(s)dN_s = \int_0^t \mathcal{X}_{[0,t_1]}(s)dZ_s = Z_{t_1}$$

となる．したがって，$\mathcal{L}(N,t) \supset \mathcal{L}(Z,t)$ である．

(iv) $\widehat{X}_t$ は線形結合

$$M = c_0 + c_1 Z_{s_1} + \cdots + c_k Z_{s_k}, \quad s_i \le t$$

の $(L^2(P)\text{-})$ 極限である．したがって

$$(\widehat{X}_{t_1}, \ldots, \widehat{X}_{t_m})$$

も，各成分が上のような線形結合であるベクトル $(M^{(1)}, \ldots, M^{(m)})$ の $(L^2(P)\text{-})$ 極限となる．$\{Z_t\}$ はガウス過程なので $(M^{(1)}, \ldots, M^{(m)})$ はガウス型確率変数となり，その極限値もガウス型確率変数である．よって $\{\widehat{X}_t\}$ は

---

[2] $g(r,s)$ がヴォルテラ核であることは

$$E[(GX)_r^\wedge V_u] = \int_0^u g(r,s)D(s)ds,$$

$$E\left[\left(c(r) + \int_0^r f(s)dZ_s\right)^2\right] \ge (\inf_{[0,t]} D^2) \int_0^r f(s)^2 ds, \forall r \in [0,t]$$

となることから証明できる．

ガウス過程である．同様の議論により

$$N_t = Z_t - \int_0^t G(s)\widehat{X}_s ds$$

もまたガウス過程であると言える． □

ステップ3　イノベーション過程とブラウン運動
$N_t = Z_t - \int_0^t G(s)\widehat{X}_s ds$ をステップ2で定義したイノベーション過程とする．$D(t)$ は有界区間上一様に正であると仮定していたことを思い出し，確率過程 $R_t(\omega)$ を次の式で定義する．

$$dR_t = \frac{1}{D(t)}dN_t(\omega), \quad t \geq 0, \; R_0 = 0. \qquad (6.2.14)$$

補題 6.2.6 R_t は1次元ブラウン運動である．

[証明] 次のことが成り立つ．

(i) R_t は連続な経路をもつ．
(ii) R_t は直交増分をもつ (N_t がそうであるから)．
(iii) R_t はガウス過程である (N_t がそうであるから)．
(iv) $E[R_t] = 0$ かつ $E[R_t R_s] = \min(s,t)$ である．

(iv)の後半を証明しよう．伊藤の公式から

$$d(R_t^2) = 2R_t dR_t + (dR_t)^2 = 2R_t dR_t + dt$$

となる．R_t は直交増分をもつから，

$$E[R_t^2] = E\left[\int_0^t ds\right] = t$$

となる．ゆえに $s < t$ ならば，

$$E[R_t R_s] = E[(R_t - R_s)R_s] + E[R_s^2] = s$$

となる．

性質(i), (iii)と(iv)は1次元ブラウン運動の特徴付けとなっている (Simon (1979, Th. 4.3)をみよ)．(この事実を用いる代わりに直接計算して，R_t が定常な独立増分をもつことが証明できる．したがって，3章のはじめで参照し

た結果より，連続性と合わせると，R_t はブラウン運動でなければならない．ブラウン運動の一般的な特徴付けについては系 8.4.5 を見よ．） □

$$\mathcal{L}(R,t) = \mathcal{L}(N,t) = \mathcal{L}(Z,t)$$

であるから，

$$\widehat{X}_t = \mathcal{P}_{\mathcal{L}(R,t)}(X_t)$$

となる．次に見るように，空間 $\mathcal{L}(R,t)$ への射影は非常に良い表示を持っている（例 6.2.1 の式 (6.2.5) と比較せよ）．以下では，微分記号を古典的な微分だけでなく，ルベーグ測度に関するラドン=ニコディムの密度関数を表すためにも用いる．

補題 6.2.7

$$\widehat{X}_t = E[X_t] + \int_0^t \frac{\partial}{\partial s} E[X_t R_s] dR_s. \tag{6.2.15}$$

[証明] 補題 6.2.4 より，$g \in L^2[0,t], c_0(t) \in \mathbf{R}$ がとれて

$$\widehat{X}_t = c_0(t) + \int_0^t g(s) dR_s$$

となる[3]．平均をとって，$c_0(t) = E[\widehat{X}_t] = E[X_t]$ を得る．

任意の $f \in L^2[0,t]$ に対し

$$(X_t - \widehat{X}_t) \perp \int_0^t f(s) dR_s$$

となる．したがって，伊藤積分の等長性から，

$$E\left[X_t \int_0^t f(s) dR_s\right] = E\left[\widehat{X}_t \int_0^t f(s) dR_s\right]$$
$$= E\left[\int_0^t g(s) dR_s \int_0^t f(s) dR_s\right]$$
$$= E\left[\int_0^t g(s) f(s) ds\right] = \int_0^t g(s) f(s) ds, \quad \forall f \in L^2[0,t],$$

---

[3] $Z = R$ として補題を用いる．先に R がブラウン運動であることを見ているから，R は $G = 0$, $D = 1, V = R$ に対応する Z と見なせる．

となる．とくに，$f = \mathcal{X}_{[0,r]}$ ($r \leq t$) とすれば，

$$E[X_t R_r] = \int_0^r g(s)ds$$

を得る．すなわち，

$$g(r) = \frac{\partial}{\partial r} E[X_t R_r]$$

である． □

ステップ 4 X_t の正確な表現

X_t の正確な表現は，5 章の例で見たように，伊藤の公式を用いて容易に求められる．結果的に次の表現を得る．

$$X_t = \exp\left(\int_0^t F(s)ds\right)\left[X_0 + \int_0^t \exp\left(-\int_0^s F(u)du\right)C(s)dU_s\right]$$
$$= \exp\left(\int_0^t F(s)ds\right)X_0 + \int_0^t \exp\left(\int_s^t F(u)du\right)C(s)dU_s.$$

とくに $E[X_t] = E[X_0]\exp(\int_0^t F(s)ds)$ である．

より一般に，$0 \leq r \leq t$ に対し

$$X_t = \exp\left(\int_r^t F(s)ds\right)X_r + \int_r^t \exp\left(\int_s^t F(u)du\right)C(s)dU_s \quad (6.2.16)$$

が成立する (問題 6.12)．

ステップ 5 $\widehat{X}_t$ の満たす確率微分方程式

前の 4 つのステップを合わせて，線形フィルターの問題を解こう．すなわち，$\widehat{X}_t$ の満たす確率微分方程式を求めよう．補題 6.2.7 で得た関係式は，

$$f(s,t) = \frac{\partial}{\partial s} E[X_t R_s] \quad (6.2.17)$$

とおけば，次のようになる．

$$\widehat{X}_t = E[X_t] + \int_0^t f(s,t)dR_s.$$

(6.2.13)，(6.2.14) により

$$R_s = \int_0^s \frac{G(r)}{D(r)}(X_r - \widehat{X}_r)dr + V_s$$

となるから,
$$\widetilde{X}_r = X_r - \widehat{X}_r \tag{6.2.18}$$
とおけば
$$E[X_t R_s] = \int_0^s \frac{G(r)}{D(r)} E[X_t \widetilde{X}_r] dr$$
を得る．(6.2.16)を代入して
$$E[X_t \widetilde{X}_r] = \exp\left(\int_r^t F(v) dv\right) E[X_r \widetilde{X}_r] = \exp\left(\int_r^t F(v) dv\right) S(r)$$
となる．ただし,
$$S(r) = E[(\widetilde{X}_r)^2] \tag{6.2.19}$$
である ($r \geq 0$ における **2 乗平均誤差**と呼ぶ). よって,
$$E[X_t R_s] = \int_0^s \frac{G(r)}{D(r)} \exp\left(\int_r^t F(v) dv\right) S(r) dr$$
となる．したがって
$$f(s,t) = \frac{G(s)}{D(s)} \exp\left(\int_s^t F(v) dv\right) S(s) \tag{6.2.20}$$
を得る．

$S(t)$ は次の常微分方程式を満たすことを証明しよう．
$$\frac{dS}{dt} = 2F(t)S(t) - \frac{G^2(t)}{D^2(t)} S^2(t) + C^2(t) \quad (\text{リッカチ (Riccati) 方程式}). \tag{6.2.21}$$

ピタゴラスの定理，(6.2.15) と伊藤積分の等長性から,
$$S(t) = E[(X_t - \widehat{X}_t)^2] = E[X_t^2] - 2E[X_t \widehat{X}_t] + E[\widehat{X}_t^2]$$
$$= E[X_t^2] - E[\widehat{X}_t^2] = T(t) - \int_0^t f(s,t)^2 ds - E[X_t]^2 \tag{6.2.22}$$
となる．ただし,
$$T(t) = E[X_t^2]. \tag{6.2.23}$$

ところで，(6.2.16)，伊藤積分の等長性，および X_0 と $\{U_s\}$ の独立性から

$$T(t) = \exp\left(2\int_0^t F(s)ds\right)E[X_0^2] + \int_0^t \exp\left(2\int_s^t F(u)du\right)C^2(s)ds$$

を得る．したがって

$$\frac{dT}{dt} = 2F(t)\cdot\exp\left(2\int_0^t F(s)ds\right)E[X_0^2] + C^2(t)$$
$$+ \int_0^t 2F(t)\exp\left(2\int_s^t F(u)du\right)C^2(s)ds$$

である．すなわち，

$$\frac{dT}{dt} = 2F(t)T(t) + C^2(t) \tag{6.2.24}$$

が成り立つ．(6.2.22)の両辺を微分し，(6.2.24)を代入し，再び(6.2.22)を用いると，次のような変形となる．

$$\frac{dS}{dt} = \frac{dT}{dt} - f(t,t)^2 - \int_0^t 2f(s,t)\cdot\frac{\partial}{\partial t}f(s,t)ds - 2F(t)E[X_t]^2$$
$$= 2F(t)T(t) + C^2(t) - \frac{G^2(t)S^2(t)}{D^2(t)}$$
$$\qquad - 2\int_0^t f^2(s,t)F(t)ds - 2F(t)E[X_t]^2$$
$$= 2F(t)S(t) + C^2(t) - \frac{G^2(t)S^2(t)}{D^2(t)}.$$

よって(6.2.21)が成立する．

$\widehat{X}_t$ の満たす確率微分方程式を考えよう．

$$\widehat{X}_t = c_0(t) + \int_0^t f(s,t)dR_s, \quad c_0(t) = E[X_t]$$

という関係式から，

$$d\widehat{X}_t = c_0'dt + f(t,t)dR_t + \left(\int_0^t \frac{\partial}{\partial t}f(s,t)dR_s\right)dt \tag{6.2.25}$$

という等式が従う．これは，次のような計算で得られる．

$$\int_0^u \left(\int_0^t \frac{\partial}{\partial t}f(s,t)dR_s\right)dt = \int_0^u \left(\int_s^u \frac{\partial}{\partial t}f(s,t)dt\right)dR_s$$

$$= \int_0^u (f(s,u) - f(s,s))dR_s = \widehat{X}_u - c_0(u) - \int_0^u f(s,s)dR_s.$$

したがって

$$d\widehat{X}_t = c_0'(t)dt + \frac{G(t)S(t)}{D(t)}dR_t + \left(\int_0^t f(s,t)dR_s\right)F(t)dt$$

となる．$c_0'(t) = F(t)c_0(t)$ であるから（ステップ 4），

$$d\widehat{X}_t = c_0'(t)dt + F(t) \cdot (\widehat{X}_t - c_0(t))dt + \frac{G(t)S(t)}{D(t)}dR_t$$

$$= F(t)\widehat{X}_t dt + \frac{G(t)S(t)}{D(t)}dR_t \tag{6.2.26}$$

となる．

$$dR_t = \frac{1}{D(t)}[dZ_t - G(t)\widehat{X}_t dt]$$

という関係式を代入して

$$d\widehat{X}_t = \left(F(t) - \frac{G^2(t)S(t)}{D^2(t)}\right)\widehat{X}_t dt + \frac{G(t)S(t)}{D^2(t)}dZ_t \tag{6.2.27}$$

を得る．

以上をまとめると次の定理が従う．

定理 6.2.8（1 次元カルマン=ブーシー・フィルター） 1 次元線形フィルターの問題

（線形な系） $\quad dX_t = F(t)X_t dt + C(t)dU_t, \quad F(t), C(t) \in \mathbf{R} \quad (6.2.3)$
（線形な観測） $\quad dZ_t = G(t)X_t dt + D(t)dV_t, \quad G(t), D(t) \in \mathbf{R} \quad (6.2.4)$

を考える（先に述べた条件を仮定する）．この問題の解 $\widehat{X}_t = E[X_t|\mathcal{G}_t]$ は次の確率微分方程式を満たす．

$$d\widehat{X}_t = \left(F(t) - \frac{G^2(t)S(t)}{D^2(t)}\right)\widehat{X}_t dt + \frac{G(t)S(t)}{D^2(t)}dZ_t, \quad \widehat{X}_0 = E[X_0]. \tag{6.2.28}$$

ただし，$S(t) = E[(X_t - \widehat{X}_t)^2]$ は次のリッカチ方程式の解である．

$$\frac{dS}{dt} = 2F(t)S(t) - \frac{G^2(t)}{D^2(t)}S^2(t) + C^2(t), \quad S(0) = E[(X_0 - E[X_0])^2]. \tag{6.2.29}$$

例 6.2.9（定数系過程のノイズのある観測）次の簡単な例を考えよう．

（系） $dX_t = 0$ （つまり，$X_t = X_0$）かつ，$E[X_0] = 0, E[X_0^2] = a^2$

（観測） $dZ_t = X_t dt + m dV_t, \quad Z_0 = 0.$

（これは，W_t をホワイトノイズとしたとき，

$$H_t = \frac{dZ}{dt} = X_t + mW_t$$

という観測に対応している）．

$$S(t) = E[(X_t - \widehat{X}_t)^2]$$

の従うリッカチ方程式は，次で与えられる．

$$\frac{dS}{dt} = -\frac{1}{m^2}S^2, \quad S(0) = a^2.$$

これを解いて，

$$S(t) = \frac{a^2 m^2}{m^2 + a^2 t}, \quad t \geq 0$$

を得る．したがって，$\widehat{X}_t$ の従う確率微分方程式は

$$d\widehat{X}_t = -\frac{a^2}{m^2 + a^2 t}\widehat{X}_t dt + \frac{a^2}{m^2 + a^2 t} dZ_t$$

となる．これより，

$$d\left(\widehat{X}_t \exp\left(\int \frac{a^2}{m^2 + a^2 t} dt\right)\right) = \exp\left(\int \frac{a^2}{m^2 + a^2 s} ds\right) \frac{a^2}{m^2 + a^2 t} dZ_t,$$

$\widehat{X}_0 = E[X_0] = 0$

を得る．したがって

$$\widehat{X}_t = \frac{a^2}{m^2 + a^2 t} Z_t, \quad t \geq 0 \tag{6.2.30}$$

となる．これは，連続時間をパラメータとしてもつモデルでの例 6.2.1 の類似物である．

例 6.2.10（ブラウン運動のノイズのある観測）上の例を少し修正して次のようなフィルターの問題を考える．

（系）　　$dX_t = cdU_t, \quad E[X_0] = 0, \quad E[X_0^2] = a^2 \quad$（$c$ は定数）
（観測）　$dZ_t = X_t dt + mdV_t.$

このとき，リッカチ方程式は
$$\frac{dS}{dt} = -\frac{1}{m^2}S^2 + c^2, \quad S(0) = a^2$$
となる．変数分離すれば，
$$\frac{m^2 dS}{m^2 c^2 - S^2} = dt \quad (S \neq mc)$$
である．これより，
$$\left|\frac{mc+S}{mc-S}\right| = K\exp\left(\frac{2ct}{m}\right), \quad \text{ただし } K = \left|\frac{mc+a^2}{mc-a^2}\right|$$
である．これを解いて
$$S(t) = \begin{cases} mc\dfrac{K\cdot\exp(\frac{2ct}{m})-1}{K\cdot\exp(\frac{2ct}{m})+1} & S(0) < mc \text{ のとき} \\ mc\text{（定数）} & S(0) = mc \text{ のとき} \\ mc\dfrac{K\cdot\exp(\frac{2ct}{m})+1}{K\cdot\exp(\frac{2ct}{m})-1} & S(0) > mc \text{ のとき} \end{cases}$$
を得る．いずれにせよ，$t \to \infty$ のとき $S(t)$ は mc に収束する．

簡単のため $a = 0, m = c = 1$ とおこう．このとき
$$S(t) = \frac{\exp(2t)-1}{\exp(2t)+1} = \tanh(t)$$
となる．$\widehat{X}_t$ の満たす確率微分方程式は
$$d\widehat{X}_t = -\tanh(t)\widehat{X}_t dt + \tanh(t)dZ_t, \quad \widehat{X}_0 = 0$$
である．これより
$$d(\cosh(t)\widehat{X}_t) = \sinh(t)dZ_t$$
となるので，
$$\widehat{X}_t = \frac{1}{\cosh(t)}\int_0^t \sinh(s)dZ_s$$
が従う．H_s を "元の観測"（(6.1.4) をみよ）とすれば，

と表されるから，

$$\widehat{X}_t = \frac{1}{\cosh(t)} \int_0^t \sinh(s) H_s ds \tag{6.2.31}$$

となる．したがって，十分大きな t については，時間の増大とともに観測値を増幅する重みを付けた観測値の時間平均で，$\widehat{X}_t$ は近似される．

注 式(6.2.31)を統計データ解析で得られている等式と比較してみると，興味深い結果が得られる．たとえば，C. C. Holt によって1958年に提案された指数的に加重された移動平均 $\widetilde{X}_n$ は，適当な定数 $0 \leq \alpha \leq 1$ を用いて

$$\widetilde{X}_n = (1-\alpha)^n Z_0 + \alpha \sum_{k=1}^n (1-\alpha)^{n-k} Z_k$$

で与えられる (The Open University (1981, p.16) 参照)．$\alpha < 1$ と仮定し，$\beta = 1/(1-\alpha)$ とおけば，これは

$$\widetilde{X}_n = \beta^{-n} Z_0 + (\beta - 1)\beta^{-n-1} \sum_{k=1}^n \beta^k Z_k$$

と表すことができる．この等式は(6.2.31)の離散化であると思える．もう少し正確に言えば，$a \neq 0$ であり m, c は必ずしも 1 でないような場合の(6.2.31)に対応する関係式の離散化となっている．

例 6.2.11（パラメータの推定） モデル

$$dZ_t = \theta M(t)dt + N(t)dB_t$$

で与えられる観測 Z_t に基づいて（定数）パラメータ θ の推定を行いたい．ただし $M(t), N(t)$ は既知の関数とする．この場合，θ の満たす確率微分方程式は，もちろん

$$d\theta = 0$$

であり，2乗平均誤差 $S(t) = E[(\theta - \widehat{\theta}_t)^2]$ の満たすリッカチ方程式は

$$\frac{dS}{dt} = -\left(\frac{M(t)S(t)}{N(t)}\right)^2$$

である．したがって
$$S(t) = \left(S_0^{-1} + \int_0^t M(s)^2 N(s)^{-2} ds\right)^{-1}$$
となる．よって，カルマン=ブーシー・フィルターは，次の確率微分方程式を満たす．
$$d\widehat{\theta}_t = \frac{M(t)S(t)}{N(t)^2}(dZ_t - M(t)\widehat{\theta}_t dt).$$
これから
$$\left(S_0^{-1} + \int_0^t M(s)^2 N(s)^{-2} ds\right) d\widehat{\theta}_t + M(t)^2 N(t)^{-2} \widehat{\theta}_t dt = M(t)N(t)^{-2} dZ_t$$
を得る．左辺は
$$d\left(\left(S_0^{-1} + \int_0^t M(s)^2 N(s)^{-2} ds\right)\widehat{\theta}_t\right)$$
と表されるから
$$\widehat{\theta}_t = \frac{\widehat{\theta}_0 S_0^{-1} + \int_0^t M(s)N(s)^{-2} dZ_s}{S_0^{-1} + \int_0^t M(s)^2 N(s)^{-2} ds}$$
となる．もし $S_0^{-1} = 0$ ならば，この推定は統計理論における最尤推定量と一致する(Liptser-Shiryayev (1978)を見よ)．拡散過程におけるドリフト・パラメータの推定に関する話題および一般化については，たとえば，Aase (1982)，Brown-Hewitt (1975)，Taraskin (1974)を見よ．

例 6.2.12 (人口変動のノイズのある観察) 簡単な人口変動モデル
$$dX_t = rX_t dt, \quad E[X_0] = b > 0, \quad E[(X_0 - b)^2] = a^2$$
を考える(r は定数)．観測過程は
$$dZ_t = X_t dt + m dV_t \quad (m \text{ は定数})$$
とする．付随するリッカチ方程式は
$$\frac{dS}{dt} = 2rS - \frac{1}{m^2}S^2, \quad S(0) = a^2$$
である．その解はロジスティック曲線
$$S(t) = \frac{2rm^2}{1 + Ke^{-2rt}}, \quad \text{ただし } K = \frac{2rm^2}{a^2} - 1$$

により与えられる．したがって $\widehat{X}_t$ は，

$$d\widehat{X}_t = \left(r - \frac{S}{m^2}\right)\widehat{X}_t dt + \frac{S}{m^2}dZ_t, \quad \widehat{X}_0 = E[X_0] = b$$

という微分方程式を満たす．簡単のため $a^2 = 2rm^2$ と仮定しよう．このとき

$$S(t) = 2rm^2, \quad \forall t$$

である (一般に $t \to \infty$ とすると $S(t) \to 2rm^2$ となる．したがって，これは，十分大きな t に対しては，さほど不都合な近似ではない)．このとき

$$d\bigl(\exp(rt)\widehat{X}_t\bigr) = \exp(rt)2rdZ_t, \quad \widehat{X}_0 = b$$

となる．ゆえに

$$\widehat{X}_t = \exp(-rt)\left[\int_0^t \exp(rs)2rdZ_s + b\right]$$

を得る．例 6.2.10 と同じように

$$Z_t = \int_0^t H_s ds$$

とすれば，これは

$$\widehat{X}_t = \exp(-rt)\left[\int_0^t \exp(rs)2rH_s ds + b\right] \quad (6.2.32)$$

となる．たとえば，$H_s = \beta, 0 \leq s \leq t$，すなわち，$t$ までの観測値がつねに β であると仮定しよう．このとき，

$$\widehat{X}_t = 2\beta - (2\beta - b)\exp(-rt) \to 2\beta \quad (t \to \infty)$$

となる．次に，もし適当な定数 α がとれて $H_s = \beta\exp(\alpha s), s \geq 0$，となっていると仮定すれば，

$$\widehat{X}_t = \exp(-rt)\left[\frac{2r\beta}{r+\alpha}(\exp((r+\alpha)t) - 1) + b\right]$$

$$\approx \frac{2r\beta}{r+\alpha}\exp\alpha t \quad (\text{十分大な } t \text{ に対して})$$

である．したがって，もし $\alpha = r$ ならば，すなわち観測値 H_s が $\beta\exp(rs)$ ($s \geq 0$) で与えられるならば，十分時間が経てばフィルターと観測値は接近

する．つまり，フィルターは観測値を "正しい値である" と見なす．さらに，$\alpha = r$ かつ $\beta = b$, つまり $H_s = b\exp(rs)\ (s \geq 0)$ であれば，そしてそのときに限り，フィルターは，どの時刻でも観測値を "正しい値である" と見なす．

例 6.2.13（定数係数の場合—— 一般論） 系過程

$$dX_t = FX_t dt + CdU_t \quad (F, C \text{ は定数，かつ} \neq 0)$$

と観測過程

$$dZ_t = GZ_t dt + DdV_t \quad (G, D \text{ は定数，かつ} \neq 0)$$

を考える．付随するリッカチ方程式は

$$S' = 2FS - \frac{G^2}{D^2}S^2 + C^2, \quad S(0) = a^2$$

である．これは

$$S(t) = \frac{\alpha_1 - K\alpha_2 \exp(\frac{(\alpha_2 - \alpha_1)G^2 t}{D^2})}{1 - K\exp(\frac{(\alpha_2 - \alpha_1)G^2 t}{D^2})}$$

という解をもつ．ただし

$$\alpha_1 = G^{-2}(FD^2 - D\sqrt{F^2 D^2 + G^2 C^2})$$
$$\alpha_2 = G^{-2}(FD^2 + D\sqrt{F^2 D^2 + G^2 C^2})$$

であり，

$$K = \frac{a^2 - \alpha_1}{a^2 - \alpha_2}$$

である．これより，

$$H(s) = F - \frac{G^2}{D^2}S(s)$$

とおけば，

$$\widehat{X}_t = \exp\left(\int_0^t H(s)ds\right)\widehat{X}_0 + \frac{G}{D^2}\int_0^t \exp\left(\int_s^t H(u)du\right)S(s)dZ_s$$

となる．十分大きな s については $S(s) \approx \alpha_2$ であるから，

$$\widehat{X}_t \approx \widehat{X}_0 \exp\biggl(\biggl(F - \frac{G^2\alpha_2}{D^2}\biggr)t\biggr)$$
$$+ \frac{G\alpha_2}{D^2}\int_0^t \exp\biggl(\biggl(F - \frac{G^2\alpha_2}{D^2}\biggr)(t-s)\biggr)dZ_s$$
$$= \widehat{X}_0 \exp(-\beta t) + \frac{G\alpha_2}{D^2}\exp(-\beta t)\int_0^t \exp(\beta s)dZ_s \quad (6.2.33)$$

としてよいであろう．ここで，$\beta = D^{-1}\sqrt{F^2 D^2 + G^2 C^2}$．ゆえに，近似的には先の例と同様の挙動が従う．

§6.3 多次元線形フィルターの問題

最後に n 次元線形フィルターの問題 (6.2.1)，(6.2.2) の解を与えておこう．

定理 6.3.1（多次元カルマン=ブーシー・フィルター） 多次元線形フィルターの問題

(線形な系) $\quad dX_t = F(t)X_t dt + C(t)dU_t,$
$$F(t) \in \mathbf{R}^{n \times n}, \quad C(t) \in \mathbf{R}^{n \times p} \quad (6.3.1)$$
(線形な観測) $\quad dZ_t = G(t)X_t dt + D(t)dV_t,$
$$G(t) \in \mathbf{R}^{m \times n}, \quad D(t) \in \mathbf{R}^{m \times r} \quad (6.3.2)$$

の解 $\widehat{X}_t = E[X_t|\mathcal{G}_t]$ は確率微分方程式

$$d\widehat{X}_t = (F - SG^T(DD^T)^{-1}G)\widehat{X}_t dt + SG^T(DD^T)^{-1}dZ_t, \quad \widehat{X}_0 = E[X_0] \quad (6.3.3)$$

を満たす．ただし，$S(t) := E[(X_t - \widehat{X}_t)(X_t - \widehat{X}_t)^T]$ は行列値リッカチ方程式

$$\frac{dS}{dt} = FS + FS^T - SG^T(DD^T)^{-1}GS + CC^T,$$
$$S(0) = E[(X_0 - E[X_0])(X_0 - E[X_0])^T] \quad (6.3.4)$$

の解である．ここでは $D(t) \in \mathbf{R}^{m \times n}$ に対し，すべての t について $D(t)D(t)^T$ は可逆で，さらに $(D(t)D(t)^T)^{-1}$ が任意の有界 t-区間上有界となることを仮定している．

より一般の行列係数をもつ系と観測

（系） $\quad dX_t = [F_0(t) + F_1(t)X_t + F_2(t)Z_t]dt + C(t)dU_t,$ (6.3.5)

（観測） $\quad dZ_t = [G_0(t) + G_1(t)X_t + G_2(t)Z_tdt] + D(t)dV_t$ (6.3.6)

も同様の解をもつ．ただし $X_t \in \mathbf{R}^n$, $Z_t \in \mathbf{R}^m$, そして $B_t = (U_t, V_t)$ は $n+m$ 次元ブラウン運動である．詳しくは，Bensoussan (1992)，Kallianpur (1980) を見よ．そこでは非線形な場合も扱われている．非線形フィルターの問題に関する考察は Pardoux (1979)，Davis (1977) によってもなされている．より一般の確率過程（直交増分をもつ確率過程）によって支配される線形フィルターの問題については Davis (1977) を見よ．フィルター理論の様々な応用については Bucy-Joseph (1968)，Jazwinski (1970)，Gelb (1974)，Maybeck (1979) とそれらの文献表を見よ．

問題

6.1（定数の観測））（1 次元）系過程を

$$dX_t = 0, \quad E[X_0] = 0, \quad E[X_0^2] = a^2$$

観測過程を

$$dZ_t = G(t)X_t dt + dV_t, \quad Z_0 = 0$$

とする．このとき，$S(t) = E[(X_t - \widehat{X}_t)^2]$ は

$$S(t) = \frac{1}{\frac{1}{S(0)} + \int_0^t G^2(s)ds} \quad (6.3.7)$$

で与えられることを証明せよ．もし $t \to \infty$ のとき $S(t) \to 0$ となるとき，すなわち

$$\int_0^\infty G^2(s)ds = \infty$$

となるとき，**厳密な漸近推定**をもつと言う．もし

$$G(s) = \frac{1}{(1+s)^p} \quad (p > 0 \text{ は定数})$$

とすれば，$p \leq 1/2$ のとき，そのときに限り厳密な漸近推定をもつ．

6.2 系はノイズをもたない1次元フィルターの問題

（系） $\quad dX_t = F(t)X_t dt,$ \hfill (6.3.8)

（観測） $\quad dZ_t = G(t)X_t dt + D(t)dV_t$ \hfill (6.3.9)

を考える．$S(t) = E[(X_t - \widehat{X}_t)^2]$ とし，$S(0) > 0$ を仮定せよ．

a)
$$R(t) := \frac{1}{S(t)}$$

は線形微分方程式

$$R'(t) = -2F(t)R(t) + \frac{G^2(t)}{D^2(t)}, \quad R(0) = \frac{1}{S(0)} \quad (6.3.10)$$

を満たすことを証明せよ．

b) (6.3.10) を利用して，フィルターの問題 (6.3.8)，(6.3.9) に対し

$$\frac{1}{S(t)} = \frac{1}{S(0)} \exp\left(-2\int_0^t F(s)ds\right)$$
$$+ \int_0^t \exp\left(-2\int_s^t F(u)du\right)\frac{G^2(s)}{D^2(s)}ds \quad (6.3.11)$$

が成り立つことを証明せよ．

6.3 例 6.2.12 で
$$S(t) \to 2rm^2 \quad (t \to \infty)$$

となることを見た．したがって問題 6.1 で述べた意味での厳密な漸近推定を X_t はもたない．しかしながら，次の意味で，X_0 の厳密な漸近推定が得られることを証明せよ．

$$E[(X_0 - E[X_0|\mathcal{G}_t])^2] \to 0 \quad (t \to \infty).$$

（ヒント．$X_0 = e^{-rt}X_t$ であるから，$E[X_0|\mathcal{G}_t] = e^{-rt}\widehat{X}_t$ となる．したがって

$$E[(X_0 - E[X_0|\mathcal{G}_t])^2] = e^{-2rt}S(t)\ ).$$

6.4 系にノイズがない多次元線形フィルターの問題

(系)　　$dX_t = F(t)X_t dt,$

$$X_t \in \mathbf{R}^n, \quad F(t) \in \mathbf{R}^{n \times n} \tag{6.3.12}$$

(観測)　$dZ_t = G(t)X_t dt + D(t)dV_t,$

$$G(t) \in \mathbf{R}^{m \times n}, \quad D(t) \in \mathbf{R}^{m \times r} \tag{6.3.13}$$

を考える．$S(t)$ は非特異であるとし，$R(t) = S(t)^{-1}$ とおく．$R(t)$ はリャプノフ(**Lyapunov**)方程式

$$R'(t) = -R(t)F(t) - F(t)^T R(t) + G(t)^T(D(t)D(t)^T)G(t) \tag{6.3.14}$$

を満たすことを証明せよ．（ヒント．$S(t)S^{-1}(t) = I$ であるから，$S'(t)S^{-1}(t) + S(t)(S^{-1})'(t) = 0$ となる．これより

$$(S^{-1})'(t) = -S^{-1}(t)S'(t)S^{-1}(t).)$$

6.5（予測） 予測の問題とは，現在時刻 $t < T$ までの観測 $\mathcal{G}_t$ から将来の時刻 T における系 X の値を推定することである．(6.2.3)，(6.2.4)で与えられる線形問題においては，

$$E[X_T|\mathcal{G}_t], \quad T > t$$

は

$$E[X_T|\mathcal{G}_t] = \exp\left(\int_t^T F(s)ds\right) \cdot \widehat{X}_t \tag{6.3.15}$$

を満たすことを証明せよ．（ヒント．(6.2.16)を用いよ．）

6.6（補間） 補間の問題とは，現在時刻 t までの観測 $\mathcal{G}_t$ から時刻 $s < t$ における系 X の値を推定することである．(6.2.1)，(6.2.2)に述べた設定のもと，$M_s := E[X_s|\mathcal{G}_t]$ は微分方程式

$$\begin{cases} \dfrac{d}{ds}M_s = F(s)M_s + C(s)C^T(s)S^{-1}(s)(M_s - \widehat{X}_s), & s < t, \\ M_t = \widehat{X}_t \end{cases} \tag{6.3.16}$$

を満たすことが知られている(Davis (1977, Theorem4.4.4)を見よ)．これを用いて例 6.2.9 の $E[X_s|\mathcal{G}_t]$ を見出せ．

6.7 系過程を

$$dX_t = \begin{pmatrix} dX_1(t) \\ dX_2(t) \end{pmatrix} = \begin{pmatrix} 0 \\ 0 \end{pmatrix}, \quad E[X_0] = \begin{pmatrix} 0 \\ 0 \end{pmatrix},$$

観測過程を

$$\begin{pmatrix} dZ_1(t) \\ dZ_2(t) \end{pmatrix} = \begin{pmatrix} X_1 \\ X_1 + X_2 \end{pmatrix} dt + \begin{pmatrix} dV_1(t) \\ dV_2(t) \end{pmatrix}$$

とする. (6.3.14)を用いて, もし $S(0)$ が可逆ならば, $S(t) := E[(X_t - \widehat{X}_t)(X_t - \widehat{X}_t)^T]$ は

$$S(t)^{-1} = S^{-1}(0) + \begin{pmatrix} 2 & 1 \\ 1 & 1 \end{pmatrix} t$$

で与えられることを証明せよ. さらに, 次の関係式を証明せよ.

$$d\widehat{X}_t = -S(t)\begin{pmatrix} 2 & 1 \\ 1 & 1 \end{pmatrix}\widehat{X}_t dt + S(t)\begin{pmatrix} 1 & 1 \\ 0 & 1 \end{pmatrix} dZ_t.$$

6.8 (6.1.3)を用いて, 以下の a), b)のストラトノビッチ微分

$$dX_t = b(t, X_t)dt + \sigma(t, X_t) \circ dB_t$$

を伊藤微分

$$dX_t = \widetilde{b}(t, X_t)dt + \sigma(t, X_t)dB_t$$

に書き改めよ.

a) $\begin{pmatrix} dX_1 \\ dX_2 \end{pmatrix} = \begin{pmatrix} 1 \\ X_2 + e^{2X_1} \end{pmatrix} dt + \begin{pmatrix} 0 \\ e^{X_1} \end{pmatrix} \circ dB_t, \quad (B_t \in \mathbf{R}).$
b) $\begin{pmatrix} dX_1 \\ dX_2 \end{pmatrix} = \begin{pmatrix} X_1 \\ X_2 \end{pmatrix} dt + \begin{pmatrix} X_2 \\ X_1 \end{pmatrix} \circ dB_t, \quad (B_t \in \mathbf{R}).$

6.9 (6.1.3)を用いて, 以下の a), b)の伊藤微分

$$dX_t = \widetilde{b}(t, X_t)dt + \sigma(t, X_t)dB_t$$

をストラトノビッチ微分

$$dX_t = b(t, X_t)dt + \sigma(t, X_t) \circ dB_t$$

に書き改めよ.

a) $dX_t = -\frac{1}{2}X_t dt + KX_t dB_t.$ ただし

$$K = \begin{pmatrix} 0 & -1 \\ 1 & 0 \end{pmatrix}, \quad X_t = \begin{pmatrix} X_1 \\ X_2 \end{pmatrix}, \quad B_t \in \mathbf{R}$$

(X_t は単位円周上のブラウン運動である(例 5.1.4 参照)).

b) $\begin{pmatrix} dX_1 \\ dX_2 \end{pmatrix} = \begin{pmatrix} X_1 & -X_2 \\ X_2 & X_1 \end{pmatrix} \begin{pmatrix} dB_1 \\ dB_2 \end{pmatrix}$.

6.10(伊藤拡散過程の台) $x \in \mathbf{R}^n$ から出発する伊藤拡散過程 X の $\mathbf{R}^n$ における台とは次の性質をもつ最小の閉集合を言う.

$$X_t(\omega) \in F, \quad \forall t \geq 0, \text{ a.a.} \omega.$$

例 5.1.4 では,単位円周上のブラウン運動 X_t は次の伊藤型確率微分方程式に従うことを見た.

$$\begin{pmatrix} dX_1(t) \\ dX_2(t) \end{pmatrix} = -\frac{1}{2} \begin{pmatrix} X_1(t) \\ X_2(t) \end{pmatrix} dt + \begin{pmatrix} 0 & -1 \\ 1 & 0 \end{pmatrix} dB_t. \quad (6.3.17)$$

この方程式からは,解が出発点の乗っていた円周上に留まることは明らかではない.しかし,次の考察を通じて,これが正しいことが期待できる.まず,ストラトノビッチ型確率微分方程式に変形する.問題 6.9 で見たように,

$$\begin{pmatrix} dX_1(t) \\ dX_2(t) \end{pmatrix} = \begin{pmatrix} 0 & -1 \\ 1 & 0 \end{pmatrix} \circ dB_t \quad (6.3.18)$$

と変形される.(形式的に)$\circ dB_t$ を $\phi'(t)dt$ (ϕ は滑らかな関数で $\phi(0) = 0$ を満たす)とおき換えよ.すると,常微分方程式

$$\begin{pmatrix} dX_1^{(\phi)}(t) \\ dX_2^{(\phi)(t)} \end{pmatrix} = \begin{pmatrix} 0 & -1 \\ 1 & 0 \end{pmatrix} \phi'(t)dt \quad (6.3.19)$$

が得られる.もし,$(X_1^{(\phi)}(0), X_2^{(\phi)}(0)) = (1, 0)$ ならば,(6.3.19)の解は

$$\begin{pmatrix} X_1^{(\phi)}(t) \\ X_2(t)^{(\phi)} \end{pmatrix} = \begin{pmatrix} \cos\phi(t) \\ \sin\phi(t) \end{pmatrix}$$

である.滑らかな関数 ϕ に関する限り,解 $X^{(\phi)}(t)$ はその台を単位円周の上に持っている.ストルック=ヴァラダン(**Stroock-Varadhan**)のサポート定理によって,もとの拡散過程 $X(t, \omega)$ が単位円周上に留まることが結論できる.実際,このサポート定理から,伊藤拡散過程 $X_t(\omega)$ の台は集合 $\{X^{(\phi)}(\cdot); \phi$ は滑らか $\}$ の $(C([0, \infty); \mathbf{R}^n)$ での)閉包であることが従う.ここで,$X^{(\phi)}(t)$ は,上と同様に $\circ dB_t$ を $\phi'(t)dt$ でおき換えて得られる解である.たとえば,Ikeda-Watanabe (1989, Theorem I.8.1) を見よ(上の特別な場合には (6.3.18) から直接に台を見つけられる).

上の方法を利用して，
$$dX_t = \frac{1}{2}X_t dt + \begin{pmatrix} 0 & 1 \\ 1 & 0 \end{pmatrix} X_t dB_t$$
で与えられる確率過程 $X_t \in \mathbf{R}^2$ の台を求めよ．

6.11 例6.2.1を考える．ただし，$E[X] = 0$ という仮定はおかない．
$$\widehat{X}_k = \frac{m^2}{ka^2 + m^2}E[X] + \frac{a^2}{a^2 + \frac{1}{k}m^2}\overline{Z}_k, \quad k = 1, 2, \ldots$$
となることを証明せよ（(6.2.8)と比較せよ）．（ヒント．$\xi = X - E[X]$, $\zeta_k = Z_k - E[X]$ とおけ．(6.2.8)を $X = \xi$, $Z_k = \zeta_k$ として適用せよ．）

6.12 式(6.2.16)を証明せよ．（ヒント．(6.2.3)に $\exp\bigl(-\int_r^s F(u)du\bigr)$ を掛けよ．）

6.13 1次元フィルターの問題(6.2.3)，(6.2.4)を考える．
$$E[\widehat{X}_t] \quad \text{と} \quad E[(\widehat{X}_t)^2]$$
を求めよ．（ヒント．定理6.1.2と平均2乗誤差 $S(t)$ の定義を用いよ．）

6.14 B_t を1次元ブラウン運動とする．

a) 次のような確率過程 Z_t の例を挙げよ．Z_t は
$$dZ_t = u(t,\omega)dt + dB_t$$
という形をしており，P に関してブラウン運動で，$u(t,\omega) \in \mathcal{V}$ は恒等的に零ではない（Z_t を $D(t) \equiv 1$ なる線形フィルターの問題の(6.2.13)で与えられるイノベーション過程とせよ）．

b) a)で述べたような確率過程 Z_t によって生成されるフィルトレーション $\{\mathcal{Z}_t\}_{t \geq 0}$ は $\{\mathcal{F}_t\}_{t \geq 0}$ よりも真に小さいことを証明せよ．すなわち，
$$\mathcal{Z}_t \subset \mathcal{F}_t \quad (\forall t), \quad \mathcal{Z}_t \neq \mathcal{F}_t \quad (\exists t)$$
となることを証明せよ．（ヒント．問題4.12を用いよ．）

第7章

拡散過程：基本的な性質

§7.1　マルコフ性

　流体の分子とのランダムな衝突を繰り返しながら流体中を浮遊している微粒子の運動を考えよう．$b(t,x) \in \mathbf{R}^3$ を時刻 t での点 x における流体の速さとする．このとき，粒子の時刻 t における位置 X_t を記述する数学的モデルは次の形をした確率微分方程式である．

$$\frac{dX_t}{dt} = b(t, X_t)dt + \sigma(t, X_t)W_t. \tag{7.1.1}$$

ここで $W_t \in \mathbf{R}^3$ は "ホワイトノイズ" で，$\sigma(t,x) \in \mathbf{R}^{3\times 3}$ である．この方程式を伊藤積分を用いて表せば，

$$dX_t = b(t, X_t)dt + \sigma(t, X_t)dB_t \tag{7.1.2}$$

となる．ただし，B_t は3次元ブラウン運動である．ストラトノビッチ積分を用いても（b を適当に修正すれば）同様の表現が得られる（(6.1.3) を見よ）．

　$X_t \in \mathbf{R}^n$, $b(t,x) \in \mathbf{R}^n$, $\sigma(t,x) \in \mathbf{R}^{n\times m}$ とし，B_t を m 次元ブラウン運動とする．確率微分方程式

$$dX_t = b(t, X_t)dt + \sigma(t, X_t)dB_t \tag{7.1.3}$$

を考えるとき，b をドリフト係数，σ を（しばしば $\frac{1}{2}\sigma\sigma^T$ を）拡散係数と呼ぶ（定理 7.3.3 参照）．

　上に述べたように確率微分方程式の解は流体中の微小粒子の動き（拡散現象）を記述する数学モデルと見なせる．それゆえ，そのような確率過程を（伊

藤)**拡散過程**と呼ぶ.

この章では，次に挙げる伊藤拡散過程の基本的な性質と関連する結果について述べる.

7.1 マルコフ性

7.2 強マルコフ性

7.3 b と σ を用いて表した X_t の生成作用素 A

7.4 ディンキン (Dyinkin) の公式

7.5 特性作用素

これらはすべて，以下の章で確率微分方程式の応用を論ずる際に必要となる.

定義 7.1.1 (時間的一様な) **伊藤拡散過程**とは，確率過程 $X_t(\omega) = X(t, \omega) : [0, \infty) \times \Omega \to \mathbf{R}^n$ で，次の確率微分方程式に従うものを言う．

$$dX_t = b(X_t)dt + \sigma(X_t)dB_t, \quad t \geq s, \quad X_s = x. \tag{7.1.4}$$

ここで，B_t は m 次元ブラウン運動，b, σ は定理 5.2.1 の仮定を満たすものとする．すなわち，この場合は，

$$|b(x) - b(y)| + |\sigma(x) - \sigma(y)| \leq D|x - y|, \quad x, y \in \mathbf{R}^n \tag{7.1.5}$$

という条件を満たす．ただし，$|\sigma|^2 = \sum |\sigma_{ij}|^2$.

(7.1.4) の (一意的な) 解を $X_t = X_t^{s,x}$ $(t \geq s)$ と表す．$s = 0$ のときは $X_t^{0,x}$ の代わりに X_t^x と表す．(7.1.4) では係数 b, σ は t には依存せず，x にのみ依存すると仮定していることに注意せよ．10, 11 章で，一般の場合がこのような係数の場合に帰着されることを見る．解 X_t は次の意味で時間的に一様である．$\widetilde{B}_v = B_{s+v} - B_s, v \geq 0$, とおけば，

$$\begin{aligned} X_{s+h}^{s,x} &= x + \int_s^{s+h} b(X_u^{s,x})du + \int_s^{s+h} \sigma(X_u^{s,x})dB_u \\ &= x + \int_0^h b(X_{s+v}^{s,x})dv + \int_0^h \sigma(X_{s+v}^{s,x})d\widetilde{B}_v \quad (u = s+v) \end{aligned}$$
$$\tag{7.1.6}$$

となる (問題 2.12 を見よ). もちろん,

$$X_h^{0,x} = x + \int_0^h b(X_v^{0,x})dv + \int_0^h \sigma(X_v^{0,x})dB_v$$

という関係式が成り立っている．$\{\widetilde{B}_v\}_{v\geq 0}$ と $\{B_v\}_{v\geq 0}$ は P^0 のもと同じ分布をもつから，確率微分方程式

$$dX_t = b(X_t)dt + \sigma(X_t)dB_t, \quad X_0 = x$$

の弱い解の一意性(補題 5.3.1)より

$$\{X^{s,x}_{s+h}\}_{h\geq 0} \quad と \quad \{X^{0,x}_h\}_{h\geq 0}$$

は P^0 のもと同じ分布をもつと言える．つまり，$\{X_t\}_{t\geq 0}$ は時間的に一様である．

$\{X_t\}_{t\geq 0}$ の確率法則 Q^x, $x \in \mathbf{R}^n$, を導入しよう．直感的には，Q^x は $X_0 = x$ を仮定したときの $\{X_t\}_{t\geq 0}$ の分布である[1]．これを数学的に厳密に述べるために，$\mathcal{M}_\infty$ を確率変数の集合 $\{\omega \mapsto X_t(\omega) = X^y_t(\omega); t \geq 0, y \in \mathbf{R}^n\}$ で生成される σ-加法族とする．$\mathcal{M}_\infty$ 上に Q^x を

$$Q^x[X_{t_1} \in E_1, \ldots, X_{t_k} \in E_k] = P^0[X^x_{t_1} \in E_1, \ldots, X^x_{t_k} \in E_k] \quad (7.1.7)$$

で定義する．ただし，$E_i \subset \mathbf{R}^n, 1 \leq i \leq k$, はボレル集合である．

以前と同様に，$\mathcal{F}^{(m)}_t$ を $\{B_r; r \leq t\}$ が生成する σ-加法族とする．また，$\mathcal{M}_t$ を $\{X_r; r \leq t\} = \{X_r = X^y_r; r \leq t, y \in \mathbf{R}^n\}$ で生成される σ-加法族とする．先に見たように(定理 5.2.1)，X_t は $\mathcal{F}^{(m)}_t$-可測である．したがって $\mathcal{M}_t \subset \mathcal{F}^{(m)}_t$ となる．

X_t がマルコフ性をもつこと，つまり，時刻 t までの情報が与えられたときの確率過程の未来の挙動は，X_t を出発点とする経路の挙動と一致することを証明しよう．数学的に厳密に述べれば，次のようになる．

定理 7.1.2 (伊藤拡散過程のマルコフ性) $f : \mathbf{R}^n \to \mathbf{R}$ を有界ボレル関数とする．このとき，すべての $t, h \geq 0$ に対し次の関係式が成り立つ．

$$E^x[f(X_{t+h})|\mathcal{F}^{(m)}_t](\omega) = E^{X_t(\omega)}[f(X_h)]. \quad (7.1.8)$$

---

[1] この辺りから，$X^{s,x}_t$ を X_t と表したのとは X_t が様相を変えている．以下では，$\Omega = (\mathbf{R}^n)^{[0,\infty)}$, $X_t(\omega) = \omega(t)$ $(\omega \in \Omega, t \in [0,\infty))$ と思い，各 x ごとに分布 Q^x が与えられると考えた方が読みやすいであろう．

(条件付き確率については付録 B を見よ). この定理では(そして以下では), E^x は確率測度 Q^x に関する期待値を表す. また, E は P^0 に関する期待値を表す. したがって, $E^y[f(X_h)] = E[f(X_h^y)]$ である. (7.1.8)の右辺は, 関数 $E^y[f(X_h)]$ の $y = X_t(\omega)$ での値を表している.

[証明] $r \geq t$ に対し

$$X_r(\omega) = X_t(\omega) + \int_t^r b(X_u)du + \int_t^r \sigma(X_u)dB_u$$

が成り立つから, 確率微分方程式の解の一意性から

$$X_r(\omega) = X_r^{t,X_t(\omega)}(\omega)$$

となる[2]. すなわち,

$$F(x,t,r,\omega) = X_r^{t,x}(\omega), \quad r \geq t$$

と定義すれば, 次の等式が成り立つ.

$$X_r(\omega) = F(X_t,t,r,\omega), \quad r \geq t. \tag{7.1.9}$$

また, 確率変数 $\omega \mapsto F(x,t,r,\omega)$ は $\mathcal{F}_t^{(m)}$ とは独立である. (7.1.9)を使えば, 示すべき(7.1.8)は次のように書き直せる.

$$E[f(F(X_t,t,t+h,\omega))|\mathcal{F}_t^{(m)}] = E[f(F(x,0,h,\omega))]_{x=X_t}. \tag{7.1.10}$$

$g(x,\omega) = f \circ F(x,t,t+h,\omega)$ とおく. このとき $(x,\omega) \mapsto g(x,\omega)$ は可測である(問題 7.6). まず, 仮に g は

$$\sum_{k=1}^m \phi_k(x)\psi_k(\omega)$$

という形をしていたとしよう. このとき, 条件付き確率の性質から, (付録 B

---

[2] $X_r^{s,x}$ の x に $X_t(\omega)$ を代入できるのか? という問題がある. なぜなら, これまでの構成法では (s,x) ごとに除外集合を定めて $X_r^{s,x}$ を定義したからである. この問題は $X_r^{s,x}$ の除外集合を (s,r,x) に無関係に選べることを示せば解決する. これはコルモゴロフの定理を使って (s,r,x) について連続な修正をとることから導かれる. 詳しくは Ikeda-Watanabe (1989) を見よ.

を見よ)次のように変形できる.

$$
\begin{aligned}
E[g(X_t,\omega)|\mathcal{F}_t^{(m)}] &= E\Big[\sum \phi_k(X_t)\psi_k(\omega)\Big|\mathcal{F}_t^{(m)}\Big] \\
&= \sum \phi_k(X_t) \cdot E[\psi_k(\omega)|\mathcal{F}_t^{(m)}] \\
&= \sum E[\phi_k(y)\psi_k(\omega)|\mathcal{F}_t^{(m)}]_{y=X_t} \\
&= E[g(y,\omega)|\mathcal{F}_t^{(m)}]_{y=X_t} = E[g(y,\omega)]_{y=X_t}.
\end{aligned}
$$

これにディンキンの単調族定理(Stroock-Varadhan (1979, Ex.1.5.1))を用いれば, 元の g もこの等式を満たすことが言える. X_t は時間的に一様であるから, これより,

$$
\begin{aligned}
E[f(F(X_t,t,t+h,\omega))|\mathcal{F}_t^{(m)}] &= E[f(F(y,t,t+h,\omega))]_{y=X_t} \\
&= E[f(F(y,0,h,\omega))]_{y=X_t}
\end{aligned}
$$

となる. ゆえに (7.1.10) が示された. □

注　定理 7.1.2 は, X_t が σ-加法族の族 $\{\mathcal{F}_t^{(m)}\}_{t\geq 0}$ に関してマルコフ過程[3]となっていることを意味している. $\mathcal{M}_t \subset \mathcal{F}_t^{(m)}$ なので, X_t は $\{\mathcal{M}_t\}_{t\geq 0}$ に関してもマルコフ過程となる. これは, 定理 B.3 と B.2c) (付録 B) を用いて, 次のように証明できる.

$$
\begin{aligned}
E^x[f(X_{t+h})|\mathcal{M}_t] &= E^x[E^x[f(X_{t+h})|\mathcal{F}_t^{(m)}]|\mathcal{M}_t] \\
&= E^x[E^{X_t}[f(X_h)]|\mathcal{M}_t] = E^{X_t}[f(X_h)].
\end{aligned}
$$

ただし, 最後の等号を証明するために $E^{X_t}[f(X_h)]$ は $\mathcal{M}_t$-可測であることを用いた.

§7.2　強マルコフ性

強マルコフ性とは, 粗く言えば, 関係式 (7.1.8) の時刻 t を, **停止時刻 (stopping time)** (もしくは**マルコフ時刻 (Markov time)**) と呼ばれるランダムな時刻 $\tau(\omega)$ におき換えても, 依然として関係式が成り立つことを言う. この性質を正確に述べるため, まず停止時刻を定義しよう.

---

[3] マルコフ性をもつ確率過程をマルコフ過程と言う.

定義 7.2.1 $\{\mathcal{N}_t\}$ を (Ω の部分集合の) σ-加法族の増大列とする．関数 $\tau : \Omega \to [0, \infty]$ は，
$$\{\omega; \tau(\omega) \leq t\} \in \mathcal{N}_t, \quad \forall t \geq 0$$
を満たすとき，$\{\mathcal{N}_t\}$ に関する (狭義の) **停止時刻**と呼ばれる．

言いかえれば，$\tau \leq t$ という事象が起きるかどうかは，情報 $\mathcal{N}_t$ に基づいて判断できる．

例 7.2.2 $U \subset \mathbf{R}^n$ を開集合とする．U からの**流出時刻** (**first exit time**)
$$\tau_U := \inf\{t > 0; X_t \notin U\}$$
は $\{\mathcal{M}_t\}$ に関する停止時刻である．なぜなら，$\{K_m\}$ を $K_m \subset \text{int}(K_{m+1})$，$U = \bigcup_m K_m$ なる閉集合の増大列とすれば，
$$\{\omega; \tau_U \leq t\} = \bigcap_m \bigcup_{\substack{r \in \mathbf{Q} \\ r < t}} \{\omega; X_r \notin K_m\} \in \mathcal{M}_t$$
となるからである．

より一般に，集合 $H \subset \mathbf{R}^n$ に対し，H からの流出時刻 τ_H を
$$\tau_H = \inf\{t > 0; X_t \notin H\}$$
と定義する．もし $\mathcal{M}_t$ がすべての零集合を含めば (本書では，そのように設定している[4]) ならば，$\{\mathcal{M}_t\}$ は右連続となる．すなわち，$\mathcal{M}_t = \mathcal{M}_{t+} := \bigcap_{s > t} \mathcal{M}_s$ (Chung (1982, Theorem 2.3.4, p.61) を参考にせよ)．このとき，任意のボレル集合 H に対し，τ_H は停止時刻となる (Dynkin (1965 II, 4.5.C.e, p.111) を見よ)．

定義 7.2.3 τ を $\{\mathcal{N}_t\}$ に関する停止時刻とし，$\mathcal{N}_\infty$ をすべての $\mathcal{N}_t, t \geq 0$ を含む最小の σ-加法族とする．σ-集合族 $\mathcal{N}_\tau$ を
$$N \cap \{\tau \leq t\} \in \mathcal{N}_t, \quad \forall t \geq 0$$
を満たすすべての $N \in \mathcal{N}_\infty$ からなる集合族と定義する．

---
[4] 定義 3.2.1 で $\mathcal{F}_t^{(m)}$ には，そのように仮定した．明示的には述べていないが，その仮定が $\mathcal{M}_t$ にもなされている．

$\mathcal{N}_t = \mathcal{M}_t$ であれば，より直感的な表現は

$$\mathcal{M}_\tau = \{X_{\min(s,\tau)}; s \geq 0\} \text{ で生成される } \sigma\text{-加法族} \tag{7.2.1}$$

というものである (Rao (1977, p2.15) もしくは Stroock-Varadhan (1979, Lemma 1.3.3, p.33) を見よ). 同様に $\mathcal{N}_t = \mathcal{F}_t^{(m)}$ のときは，次の関係式が成り立つ.

$$\mathcal{F}_\tau^{(m)} = \{B_{s \wedge \tau}; s \geq 0\} \text{ で生成される } \sigma\text{-加法族}.$$

定理 7.2.4 (伊藤拡散過程の強マルコフ性) $f : \mathbf{R}^n \to \mathbf{R}$ を有界ボレル関数とし，τ を $\mathcal{F}_t^{(m)}$ に関する停止時刻とする．このとき，次の等式が成り立つ．

$$E^x[f(X_{\tau+h})|\mathcal{F}_\tau^{(m)}] = E^{X_\tau}[f(X_h)], \quad \forall h \geq 0. \tag{7.2.2}$$

[証明] マルコフ性 (定理 7.1.2) の証明と同様の手順で示そう．

ほとんどすべての ω に対して，$X_r^{\tau,x}(\omega)$ は

$$X_{\tau+h}^{\tau,x} = x + \int_\tau^{\tau+h} b(X_u^{\tau,x})du + \int_\tau^{\tau+h} \sigma(X_u^{\tau,x})dB_u$$

を満たす[5]．ブラウン運動の強マルコフ性 (Gihman-Skorohod (1974a, p.30)) により確率過程

$$\widetilde{B}_v = B_{\tau+v} - B_\tau, \quad v \geq 0$$

はブラウン運動で，さらに $\mathcal{F}_\tau^{(m)}$ と独立である．よって，次の等式を得る．

$$X_{\tau+h}^{\tau,x} = x + \int_0^h b(X_{\tau+v}^{\tau,x})dv + \int_0^h \sigma(X_{\tau+v}^{\tau,x})d\widetilde{B}_v.$$

ゆえに $\{X_{\tau+h}^{\tau,x}\}_{h \geq 0}$ は，確率微分方程式

$$Y_h = x + \int_0^h b(Y_v)dv + \int_0^h \sigma(Y_v)d\widetilde{B}_v$$

の一意的な強い解 Y_h ((5.2.8) を見よ) とほとんど至るところ一致する．$\{Y_h\}_{h \geq 0}$ は $\mathcal{F}_\tau^{(m)}$ と独立であるから，$\{X_{\tau+h}^{\tau,x}\}_{h \geq 0}$ もまた $\mathcal{F}_\tau^{(m)}$ と独立である．さらに弱い解の一意性 (補題 5.3.1) から

---

[5] 「$X_r^{s,x}$ の s に τ を代入できるのか？」という問題がある．これも，$X_r^{s,x}$ の除外集合を (s,r,x) に無関係に選べることから解決される．

$\{Y_h\}_{h\geq 0}$, したがって $\{X_{\tau+h}^{\tau,x}\}_{h\geq 0}$ は, $\{X_h^{0,x}\}_{h\geq 0}$ と同じ分布をもつ
$$(7.2.3)$$
と言える.
$$F(x,t,r,\omega) = X_r^{t,x}(\omega), \quad r \geq t$$
とおく. このとき (7.2.2) は次の等式と同値である.
$$E[f(F(x,0,\tau+h,\omega))|\mathcal{F}_\tau^{(m)}] = E[f(F(x,0,h,\omega))]_{x=X_\tau^{0,x}}.$$
簡単のために $X_t = X_t^{0,x}$ とすれば,
$$\begin{aligned}
F(x,0,\tau+h,\omega) &= X_{\tau+h}(\omega) \\
&= x + \int_0^{\tau+h} b(X_s)ds + \int_0^{\tau+h} \sigma(X_s)dB_s \\
&= x + \int_0^{\tau} b(X_s)ds + \int_0^{\tau} \sigma(X_s)dB_s \\
&\quad + \int_\tau^{\tau+h} b(X_s)ds + \int_\tau^{\tau+h} \sigma(X_s)dB_s \\
&= X_\tau + \int_\tau^{\tau+h} b(X_s)ds + \int_\tau^{\tau+h} \sigma(X_s)dB_s \\
&= F(X_\tau,\tau,\tau+h,\omega)
\end{aligned}$$
となる. したがって, (7.2.2) は次の等式に同値である.
$$E[f(F(X_\tau,\tau,\tau+h,\omega))|\mathcal{F}_\tau^{(m)}] = E[f(F(x,0,h,\omega))]_{x=X_\tau^{0,x}}.$$
この式が成り立つことを証明しよう. $g(x,t,r,\omega) = f(F(x,t,r,\omega))$ とおく. 定理 7.1.2 の証明と同様に g は次のような形をしていると仮定してよい.
$$g(x,t,r,\omega) = \sum_k \phi_k(x)\psi(t,r,\omega).$$
$X_{\tau+h}^{\tau,x}$ は $\mathcal{F}_\tau^{(m)}$ と独立なので, (7.2.3) を用いて, 次のように計算すればよい.
$$\begin{aligned}
E[g(X_\tau,\tau,\tau+h,\omega)|\mathcal{F}_\tau^{(m)}] &= \sum_k E[\phi_k(X_\tau)\psi_k(\tau,\tau+h,\omega)|\mathcal{F}_\tau^{(m)}] \\
&= \sum_k \phi_k(X_\tau)E[\psi_k(\tau,\tau+h,\omega)|\mathcal{F}_\tau^{(m)}]
\end{aligned}$$

$$\begin{aligned}
&= \sum_k E[\phi_k(x)\psi_k(\tau,\tau+h,\omega)|\mathcal{F}_\tau^{(m)}]_{x=X_\tau} \\
&= E[g(x,\tau,\tau+h,\omega)|\mathcal{F}_\tau^{(m)}]_{x=X_\tau} = E[g(x,\tau,\tau+h,\omega)]_{x=X_\tau} \\
&= E[f(X_{\tau+h}^{\tau,x})]_{x=X_\tau} = E[f(X_h^{0,x})]_{x=X_\tau} = E[f(F(x,0,h,\omega))]_{x=X_\tau}.
\end{aligned}$$

□

(7.2.2)を次のように拡張しよう. もし $f_1,\ldots,f_k$ が $\mathbf{R}^n$ 上の有界ボレル関数, そして τ が $\tau < \infty$ a.s. なる $\mathcal{F}_t^{(m)}$-停止時刻ならば, すべての $0 \leq h_1 \leq h_2 \leq \cdots \leq h_k$ に対し

$$\begin{aligned}
E^x[f_1(X_{\tau+h_1})&f_2(X_{\tau+h_2})\cdots f_k(X_{\tau+h_k})|\mathcal{F}_\tau^{(m)}] \\
&= E^{X_\tau}[f_1(X_{h_1})\ldots f_k(X_{h_k})]
\end{aligned} \quad (7.2.4)$$

が成り立つ. これは帰納法により確かめられる. どのように帰納法を用いるかを見るために, $k=2$ の場合を述べておこう.

$$\begin{aligned}
E^x&[f_1(X_{\tau+h_1})f_2(X_{\tau+h_2})|\mathcal{F}_\tau^{(m)}] \\
&= E^x[E^x[f_1(X_{\tau+h_1})f_2(X_{\tau+h_2})|\mathcal{F}_{\tau+h_1}^{(m)}]|\mathcal{F}_\tau^{(m)}] \\
&= E^x[f_1(X_{\tau+h_1})E^x[f_2(X_{\tau+h_2})|\mathcal{F}_{\tau+h_1}^{(m)}]|\mathcal{F}_\tau^{(m)}] \\
&= E^x[f_1(X_{\tau+h_1})E^{X_{\tau+h_1}}[f_2(X_{h_2-h_1})]|\mathcal{F}_\tau^{(m)}] \\
&= E^{X_\tau}[f(X_{h_1})E^{X_{h_1}}[f_2(X_{h_2-h_1})]] \\
&= E^{X_\tau}[f_1(X_{h_1})E^x[f_2(X_{h_2})|\mathcal{F}_{h_1}^{(m)}]] = E^{X_\tau}[f_1(X_{h_1})f_2(X_{h_2})].
\end{aligned}$$

次に, (7.2.4)の一般化を考察しよう. $\mathcal{H}$ で $\mathcal{M}_\infty$ 可測な関数の全体を表す. $t \geq 0$ に対し, ずらし(**shift**)

$$\theta_t : \mathcal{H} \to \mathcal{H}$$

を次のように定義する. $\eta = g_1(X_{t_1})\cdots g_k(X_{t_k})$ (g_i はボレル可測, $t_i \geq 0$) に対しては,

$$\theta_t \eta = g_1(X_{t_1+t})\cdots g_k(X_{t_k+t})$$

と定義する. 一般の $\mathcal{H}$ の元は, このような関数 η の線形和で近似し, ずらしを施した近似列の極限として η のずらしを定義する. このとき(7.2.4)から,

すべての停止時刻と有界な $\eta \in \mathcal{H}$ に対し

$$E^x[\theta_\tau \eta | \mathcal{F}_\tau^{(m)}] = E^{X_\tau}[\eta] \tag{7.2.5}$$

が成り立つことが従う．ここで

$$(\theta_\tau \eta)(\omega) = (\theta_t \eta)(\omega) \quad (\tau(\omega) = t \text{ のとき})$$

である．

到達分布，調和測度と平均値性

ずらしの応用を考えよう．$H \subset \mathbf{R}^n$ を可測集合とし，τ_H を伊藤拡散過程 X_t の H からの流出時刻とする．さらに，α を別の停止時刻，g を $\mathbf{R}^n$ 上の有界連続関数とし，

$$\eta = g(X_{\tau_H}) \mathcal{X}_{\tau_H < \infty}, \quad \tau_H^\alpha = \inf\{t > \alpha ; X_t \notin H\}$$

とおく．このとき，次の等式が成り立つ．

$$\theta_\alpha \eta \cdot \mathcal{X}_{\{\alpha < \infty\}} = g(X_{\tau_H^\alpha}) \mathcal{X}_{\{\tau_H^\alpha < \infty\}}. \tag{7.2.6}$$

これを証明しよう．η を関数

$$\eta^{(k)} = \sum_j g(X_{t_j}) \mathcal{X}_{[t_j, t_{j+1})}(\tau_H), \quad t_j = j \cdot 2^{-k}, \ j = 0, 1, 2, \ldots$$

で近似する．さて

$$\theta_t \mathcal{X}_{[t_j, t_{j+1})}(\tau_H) = \theta_t \mathcal{X}_{\{\forall r \in (0, t_j), X_r \in H \& \exists s \in [t_j, t_{j+1}), X_s \notin H\}}$$
$$= \mathcal{X}_{\{\forall r \in (0, t_j), X_{r+t} \in H \& \exists s \in [t_j, t_{j+1}), X_{s+t} \notin H\}}$$
$$= \mathcal{X}_{\{\forall u \in (t, t_j+t), X_u \in H \& \exists v \in [t_j+t, t_{j+1}+t), X_v \notin H\}} = \mathcal{X}_{[t_j+t, t_{j+1}+t)}(\tau_H^t)$$

が成り立つ．したがって，

$$\theta_t \eta = \lim_k \theta_t \eta^{(k)} = \lim_k \sum_j g(X_{t_j+t}) \mathcal{X}_{[t_j+t, t_{j+1}+t)}(\tau_H^t)$$
$$= g(X_{\tau_H^t}) \cdot \mathcal{X}_{\{\tau_H^t < \infty\}}$$

となる．すなわち(7.2.6)を得る．

7.2 強マルコフ性

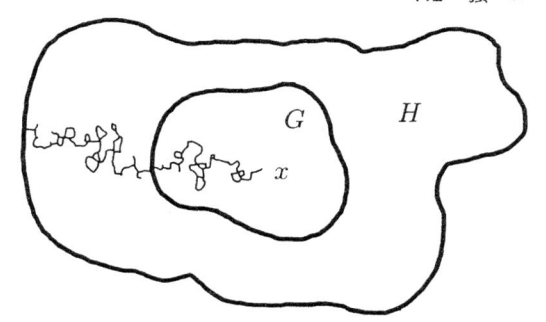

もし $G \subset\subset H$ はともに可測で, さらに Q^x-a.s. に $\tau_H < \infty$ ならば $(x \in G)$, $\alpha = \tau_G$ は $\tau_H^\alpha = \tau_H$ を満たす. したがって, とくに次の等式を得る.

$$\theta_{\tau_G} g(X_{\tau_H}) = g(X_{\tau_H}). \tag{7.2.7}$$

(7.2.5)と(7.2.7)から, 任意の有界可測関数 f と $x \in G$ に対して,

$$E^x[f(X_{\tau_H})] = E^x[E^{X_{\tau_G}}[f(X_{\tau_H})]] = \int_{\partial G} E^y[f(X_{\tau_H})] \cdot Q^x[X_{\tau_G} \in dy] \tag{7.2.8}$$

という関係式が成り立つことが従う ($\mu_H^x(F) = Q^x(X_{\tau_H} \in F)$ と定義し, $f \in L^1(\mu_H^x)$ を連続関数 g で近似せよ. g は(7.2.7)を満たすことに注意せよ). 言いかえれば, $x \in G$ から出発した拡散過程の時刻 τ_H における位置 X_{τ_H} での f の値の期待値を求めるには, $y \in G$ から出る拡散過程の位置 X_{τ_H} での f の値の期待値を X の ∂G 上の到達分布(**hitting distribution**)("調和測度"(harmonic measure)とも言う)に対し y について積分すればよい. これを次のようにまとめておく.

X の ∂G 上の調和測度 μ_G^x を

$$\mu_G^x(F) = Q^x[X_{\tau_G} \in F], \quad F \subset \partial G, \, x \in G$$

と定義する. このとき, 関数

$$\phi(x) = E^x[f(X_{\tau_H})]$$

は, すべてのボレル集合 $G \subset\subset H$ に対して, 平均値的(**mean-valued**)である. すなわち, 次の等式が成り立つ.

$$\phi(x) = \int_{\partial G} \phi(y) d\mu_G^x(y), \quad \forall x \in G. \tag{7.2.9}$$

9章で一般のディリクレ問題を考察する際に，この性質は重要な役割を果たす．

§7.3 伊藤拡散過程の生成作用素

伊藤拡散過程 X_t に2階の微分作用素 A が対応している．これは多くの応用例において利用される基礎的な事実である．A と X_t の基本的な関連は，A が X_t の生成作用素 (generator) であるということである．

定義 7.3.1 $\{X_t\}$ を $\mathbf{R}^n$ 上の(時間的に一様な)伊藤拡散過程とする．X_t の生成作用素 ((infinitesimal) generator) A を次で定義する．

$$Af(x) = \lim_{t \downarrow 0} \frac{E^x[f(X_t)] - f(x)}{t}, \quad x \in \mathbf{R}^n.$$

$x \in \mathbf{R}^n$ において，上の極限が存在する $f : \mathbf{R}^n \to \mathbf{R}$ の全体を $\mathcal{D}_A(x)$ と表し，すべての $x \in \mathbf{R}^n$ で極限が存在する f の全体を $\mathcal{D}_A$ と表す．

A と X_t を定める確率微分方程式(7.1.4)の係数 b, σ の関係を見るには，次の結果が必要となる．この結果は，これ以外にも様々な意味で有用である．

補題 7.3.2 $Y_t = Y_t^x$ を

$$Y_t^x(\omega) = x + \int_0^t u(s,\omega) ds + \int_0^t v(s,\omega) dB_s(\omega)$$

で与えられる伊藤過程とする．ただし B は m 次元ブラウン運動である．$f \in C_0^2(\mathbf{R}^n)$ (2回連続的微分可能でコンパクトな台をもつ関数の全体)とし，$\{\mathcal{F}_t^{(m)}\}$ に関する停止時刻 τ は $E^x[\tau] < \infty$ を満たすとする．さらに，$Y(t,\omega)$ が f の台に属するような (t,ω) の集合上 $u(t,\omega)$ と $v(t,\omega)$ は有界であるとする．E^x で x を出発する Y_t の分布

$$R^x[Y_{t_1} \in F_1, \ldots, Y_{t_k} \in F_k] = P^0[Y_{t_1}^x \in F_1, \ldots, Y_{t_k}^x \in F_k] \quad (F_i はボレル集合)$$

に関する期待値を表す．このとき次の等式が成り立つ．

7.3 伊藤拡散過程の生成作用素

$$E^x[f(Y_\tau)] = f(x) + E^x\left[\int_0^\tau \left(\sum_i u_i(s,\omega)\frac{\partial f}{\partial x_i}(Y_s)\right.\right.$$
$$\left.\left.+ \frac{1}{2}\sum_{i,j}(vv^T)_{ij}(s,\omega)\frac{\partial^2 f}{\partial x_i \partial x_j}(Y_s)\right)ds\right].$$

[証明] $Z = f(Y)$ とおき，伊藤の公式を適用する（簡単のため，時間を表す添字 t を略し，代わりに $Y_1, \ldots, Y_n$ と $B_1, \ldots, B_m$ で Y と B の座標成分を表す）．このとき次の関係式を得る．

$$dZ = \sum_i \frac{\partial f}{\partial x_i}(Y)dY_i + \frac{1}{2}\sum_{i,j}\frac{\partial f^2}{\partial x_i \partial x_j}(Y)dY_i dY_j$$
$$= \sum_i u_i \frac{\partial f}{\partial x_i}dt + \frac{1}{2}\sum_{i,j}\frac{\partial f^2}{\partial x_i \partial x_j}(vdB)_i(vdB)_j + \sum_i \frac{\partial f}{\partial x_i}(vdB)_i.$$

ところが，

$$(vdB)_i \cdot (vdB)_j = \left(\sum_k v_{ik}dB_k\right)\left(\sum_n v_{jn}dB_n\right)$$
$$= \left(\sum_k v_{ik}v_{jk}\right)dt = (vv^T)_{ij}dt$$

であるから，上の式に代入して，

$$f(Y_t) = f(Y_0) + \int_0^t \left(\sum_i u_i \frac{\partial f}{\partial x_i} + \frac{1}{2}\sum_{i,j}(vv^T)_{ij}\frac{\partial^2 f}{\partial x_i \partial x_j}\right)ds$$
$$+ \sum_{i,k}\int_0^t v_{ik}\frac{\partial f}{\partial x_i}dB_k \tag{7.3.1}$$

となる．したがって

$$E^x[f(Y_\tau)]$$
$$= f(x) + E^x\left[\int_0^\tau \left(\sum_i u_i \frac{\partial f}{\partial x_i}(Y) + \frac{1}{2}\sum_{i,j}(vv^T)_{ij}\frac{\partial^2 f}{\partial x_i \partial x_j}(Y)\right)ds\right]$$
$$+ \sum_{i,k}E^x\left[\int_0^\tau v_{ik}\frac{\partial f}{\partial x_i}(Y)dB_k\right]. \tag{7.3.2}$$

g_s を $\mathcal{F}_s$-適合な確率過程で，適当な定数 M に対し $|g_s(\omega)| \leq M$, a.a.(s,ω) が成り立つとする．g_s と $\mathcal{X}_{\{s<\tau\}}$ はともに $\mathcal{F}_s$-可測であるから，任意の整数

N について

$$E^x\left[\int_0^{\tau\wedge N} g_s dB_k(s)\right] = E^x\left[\int_0^N \mathcal{X}_{\{s<\tau\}} g_s dB_k(s)\right] = 0$$

となる. さらに,

$$E^x\left[\left(\int_0^{\tau\wedge N} g_s dB_k(s)\right)^2\right] = E^x\left[\int_0^{\tau\wedge N} g_s^2 ds\right] \le M^2 E^x[\tau] < \infty$$

である. したがって, $\{\int_0^{\tau\wedge N} g_s dB_k(s)\}_N$ は R^x に関して一様可積分である (付録 C). ゆえに

$$0 = \lim_{N\to\infty} E^x\left[\int_0^{\tau\wedge N} g_s dB_k(s)\right] = E^x\left[\lim_{N\to\infty}\int_0^{\tau\wedge N} g_s dB_k(s)\right]$$
$$= E^x\left[\int_0^{\tau} g_s dB_k(s)\right]$$

が従う. これを (7.3.2) と合わせて主張を得る. □

この補題から, 伊藤拡散過程の生成作用素 A の表現が直ちに従う.

定理 7.3.3 X_t を

$$dX_t = b(X_t)dt + \sigma(X_t)dB_t$$

で与えられる伊藤拡散過程とする. もし $f \in C_0^2(\mathbf{R}^n)$ ならば, $f \in \mathcal{D}_A$ である. さらに次の等式が成り立つ.

$$Af(x) = \sum_i b_i(x)\frac{\partial f}{\partial x_i} + \frac{1}{2}\sum_{i,j}(\sigma\sigma^T)_{ij}(x)\frac{\partial^2 f}{\partial x_i \partial x_j}. \tag{7.3.3}$$

[証明] 補題 7.3.2 を $\tau = t$ として適用すれば, A の定義から従う. □

例 7.3.4 n 次元ブラウン運動は, いうまでもなく, 確率微分方程式

$$dX_t = dB_t$$

の解である. すなわち, $b = 0, \sigma = I_n$ (n 次元単位行列) となっている. したがって, B_t の生成作用素 A は, 次で与えられる.

$$Af = \frac{1}{2}\sum \frac{\partial^2 f}{\partial x_i^2}, \quad f = f(x_1,\ldots,x_n) \in C_0^2(\mathbf{R}^n).$$

つまり, $A = \frac{1}{2}\Delta$ である (Δ はラプラシアン).

例 7.3.5（ブラウン運動のグラフ） B_t を 1 次元ブラウン運動とし, $X = \begin{pmatrix} X_1 \\ X_2 \end{pmatrix}$ を次の確率微分方程式の解とする．

$$\begin{cases} dX_1 = dt, & X_1(0) = t_0, \\ dX_2 = dB, & X_2(0) = x_0. \end{cases}$$

すなわち, $b = \begin{pmatrix} 1 \\ 0 \end{pmatrix}, \sigma = \begin{pmatrix} 0 \\ 1 \end{pmatrix}$ とおけば

$$dX = bdt + \sigma dB, \quad X(0) = \begin{pmatrix} t_0 \\ x_0 \end{pmatrix}$$

となる．この X はブラウン運動のグラフとなっている．X の生成作用素 A は

$$Af = \frac{\partial f}{\partial t} + \frac{1}{2}\frac{\partial^2 f}{\partial x^2}, \quad f = f(t,x) \in C_0^2(\mathbf{R}^n)$$

である．

以下，とくに断らない限り，$A = A_X$ は伊藤拡散過程の生成作用素を表すものとする．$L = L_X$ で (7.3.3) の右辺で与えられる微分作用素を表す．定理 7.3.3 より，$C_0^2(\mathbf{R}^n)$ 上 A_X と L_X は一致する．

§7.4 ディンキンの公式

補題 7.3.2 と (7.3.3) を合わせて，次の結果を得る．

定理 7.4.1（ディンキンの公式）$f \in C_0^2(\mathbf{R}^n)$ とする．停止時刻 τ は $E^x[\tau] < \infty$ を満たすと仮定する．このとき次の関係式が成り立つ．

$$E^x[f(X_\tau)] = f(x) + E^x\left[\int_0^\tau Af(X_s)ds\right]. \tag{7.4.1}$$

注 (i) もし τ が有界集合からの流出時刻で，$E^x[\tau] < \infty$ を満たしていれば，(7.4.1) はすべての $f \in C^2$ に対して成立する．
(ii) 定理 7.4.1 の一般化については Dynkin (1965 I, p.133) を見よ．

例 7.4.2 $a = (a_1, \ldots, a_n) \in \mathbf{R}^n$, $|a| < R$ とし，a から出発する n 次元ブラウン運動 $B = (B_1, \ldots, B_n)$ を考える．球

$$K = K_R = \{x \in \mathbf{R}^n; |x| < R\}$$

第 7 章 拡散過程：基本的な性質

からの B の流出時刻 τ_K の期待値を求めよう.

k を整数とする. $X = B$, $\tau = \sigma_k = \min(k, \tau_K)$ とし, $|x| < R$ ならば $f(x) = |x|^2$ となる $f \in C_0^2(\mathbf{R}^n)$ を選んで, ディンキンの公式を適用しよう. すると

$$E^a[f(B_{\sigma_k})] = f(a) + E^a\left[\int_0^{\sigma_k} \frac{1}{2}\Delta f(B_s)ds\right]$$
$$= |a|^2 + E^a\left[\int_0^{\sigma_k} n \cdot ds\right] = |a|^2 + n \cdot E^a[\sigma_k]$$

となる. ゆえに $E^a[\sigma_k] \leq \frac{1}{n}(R^2 - |a|^2)$ である. よって, $k \to \infty$ とすれば, ほとんど確実に $\tau_K = \lim \sigma_k < \infty$ となること, および

$$E^a[\tau_K] = \frac{1}{n}(R^2 - |a|^2) \tag{7.4.2}$$

となることが従う.

次に $n \geq 2$, $|b| > R$ と仮定する. b を出発したブラウン運動が K に到達する確率を求めよう.

α_k を円環領域

$$A_k = \{x; R < |x| < 2^k R\}, \quad k = 1, 2, \ldots$$

からの流出時刻とする. $f = f_{n,k}$ を, $R \leq |x| \leq 2^k R$ で

$$f(x) = \begin{cases} -\log|x|, & n = 2 \text{ のとき}, \\ |x|^{2-n}, & n > 2 \text{ のとき}, \end{cases}$$

を満たすコンパクトな台をもつ C^2-関数とする. A_k 上 $\Delta f = 0$ であるから, ディンキンの公式から

$$E^b[f(B_{\alpha_k})] = f(b), \quad \forall k \tag{7.4.3}$$

となる.

$$p_k = P^b[|B_{\alpha_k}| = R], \quad q_k = P^b[|B_{\alpha_k}| = 2^k R]$$

とおく. $n = 2$ と $n > 2$ の 2 つの場合にわけて考えよう.

- $n = 2$. このとき (7.4.3) より

$$-\log R \cdot p_k - (\log R + k \cdot \log 2)q_k = -\log|b|, \quad \forall k \tag{7.4.4}$$

となる．これより $k \to \infty$ のとき $q_k \to 0$ となり，よって

$$P^b[\tau_{K^c} < \infty] = 1 \qquad (7.4.5)$$

である．すなわち $\mathbf{R}^2$ 上のブラウン運動は**再帰的**(**recurrent**) となる (Port-Stone (1979) 参照)．

- $n > 2$. この場合，(7.4.3) は

$$p_k \cdot R^{2-n} + q_k \cdot (2^k R)^{2-n} = |b|^{2-n}$$

を導く．$0 \leq q_k \leq 1$ であるから，$k \to \infty$ とすれば

$$\lim_{k \to \infty} p_k = P^b[\tau_{K^c} < \infty] = \left(\frac{|b|}{R}\right)^{2-n}$$

を得る．すなわち $n > 2$ のとき $\mathbf{R}^2$ 上のブラウン運動は非再帰的 (**transient**) となる．

§7.5 特性作用素

生成作用素 A と密接に関連しているが，多くの場合に，たとえばディリクレ問題の解を構成する際に，より使いやすい作用素を導入しよう．

定義 7.5.1 $\{X_t\}$ を伊藤拡散過程とする．$\{X_t\}$ の**特性作用素** (**characteristic operator**) $\mathcal{A} = \mathcal{A}_X$ とは，次で定義される作用素を言う．

$$\mathcal{A}f(x) = \lim_{U \downarrow x} \frac{E^x[f(X_{\tau_U})] - f(x)}{E^x[\tau_U]}. \qquad (7.5.1)$$

ただし "$U \downarrow x$" は，$U_{k+1} \subset U_k$, $\bigcap_k U_k = \{x\}$ なる開集合の列 $\{U_k\}$ に沿う極限であり，τ_U は $\inf\{t > 0; X_t \notin U\}$ で定義される X_t の U からの流出時刻である．(7.5.1) の極限がすべての $x \in \mathbf{R}^n$ (とすべての $\{U_k\}$) に対し存在するような f の全体を $\mathcal{D}_\mathcal{A}$ と表す．ただし，$x \in U$ なるどのような開集合 U に対しても $E^x[\tau_U] = \infty$ となるときは，$\mathcal{A}f(x) = 0$ と定義する．

$\mathcal{D}_A \subset \mathcal{D}_\mathcal{A}$ であり，さらに次の等式が成り立つ (Dynkin (1965 I, p.143) を見よ)．

$$Af = \mathcal{A}f, \quad \forall f \in \mathcal{D}_A.$$

これから先の考察では，$\mathcal{A}_X$ と L_X が C^2 上で一致することだけが必要となる．この一致を示すために，まず流出時刻の性質を調べよう．

定義 7.5.2 点 $x \in \mathbf{R}^n$ は，もし

$$Q^x(\{X_t = x, \forall t\}) = 1$$

となるならば，$\{X_t\}$ のわな (**trap**) であると言われる．すなわち，Q^x-a.s. に $\tau_{\{x\}} = \infty$ なるとき，およびそのときに限り x はわなである．たとえば，$b(x_0) = \sigma(x_0) = 0$ ならば，x_0 は $\{X_t\}$ のわなである（解 X_t の強い意味での一意性による）．

補題 7.5.3 x が $\{X_t\}$ のわなでなければ，$x \in U$ なる開集合 U が存在し，

$$E^x[\tau_U] < \infty$$

となる．

[証明]　Dynkin (1965 I) の Lemma 5.5 (p.139) を見よ．　□

定理 7.5.4 $f \in C^2$ とする．このとき $f \in \mathcal{D}_\mathcal{A}$ であり，さらに次の等式が成り立つ．

$$\mathcal{A}f = \sum_i b_i \frac{\partial f}{\partial x_i} + \frac{1}{2} \sum_{i,j} (\sigma \sigma^T)_{ij} \frac{\partial^2 f}{\partial x_i \partial x_j}. \tag{7.5.2}$$

[証明]　前と同様に，(7.5.2) の右辺で定義される微分作用素を L と表す．まず，x が $\{X_t\}$ のわなであるとする．このとき，定義より $\mathcal{A}f(x) = 0$ である．$x \in V$ なる有界な開集合 V をとり，V 上 $f_0 = f$ となる $f_0 \in C_0^2(\mathbf{R}^n)$ をとる．このとき $f_0 \in \mathcal{D}_\mathcal{A}(x)$ で，$0 = \mathcal{A}f_0(x) = Lf_0(x) = Lf(x)$ となる．したがって $\mathcal{A}f(x) = Lf(x) = 0$ となる．次に，x がわなでないとしよう．このとき，開集合 $U \ni x$ で $E^x[\tau_U] < \infty$ なるものがとれる．Lf は連続であるから，ディンキンの公式（定理 7.4.1）（およびその後の注 (i)）より，$\tau = \tau_U$ とおけば，

$$\left| \frac{E^x[f(X_\tau)] - f(x)}{E^x[\tau]} - Lf(x) \right| = \frac{|E^x[\int_0^\tau \{(Lf)(X_s) - Lf(x)\} ds]|}{E^x[\tau]}$$

$$\leq \sup_{y \in U} |Lf(x) - Lf(y)| \to 0 \quad (U \downarrow x)$$

となる．したがって $\mathcal{A}f(x) = Lf(x)$ となる． □

注 以上より，伊藤拡散過程は連続な強マルコフ過程で，その特性作用素の定義域は，C^2-級の関数の全体を包含している．したがって，伊藤拡散過程はディンキンの意味での**拡散過程**となっている（Dynkin (1965 I)）．

例 7.5.5（単位円周上のブラウン運動）例 5.1.4 で調べた確率微分方程式 (5.1.13)
$$\begin{cases} dY_1 = -\frac{1}{2}Y_1 dt - Y_2 dB, \\ dY_2 = -\frac{1}{2}Y_2 dt + Y_1 dB, \end{cases}$$
を満たす確率過程 $Y = \begin{pmatrix} Y_1 \\ Y_2 \end{pmatrix}$ の特性作用素は
$$\mathcal{A}f(y_1, y_2) = \frac{1}{2}\left[y_2^2 \frac{\partial^2 f}{\partial y_1^2} - 2y_1 y_2 \frac{\partial^2 f}{\partial y_1 \partial y_2} + y_1^2 \frac{\partial^2 f}{\partial y_2^2} - y_1 \frac{\partial f}{\partial y_1} - y_2 \frac{\partial f}{\partial y_2} \right]$$
である．これは
$$K = \begin{pmatrix} 0 & -1 \\ 1 & 0 \end{pmatrix}$$
とおけば，$dY = -\frac{1}{2}Y dt + KY dB$ と表されることによる．実際，これまでの記号に合わせると，
$$b(y_1, y_2) = \begin{pmatrix} -\frac{1}{2}y_1 \\ -\frac{1}{2}y_2 \end{pmatrix}, \quad \sigma(y_1, y_2) = \begin{pmatrix} -y_2 \\ y_1 \end{pmatrix}$$
となり，そして
$$dY = b(Y)dt + \sigma(Y)dB$$
という方程式となる．また
$$a = \frac{1}{2}\sigma\sigma^T = \frac{1}{2}\begin{pmatrix} y_2^2 & -y_1 y_2 \\ -y_1 y_2 & y_1^2 \end{pmatrix}$$
である．

例 7.5.6 D を $\mathbf{R}^n$ の開部分集合とする．すべての x について Q^x-a.s. に $\tau_D < \infty$ が成り立つと仮定する．ϕ を ∂D 上の有界可測関数とし，
$$\widetilde{\phi}(x) = E^x[\phi(X_{\tau_D})]$$

とおく($\widetilde{\phi}$ を ϕ の X-調和拡大と言う).このとき,もし U が開集合で,$x \in U \subset\subset D$ ならば,(7.2.8) から

$$E^x[\widetilde{\phi}(X_{\tau_U})] = E^x[E^{X_{\tau_U}}[\phi(X_{\tau_D})]] = E^x[\phi(X_{\tau_D})] = \widetilde{\phi}(x)$$

となる.ゆえに $\widetilde{\phi} \in \mathcal{D}_\mathcal{A}$ で

$$\mathcal{A}\widetilde{\phi}(x) = 0, \quad \forall x \in D$$

である.ところが,一般には,$\widetilde{\phi}$ は D 上連続ですらない(例 9.2.1 を見よ).

問題

7.1 次の伊藤拡散過程の生成作用素を求めよ.

a) $dX_t = \mu X_t dt + \sigma dB_t$(オルンシュタイン=ウーレンベック過程)($B_t \in \mathbf{R}$, μ, σ は定数).
b) $dX_t = rX_t dt + \alpha X_t dB_t$(幾何学的ブラウン運動)($B_t \in \mathbf{R}$, r, α は定数).
c) $dY_t = r dt + \alpha Y_t dB_t$ ($B_t \in \mathbf{R}$, r, α は定数).
d) $dY_t = \begin{pmatrix} dt \\ dX_t \end{pmatrix}$ (X_t は a) で求めたもの).
e) $\begin{pmatrix} dX_1 \\ dX_2 \end{pmatrix} = \begin{pmatrix} 1 \\ X_2 \end{pmatrix} dt + \begin{pmatrix} 0 \\ e^{X_1} \end{pmatrix} dB_t$ ($B_t \in \mathbf{R}$).
f) $\begin{pmatrix} dX_1 \\ dX_2 \end{pmatrix} = \begin{pmatrix} 1 \\ 0 \end{pmatrix} dt + \begin{pmatrix} 1 & 0 \\ 0 & X_1 \end{pmatrix} \begin{pmatrix} dB_1 \\ dB_2 \end{pmatrix}$.
g) 次で定義される $X(t) = (X_1, X_2, \ldots, X_n)$.

$$dX_k(t) = r_k X_k dt + X_k \cdot \sum_{j=1}^{n} \alpha_{kj} dB_j, \quad 1 \leq k \leq n.$$

(($B_1, \cdots, B_n$) は $\mathbf{R}^n$ 上のブラウン運動,r_k, α_{kj} は定数).

7.2 次の生成作用素をもつ伊藤拡散過程を見出せ(確率微分方程式を書き下せ).

a) $Af(x) = f'(x) + f''(x)$, $f \in C_0^2(\mathbf{R}^2)$.
b) $Af(t,x) = \frac{\partial f}{\partial t} + cx \frac{\partial f}{\partial x} + \frac{1}{2}\alpha^2 x^2 \frac{\partial^2 f}{\partial x^2}$, $f \in C_0^2(\mathbf{R}^2)$ (c, α は定数).

c) $Af(x_1, x_2) = 2x_2 \frac{\partial f}{\partial x_1} + \ln(1 + x_1^2 + x_2^2)\frac{\partial f}{\partial x_2}$
$+ \frac{1}{2}(1 + x_1^2)\frac{\partial^2 f}{\partial x_1^2} + x_1 \frac{\partial^2 f}{\partial x_1 \partial x_2} + \frac{1}{2} \cdot \frac{\partial^2 f}{\partial x_2^2}, f \in C_0^2(\mathbf{R}^2).$

7.3 B_t を $\mathbf{R}$ 上の $B_0 = 0$ なるブラウン運動とし,

$$X_t = X_t^x = x \cdot e^{ct + \alpha B_t}$$

とおく. ただし, c, α は定数である. このとき, 定義から直接に X_t がマルコフ過程であることを証明せよ.

7.4 B_t^x を $x \in \mathbf{R}^+$ を出発する 1 次元ブラウン運動とし,

$$\tau = \inf\{t > 0; B_t^x = 0\}$$

とおく.

a) 任意の $x > 0$ に対し, P^x-a.s. に $\tau < \infty$ となることを証明せよ. (ヒント. 例 7.4.2 の第 2 の考察を見よ.)

b) すべての $x > 0$ に対し, $E^x[\tau] = \infty$ となることを証明せよ. (ヒント. 例 7.4.2 の第 1 の考察を見よ.)

7.5 関数 b, σ は, 定理 5.2.1 の条件 (5.2.1) を t に無関係な定数 C に対して満たすとする. つまり

$$|b(t,x)| + |\sigma(t,x)| \leq C(1 + |x|), \quad \forall x \in \mathbf{R}^n, t \geq 0.$$

X_t を

$$dX_t = b(t, X_t)dt + \sigma(t, X_t)dB_t$$

の解とする. t には無関係な定数 K が存在し,

$$E[|X_t|^2] \leq (1 + E[|X_0|^2])e^{Kt} - 1$$

が成り立つことを証明せよ. (ヒント. $f(x) = |x|^2, \tau = t \wedge \tau_R, \tau_R = \inf\{t > 0; |X_t| \geq R\}$ としてディンキンの公式を適用し, その後 $R \to \infty$ として, 不等式

$$E[|X_t|^2] \leq E[|X_0|^2] + K \cdot \int_0^t (1 + E[|X_s|^2])ds$$

を導出せよ. この不等式は (5.2.9) で扱った不等式と同じ形をしている.)

7.6 $g(x,\omega) = f \circ F(x,t,t+h,\omega)$ を定理 7.1.2 の証明ので定義した通りとする．f は連続とせよ．

a) 写像 $x \mapsto g(x,\cdot)$ は $\mathbf{R}^n$ から $L^2(P)$ への連続写像であることを，(5.2.9) を用いて証明せよ．

簡単のため $n = 1$ としよう．

b) a) を用いて，写像 $(x,\omega) \mapsto g(x,\omega)$ が可測であることを証明せよ．（ヒント．各 $m = 1, 2, \ldots$ に対し，$\xi_k = \xi_k^{(m)} = k \cdot 2^{-m}, k = 1, 2, \ldots$ とおけ．このとき，すべての x に対し，

$$g^{(m)}(x,\cdot) = \sum_k g(\xi_k, \cdot) \cdot \mathcal{X}_{\{\xi_k \leq x < \xi_{k+1}\}}$$

は $L^2(P)$ で $g(x,\cdot)$ に収束する．これより，dm_R を $\{|x| \leq R\}$ 上のルベーグ測度とすると，すべての R に対して，空間 $L^2(dm_R \times dP)$ で $g^{(m)} \to g$ となることを証明せよ．したがって，ほとんどすべての (x,ω) で $g^{(m)}(x,\omega)$ の部分列は $g(x,\omega)$ に収束する．）

7.7 B_t を $\mathbf{R}^n$ 上の $x \in \mathbf{R}^n$ から出るブラウン運動とし，$D \subset \mathbf{R}^n$ を x を中心とする開球とする．

a) 問題 2.15 を使って，B_t の調和測度 μ_D^x は球面 ∂D の上で（x を中心とする）回転で不変であることを証明せよ．これより，μ_D^x は ∂D の上の正規化された表面測度 σ と一致することを導け．

b) ϕ を有界開集合 $W \subset \mathbf{R}^n$ の境界上の有界可測関数とし，

$$u(x) = E^x[\phi(B_{\tau_W})], \quad x \in W$$

とおく．u に対し古典的な平均値定理が成り立つことを証明せよ．すなわち，$\overline{D} \subset W$ なる x を中心とするすべての開球 D に対して

$$u(x) = \int_{\partial D} u(y) d\sigma(y)$$

が成り立つ．

7.8 $\{\mathcal{N}_t\}$ を Ω の部分集合からなる完備 σ-加法族の右連続な族とする．

a) τ_1, τ_2 を ($\mathcal{N}_t$ に関する) 停止時刻とする. $\tau_1 \wedge \tau_2$ と $\tau_1 \vee \tau_2$ はともに停止時刻であることを証明せよ.

b) もし $\{\tau_n\}$ が停止時刻の減少列であれば, $\tau = \lim_n \tau_n$ は停止時刻であることを示せ.

c) もし X_t が $\mathbf{R}^n$ 上の伊藤拡散過程で, $F \subset \mathbf{R}^n$ が閉集合なら, τ_F は $\mathcal{M}_t$ に関して停止時刻であることを証明せよ.(ヒント. F に減少する開集合の列をとれ.)

7.9 X_t を幾何学的ブラウン運動とする. つまり, ブラウン運動 $B_t \in \mathbf{R}$ と定数 r, α を用いて

$$dX_t = rX_t dt + \alpha X_t dB_t, \quad X_0 = x > 0$$

と定める.

a) X_t の生成作用素 A を求め, さらに, 定数 γ に対し $f(x) = x^\gamma$ $(x > 0)$ と定めるとき, $Af(x)$ を計算せよ.

b) もし $r < \frac{1}{2}\alpha^2$ ならば Q^x-a.s. に $t \to \infty$ のとき $X_t \to 0$ である (例 5.1.1). しかし, $x < R$ から出発するとき X_t が点 R に到達する確率 p はどれほどであろうか? ディンキンの公式を, $f(x) = x^{\gamma_1}$, $\gamma_1 = 1 - \frac{2r}{\alpha^2}$ として適用して,

$$p = \left(\frac{x}{R}\right)^{\gamma_1}$$

となることを証明せよ.

c) もし $r > \frac{1}{2}\alpha^2$ ならば, Q^x-a.s. に $t \to \infty$ のとき $X_t \to \infty$ である (例 5.1.1).

$$\tau = \inf\{t > 0; X_t \geq R\}$$

とおく. ディンキンの公式を $f(x) = \ln x$ $(x > 0)$ に用いて,

$$E^x[\tau] = \frac{\ln \frac{R}{x}}{r - \frac{1}{2}\alpha^2}$$

を証明せよ. (ヒント. まず (ρ, R) $(\rho > 0)$ からの流出時刻を考えよ. そして, $\rho \to 0$ とせよ. 証明の途中で

$$p(\rho) = Q^x[X_t \text{ は } \rho \text{ に到達する前に } R \text{ に到達する}]$$

とすれば,
$$(1-p(\rho))\ln\rho$$
を評価する必要がある．この評価は a), b) の計算から得られる．)

7.10 X_t を幾何学的ブラウン運動
$$dX_t = rX_t dt + \alpha X_t dB_t$$
とする．$E^x[X_T|\mathcal{F}_t]$ $(t \leq T)$ を，次の手順で求めよ．

a) マルコフ性を使え．
b) マルチンゲール
$$M_t = \exp\left(\alpha B_t - \frac{1}{2}\alpha^2 t\right)$$
を導入する．このとき，$X_t = xe^{rt}M_t$ と表現されることを用いよ．

7.11 X_t を $\mathbf{R}^n$ 上の伊藤拡散過程とし，関数 $f:\mathbf{R}^n \to \mathbf{R}$ は
$$E^x\left[\int_0^\infty |f(X_t)|dt\right] < \infty, \quad \forall x \in \mathbf{R}^n$$
を満たしているとする．τ を停止時刻とする．
$$g(y) = E^y\left[\int_0^\infty f(X_t)dt\right]$$
とおけば，
$$E^x\left[\int_\tau^\infty f(X_t)dt\right] = E^x[g(X_\tau)]$$
が成り立つことを，強マルコフ性を使って証明せよ．

7.12（局所マルチンゲール）$\mathcal{N}_t$-適合な確率過程 $Z(t) \in \mathbf{R}^n$ がフィルトレーション $\{\mathcal{N}_t\}$ に関する局所マルチンゲールであるとは，$\mathcal{N}_t$-停止時刻の列 τ_k が存在し，
$$\tau_k \to \infty \quad \text{a.s.} \ (k \to \infty)$$
が成り立ち，さらに
$$Z(t \wedge \tau_k) \text{ は } \mathcal{N}_t\text{-マルチンゲールとなる}$$
ことを言う．

a) もし $Z(t)$ が局所マルチンゲールで，$\{Z(\tau); \tau\ は\ \tau \leq T\ なる停止時刻\}$ が一様可積分（付録 C）となる定数 $T \leq \infty$ が存在すれば，$\{Z(t)\}_{t \leq T}$ はマルチンゲールであることを証明せよ．

b) とくに，もし $Z(t)$ が局所マルチンゲールで，定数 $K < \infty$ が存在して

$$E[Z^2(\tau)] \leq K$$

が，すべての $\tau \leq T$ なる停止時刻 τ に対して成り立てば，$\{Z(t)\}_{t \leq T}$ はマルチンゲールである．

c) もし $Z(t)$ が下に有界な局所マルチンゲールならば，$Z(t)$ は優マルチンゲール（付録 C）であることを証明せよ．

7.13 a) $B_t \in \mathbf{R}^2$, $B_0 = x \neq 0$ とする．$0 < \varepsilon < R < \infty$ を固定し

$$\tau = \inf\{t > 0; |B_t| \leq \varepsilon\ もしくは\ |B_t| \geq R\},$$

$$X_t = \ln|B_{t \wedge \tau}|, \quad t \geq 0$$

とおく．X_t は $\mathcal{F}_{t \wedge \tau}$-マルチンゲールであることを証明せよ（ヒント．問題 4.8 を利用せよ）．さらに，$\ln|B_t|$ は局所マルチンゲール（問題 7.12 を見よ）であることを導け．

b) $B_t \in \mathbf{R}^3$, $B_0 = x \neq 0$ とする．$0 < \varepsilon < R < \infty$ を固定し

$$\tau = \inf\{t > 0; |B_t| \leq \varepsilon\ もしくは\ |B_t| \geq R\},$$

$$Y_t = |B_{t \wedge \tau}|^{2-n}, \quad t \geq 0$$

とおく．Y_t は $\mathcal{F}_{t \wedge \tau}$-マルチンゲールであることを証明せよ．さらに，$|B_t|^{2-n}$ は局所マルチンゲールであることを導け．

7.14（ドゥーブの h-変換）B_t を n 次元ブラウン運動，$D \subset \mathbf{R}$ を有界開集合，そして $h > 0$ を D 上の調和関数（すなわち D 上 $\Delta h = 0$ なる関数）とする．X_t を確率微分方程式

$$dX_t = \nabla(\ln h)(X_t)dt + dB_t$$

の解とする.正確に言えば,開集合の列 $\{D_k\}$ で $\overline{D}_k \subset D$, $\bigcup_{k=1}^{\infty} D_k = D$ なるものをとり,そして,各 k について,上の確率微分方程式を $t < \tau_{D_k}$ に対して(強い意味で)解く.自然に $t < \tau := \lim_{k \to \infty} \tau_{D_k}$ まで解が延長される.

a) X_t の生成作用素 A は

$$Af = \frac{\Delta(hf)}{2h}, \quad f \in C_0^2(D)$$

を満たすことを証明せよ.とくに,もし $f = \frac{1}{h}$ ならば,$Af = 0$ を示せ.

b) a)を利用して,もし

$$\lim_{x \to y \in \partial D} h(x) = \begin{cases} 0, & y \neq x_0 \text{ のとき}, \\ \infty, & y = x_0 \text{ のとき}, \end{cases}$$

なる $x_0 \in \partial D$ が存在すれば(すなわち h が**核関数**ならば),

$$\lim_{t \to \tau} X_t = x_0 \quad \text{a.s.}$$

となることを証明せよ.(ヒント.$E^x[f(X_T)]$ を適当な停止時刻 T と $f = \frac{1}{h}$ に対して考えよ.)

言い換えれば,D から出る際に B_t が 1 点 x_0 だけから流出するようなドリフト項をおいたことになる.これは「B_t を x_0 を通って D を流出するように条件付けることにより X_t を構成した」とも言える.

7.15 B_t を 1 次元ブラウン運動とし,

$$F(\omega) = (B_T(\omega) - K)^+$$

とおく.ただし,$K > 0, T > 0$ は定数とする.伊藤の表現定理(定理 4.3.3)より,$\phi \in \mathcal{V}(0,T)$ が存在して

$$F(\omega) = E[F] + \int_0^T \phi(t,\omega) dB_t$$

となる.どのようにして ϕ を正確に求められるだろうか?これは数理ファイナンスにおける大切な問題である.数理ファイナンスでは,ϕ は条件付き請求権 F を複製するポートフォリオと関連付けられる(12 章を参照).クラーク=オコン(Clark-Ocone)の公式(Karatzas-Ocone (1991) もしくは Øksendal

(1996)を見よ)を用いて

$$\phi(t,\omega) = E[\mathcal{X}_{[K,\infty)}(B_T)|\mathcal{F}_t], \quad t < T \tag{7.5.3}$$

を得る．(7.5.3)とブラウン運動のマルコフ性を用いて，

$$\phi(t,\omega) = \frac{1}{\sqrt{2\pi(T-t)}} \int_K^\infty \exp\left(-\frac{(x-B_t(\omega))^2}{2(T-t)}\right) dx \tag{7.5.4}$$

となることを証明せよ．

7.16 B_t を 1 次元ブラウン運動とし，$f: \mathbf{R} \to \mathbf{R}$ を有界関数とする．$t < T$ に対して

$$E^x[f(B_T)|\mathcal{F}_t] = \frac{1}{\sqrt{2\pi(T-t)}} \int_\mathbf{R} f(x) \exp\left(-\frac{(x-B_t(\omega))^2}{2(T-t)}\right) dx \tag{7.5.5}$$

となることを証明せよ（(7.5.4)と比べよ）．

7.17 B_t を 1 次元ブラウン運動とし，

$$X_t = \left(x^{1/3} + \frac{1}{3}B_t\right)^3, \quad t \geq 0$$

とおく ($x > 0$)．すでに問題 4.15 で，X_t は確率微分方程式

$$dX_t = \frac{1}{3}X_t^{1/3}dt + X_t^{2/3}dB_t, \quad X_0 = x \tag{7.5.6}$$

の解であることを見た．

$$\tau = \inf\{t > 0; X_t = 0\}$$

とし，

$$Y_t = \begin{cases} X_t & t \leq \tau \text{ のとき} \\ 0 & t > \tau \text{ のとき} \end{cases}$$

とおく．Y_t もまた(7.5.6)の（強い意味での）解であることを証明せよ．なぜこれは定理 5.2.1 の一意性に関する結果と矛盾しないのか説明せよ．（ヒント．積分を

$$\int_0^t = \int_0^{t\wedge\tau} + \int_{t\wedge\tau}^t$$

と分解して，

$$Y_t = x + \int_0^t \frac{1}{3} Y_s^{1/3} ds + \int_0^t Y_s^{2/3} dB_s$$

となることを証明せよ.)

7.18 a) X_t を

$$dX_t = b(X_t)dt + \sigma(X_t)dB_t, \quad X_0 = x$$

なる 1 次元伊藤拡散過程とし, $\mathcal{A}$ をその特性作用素とする. $f \in C^2(\mathbf{R})$ を

$$\mathcal{A}f(y) = b(y)f'(y) + \frac{1}{2}\sigma^2(y)f''(y) = 0, \quad \forall y \in \mathbf{R} \qquad (7.5.7)$$

という微分方程式の解とする. (a,b) を, $x \in (a,b)$ なる開区間とし,

$$\tau = \inf\{t > 0; X_t \notin (a,b)\},$$
$$p = P^x[X_\tau = b]$$

と定める.

$$p = \frac{f(x) - f(a)}{f(b) - f(a)} \qquad (7.5.8)$$

となることを, ディンキンの公式を使って証明せよ. これは境界 $\partial(a,b) = \{a,b\}$ 上の X の調和測度 $\mu^x_{(a,b)}$ が

$$\mu^x_{(a,b)}(b) = \frac{f(x) - f(a)}{f(b) - f(a)}, \quad \mu^x_{(a,b)}(a) = \frac{f(b) - f(x)}{f(b) - f(a)} \qquad (7.5.9)$$

となることを意味している.

b) 確率過程

$$X_t = x + B_t, \quad t \geq 0$$

に対して

$$p = \frac{x-a}{b-a} \qquad (7.5.10)$$

が成り立つことを証明せよ.

c) b, σ を零でない定数とするとき,

$$X_t = x + bt + \sigma B_t$$

に対する p を求めよ．

7.19 B_t^x を $x > 0$ を出発する 1 次元ブラウン運動とする．

$$\tau = \tau(x, \omega) = \inf\{t > 0; B_t^x(\omega) = 0\}$$

と定義する．問題 7.4 より，

$$\tau < \infty \quad P^x\text{-a.s.} \quad \text{かつ} \quad E^x[\tau] = \infty$$

となる．確率変数 τ の分布関数を求めよう．

a) まず，ラプラス変換

$$g(\lambda) := E^x[e^{-\lambda \tau}], \quad \lambda > 0$$

を計算せよ．(ヒント．$M_t = \exp(-\sqrt{2\lambda} B_t - \lambda t)$ とおけ．このとき

$$\{M_{t \wedge \tau}\} \text{ は有界なマルチンゲールである．}$$

これから，$g(\lambda) = \exp(-\sqrt{2\lambda} x)$ が求める答えになることが従う．)

b) τ の分布の密度関数 $f(t)$ を求めるには，

$$\int_0^\infty e^{-\lambda t} f(t) dt = \exp(-\sqrt{2\lambda} x), \quad \forall \lambda > 0$$

なる $f(t) = f(t, x)$ を求めればよい．すなわち $g(\lambda)$ の逆ラプラス変換を求めればよい．求める f は

$$f(t, x) = \frac{x}{\sqrt{2\pi t^3}} \exp\left(-\frac{x^2}{2t}\right), \quad t > 0$$

であることを証明せよ．

第8章

拡散過程に関する他の話題

　この章では，先の章では触れなかった拡散過程とその関連する分野のいくつかの重要な話題について述べよう．これらの話題には後の章の考察には必要でないものもあるが，すべて確率解析の理論において中心となる話題である．また，さらに進んだ応用を論ずる際にはこれらは不可欠である．この章で取り扱う話題は次の通りである．

8.1 コルモゴロフの後退方程式．レゾルベント(resolvent)．
8.2 ファインマン=カッツ(Feynmann-Kac)の公式．消滅(killing)．
8.3 マルチンゲール問題．
8.4 伊藤過程はいつ拡散過程となるか？
8.5 時間変更．
8.6 ギルサノフ(Girsanov)の公式．

§8.1　コルモゴロフの後退方程式．レゾルベント

　以下，X_t は $\mathbf{R}^n$ 上の伊藤拡散過程とし，A をその生成作用素とする．$f \in C_0^2(\mathbf{R}^n)$, $\tau = t$ としてディンキンの公式(7.4.1)を適用すれば，

$$u(t,x) = E^x[f(X_t)]$$

は t に関して微分可能であり，その微分は次で与えられる．

$$\frac{\partial u}{\partial t} = E^x[Af(X_t)]. \tag{8.1.1}$$

(8.1.1)の右辺は，次に述べるように u を用いて表現できる．

定理 8.1.1（コルモゴロフの後退方程式）$f \in C_0^2(\mathbf{R}^n)$ とする.

a) 関数 $u(t,x)$ を

$$u(t,x) = E^x[f(X_t)] \tag{8.1.2}$$

と定義する. このとき, すべての t に対し $u \in \mathcal{D}_A$ であり, さらに次の関係式が成り立つ.

$$\frac{\partial u}{\partial t} = Au, \quad t > 0,\ x \in \mathbf{R}^n, \tag{8.1.3}$$

$$u(0,x) = f(x), \quad x \in \mathbf{R}^n. \tag{8.1.4}$$

ただし, (8.1.3) の右辺の Au は生成作用素 A を関数 $x \mapsto u(t,x)$ に作用させたものを表している.

b) もし有界関数 $w(t,x) \in C^{1,2}(\mathbf{R} \times \mathbf{R}^n)$ が (8.1.3) と (8.1.4) を満たせば, $w(t,x)$ は (8.1.2) で与えられる $u(t,x)$ に一致する.

［証明］a) $g(x) = u(t,x)$ とする. $t \mapsto u(t,x)$ は微分可能であるから,

$$\begin{aligned}
\frac{E^x[g(X_r)] - g(x)}{r} &= \frac{1}{r} \cdot E^x[E^{X_r}[f(X_t)] - E^x[f(X_t)]] \\
&= \frac{1}{r} \cdot E^x[E^x[f(X_{t+r})|\mathcal{F}_r] - E^x[f(X_t)|\mathcal{F}_r]] \\
&= \frac{1}{r} \cdot E^x[f(X_{t+r}) - f(X_t)] \\
&= \frac{u(t+r,x) - u(t,x)}{r} \to \frac{\partial u}{\partial t} \quad (r \downarrow 0)
\end{aligned}$$

となる. したがって

$$Au = \lim_{r \downarrow 0} \frac{E^x[g(X_r)] - g(x)}{r} \text{ は存在し, } \frac{\partial u}{\partial t} = Au \text{ となる.}$$

b) 逆に b) で述べられている一意性を見よう. このために, $w(t,x) \in C^{1,2}(\mathbf{R} \times \mathbf{R}^n)$ は (8.1.3), (8.1.4) を満たすと仮定する. このとき, 次の 2 つの関係式が成り立つ.

$$\widetilde{A}w := -\frac{\partial w}{\partial t} + Aw = 0, \quad t > 0,\ x \in \mathbf{R}^n \tag{8.1.5}$$

$$w(0,x) = f(x). \tag{8.1.6}$$

$(s,x) \in \mathbf{R} \times \mathbf{R}^n$ を固定し，$\mathbf{R}^{n+1}$ 上の確率過程 Y_t を $Y_t = (s-t, X_t^{0,x})$，$t \geq 0$，と定義する．このとき Y_t は $\widetilde{A}$ を生成作用素にもつ．したがって，(8.1.5)とディンキンの公式から，すべての $s \geq 0$ と $t > 0$ に対して

$$E^{s,x}[w(Y_{t \wedge \tau_R})] = w(s,x) + E^{s,x}\left[\int_0^{t \wedge \tau_R} \widetilde{A}w(Y_r)dr\right] = w(s,x)$$

が成り立つ．ただし，$\tau_R = \inf\{t > 0; |X_t| \geq R\}$．

$R \to \infty$ として，

$$w(s,x) = E^{s,x}[w(Y_t)], \quad \forall t \geq 0$$

を得る．とくに，$t = s$ とおけば，

$$w(s,x) = E^{s,x}[w(Y_s)] = E[w(0, X_s^{0,x})] = E[f(X_s^{0,x})] = E^x[f(X_s)]$$

となる． □

注　作用素 $Q_t : f \mapsto E^{\bullet}[f(X_t)]$ を考えよう．このとき $u(t,x) = (Q_t f)(x)$ であり，(8.1.1)，(8.1.3)は次のように書き直せる．

$$\frac{d}{dt}(Q_t f) = Q_t(Af), \quad f \in C_0^2(\mathbf{R}^n), \qquad (8.1.1)'$$

$$\frac{d}{dt}(Q_t f) = A(Q_t f), \quad f \in C_0^2(\mathbf{R}^n). \qquad (8.1.3)'$$

したがって(8.1.1)と(8.1.3)は，作用素 Q_t と A が(ある意味で)可換であることを示している．形式的に，$(8.1.1)'$ と $(8.1.3)'$ の解を

$$Q_t = e^{tA}$$

と書けば，$Q_t A = A Q_t$ となることは自然に思える．しかし，一般に A は有界作用素でないから，このような表現をするにはさらなる正当化が必要である．

正数倍の恒等写像を減じておけば，A は必ず逆元をもつという重要な事実がある．さらに，この逆は拡散過程 X_t を用いて表現できる．

定義 8.1.2 $\alpha > 0$ と $g \in C_b(\mathbf{R}^n)$ に対し，レゾルベント作用素 R_α を次で定義する．

$$R_\alpha g(x) = E^x\left[\int_0^\infty e^{-\alpha t} g(X_t) dt\right]. \qquad (8.1.7)$$

補題 8.1.3 $R_\alpha g$ は有界連続関数である.

[証明] $R_\alpha g(x) = \int_0^\infty e^{-\alpha t} E^x[g(X_t)]dt$ であるから,主張は次の補題から従う. □

補題 8.1.4 g を $\mathbf{R}^n$ 上の下に有界な可測関数とし,$t > 0$ を固定して
$$u(x) = E^x[g(X_t)]$$
と定める.

a) もし g が下半連続ならば,u も下半連続である.
b) もし g が有界かつ連続ならば,u も連続となる.すなわち伊藤拡散過程 X_t はフェラー(**Feller**)連続である.

[証明] (5.2.10) より,
$$E[|X_t^x - X_t^y|^2] \le C(t)|x-y|^2$$
となる.ただし,$C(t)$ は t には依存するが,x, y には依存しない定数である.$\{y_n\}$ を x に収束する点列とする.このとき
$$X_t^{y_n} \to X_t^x \quad (L^2(\Omega, P)\text{-収束})$$
となる.したがって,$\{y_n\}$ の部分列 $\{z_n\}$ をとって
$$X_t^{z_n}(\omega) \to X_t^x(\omega) \quad \text{a.a. } \omega \in \Omega$$
とできる.

a) もし g が下に有界かつ下半連続であれば,ファトウの補題より
$$u(x) = E[g(X_t^x)] \le E[\varliminf_{n\to\infty} g(X_t^{z_n})] \le \varliminf_{n\to\infty} E[g(X_t^{z_n})] = \varliminf_{n\to\infty} u(z_n)$$
となる.したがって,x に収束する任意の点列 $\{y_n\}$ が $u(x) \le \varliminf_{n\to\infty} u(z_n)$ を満たす部分列 $\{z_n\}$ を含む.すなわち,u は下半連続である.

b) もし g が有界かつ連続ならば,a) の結果を g と $-g$ に適用できる.したがって,u と $-u$ がともに下半連続となり,u は連続である. □

R_α と $\alpha - A$ が逆作用素となっていることを示そう.

8.1 コルモゴロフの後退方程式. レゾルベント

定理 8.1.5 a) もし $f \in C_0^2(\mathbf{R}^n)$ ならば, $R_\alpha(\alpha - A)f = f$ がすべての $\alpha > 0$ について成り立つ.

b) もし $g \in C_b(\mathbf{R}^n)$ ならば, $R_\alpha g \in \mathcal{D}_A$ であり, さらに $(\alpha - A)R_\alpha g = g$ がすべての $\alpha > 0$ について成り立つ.

[証明] a) もし $f \in C_0^2(\mathbf{R}^n)$ ならば, ディンキンの公式より

$$R_\alpha(\alpha - A)f(x) = (\alpha R_\alpha f - R_\alpha Af)(x)$$

$$= \alpha \int_0^\infty e^{-\alpha t} E^x[f(X_t)] dt - \int_0^\infty e^{-\alpha t} E^x[Af(X_t)] dt$$

$$= -e^{-\alpha t} E^x[f(X_t)]\Big|_0^\infty + \int_0^\infty e^{-\alpha t} \frac{d}{dt} E^x[f(X_t)] dt$$

$$\qquad - \int_0^\infty e^{-\alpha t} E^x[Af(X_t)] dt$$

$$= E^x[f(X_0)] = f(x)$$

となり, 主張を得る.

b) もし $g \in C_b(\mathbf{R}^n)$ ならば, マルコフ性より

$$E^x[R_\alpha g(X_t)] = E^x\left[E^{X_t}\left[\int_0^\infty e^{-\alpha s} g(X_s) ds\right]\right]$$

$$= E^x\left[E^x\left[\theta_t\left(\int_0^\infty e^{-\alpha s} g(X_s) ds\right)\Big| \mathcal{F}_t\right]\right]$$

$$= E^x\left[E^x\left[\left(\int_0^\infty e^{-\alpha s} g(X_{s+t}) ds\right)\Big| \mathcal{F}_t\right]\right]$$

$$= E^x\left[\int_0^\infty e^{-\alpha s} g(X_{s+t}) ds\right] = \int_0^\infty e^{-\alpha s} E^x[g(X_{s+t})] ds$$

となる. さらに部分積分を行えば, 次の関係式を得る.

$$E^x[R_\alpha g(X_t)] = \alpha \int_0^\infty e^{-\alpha s} \left(\int_t^{s+t} E^x[g(X_v)] dv\right) ds.$$

この式から $R_\alpha g \in \mathcal{D}_A$ が従い, さらに $t = 0$ での両辺の t-微分をとれば $A(R_\alpha g) = \alpha R_\alpha g - g$ となる. □

§8.2 ファインマン=カッツの公式. 消滅

もう少し努力すれば，コルモゴロフの後退方程式の次のような拡張を証明できる．

定理 8.2.1（ファインマン=カッツの公式）$f \in C_0^2(\mathbf{R}^n)$, $q \in C(\mathbf{R})$ とせよ．さらに q は下に有界と仮定する．

a)
$$v(t,x) = E^x\left[\exp\left(-\int_0^t q(X_s)ds\right)f(X_t)\right] \quad (8.2.1)$$

とおく．このとき，次の関係式が成り立つ．

$$\frac{\partial v}{\partial t} = Av - qv, \quad t > 0, \ x \in \mathbf{R}^n, \quad (8.2.2)$$

$$v(0,x) = f(x), \quad x \in \mathbf{R}^n. \quad (8.2.3)$$

b) $w(t,x) \in C^{1,2}(\mathbf{R} \times \mathbf{R}^n)$ は，任意のコンパクト集合 $K \subset \mathbf{R}$ に対し，$K \times \mathbf{R}^n$ 上有界とする．さらに w は (8.2.2)，(8.2.3) を満たすとする．このとき，$w(t,x)$ は (8.2.1) で与えられる $u(t,x)$ に一致する．

[証明] a) $Y_t = f(X_t)$, $Z_t = \exp(-\int_0^t q(X_s)ds)$ とせよ．このとき dY_t は (7.3.1) で与えられ，Z_t は次の確率微分方程式に従う．

$$dZ_t = -Z_t q(X_t)dt.$$

$dZ_t \cdot dY_t = 0$ であるから，

$$d(Y_t Z_t) = Y_t dZ_t + Z_t dY_t$$

となる．したがって，$Y_t Z_t$ は伊藤過程となる．ゆえに，補題 7.3.2 を用いれば，$v(t,x) = E^x[Y_t Z_t]$ は t に関して微分可能である．

以上の考察から，(8.2.1) で与えられる $v(t,x)$ に対して，次の関係式を得る．

$$\frac{1}{r}(E^x[v(t,X_r)] - v(t,x)) = \frac{1}{r}(E^x[E^{X_r}[Z_t f(X_t)]] - E^x[Z_t f(X_t)])$$

$$= \frac{1}{r}E^x\left[E^x\left[f(X_{t+r})\exp\left(-\int_0^t q(X_{s+r})ds\right)\bigg|\mathcal{F}_r\right] - Z_t f(X_t)\right]$$

$$= \frac{1}{r}E^x\left[Z_{t+r}\cdot\exp\left(\int_0^r q(X_s)ds\right)f(X_{t+r}) - Z_t f(X_t)\right]$$

$$= \frac{1}{r}E^x[f(X_{t+r})Z_{t+r} - f(X_t)Z_t]$$

$$+ \frac{1}{r}E^x\left[f(X_{t+r})Z_{t+r}\cdot\left(\exp\left(\int_0^r q(X_s)ds\right) - 1\right)\right]$$

$$\to \frac{\partial}{\partial t}v(t,x) + q(x)v(t,x) \quad (r\to 0).$$

ただし，最後の収束を見るために，$\tau = \inf\{t>0; |X_t - X_0| > 1\}$ とすると，

$$\frac{1}{r}Q^x(\tau < r) \to 0 \quad (r\to 0)$$

となること(Stroock-Varadhan (1979, Theorem 4.2.1)参照)と

$$\frac{1}{r}f(X_{t+r})Z_{t+r}\left(\exp\left(\int_0^r q(X_s)ds\right) - 1\right)\mathcal{X}_{\{\tau \geq r\}} \to f(X_t)Z_t q(X_0)$$

という収束が有界かつほとんど確実に起きることを用いた．これで a)が証明できた．

b) $w(t,x)\in C^{1,2}(\mathbf{R}\times\mathbf{R}^n)$ は (8.2.2)，(8.2.3)を満たし，さらに任意のコンパクト集合 $K\subset\mathbf{R}$ に対し，$K\times\mathbf{R}^n$ 上有界であるとする．このとき

$$\widehat{A}w(t,x) := -\frac{\partial w}{\partial t} + Aw - qw = 0 \quad t>0,\ x\in\mathbf{R}^n \qquad (8.2.4)$$

であり，さらに

$$w(0,x) = f(x), \quad x\in\mathbf{R}^n \qquad (8.2.5)$$

である．$(s,x,z)\in\mathbf{R}\times\mathbf{R}^n\times\mathbf{R}^n$ を固定し，$Z_t = z + \int_0^t q(X_s)ds$, $H_t = (s-t, X_t^{0,x}, Z_t)$ とおく．このとき H_t は伊藤拡散過程であり，その生成作用素は

$$A_H\phi(s,x,z) = -\frac{\partial\phi}{\partial s} + A\phi + q(x)\frac{\partial\phi}{\partial z}, \quad \phi\in C_0^2(\mathbf{R}\times\mathbf{R}^n\times\mathbf{R}^n)$$

である．ディンキンの公式を $\phi(s,x,z) = \exp(-z)w(s,x)$ に適用すると，すべての $t\geq 0$ と $R>0$ に対して

$$E^{s,x,z}[\phi(H_{t\wedge\tau_R})] = \phi(s,x,z) + E^{s,x,z}\left[\int_0^{t\wedge\tau_R} A_H\phi(H_r)\right]dr$$

となる．ただし，$\tau_R = \inf\{t>0; |H_t|\geq R\}$ である．この ϕ は，(8.2.4)

から，
$$A_H\phi(s,x,z) = \exp(-z)\left[-\frac{\partial w}{\partial s} + Aw - q(x)w\right] = 0$$
を満たす．$w(r,x)$ は $K \times \mathbf{R}^n$ 上有界であるから，したがって，
$$\begin{aligned}w(s,x) &= \phi(s,x,0) = E^{s,x,0}[\phi(H_{t\wedge\tau_R})]\\ &= E^x\left[\exp\left(-\int_0^{t\wedge\tau_R} q(X_r)dr\right) w(s-t\wedge\tau_R, X_{t\wedge\tau_R})\right]\\ &\to E^x\left[\exp\left(-\int_0^{t} q(X_r)dr\right) w(s-t, X_t)\right] \quad (R\to\infty)\end{aligned}$$
となる．とくに，$t = s$ とおいて
$$w(s,x) = E^x\left[\exp\left(-\int_0^{s} q(X_r)dr\right) w(0, X_s^{0,x})\right] = v(s,x)$$
となる． □

注（消滅について） 定理 7.3.3 において，
$$dX_t = b(X_t)dt + \sigma(X_t)dB_t \tag{8.2.6}$$
で与えられる伊藤拡散過程 X_t の生成作用素は偏微分作用素
$$Lf = \sum a_{ij}\frac{\partial^2 f}{\partial x_i \partial x_j} + \sum b_i \frac{\partial f}{\partial x_i} \tag{8.2.7}$$
であることを見た．ただし，$(a_{ij}) = \frac{1}{2}\sigma\sigma^T$, $b = (b_i)$．これを 1 歩進めると，次のような自然な疑問が湧くであろう．「有界連続関数 $c(x)$ を用いて
$$Lf = \sum a_{ij}\frac{\partial^2 f}{\partial x_i \partial x_j} + \sum b_i \frac{\partial f}{\partial x_i} - cf \tag{8.2.8}$$
という形で与えられる作用素を生成作用素にもつ確率過程が存在するであろうか？」

もし $c(x) \geq 0$ ならば，答は肯定的である．(8.2.8)を生成作用素にもつ確率過程 $\widetilde{X}_t$ は X_t を適当な消滅時刻 ζ に消滅させることで得られる．すなわち，次の性質を満たすランダムな時刻 ζ が存在する．「もし
$$\widetilde{X}_t = X_t, \quad t < \zeta \tag{8.2.9}$$

とおき，さらに $t \geq \zeta$ に対しては $\widetilde{X}_t$ を不定としておけば(別の言い方をすれば，"墓場＝消滅後の行き先" $\partial \notin \mathbf{R}^n$ を $\mathbf{R}^n$ に付加し，$t \geq \zeta$ では $\widetilde{X}_t = \partial$ とすれば，$\widetilde{X}_t$ は強マルコフ過程で，すべての $\mathbf{R}^n$ 上の有界連続関数 f に対して

$$E^x[f(\widetilde{X}_t)] = E^x[f(X_t), t < \zeta] = E^x[f(X_t) \cdot e^{-\int_0^t c(X_s)ds}] \qquad (8.2.10)$$

が成り立つ[1]．〛

$v(t,x)$ を $f \in C_0^2(\mathbf{R}^n)$ とした (8.2.10) の右辺とする．このとき，ファインマン=カッツの公式より，

$$\lim_{t \to 0} \frac{E^x[f(\widetilde{X}_t)] - f(x)}{t} = \frac{\partial}{\partial t}v(t,x)\Big|_{t=0} = (Av - cv)|_{t=0} = Af(x) - c(x)f(x)$$

が成り立つ．したがって $\widetilde{X}_t$ の生成作用素は，求めていた (8.2.8) という形をしている．そして，関数 $c(x)$ は次の意味で消滅の割合を与える[2]．

$$c(x) = \lim_{t \to 0} \frac{1}{t} Q^x[\zeta \leq t] = \lim_{t \to 0} \frac{1}{t} Q^x[X \text{ は時間区間 } (0,t] \text{ 内で消滅する}].$$

以上より，消滅を用いて，(8.2.7) の $c = 0$ という特別な場合から，(8.2.8) のような $c \geq 0$ となる一般の場合を導き出せたことになる．よって，多くの場合，(8.2.7) を考えれば十分と言える．

関数 $c(x) \geq 0$ が与えられたときに，消滅時刻 ζ を構成する方法は Karlin-Taylor (1975, p.314) にある．より一般の考察については，Blumenthal-Getoor (1968, Chap. III) を見よ．

§8.3 マルチンゲール問題

確率微分方程式 $dX_t = b(X_t)dt + \sigma(X_t)dB_t$ から定まる $\mathbf{R}^n$ 上の A を生成作用素にもつ伊藤拡散過程 X は，$f \in C_0^2(\mathbf{R}^n)$ に対し，次の等式を満たす ((7.3.1) を見よ)．

$$f(X_t) = f(x) + \int_0^t Af(X_s)ds + \int_0^t \nabla f^T(X_s)\sigma(X_s)dB_s. \qquad (8.3.1)$$

---

[1] $f(\partial) = 0$ とおいている．また，$E^x[f(X_t), t < \zeta] = E^x[f(X_t)\mathcal{X}_{\{t<\zeta\}}]$ である．
[2] $f = 1$ を上の式に代入すれば $A1 = 0$．また，$E^x[1(\widetilde{X}_t)] - 1 = Q^x[t < \zeta] - 1 = Q^x[\zeta \leq t]$．

さて,
$$M_t = f(X_t) - \int_0^t Af(X_s)ds \left(= f(x) + \int_0^t \nabla f^T(X_s)\sigma(X_s)dB_s \right)$$
(8.3.2)

とおこう. 右辺の伊藤積分は (σ-加法族 $\{\mathcal{F}_t^{(m)}\}$ に関し) マルチンゲールであるから, $s > t$ ならば
$$E^x[M_s | \mathcal{F}_t^{(m)}] = M_t$$
である. M_t は $\mathcal{M}_t$-可測であるから,
$$E^x[M_s | \mathcal{M}_t] = E^x[E^x[M_s | \mathcal{F}_t^{(m)}] | \mathcal{M}_t] = E^x[M_t | \mathcal{M}_t] = M_t$$
も成り立つ. 以上をまとめて, 次を得る.

定理 8.3.1 もし X_t が $\mathbf{R}^n$ 上の生成作用素 A をもつ伊藤拡散過程ならば, 任意の $f \in C_0^2(\mathbf{R}^n)$ に対し, 確率過程
$$M_t = f(X_t) - \int_0^t Af(X_r)dr$$
は $\{\mathcal{M}_t\}$ に関してマルチンゲールとなる.

各 $\omega \in \Omega$ と関数
$$\omega_t = \omega(t) = X_t^x(\omega)$$
を同一視すれば, 確率空間 $(\Omega, \mathcal{M}, Q^x)$ は空間
$$((\mathbf{R}^n)^{[0,\infty)}, \mathcal{B}, \widetilde{Q}^x)$$
と同一視できる. ここで $\mathcal{B}$ は $(\mathbf{R}^n)^{[0,\infty)}$ のボレル集合族である. このように X_t^x の分布を $\mathcal{B}$ 上の確率測度 $\widetilde{Q}^x$ と見なすことで, 定理 8.3.1 は次のように述べ直すことができる.

定理 8.3.1′ もし $\widetilde{Q}^x$ が伊藤拡散過程 X_t の分布 Q^x が $\mathcal{B}$ 上に誘導する確率測度ならば, すべての $f \in C_0^2(\mathbf{R}^n)$ に対し,
$$M_t = f(X_t) - \int_0^t Af(X_r)dr \left(= f(\omega_t) - \int_0^t Af(\omega_r)dr \right), \; \omega \in (\mathbf{R}^n)^{[0,\infty)}$$
(8.3.3)

は $(\mathbf{R}^n)^{[0,t]}$ のボレル集合族 $\mathcal{B}_t$ に関して $\widetilde{Q}^x$-マルチンゲールとなる．すなわち，測度 $\widetilde{Q}^x$ は，次の意味で，微分作用素 A に付随する**マルチンゲール問題**の解である．

定義 8.3.2 b_i, a_{ij} は $\mathbf{R}^n$ 上の局所有界なボレル可測関数とし，半楕円型作用素 L を

$$L = \sum_i b_i \frac{\partial}{\partial x_i} + \sum_{i,j} a_{ij} \frac{\partial^2}{\partial x_i \partial x_j}$$

で定義する．このとき $((\mathbf{R}^n)^{[0,\infty)}, \mathcal{B})$ 上の確率測度 $\widetilde{P}^x$ が，(x から出発する) L に付随した**マルチンゲール問題の解**であるとは，すべての $f \in C_0^2(\mathbf{R}^n)$ に対し，確率過程

$$M_t = f(\omega_t) - \int_0^t Lf(\omega_r)dr$$

が $\mathcal{B}_t$ に関し $\widetilde{P}^x$-マルチンゲールであり，さらに $\widetilde{P}^x$-a.s. に $M_0 = f(x)$ となることを言う．マルチンゲール問題が**適切**(**well-posed**)であるとは，マルチンゲール問題を解く唯一つの $\widetilde{P}^x$ が存在することを言う．

定理 8.3.1 は X_t が確率微分方程式

$$dX_t = b(X_t)dt + \sigma(X_t)dB_t \tag{8.3.4}$$

の弱い解であれば，$\widetilde{Q}^x$ が A に付随するマルチンゲール問題を解くことを示している．逆に，もし，すべての $x \in \mathbf{R}^n$ に対し，$\widetilde{P}^x$ が

$$L = \sum b_i \frac{\partial}{\partial x_i} + \frac{1}{2}\sum (\sigma\sigma^T)_{ij} \frac{\partial^2}{\partial x_i \partial x_j} \tag{8.3.5}$$

に対応した x を出発するマルチンゲール問題の解であれば，確率微分方程式(8.3.4)の弱い解 X_t が存在する．さらにこの弱い解 X_t は，L に対するマルチンゲール問題が適切であるとき，およびそのときに限りマルコフ過程となる(Stroock-Varadhan (1979) もしくは Rogers-Willams (1987) を見よ)．したがって，もし係数 b, σ が定理 5.2.1 の条件(5.2.1)，(5.2.2)を満たせば，

『$\widetilde{Q}^x$ は (8.3.5) で定義される作用素 L に付随する マルチンゲール問題の**一意解である**』 (8.3.6)

という結論を得る．係数のリプシッツ連続性はマルチンゲール問題の解の一意性を見るのに必ずしも必要ではない．例えば Stroock-Varadhan (1979) による次のような驚くべき結果がある．『もし (a_{ij}) が各点で正定符合, $a_{ij}(x)$ は連続, $b(x)$ が可測, かつ適当な定数 D が存在し,

$$|b(x)| + |a(x)|^{1/2} \le D(1+|x|), \quad \forall x \in \mathbf{R}^n$$

が成り立つならば,

$$L = \sum b_i \frac{\partial}{\partial x_i} + \frac{1}{2} \sum a_{ij} \frac{\partial^2}{\partial x_i \partial x_j}$$

は一意的なマルチンゲール問題の解をもつ．』

§8.4 いつ伊藤過程は拡散過程となるか？

伊藤の公式によれば，伊藤過程 X_t と C^2-関数 $\phi : U \subset \mathbf{R}^n \to \mathbf{R}^n$ を合成して得られる $\phi(X_t)$ は再び伊藤過程となる．したがって，「もし X_t が伊藤拡散過程ならば，$\phi(X_t)$ もまた伊藤拡散過程か？」という問は自然な疑問であろう．答えは一般的には否定的であるが，肯定的な答えの得られる場合もある．

例 8.4.1 (ベッセル過程) $n \ge 2$ とする．例 4.2.2 において，確率過程

$$R_t(\omega) = |B(t,\omega)| = (B_1(t,\omega)^2 + \cdots + B_n(t,\omega))^{1/2}$$

が方程式

$$dR_t = \sum_{i=1}^n \frac{B_i dB_i}{R_t} + \frac{n-1}{2R_t} dt \tag{8.4.1}$$

に従うことを見た．しかし，これは (5.2.3) のような確率微分方程式の形はしておらず，したがって (8.4.1) からは R が伊藤拡散過程であるかどうかは明らかでない．ところが，もし

$$Y_t := \int_0^t \sum_{i=1}^n \frac{B_i}{|B|} dB_i$$

が 1 次元ブラウン運動 $\widetilde{B}_t$ と法則の意味で一致する (すなわち同じ有限次元分布をもつ) ことを証明できれば，R は伊藤拡散過程であると言える．なぜな

ら，このとき，(8.4.1) を

$$dR_t = \frac{n-1}{2R_t}dt + d\widetilde{B}_t$$

と書き直すことができ，これは (5.2.3) の形をしているからである．このとき，弱い意味での解の一意性（補題 5.3.1）から，例 4.2.2 で述べたように，R_t は生成作用素

$$Af(x) = \frac{1}{2}f''(x) + \frac{n-1}{2x}f'(x)$$

をもつ伊藤拡散過程となる．Y_t が法則の意味で 1 次元ブラウン運動 $\widetilde{B}_t$ に一致するということを見るには，たとえば次の結果を応用すればよい．

定理 8.4.2 $v(t,\omega) \in \mathcal{V}_{\mathcal{H}}^{n \times m}$ とする．伊藤過程

$$dY_t = vdB_t, \quad Y_0 = 0$$

が n 次元ブラウン運動と法則の意味で一致するための必要十分条件は

$$vv^T(t,\omega) = I_n \quad dt \times dP\text{-a.a. } (t,\omega) \tag{8.4.2}$$

が成り立つことである．ここで，I_n は n 次元単位行列である．

先の例では，

$$v = \left(\frac{B_1}{|B|}, \cdots, \frac{B_n}{|B|}\right), \quad B = \begin{pmatrix} B_1 \\ \vdots \\ B_n \end{pmatrix}$$

とおけば

$$Y_t = \int_0^t vdB_t$$

となる．$vv^T = 1$ であるから，Y_t は 1 次元ブラウン運動である．

定理 8.4.2 は，伊藤過程が拡散過程と法則の意味で一致するための必要十分条件を与える次の結果の特別な場合となっている（以下法則の意味で一致することを記号 $\simeq$ で表す）．

定理 8.4.3 X_t を

$$dX_t = b(X_t)dt + \sigma(X_t)dB_t, \quad b \in \mathbf{R}^n, \sigma \in \mathbf{R}^{n \times m}, X_0 = x$$

で与えられる伊藤拡散過程とし，Y_t を

$$dY_t = u(t,\omega)dt + v(t,\omega)dB_t, \quad u \in \mathbf{R}^n, \ v \in \mathbf{R}^{n \times m}, \ Y_0 = x$$

で定まる伊藤過程とする[3]．また，$\mathcal{N}_t$ を $\{Y_s; s \leq t\}$ の生成する σ-加法族とする．このとき，

$$E^x[u(t,\cdot)|\mathcal{N}_t] = b(Y_t^x) \quad \text{かつ} \quad vv^T(t,\omega) = \sigma\sigma^T(Y_t^x) \tag{8.4.3}$$

が $dt \times dP$ に関しほとんどすべての (t,ω) に対して成り立つとき，およびそのときに限り，$X_t \simeq Y_t$ である．

[証明] (8.4.3)が成り立つと仮定せよ．X_t の生成作用素を

$$A = \sum b_i \frac{\partial}{\partial x_i} + \frac{1}{2}\sum_{i,j}(\sigma\sigma^T)_{ij}\frac{\partial^2}{\partial x_i \partial x_j}$$

とする．$f \in C_0^2(\mathbf{R}^n)$ に対して

$$Hf(t,\omega) = \sum_i u_i(t,\omega)\frac{\partial f}{\partial x_i}(Y_t) + \frac{1}{2}\sum_{i,j}(vv^T)_{ij}(t,\omega)\frac{\partial^2 f}{\partial x_i \partial x_j}(Y_t)$$

と定める．E^x で Y_t の分布 R^x に関する期待値を表せば（補題 7.3.2 参照），伊藤の公式（(7.3.1)をみよ）より，$s > t$ に対し

$$E^x[f(Y_s)|\mathcal{N}_t] = f(Y_t) + E^x\left[\int_t^s Hf(r,\omega)dr \bigg| \mathcal{N}_t\right]$$
$$+ E^x\left[\int_t^s \nabla f^T v dB_r \bigg| \mathcal{N}_t\right]$$
$$= f(Y_t) + E^x\left[\int_t^s E^x[Hf(r,\omega)|\mathcal{N}_r]dr \bigg| \mathcal{N}_t\right]$$
$$= f(Y_t) + E^x\left[\int_t^s Af(Y_r)dr \bigg| \mathcal{N}_t\right] \tag{8.4.4}$$

が成り立つ．ただし，最後の等式を見るために(8.4.3)を用いた．したがって，

$$M_t = f(Y_t) - \int_0^t Af(Y_r)dr \tag{8.4.5}$$

---

[3] $v \in \mathcal{V}^{n \times m}(0,T),\ E[\int_0^T |u(t)|dt] < \infty \ (\forall T > 0)$ を仮定する．

8.4 いつ伊藤過程は拡散過程となるか？ **169**

とおけば，任意の $s > t$ に対し

$$E^x[M_s|\mathcal{N}_t] = f(Y_t) + E^x\left[\int_t^s Af(Y_r)dr\Big|\mathcal{N}_t\right]$$
$$- E^x\left[\int_0^s Af(Y_r)dr\Big|\mathcal{N}_t\right]$$
$$= f(Y_t) - E^x\left[\int_0^t Af(Y_r)dr\Big|\mathcal{N}_t\right] = M_t$$

となる．したがって M_t は σ-加法族 $\mathcal{N}_t$ に関して R^x のもとマルチンゲールとなる．マルチンゲール問題の解の一意性((8.3.6)を見よ)より，$X_t \simeq Y_t$ となる．

逆に，$X_t \simeq Y_t$ と仮定する．$f \in C_0^2(\mathbf{R}^n)$ とせよ．伊藤の公式(7.3.1)より，$dt \times dP$ に関しほとんどすべての (t, ω) に対し

$$\lim_{h\downarrow 0}\frac{1}{h}(E^x[f(Y_{t+h})|\mathcal{N}_t] - f(Y_t)) \tag{8.4.6}$$
$$= \lim_{h\downarrow 0}\frac{1}{h}\bigg(\int_t^{t+h} E^x\Big[\sum_i u_i(s,\omega)\frac{\partial f}{\partial x_i}(Y_s)$$
$$+ \frac{1}{2}\sum_{i,j}(vv^T)_{ij}(t,\omega)\frac{\partial^2 f}{\partial x_i \partial x_j}(Y_s)\Big|\mathcal{N}_t\Big]ds\bigg)$$
$$= \sum_i E^x[u_i(t,\omega)|\mathcal{N}_t]\frac{\partial f}{\partial x_i}(Y_t)$$
$$+ \frac{1}{2}\sum_{i,j} E^x[(vv^T)_{ij}(t,\omega)|\mathcal{N}_t]\frac{\partial^2 f}{\partial x_i \partial x_j}(Y_t) \tag{8.4.7}$$

が成り立つ．

しかるに一方，$X_t \simeq Y_t$ であるから，Y_t もマルコフ過程となる．したがって(8.4.6)は次の量と一致する．

$$\lim_{h\downarrow 0}\frac{1}{h}(E^{Y_t}[f(Y_h)] - E^{Y_t}[f(Y_0)])$$
$$= \sum_i E^{Y_t}\Big[u_i(0,\omega)\frac{\partial f}{\partial x_i}(Y_0)\Big] + \frac{1}{2}\sum_{i,j}E^{Y_t}\Big[(vv^T)_{ij}(0,\omega)\frac{\partial^2 f}{\partial x_i \partial x_j}(Y_0)\Big]$$

$$= \sum_i E^{Y_t}[u_i(0,\omega)]\frac{\partial f}{\partial x_i}(Y_t) + \frac{1}{2}\sum_{i,j} E^{Y_t}[(vv^T)_{ij}(0,\omega)]\frac{\partial^2 f}{\partial x_i \partial x_j}(Y_t).$$
(8.4.8)

(8.4.7) と (8.4.8) を比較して,ほとんどすべての (t,ω) に対して

$$E^x[u(t,\omega)|\mathcal{N}_t] = E^{Y_t}[u(0,\omega)], \quad E^x[vv^T(t,\omega)|\mathcal{N}_t] = E^{Y_t}[vv^T(0,\omega)]$$
(8.4.9)

を得る.

Y_t の生成作用素は,X_t の生成作用素 A に一致するから,(8.4.8) から

$$E^{Y_t}[u(0,\omega)] = b(Y_t) \quad \text{かつ} \quad E^{Y_t}[vv^T(0,\omega)] = \sigma\sigma^T(Y_t) \quad \text{a.a. } (t,\omega)$$
(8.4.10)

となる.(8.4.9) と (8.4.10) を合わせて,

$$E^x[u|\mathcal{N}_t] = b(Y_t) \quad \text{かつ} \quad E^x[vv^T|\mathcal{N}_t] = \sigma\sigma^T(Y_t) \quad \text{a.a. } (t,\omega) \quad (8.4.11)$$

を得る.次に述べる補題より $vv^T(t,\cdot)$ は $\mathcal{N}_t$-可測としてよいので,(8.4.3) が従う. □

補題 8.4.4 $dY_t = u(t,\omega)dt + v(t,\omega)dB_t$, $Y_0 = x$ を定理 8.4.3 の通りとする.このとき $\mathcal{N}_t$-適合な確率過程 $W(t,\omega)$ が存在し

$$vv^T(t,\omega) = W(t,\omega) \quad \text{a.a. } (t,\omega)$$

が成り立つ.

[証明] $Y_i(t,\omega)$ で $Y(t,\omega)$ の第 i 成分を表そう.伊藤の公式より

$$Y_i Y_j(t,\omega) = x_i x_j + \int_0^t Y_i dY_j(s) + \int_0^t Y_j dY_i(s) + \int_0^t (vv^T)_{ij}(s,\omega)ds$$

となる.したがって,

$$H_{ij}(t,\omega) = Y_i Y_j(t,\omega) - x_i x_j - \int_0^t Y_i dY_j(s) - \int_0^t Y_j dY_i(s), \ 1 \le i,j \le n,$$

とおけば,H_{ij} は $\mathcal{N}_t$-適合で

$$H_{ij}(t,\omega) = \int_0^t (vv^T)_{ij}(s,\omega)ds$$

8.4 いつ伊藤過程は拡散過程となるか？

を満たす．ゆえに，ほとんどすべての t に対して

$$(vv^T)_{ij}(t,\omega) = \lim_{r\downarrow 0} \frac{H(t,\omega) - H(t-r,\omega)}{r}$$

となり，結論が従う． □

注 1) 上の補題を見て，$u(t,\cdot)$ もまた $\mathcal{N}_t$-可測となるのではないか，と推測する読者がいるかもしれない．しかし，これは一般には，たとえ $v = n = 1$ という場合ですら成り立たない．

B_1, B_2 を独立な 1 次元ブラウン運動とし，

$$dY_t = B_1(t)dt + dB_2(t)$$

とおく．このとき Y_t は $B_1(t)$ のノイズのある観測と思える．したがって，例 6.2.10 より，$\widehat{B}_1(t,\omega) = E[B_1(t)|\mathcal{N}_t]$ をカルマン=ブーシー・フィルターとすれば，

$$E[(B_1(t,\omega) - \widehat{B}_1(t,\omega))^2] = \tanh(t)$$

となる．とくに $B_1(t,\omega)$ は $\mathcal{N}_t$-可測ではない．

2) 確率過程 $v(t,\omega)$ もまた $\mathcal{N}_t$-可測とは限らない．たとえば，B_t を 1 次元ブラウン運動とし，

$$dY_t = \text{sign}(B_t)dB_t \tag{8.4.12}$$

とする．ただし

$$\text{sign}(z) = \begin{cases} 1, & z > 0 \text{ のとき}, \\ -1, & z \leq 0 \text{ のとき．}, \end{cases}$$

$L_t = L_t(\omega)$ を B_t の 0 における局所時間とする．すなわち，L_t は $B_t = 0$ のときだけ増加する非減少確率過程である（問題 4.10 をみよ）．田中の公式より，

$$|B_t| = |B_0| + \int_0^t \text{sign}(B_s)dB_s + L_t \tag{8.4.13}$$

となる．したがって，$\{Y_s; s \leq t\}$ により生成される σ-加法族 $\mathcal{N}_t$ は $\{|B_s|; s \leq t\}$ により生成される σ-加法族 $\mathcal{H}_t$ に包含される．よって，$v(t,\omega) = \text{sign}(B_t)$ は $\mathcal{N}_t$-可測ではない．

系 8.4.5（ブラウン運動の特徴付け）Y_t を

$$dY_t = u(t,\omega)dt + v(t,\omega)dB_t$$

で与えられる $\mathbf{R}^n$ 上の伊藤過程とする[4]．このとき，ほとんどすべての (t,ω) について

$$E^x[u(t,\cdot)|\mathcal{N}_t] = 0 \quad \text{かつ} \quad vv^T(t,\omega) = I_n \tag{8.4.14}$$

が成り立つとき，およびそのときに限り，Y_t はブラウン運動となる．

注 「伊藤拡散過程 X_t の C^2-関数 ϕ による像 $Y_t = \phi(X_t)$ は，いつ伊藤拡散過程 Z_t と法則の意味で一致するか？」という問に定理 8.4.3 を用いて答えられる．条件 (8.4.3) を適用すれば，次が言える．『$\phi(X_t) \simeq Z_t$ となるための必要十分条件は

$$A[f \circ \phi] = \widehat{A}[f] \circ \phi \tag{8.4.15}$$

がすべての 2 次多項式 $f(x_1,\ldots,x_n) = \sum a_i x_i + \sum c_{ij} x_i x_j$ に対して（したがってすべての $f \in C_0^2$ に対して）成り立つことである．』ここで A と $\widehat{A}$ はそれぞれ X_t と Z_t の生成作用素を表す（$\circ$ は関数の合成 $(f \circ \phi)(x) = f(\phi(x))$ を表している）．この結果の一般化については，Csink-Øksendal (1983)，Csink-Fitzsimmons-Øksendal (1990) を見よ．

§8.5 時間変更

$\mathcal{F}_t$-適合な確率過程 $c(t,\omega) \geq 0$ をとり，

$$\beta_t = \beta(t,\omega) = \int_0^t c(s,\omega)ds \tag{8.5.1}$$

と定める．β_t を時間変更率 $c(t,\omega)$ の時間変更と呼ぶ．

$\beta(t,\omega)$ も $\mathcal{F}_t$-適合で，各 ω に対し，関数 $t \mapsto \beta_t(\omega)$ は非減少である．$\alpha_t = \alpha(t,\omega)$ を

$$\alpha_t = \inf\{s; \beta_s > t\} \tag{8.5.2}$$

---

[4] $v \in \mathcal{V}^{n \times m}(0,T)$, $E[\int_0^T |u(t)|dt] < \infty$ $(\forall T > 0)$ を仮定する．

と定義する．このとき，各 ω に対し，α_t は β_t の右逆元となっている．すなわち

$$\beta(\alpha(t,\omega),\omega) = t, \quad \forall t \geq 0 \tag{8.5.3}$$

となる．さらに，$t \mapsto \alpha_t(\omega)$ は右連続である．

もし，ほとんどすべての (s,ω) に対し $c(s,\omega) > 0$ ならば，$t \mapsto \beta_t(\omega)$ は狭義増加関数で，$t \mapsto \alpha_t(\omega)$ は連続となり，さらに α_t は β_t の左逆元でもある．すなわち

$$\alpha(\beta(t,\omega),\omega) = t, \quad \forall t \geq 0 \tag{8.5.4}$$

が成り立つ．

一般に，各 t に対し，

$$\{\omega; \alpha(t,\omega) < s\} = \{\omega; t < \beta(s,\omega)\} \in \mathcal{F}_s \tag{8.5.5}$$

が成り立つから，$\omega \mapsto \alpha(t,\omega)$ は $\{\mathcal{F}_s\}$-停止時刻となる．次の問題を考えよう．「定理 8.4.3 のように，X_t を伊藤拡散過程とし，Y_t を伊藤過程とする．いつ時間変更 β_t がとれて $Y_{\alpha_t} \simeq X_t$ となるであろうか？」ここで，α_t は β_∞ までしか定義されていないことに注意せよ（したがって，$\beta_\infty < \infty$ のとき，"$Y_{\alpha_t} \simeq X_t$" は Y_{α_t} は時刻 β_∞ までは X_t と同じ分布をもつことを意味する）．

この問に完全な解答は与えられないが，次のような部分的な解答を挙げておく（Øksendal (1990) を見よ）．

定理 8.5.1 X_t, Y_t を定理 8.4.3 と同様に定め，β_t を上の (8.5.1)，(8.5.2) のような右逆元 α_t をもつ時間変更とする．

$$u(t,\omega) = c(t,\omega)b(Y_t) \quad \text{かつ} \quad vv^T(t,\omega) = c(t,\omega) \cdot \sigma\sigma^T(Y_t) \tag{8.5.6}$$

がほとんどすべての (t,ω) で成り立っているとする．このとき

$$Y_{\alpha_t} \simeq X_t$$

となる．

この定理を利用して，ブラウン運動の時間変更について次のような結果が得られる．

定理 8.5.2 $v \in \mathbf{R}^{n \times m}$, $B_t \in \mathbf{R}^m$ とし, $\mathbf{R}^n$ 上の伊藤積分 $dY_t = v(t,\omega)dB_t$, $Y_0 = 0$ を考える. 適当な確率過程 $c(t,\omega) \geq 0$ が存在して

$$vv^T(t,\omega) = c(t,\omega)I_n \tag{8.5.7}$$

が成り立つとする. α_t, β_t を (8.5.1), (8.5.2) の通りとする. このとき

$$Y_{\alpha_t} \text{ は } n \text{ 次元ブラウン運動である.}$$

系 8.5.3 $B = (B_1, \ldots, B_n)$ を $\mathbf{R}^n$ 上のブラウン運動とし, $dY_t = \sum_{i=1}^n v_i(t,\omega)dB_i(t,\omega)$, $Y_0 = 0$ とおく. このとき,

$$\beta_s = \int_0^s \left\{ \sum_{i=1}^n v_i^2(r,\omega) \right\} dr \tag{8.5.8}$$

とし, α_t を (8.5.2) で定義すれば,

$$\widehat{B}_t := Y_{\alpha_t} \text{ は } 1 \text{ 次元ブラウン運動である.}$$

系 8.5.4 Y_t, β_s は系 8.5.3 と同じものとする.

$$\sum_{i=1}^n v_i^2(r,\omega) > 0 \quad \text{a.a.} \ (r,\omega) \tag{8.5.9}$$

が成り立つと仮定する. このとき

$$Y_t = \widehat{B}_{\beta_t} \tag{8.5.10}$$

を満たすブラウン運動 $\widehat{B}_t$ が存在する.

[証明]

$$\widehat{B}_t = Y_{\alpha_t} \tag{8.5.11}$$

とおけば, 系 8.5.3 より, これはブラウン運動である. 仮定 (8.5.9) から, β_t は狭義増加関数であり, したがって, (8.5.4) が成り立つ. よって, (8.5.11) で $t = \beta_s$ ととれば, (8.5.10) が従う. □

系 8.5.5 $c(t,\omega) \geq 0$ とし,

$$dY_t = \int_0^t \sqrt{c(s,\omega)}\, dB_s$$

とおく.ただし,B_s は n 次元ブラウン運動である.このとき

Y_{α_t} は n 次元ブラウン運動である.

これらの結果を用いて,伊藤積分の時間変更は,別のブラウン運動 $\widetilde{B}_t$ に関する伊藤積分となることを証明しよう.まず $\widetilde{B}_t$ を構成しよう.

補題 8.5.6 ほとんどすべての ω に対して $s \mapsto \alpha(s,\omega)$ は連続で,かつ $\alpha(0,\omega) = 0$ であると仮定する.$\beta_t < \infty$ a.s. となる $t > 0$ を固定し,さらに $E[\alpha_t] < \infty$ と仮定する.$k = 1, 2, \ldots$ に対し,

$$t_j = \begin{cases} j \cdot 2^{-k}, & j \cdot 2^{-k} \leq t \text{ のとき,} \\ t, & j \cdot 2^{-k} > t \text{ のとき,} \end{cases}$$

とおく.$f(s,\omega)$ は $\mathcal{F}_s$-適合,有界かつ,ほとんどすべての ω に対して s-連続とする.このとき,$\alpha_j = \alpha_{t_j}$, $\Delta B_{\alpha_j} = B_{\alpha_{j+1}} - B_{\alpha_j}$ とおけば,

$$\lim_{k \to \infty} \sum_j f(\alpha_j, \omega) \Delta B_{\alpha_j} = \int_0^{\alpha_t} f(s,\omega) dB_s \quad (L^2\text{-収束}) \tag{8.5.12}$$

となる.

[証明] すべての k に対して次の変形が成り立つ(系 3.1.8 参照).

$$E\left[\left(\sum_j f(\alpha_j,\omega)\Delta B_{\alpha_j} - \int_0^{\alpha_t} f(s,\omega)dB_s\right)^2\right]$$
$$= E\left[\left(\sum_j \int_{\alpha_j}^{\alpha_{j+1}} (f(\alpha_j,\omega) - f(s,\omega))dB_s\right)^2\right]$$
$$= \sum_j E\left[\left(\int_{\alpha_j}^{\alpha_{j+1}} (f(\alpha_j,\omega) - f(s,\omega))dB_s\right)^2\right]$$
$$= \sum_j E\left[\int_{\alpha_j}^{\alpha_{j+1}} (f(\alpha_j,\omega) - f(s,\omega))^2 ds\right].$$

これより,(8.5.12) が従う. □

この結果を用いて,伊藤積分に対する一般の時間変更の公式を確立しよう.$n = m = 1$ の場合の別証明が McKean (1969, §2.8) にある.

定理 8.5.7 (伊藤積分の時間変更の公式) ほとんどすべての ω に対し，$c(s,\omega)$, $\alpha(s,\omega)$ は s-連続であり，$\alpha(0,\omega) = 0$, $E[\alpha_t] < \infty$ が成り立つと仮定する．B_s を m 次元ブラウン運動とし，$v(s,\omega) \in \mathcal{V}_{\mathcal{H}}^{n\times m}$ は有界かつ s-連続とする．

$$\widetilde{B}_t = \lim_{k\to\infty} \sum_j \sqrt{c(\alpha_j,\omega)} \Delta B_{\alpha_j} = \int_0^{\alpha_t} \sqrt{c(s,\omega)} dB_s \qquad (8.5.13)$$

と定義する．このとき $\widetilde{B}_t$ は $(m$ 次元$)$ $\mathcal{F}_{\alpha_t}^{(m)}$-ブラウン運動である(すなわち，$\widetilde{B}_t$ はブラウン運動で，$\mathcal{F}_{\alpha_t}^{(m)}$ に関しマルチンゲールである)．さらに，

$$\int_0^{\alpha_t} v(s,\omega) dB_s = \int_0^t v(\alpha_r,\omega)\sqrt{\alpha_r'(\omega)} d\widetilde{B}_r, \quad P\text{-a.s.} \qquad (8.5.14)$$

が成り立つ．ただし，$\alpha_r'(\omega)$ は $\alpha_r(\omega)$ の r に関する微分である．すなわち，

$$\alpha_r'(\omega) = \frac{1}{c(\alpha_r,\omega)}, \quad \text{a.a. } r \geq 0, \text{ a.a. } \omega \in \Omega. \qquad (8.5.15)$$

[証明] (8.5.13)の極限の存在と，2 番目の等式は補題 8.5.6 を関数

$$f(s,\omega) = \sqrt{c(s,\omega)}$$

に適用して得られる．系 8.5.5 より，$\widetilde{B}_t$ は $\mathcal{F}_{\alpha_t}^{(m)}$-ブラウン運動と言える．さらに(8.5.14)は次のようにして証明できる．

$$\begin{aligned}
\int_0^{\alpha_t} v(s,\omega) dB_s &= \lim_{k\to\infty} \sum_j v(\alpha_j,\omega) \Delta B_{\alpha_j} \\
&= \lim_{k\to\infty} \sum_j v(\alpha_j,\omega) \sqrt{\frac{1}{c(\alpha_j,\omega)}} \sqrt{c(\alpha_j,\omega)} \Delta B_{\alpha_j} \\
&= \lim_{k\to\infty} \sum_j v(\alpha_j,\omega) \sqrt{\frac{1}{c(\alpha_j,\omega)}} \Delta \widetilde{B}_j \\
&= \int_0^t v(\alpha_r,\omega) \sqrt{\frac{1}{c(\alpha_r,\omega)}} d\widetilde{B}_r.
\end{aligned}$$

ただし，$\Delta \widetilde{B}_j = \widetilde{B}_{t_{j+1}} - \widetilde{B}_{t_j}$． □

例 8.5.8 ($\mathbf{R}^n$ 内の単位球面上のブラウン運動$(n > 2)$) 例 5.1.4, 7.5.5 では

単位円周上のブラウン運動を構成した. $n \geq 3$ のときに $\mathbf{R}^n$ 内の単位球面 S の上のブラウン運動を構成する際に, それらの例で用いた方法をどのように拡張すればよいかは自明ではない. ここでは, 次のように構成する.

$$\phi(x) = x \cdot |x|^{-1}, \quad x \in \mathbf{R}^n \setminus \{0\}$$

で与えられる関数 $\phi: \mathbf{R}^n \setminus \{0\} \to S$ と n 次元ブラウン運動 $B = (B_1, \ldots, B_n)$ を合成しよう. その結果得られる確率過程 $Y = (Y_1, \ldots, Y_n)$ は, 伊藤の公式により, 次の関係式を満たす.

$$dY_i = \frac{|B|^2 - B_i^2}{|B|^3}dB_i - \sum_{j \neq i}\frac{B_j B_i}{|B|^3}dB_j - \frac{n-1}{2} \cdot \frac{B_i}{|B|^3}dt, \quad i = 1, 2, \ldots, n. \tag{8.5.16}$$

したがって

$$\sigma = (\sigma_{ij}) \in \mathbf{R}^{n \times n}, \quad \sigma_{ij}(y) = \delta_{ij} - y_i y_j, \ 1 \leq i, j \leq n,$$

$$b(y) = -\frac{n-1}{2} \cdot \begin{pmatrix} y_1 \\ \vdots \\ y_n \end{pmatrix} \in \mathbf{R}^n \quad (y_1, \ldots, y_n \text{ は } \mathbf{R}^n \text{ の座標関数}),$$

とおけば, 次のように表される.

$$dY = \frac{1}{|B|} \cdot \sigma(Y)dB + \frac{1}{|B|^2}b(Y)dt.$$

これに, 次のような時間変更を行う.

$$\alpha_t = \beta_t^{-1}, \quad \beta(t, \omega) = \int_0^t \frac{1}{|B|^2}ds$$

とし,

$$Z_t(\omega) = Y_{\alpha(t,\omega)}(\omega)$$

と定義する. このとき Z は伊藤過程であり, 定理 8.5.7 から

$$dZ = \sigma(Z)d\widetilde{B} + b(Z)dt$$

となる. したがって, Z は特性作用素

$$\mathcal{A}f(y) = \frac{1}{2}\Big(\Delta f(y) - \sum_{i,j} y_i y_j \frac{\partial^2 f}{\partial y_i \partial y_j}\Big) - \frac{n-1}{2} \cdot \sum_i y_i \frac{\partial f}{\partial y_i}, \quad |y| = 1 \tag{8.5.17}$$

をもつ拡散過程となる. 以上をまとめると,「適当な時間変更を施せば, $\phi(B) = \frac{B}{|B|}$ は $\mathbf{R}^n$ 内の単位球面 S 上に存在する拡散過程 Z と一致する」と言える. $\widetilde{B}$ は $\mathbf{R}^n$ の直交変換で不変であるから, Z も $\mathbf{R}^n$ の直交変換で不変である. よって, Z を単位球面 S 上のブラウン運動と呼ぶ. 他の構成法については, Ito-McKean (1965, p.269 (§7.15)) もしくは Stroock (1971) を見よ.

より一般に M が計量 $g = (g_{ij})$ をもつリーマン多様体のとする. ラプラス=ベルトラミ作用素 Δ_M は, 局所座標 x_i を用いて

$$\Delta_M = \frac{1}{\sqrt{\det(g)}} \cdot \sum_i \frac{\partial}{\partial x_i} \left(\sqrt{\det(g)} \sum_j g^{ij} \frac{\partial}{\partial x_j} \right) \qquad (8.5.18)$$

で与えられる. ただし, $(g^{ij}) = (g_{ij})^{-1}$. このとき, M 上のブラウン運動を $\frac{1}{2}\Delta_M$ を特性作用素としてもつ拡散過程として定義できる. たとえば, Meyer (1966, pp.256~270), McKean (1969,§4.3) を見よ. 多様体上の確率微分方程式の話題は Ikeda-Watanabe (1989), Emery (1989), Elworthy (1982) でも取り扱われている.

例 8.5.9(調和関数と解析関数) $B = (B_1, B_2)$ を 2 次元ブラウン運動とする. C^2-関数

$$\phi(x_1, x_2) = (u(x_1, x_2), v(x_1, x_2))$$

と B を合成するとどうなるか見てみよう.

$Y = (Y_1, Y_2) = \phi(B_1, B_2)$ とおき, 伊藤の公式を適用すると次が成り立つ.

$$dY_1 = u'_1(B_1, B_2)dB_1 + u'_2(B_1, B_2)dB_2 + \frac{1}{2}[u''_{11}(B_1, B_2) + u''_{22}(B_1, B_2)]dt,$$

$$dY_2 = v'_1(B_1, B_2)dB_1 + v'_2(B_1, B_2)dB_2 + \frac{1}{2}[v''_{11}(B_1, B_2) + v''_{22}(B_1, B_2)]dt.$$

ただし $u'_i = \frac{\partial u}{\partial x_i}$, $u''_{ij} = \frac{\partial^2 u}{\partial x_i \partial x_j}$ と略記している. したがって $b = \frac{1}{2}\begin{pmatrix}\Delta u \\ \Delta v\end{pmatrix}$, $\sigma = \begin{pmatrix} u'_1 & u'_2 \\ v'_1 & v'_2 \end{pmatrix} = D\phi$ (ϕ の微分) とすれば,

$$dY = b(B_1, B_2)dt + \sigma(B_1, B_2)dB$$

である.

ゆえに, ϕ が調和関数であるとき, すなわち $\Delta\phi = 0$ なるとき(そして, 実

際はそのときに限り), $Y = \phi(B_1, B_2)$ は局所マルチンゲールとなる. もし ϕ が調和関数ならば, 系 8.5.3 より, (必ずしも独立とは限らない) 2 つの 1 次元ブラウン運動 $\widetilde{B}^{(1)}$ と $\widetilde{B}^{(2)}$ が存在し,

$$\beta_1(t,\omega) = \int_0^t |\nabla u|^2 (B_1, B_2) ds, \quad \beta_2(t,\omega) = \int_0^t |\nabla v|^2 (B_1, B_2) ds$$

とおけば,

$$\phi(B_1, B_2) = (\widetilde{B}^{(1)}_{\beta_1}, \widetilde{B}^{(2)}_{\beta_2})$$

という関係式が成り立つ.

$$\sigma\sigma^T = \begin{pmatrix} |\nabla u|^2 & \nabla u \cdot \nabla v \\ \nabla u \cdot \nabla v & |\nabla v|^2 \end{pmatrix}$$

であるから, もし ($\Delta u = \Delta v = 0$ に加えて)

$$|\nabla u|^2 = |\nabla v|^2 \quad \text{かつ} \quad \nabla u \cdot \nabla v = 0 \tag{8.5.19}$$

ならば,

$$Y_t = Y_0 + \int_0^t \sigma dB,$$
$$\sigma\sigma^T = |\nabla u|^2 (B_1, B_2) I_2, \quad Y_0 = \phi(B_1(0), B_2(0))$$

となる. したがって,

$$\beta_t = \beta(t, \omega) = \int_0^t |\nabla u|^2 (B_1, B_2) ds, \quad \alpha_t = \beta_t^{-1}$$

とすれば, 定理 8.5.2 により, Y_{α_t} は 2 次元ブラウン運動となる. 容易に分かるように, $\Delta u = \Delta v = 0$ という条件と (8.5.19) を満たせば, 関数 $\phi(x+iy) = \phi(x,y)$ は複素変数の関数として解析的であるかもしくはその共役が解析的であるかのいずれかである.

このようにして『ϕ もしくはその共役が解析的であるとき, およびそのときに限り $\phi(B_1, B_2)$ は, 適当な時間変更の後, 平面上のブラウン運動となる』というレヴィ (P.Lévy) の定理が示された. この結果の拡張に関しては, Bernard-Campbell-Davie (1979), Csink-Øksendal (1983), Csink-Fitzsimmons-Øksendal (1990) を見よ.

§8.6 ギルサノフの定理

確率解析の一般論では基本的なギルサノフの定理と呼ばれる結果を紹介してこの章を終わることにしよう．この定理は多くの応用においても非常に重要である（たとえば経済学への応用（12章を見よ））．

基本的には，ギルサノフの定理は，（非退化な拡散係数をもつ）伊藤過程のドリフト項を変更しても，確率過程の分布はさほど変化しないことを主張する．実際，新しい確率過程の分布は元の確率過程の分布に絶対連続であり，そのラドン=ニコディム密度関数を詳しく求めることが可能である．

このことを詳しく見よう．まず，レヴィによるブラウン運動の特徴付けを紹介する．証明は，たとえば，Ikeda-Watanabe (1989, Theorem II.6.1)，Karatzas-Shreve (1991, Theorem 3.3.16) を見よ．

定理 8.6.1（レヴィのブラウン運動の特徴付け）$X(t) = (X_1(t), \ldots, X_n(t))$ を確率空間 $(\Omega, \mathcal{H}, Q)$ 上の $\mathbf{R}^n$-値連続確率過程とする．次の条件 a) と b) は同値である．

a) $X(t)$ は Q に関してブラウン運動，すなわち，Q のもとでの $X(t)$ の分布は n 次元ブラウン運動の分布と一致する．

b)(i) $X(t) = (X_1(t), \ldots, X_n(t))$ は（自身の生成するフィルトレーションに関し）Q のもとマルチンゲールであり，

(ii) すべての $i, j \in \{1, \ldots, n\}$ に対し，$X_i(t)X_j(t) - \delta_{ij} t$ は（自身の生成するフィルトレーションに関し）Q のもとマルチンゲールである．

注 定理の条件 (ii) は次のように言い換えることができる．

(ii)′ 2次変分過程 $\langle X_i, X_j \rangle_t$ は次の等式を満たす．

$$\langle X_i, X_j \rangle_t = \delta_{ij} t \quad \text{a.s.,} \quad 1 \leq i, j \leq n. \tag{8.6.1}$$

ただし2次変分過程 $\langle Y, Y \rangle_t$（問題 4.7 を見よ）を用いて

$$\langle X_i, X_j \rangle_t = \frac{1}{4}[\langle X_i + X_j, X_i + X_j \rangle_t - \langle X_i - X_j, X_i - X_j \rangle_t] \tag{8.6.2}$$

と定義する．

8.6 ギルサノフの定理

ギルサノフの定理を証明するために，次の条件付き期待値に関する結果が必要となる．

補題 8.6.2 μ と ν は可測空間 $(\Omega, \mathcal{G})$ 上の確率測度で，適当な $f \in L^1(\mu)$ に対して $d\nu(\omega) = f(\omega)d\mu(\omega)$ が成り立っているとする．X を $(\Omega, \mathcal{G})$ 上の確率変数で

$$E_\nu[|X|] = \int_\Omega |X(\omega)| f(\omega) d\mu(\omega) < \infty$$

なるものとする．ただし，E_ν は ν に関する期待値．$\mathcal{H} \subset \mathcal{G}$ を部分 σ-加法族とする．このとき，関係式

$$E_\nu[X|\mathcal{H}] \cdot E_\mu[f|\mathcal{H}] = E_\mu[fX|\mathcal{H}] \quad \text{a.s.} \tag{8.6.3}$$

が成り立つ．

[証明] 条件付き期待値の定義 (付録 B) より，もし $H \in \mathcal{H}$ ならば

$$\begin{aligned}\int_H E_\nu[X|\mathcal{H}] f d\mu &= \int_H E_\nu[X|\mathcal{H}] d\nu = \int_H X d\nu \\ &= \int_H X f d\mu = \int_H E_\mu[fX|\mathcal{H}] d\mu\end{aligned} \tag{8.6.4}$$

が成り立つ．

ところで，定理 B.3 (付録 B) より

$$\begin{aligned}\int_H E_\nu[X|\mathcal{H}] f d\mu &= E_\mu[E_\nu[X|\mathcal{H}] f \cdot \mathcal{X}_H] \\ &= E_\mu[E_\mu[E_\nu[X|\mathcal{H}] f \cdot \mathcal{X}_H | \mathcal{H}]] = E_\mu[\mathcal{X}_H E_\nu[X|\mathcal{H}] \cdot E_\mu[f|\mathcal{H}]] \\ &= \int_H E_\nu[X|\mathcal{H}] \cdot E_\mu[f|\mathcal{H}] d\mu\end{aligned} \tag{8.6.5}$$

である．

(8.6.4) と (8.6.5) を合わせて

$$\int_H E_\nu[X|\mathcal{H}] \cdot E_\mu[f|\mathcal{H}] d\mu = \int_H E_\mu[fX|\mathcal{H}] d\mu$$

となる．すべての $H \in \mathcal{H}$ に対しこの等式が成立するので，(8.6.3) が従う．□

ギルサノフの公式の第 1 型を述べよう．

定理 8.6.3（ギルサノフの定理 I） $T \leq \infty$ とし，$B(t)$ を n 次元ブラウン運動とする．$Y(t)$ を

$$dY(t) = a(t,\omega)dt + dB(t), \quad t \leq T, \, Y_0 = 0$$

で与えられる伊藤過程とする．

$$M_t = \exp\left(-\int_0^t a(s,\omega)dB_s - \frac{1}{2}\int_0^t a^2(s,\omega)ds\right), \quad t \leq T \quad (8.6.6)$$

と定義する．$a(s,\omega)$ はノビコフ（**Novikov**）の条件

$$E\left[\exp\left(\frac{1}{2}\int_0^T a^2(s,\omega)ds\right)\right] < \infty \quad (8.6.7)$$

を満たすと仮定する．ただし，$E = E_P$ は P に関する期待値を表す．$(\Omega, \mathcal{F}_T^{(n)})$ 上の確率測度 Q を

$$dQ(\omega) = M_T(\omega)dP(\omega) \quad (8.6.8)$$

で定める．このとき $Y(t)$ $(t \leq T)$ は Q のもと n 次元ブラウン運動となる．

注 （1）(8.6.8)で与えられる変換 $P \to Q$ を測度の**ギルサノフ変換**と呼ぶ．
(2) 問題 4.4 で見たように，ノビコフの条件(8.6.7)は $\{M_t\}_{t \leq T}$ が（$\mathcal{F}_t^{(n)}$ と P に関して）マルチンゲールとなるための十分条件である．$\{M_t\}_{t \leq T}$ がマルチンゲールとなることを仮定するだけで定理の結果は従う．詳しくは Karatzas-Shreve (1991) を見よ．
(3) M_t がマルチンゲールなので，任意の $t \leq T$ に対し $\mathcal{F}_t^{(n)}$ 上

$$M_T dP = M_t dP \quad (8.6.9)$$

が成り立つ．これを証明しよう．f を有界な $\mathcal{F}_t^{(n)}$-可測関数とする．定理 B.3 により

$$\int_\Omega f(\omega)M_T(\omega)dP(\omega) = E[fM_T] = E[E[fM_T|\mathcal{F}_t]]$$
$$= E[fE[M_T|\mathcal{F}_t]] = E[fM_t] = \int_\Omega f(\omega)M_t(\omega)dP(\omega)$$

となる．したがって(8.6.9)が成り立つ．

[定理 8.6.3 の証明]　簡単のため $a(s,\omega)$ は有界であると仮定する．定理 8.6.1 より，次の 2 つの主張を証明すればよい．

(i)　$Y(t) = (Y_1(t), \ldots, Y_n(t))$ は Q のもとマルチンゲールとなる．
$$\tag{8.6.10}$$

(ii)　すべての $i, j \in \{1, \ldots, n\}$ に対し，$Y_i(t)Y_j(t) - \delta_{ij}t$ は
　　　Q のもとマルチンゲールとなる． $\tag{8.6.11}$

(i) を証明するために，$K(t) = M_t Y(t)$ とおく．伊藤の公式を用いれば

$$\begin{aligned}
dK_i(t) &= M_t dY_i(t) + Y_i(t)dM_t + dY_i(t)dM_t \\
&= M_t(a_i(t)dt + dB_i(t)) + Y_i(t)M_t\Big(\sum_{k=1}^{n} -a_k(t)dB_k(t)\Big) \\
&\quad + (dB_i(t))\Big(-M_t \sum_{k=1}^{n} a_k(t)dB_k(t)\Big) \\
&= M_t\Big(dB_i(t) - Y_i(t)\sum_{k=1}^{n} a_k(t)dB_k(t)\Big) = M_t \gamma^{(i)}(t)dB(t)
\end{aligned}$$
$$\tag{8.6.12}$$

となる (問題 4.3，4.4 参照)．ただし，$\gamma^{(i)}(t) = (\gamma_1^{(i)}(t), \ldots, \gamma_n^{(i)}(t))$ は次で与える．

$$\gamma_j^{(i)}(t) = \begin{cases} -Y_i(t)a_i(t) & j \neq i \text{ のとき} \\ 1 - Y_i(t)a_i(t) & j = i \text{ のとき．} \end{cases}$$

したがって $K_i(t)$ は P のもとマルチンゲールとなる．補題 8.6.2 から，$t > s$ ならば

$$\begin{aligned}
E_Q[Y_i(t)|\mathcal{F}_s] &= \frac{E[M_t Y_i(t)|\mathcal{F}_s]}{E[M_t|\mathcal{F}_s]} = \frac{E[K_i(t)|\mathcal{F}_s]}{M_s} \\
&= \frac{K_i(s)}{M_s} = Y_i(s)
\end{aligned}$$

である．したがって $Y_i(t)$ は Q に関しマルチンゲールとなる．これで (i) が証明できた．(ii) は (i) と同様の方法で証明できる．読者自ら確かめよ．　□

注 定理 8.6.3 は，任意のボレル集合 $F_1,\ldots,F_k \subset \mathbf{R}^n$ と時間列 $t_1,t_2,\ldots,t_k \leq T$ に対して

$$Q[Y(t_1) \in F_1,\ldots,Y(t_k) \in F_k] = P[B(t_1) \in F_1,\ldots,B(t_k) \in F_k] \tag{8.6.13}$$

が成り立つことを主張している．(8.6.9)は，$Q \ll P$（すなわち，Q は P に対し絶対連続である）かつラドン=ニコディム密度関数は $\mathcal{F}_T^{(n)}$ 上

$$\frac{dQ}{dP} = M_T \tag{8.6.14}$$

で与えられるという条件に言い換えることができる．ほとんど確実に $M_T(\omega) > 0$ であるから，$P \ll Q$ でもある．したがって Q と P は同値である．ゆえに (8.1.13) から次の同値条件を得る．すべて $t_1,\ldots,t_k \in [0,T]$ のに対し，

$$\begin{aligned}
&P[Y(t_1) \in F_1,\ldots,Y(t_k) \in F_k] > 0 \\
&\iff Q[Y(t_1) \in F_1,\ldots,Y(t_k) \in F_k] > 0 \\
&\iff P[B(t_1) \in F_1,\ldots,B(t_k) \in F_k] > 0.
\end{aligned} \tag{8.6.15}$$

定理 8.6.4（ギルサノフの定理 II） $Y(t) \in \mathbf{R}^n$ を

$$dY(t) = \beta(t,\omega)dt + \theta(t,\omega)dB(t), \quad t \leq T \tag{8.6.16}$$

で与えられる伊藤過程とする．ただし $B(t) \in \mathbf{R}^m$, $\beta(t,\omega) \in \mathbf{R}^n$ かつ $\theta(t,\omega) \in \mathbf{R}^{n \times m}$ とする．確率過程 $u(t,\omega) \in \mathcal{W}_{\mathcal{H}}^m$ と $\alpha(t,\omega) \in \mathcal{W}_{\mathcal{H}}^n$ がとれて

$$\theta(t,\omega)u(t,\omega) = \beta(t,\omega) - \alpha(t,\omega) \tag{8.6.17}$$

という関係式が成り立っており，さらにノビコフの条件

$$E\left[\exp\left(\frac{1}{2}\int_0^T u^2(s,\omega)ds\right)\right] < \infty \tag{8.6.18}$$

が満たされるとする．

$$M_t = \exp\left(-\int_0^t u(s,\omega)dB_s - \frac{1}{2}\int_0^t u^2(s,\omega)ds\right), \quad t \leq T \tag{8.6.19}$$

$$dQ(\omega) = M_T(\omega)dP(\omega) \quad (\mathcal{F}_T^{(m)}\ 上) \tag{8.6.20}$$

と定める．このとき

$$\widehat{B}(t) := \int_0^t u(s,\omega)ds + B(t), \quad t \leq T \tag{8.6.21}$$

は Q のもとブラウン運動となり，$Y(t)$ は，$\widehat{B}(t)$ を用いると，次の確率微分方程式で与えられる．

$$dY(t) = \alpha(t,\omega)dt + \theta(t,\omega)d\widehat{B}(t). \tag{8.6.22}$$

[証明] 定理 8.6.3 から $\widehat{B}(t)$ は Q に関してブラウン運動となる．(8.6.21) を (8.6.16) に代入すると，(8.6.17) から次の関係式を得る．

$$\begin{aligned}dY(t) &= \beta(t,\omega)dt + \theta(t,\omega)(d\widehat{B}(t) - u(t,\omega)dt) \\ &= [\beta(t,\omega) - \theta(t,\omega)u(t,\omega)]dt + \theta(t,\omega)d\widehat{B}(t) \\ &= \alpha(t,\omega)dt + \theta(t,\omega)d\widehat{B}(t).\end{aligned}$$

したがって (8.6.22) が証明された． □

もし $n = m$ で $\theta \in \mathbf{R}^{n \times n}$ が可逆ならば，(8.6.17) を満たす確率過程 $u(t,\omega)$ は

$$u(t,\omega) = \theta^{-1}(t,\omega)[\beta(t,\omega) - \alpha(t,\omega)] \tag{8.6.23}$$

で一意的に与えられる．

最後に拡散過程に対するギルサノフの定理を述べよう．

定理 8.6.5 (ギルサノフの定理 III) $X(t) = X^x(t) \in \mathbf{R}^n$ と $Y(t) = Y^x(t) \in \mathbf{R}^n$ はそれぞれ次の関係式で定まる伊藤拡散過程と伊藤過程とする．

$$dX(t) = b(X(t))dt + \sigma(X(t))dB(t), \quad t \leq T, \ X(0) = x \tag{8.6.24}$$

$$dY(t) = [\gamma(t,\omega) + b(Y(t))]dt + \sigma(Y(t))dB(t), \quad t \leq T, \ Y(0) = x. \tag{8.6.25}$$

ただし関数 $b : \mathbf{R}^n \to \mathbf{R}^n$ と $\sigma : \mathbf{R}^n \to \mathbf{R}^{n \times m}$ は定理 5.2.1 の条件を満たし，$\gamma(t,\omega) \in \mathcal{W}_\mathcal{H}^n$, $x \in \mathbf{R}^n$ であるとする．確率過程 $u(t,\omega) \in \mathcal{W}_\mathcal{H}^m$ が存在して

$$\sigma(Y(t))u(t,\omega) = \gamma(t,\omega) \tag{8.6.26}$$

という関係式が成り立っており，さらにノビコフの条件

$$E\left[\exp\left(\frac{1}{2}\int_0^T u^2(s,\omega)ds\right)\right] < \infty \tag{8.6.27}$$

が満たされるとする．M_t, Q および $\widehat{B}(t)$ を (8.6.19)，(8.6.20)，(8.6.21) で定義する．このとき

$$dY(t) = b(Y(t))dt + \sigma(Y(t))d\widehat{B}(t) \tag{8.6.28}$$

が成り立つ．したがって

$$\begin{array}{l}\{Y^x(t)\}_{t\leq T} \text{ の } Q \text{ のもとでの分布は} \\ \{X^x(t)\}_{t\leq T} \text{ の } P \text{ のもとでの分布と一致する．}\end{array} \tag{8.6.29}$$

[証明] (8.6.28) を示すには，定理 8.6.4 を $\theta(t,\omega) = \sigma(Y(t))$，$\beta(t,\omega) = \gamma(t,\omega) + b(Y(t))$，$\alpha(t,\omega) = b(Y(t))$ として適用すればよい．主張 (8.6.29) は確率微分方程式の解の弱い意味での一意性 (補題 5.3.1) から従う． □

ギルサノフの定理 III は確率微分方程式の弱い解を構成するのに利用できる．このことを見よう．Y_t を方程式

$$dY_t = b(Y_t)dt + \sigma(Y_t)dB_t$$

の解とする．ただし，$b: \mathbf{R}^n \to \mathbf{R}^n$，$\sigma: \mathbf{R}^n \to \mathbf{R}^{n\times m}$ かつ $B(t) \in \mathbf{R}^m$．これと同じ拡散係数をもつ確率微分方程式

$$dX_t = a(X_t)dt + \sigma(X_t)dB(t) \tag{8.6.30}$$

の弱い解 $X(t)$ を見つけよう．

$$\sigma(y)u_0(y) = b(y) - a(y), \quad y \in \mathbf{R}^n$$

を満たす関数 $u_0: \mathbf{R}^n \to \mathbf{R}^m$ が見つかったとしよう．たとえば，$n = m$ で σ が可逆ならば，

$$u_0 = \sigma^{-1} \cdot (b - a).$$

このとき，もし $u(t,\omega) = u_0(Y_t(\omega))$ がノビコフの条件を満たせば，(8.6.20)，(8.6.21) の通りに Q と $\widehat{B}_t = \widehat{B}(t)$ を定めると，

$$dY_t = a(Y_t)dt + \sigma(Y_t)d\widehat{B}_t \tag{8.6.31}$$

が成り立つ．このようにして，Y_t が (8.6.31) を満たすようなブラウン運動 $(\widehat{B}_t, Q)$ を見出すことができる．したがって $(Y_t, \widehat{B}_t)$ は (8.6.30) の弱い解となる．

例 8.6.6 $a : \mathbf{R}^n \to \mathbf{R}^n$ を有界可測関数とする．このとき確率微分方程式

$$dX_t = a(X_t)dt + dB_t, \quad X_0 = x \in \mathbf{R}^n \tag{8.6.32}$$

の弱い解 $X_t = X_t^x$ を構成することができる．実際，上で述べた方法を $\sigma = I$, $b = 0$, および

$$dY_t = dB_t, \quad Y_0 = x$$

として，実行しよう．

$$u_0 = \sigma^{-1} \cdot (b - a) = -a$$

をとり，

$$M_t = \exp\left\{-\int_0^t u_0(Y_s)dB_s - \frac{1}{2}\int_0^t u_0^2(Y_s)ds\right\}$$

つまり

$$M_t = \exp\left\{\int_0^t a(Y_s)dB_s - \frac{1}{2}\int_0^t a^2(Y_s)ds\right\}$$

と定義する．$T < \infty$ を固定し，$\mathcal{F}_T^{(m)}$ 上

$$dQ = M_T dP$$

と定める．このとき

$$\widehat{B}_t := -\int_0^t a(B_s)ds + B_t$$

は $t \leq T$ のとき Q のもとブラウン運動となり，

$$dB_t = dY_t = a(Y_t)dt + d\widehat{B}_t$$

が成り立つ．ゆえに，もし $Y_0 = x$ とすれば，$(Y_t, \widehat{B}_t)$ は，$t \leq T$ のとき (8.6.32) の弱い解となる．弱い解の一意性より，$Y_t = B_t$ の Q のもとでの分布は X_t^x の P のもとでの分布と一致する．すなわち，すべての $f_1, \dots, f_k \in C_0(\mathbf{R}^n)$

と $t_1,\ldots,t_k \leq T$ に対して

$$E[f_1(X_{t_1}^x)\cdots f_k(X_{t_k}^x)] = E_Q[f_1(Y_{t_1})\cdots f_k(Y_{t_k})]$$
$$= E[M_T f_1(B_{t_1})\cdots f_k(B_{t_k})] \quad (8.6.33)$$

が成り立つ.

問題

8.1 Δ を $\mathbf{R}^n$ 上のラプラシアンとする.

a) $\phi \in C_0^2$ が与えられたとき, コーシー問題
$$\begin{cases} \frac{\partial g(t,x)}{\partial t} - \frac{1}{2}\Delta_x g(t,x) = 0, & t>0, \ x \in \mathbf{R}^n, \\ g(0,x) = \phi(x), & x \in \mathbf{R}^n, \end{cases}$$
の有界な解 g を(ブラウン運動を用いて)書き下せ(一般論から, 解の一意性が知られている).

b) $\psi \in C_b(\mathbf{R}^n)$, $\alpha > 0$ とする. 方程式
$$\left(\alpha - \frac{1}{2}\Delta\right)u(x) = \psi(x), \quad x \in \mathbf{R}^n$$
の有界な解 u を求めよ. また, 解の一意性を証明せよ.

8.2 初期値問題
$$\frac{\partial u}{\partial t} = \frac{1}{2}\beta^2 x^2 \frac{\partial^2 u}{\partial x^2} + \alpha x \frac{\partial u}{\partial x}, \quad t>0, \ x \in \mathbf{R},$$
$$u(0,x) = f(x) \quad (f \in C_0^2(\mathbf{R}))$$
の解 $u(t,x)$ は, $t>0$ に対し,
$$u(t,x) = E\left[f\left(x\cdot \exp\left\{\beta B_t + \left(\alpha - \frac{1}{2}\beta^2\right)t\right\}\right)\right]$$
$$= \frac{1}{\sqrt{2\pi t}} \int_{\mathbf{R}} f\left(x\cdot \exp\left\{\beta y + \left(\alpha - \frac{1}{2}\beta^2\right)t\right\}\right) \exp\left(-\frac{y^2}{2t}\right) dy$$
と表されることを証明せよ.

8.3 (コルモゴロフの前進方程式) X_t を $\mathbf{R}^n$ 上の生成作用素

$$Af(y) = \sum_{i,j} a_{ij}(y)\frac{\partial^2 f}{\partial y_i \partial y_j} + \sum_i b_i(y)\frac{\partial f}{\partial y_i}, \quad f \in C_0^2$$

をもつ伊藤拡散過程とする.そして,X_t の推移確率は密度関数 $p_t(x,y)$ をもつと仮定する.すなわち,

$$E^x[f(X_t)] = \int_{\mathbf{R}^n} f(y)p_t(x,y)dy, \quad f \in C_0^2 \tag{8.6.34}$$

が成り立つとする.さらに,各 t, x を固定するごとに $y \mapsto p_t(x,y)$ は滑らかな関数であると仮定する.このとき,$p_t(x,y)$ はコルモゴロフの前進方程式

$$\frac{d}{dt}p_t(x,y) = A_y^* p_t(x,y), \quad \forall x, y \tag{8.6.35}$$

を満たすことを証明せよ.ただし A_y^* は変数 y に作用する作用素で,

$$A_y^*\phi(y) = \sum_{i,j} \frac{\partial^2}{\partial y_i \partial y_j}(a_{ij}\phi) - \sum_i \frac{\partial}{\partial y_i}(b_i\phi), \quad \phi \in C^2 \tag{8.6.36}$$

で与えられる(つまり,A_y^* は A_y の形式的共役作用素である).(ヒント.(8.6.34)とディンキンの公式から

$$\int_{\mathbf{R}^n} f(y)p_t(x,y)dy = f(x) + \int_0^t \int_{\mathbf{R}^n} A_y f(y)p_s(x,y)dyds, \; f \in C_0^2$$

が従う.これを t に関し微分し,さらに

$$\langle A\phi, \psi \rangle = \langle \phi, A^*\psi \rangle \quad \phi \in C_0^2, \; \psi \in C^2$$

という関係式を用いよ.ここで $\langle \cdot, \cdot \rangle$ は $L^2(dy)$ の内積を表している.)

8.4 B_t を n 次元ブラウン運動とし($n \geq 1$),F を $\mathbf{R}^n$ のボレル集合とする.F のルベーグ測度が零のとき,そしてそのときに限り,B_t が F に滞在する時間 t の全長の平均が零となることを証明せよ.(ヒント.レゾルベント作用素 R_α を考え,$\alpha \to 0$ とせよ.)

8.5 $\rho \in \mathbf{R}$ を定数,$f \in C_0^2(\mathbf{R}^n)$ とする.初期値問題

$$\begin{cases} \frac{\partial u}{\partial t} = \rho u + \frac{1}{2}\Delta u, & t > 0, \; x \in \mathbf{R}^n, \\ u(0,x) = f(x) \end{cases}$$

の解 $u(t,x)$ は

$$u(t,x) = (2\pi t)^{-n/2} \exp(\rho t) \int_{\mathbf{R}^n} f(y) \exp\left(-\frac{(x-y)^2}{2t}\right) dy$$

と表されることを証明せよ．

8.6 オプションの価格に対するブラック=ショールズの公式の導出に関連して（12章を見よ），偏微分方程式

$$\begin{cases} \frac{\partial u}{\partial t} = -\rho u + \alpha x \frac{\partial u}{\partial x} + \frac{1}{2}\beta^2 x^2 \frac{\partial^2 u}{\partial x^2}, & t > 0, \ x \in \mathbf{R}, \\ u(0,x) = (x-K)^+, & x \in \mathbf{R} \end{cases}$$

が出現する．ただし $\rho > 0, \alpha, \beta,$ および $K > 0$ は定数で

$$(x-K)^+ = \max(x-K, 0)$$

である．ファインマン=カッツの公式を用いてこの方程式の解が

$$u(t,x) = \frac{e^{-\rho t}}{\sqrt{2\pi t}} \int_{\mathbf{R}} \left(x \cdot \exp\left\{\left(\alpha - \frac{1}{2}\beta^2\right)t + \beta y\right\} - K\right)^+ e^{-\frac{y^2}{2t}} dy, \ t > 0$$

で与えられることを証明せよ（この表現はさらに簡素化できる．問題 12.13 を見よ）．

8.7 $(B_1, \ldots, B_n)$ を n 次元ブラウン運動とする．X_t は，

$$X_t = \sum_{k=1}^{n} \int_0^t v_k(s,\omega) dB_k(s)$$

と伊藤積分の和として表されるとする．ほとんど確実に

$$\beta_t := \int_0^t \sum_{k=1}^{n} v_k^2(s,\omega) ds \to \infty \quad (t \to \infty)$$

が成り立つと仮定する．

$$\limsup_{t \to \infty} \frac{X_t}{\sqrt{2\beta_t \log \log \beta_t}} = 1 \quad \text{a.s.}$$

となることを証明せよ．（ヒント．重複大数の法則を用いよ．）

8.8 Z_t を

$$dZ_t = u(t,\omega)dt + dB_t$$

で与えられる1次元伊藤過程とする. $\mathcal{G}_t$ を $\{Z_s; s \leq t\}$ が生成する σ-加法族とし,

$$dN_t = (u(t,\omega) - E[u|\mathcal{G}_t])dt + dB_t$$

とおく. 系8.4.5を用いて, N_t はブラウン運動であることを証明せよ (Z_t を**観測過程**と思えば, N_t は**イノベーション過程**となる. 補題6.2.6を参照せよ).

8.9 $\alpha_t = \frac{1}{2}\ln(1 + \frac{2}{3}t^3)$ とおく. もし B_t がブラウン運動であれば, 別のブラウン運動 $\widetilde{B}_r$ がとれて

$$\int_0^{\alpha_t} e^s dB_s = \int_0^t r d\widetilde{B}_r$$

という関係が成り立つことを証明せよ.

8.10 B_t を $\mathbf{R}$ 上のブラウン運動とする.

$$X_t := B_t^2$$

は確率微分方程式

$$dX_t = dt + 2\sqrt{|X_t|}d\widetilde{B}_t \tag{8.6.37}$$

の弱い解であることを証明せよ. (ヒント. 伊藤の公式を用いて X_t を伊藤積分で表現し, 系8.4.5を用いて, (8.6.37)と比較せよ.)

8.11 a) $Y(t) = t + B(t)$ $(t \geq 0)$ とおく. 各 $T > 0$ に対し, $\mathcal{F}_T$ 上の確率測度 Q_T で, $Q_T \sim P$ であり, さらに Q_T のもと $\{Y(t)\}_{t \leq T}$ はブラウン運動となるようなものを求めよ. (8.6.9)を用いて $\mathcal{F}_\infty$ 上の確率測度 Q で, すべての $T > 0$ に対し

$$Q|_{\mathcal{F}_T} = Q_T$$

が成り立つものが存在することを証明せよ.

b)

$$Q\Big(\lim_{t\to\infty} Y(t) = \infty\Big) = 0$$

であるが,

$$P\Big(\lim_{t\to\infty} Y(t) = \infty\Big) = 1$$

となることを証明せよ．さらに，これはなぜギルサノフの定理に矛盾しないのか説明せよ．

8.12
$$dY(t) = \begin{pmatrix} 0 \\ 1 \end{pmatrix} dt + \begin{pmatrix} 1 & 3 \\ -1 & -2 \end{pmatrix} \begin{pmatrix} dB_1(t) \\ dB_2(t) \end{pmatrix}, \quad t \leq T,$$

とする．$\mathcal{F}_T^{(2)}$ 上の確率測度 Q で，$Q \sim P$ かつ

$$dY(t) = \begin{pmatrix} 1 & 3 \\ -1 & -2 \end{pmatrix} \begin{pmatrix} d\widetilde{B}_1(t) \\ d\widetilde{B}_2(t) \end{pmatrix}$$

となるものを求めよ．ただし

$$\widetilde{B}(t) := \begin{pmatrix} -3t \\ t \end{pmatrix} + \begin{pmatrix} B_1(t) \\ B_2(t) \end{pmatrix}$$

は Q のもとでブラウン運動である．

8.13 $b : \mathbf{R} \to \mathbf{R}$ をリプシッツ連続関数とし，$X_t = X_t^x \in \mathbf{R}$ を

$$dX_t = b(X_t)dt + dB_t, \quad X_0 = x \in \mathbf{R}$$

で定める．

a) ギルサノフの定理を使って，すべての $M < \infty, x \in \mathbf{R}$ と $t > 0$ に対して

$$P[X_t^x \geq M] > 0$$

となることを証明せよ．

b) $r > 0$ を定数とし，$b(x) = -r$ とする．すべての $x \in \mathbf{R}$ に対し，a.s. に $t \to \infty$ において

$$X_t^x \to -\infty$$

となることを証明せよ．これを a) の結果と比較せよ．

8.14（ブラウン運動のグラフの極集合）B_t を $x \in \mathbf{R}$ から出発する 1 次元ブラウン運動とする．

a) 各 $t_0 > 0$ に対し

$$P^x[B_{t_0} = 0] = 0$$

が成り立つことを証明せよ．

b) 任意の(内点をもつ)閉区間 $J \subset \mathbf{R}^+$ に対し，

$$P^x[B_t = 0 \text{ となる } t \in J \text{ が存在する}] > 0$$

となることを証明せよ．(ヒント．$J = [t_1, t_2]$ とし，$P^x[B_{t_1} < 0 \text{ かつ } B_{t_2} > 0] > 0$ を証明せよ．そして中間値の定理を用いよ．)

c) a)，b)の結果から，どのような閉集合 $F \subset \mathbf{R}^+$ が

$$P^x[B_t = 0 \text{ となる } t \in F \text{ が存在する}] = 0 \qquad (8.6.38)$$

という性質をもつかという疑問が起きるであろう．この問題をより詳しく調べるために，

$$dX_t = \begin{pmatrix} 1 \\ 0 \end{pmatrix} dt + \begin{pmatrix} 0 \\ 1 \end{pmatrix} dB_t, \quad X_0 = \begin{pmatrix} t_0 \\ x_0 \end{pmatrix}$$

で定義されるブラウン運動のグラフ X_t，すなわち

$$X_t = X_t^{t_0, x_0} = \begin{pmatrix} t_0 + t \\ x_0 + B_t^0 \end{pmatrix}$$

を考える．このとき，$K := F \times \{0\}$ が X_t の極集合であるとき，すなわち

$$P^{t_0, x_0}[X_t \in K \text{ となる } t > 0 \text{ が存在する}] = 0, \quad \forall t_0, x_0 \qquad (8.6.39)$$

が成り立つとき，そしてそのときに限り，F は(3.6.38)を満たす．
拡散過程に対する極集合を見出すには，レゾルベント作用素 R_α に $\alpha = 0$ を代入して得られる作用素である**グリーン(Green)作用素** R

$$Rf(t_0, x_0) = E^{t_0, x_0}\left[\int_{t_0}^{\infty} f(X_s) ds\right], \quad f \in C_0(R^2)$$

を考えるとよい．

$$G(t_0, x_0; t, x) = \mathcal{X}_{t > t_0} \cdot (2\pi(t - t_0))^{-\frac{1}{2}} \exp\left(-\frac{|x - x_0|^2}{2(t - t_0)}\right) \qquad (8.6.40)$$

とおけば(G は X_t のグリーン関数)，

$$Rf(t_0, x_0) = \int_{\mathbf{R}^2} G(t_0, x_0; t, x) f(t, x) dt dx$$

となることを証明せよ．

d) すべての t_0, x_0 に対して，$\int_K G(t_0, x_0; t, x) d\mu(t, x) \leq 1$ を満たす測度 μ の全体を $M_G(K)$ とする．K の容量 $C(K) = C_G(K)$ を

$$C(K) = \sup\{\mu(K); \mu \in M_G(K)\}$$

で定義する．確率論的ポテンシャル論の一般論により

$$P^{t_0, x_0}[X_t \text{ が } K \text{ に到達する}] = 0 \Leftrightarrow C(K) = 0 \qquad (8.6.41)$$

となる．たとえば，Blumenthal-Getoor (1968, Prop. VI.4.3) を参照せよ．これを用いて，$\Lambda_{\frac{1}{2}}$ を 1/2-次元ハウスドルフ測度（Folland (1984, §10.2) 参照）とすると，

$$\Lambda_{\frac{1}{2}}(F) = 0 \Rightarrow P^x[B_t = 0 \text{ となる } t \in F \text{ が存在する}] = 0$$

となることを証明せよ．

8.15 $f \in C_0^2(\mathbf{R}^n)$, $\alpha_i \in C_0^2(\mathbf{R}^n)$, $\alpha(x) = (\alpha_1(x), \ldots, \alpha_n(x))$ とする．偏微分方程式

$$\begin{cases} \frac{\partial u}{\partial t} = \sum_{i=1}^n \alpha_i(x) \frac{\partial u}{\partial x_i} + \frac{1}{2} \sum_{i=1}^n \frac{\partial^2 u}{\partial x_i^2}, & t > 0,\ x \in \mathbf{R}^n, \\ u(0, x) = f(x), & x \in \mathbf{R}^n \end{cases}$$

を考える．

a) ギルサノフの定理を使って，この方程式の有界な一意解 $u(t, x)$ は

$$u(t, x) = E^x\left[\exp\left(\int_0^t \alpha(B_s) dB_s - \frac{1}{2} \int_0^t \alpha^2(B_s) ds\right) f(B_t)\right]$$

と表されることを証明せよ．ただし，E^x は P^x に関する期待値である．

b) α は勾配ベクトルとして与えられると仮定しよう．すなわち，$\gamma \in C^1(\mathbf{R}^n)$ が存在して

$$\nabla \gamma = \alpha$$

となっているとする．簡単のため，$\gamma \in C_0^2(\mathbf{R}^n)$ とする．伊藤の公式を使って（問題 4.8 参照），

$$u(t,x) = \exp(-\gamma(x))E^x\left[\exp\left\{-\frac{1}{2}\int_0^t (\nabla\gamma^2(B_s) + \Delta\gamma(B_s))ds\right\}\right.$$
$$\left.\times \exp(\gamma(B_t))f(B_t)\right]$$

となることを証明せよ.

c) $v(t,x) = \exp(\gamma(x))u(t,x)$ とおけ. ファインマン=カッツの公式を使って $v(t,x)$ が次の偏微分方程式を満たすことを示せ.

$$\begin{cases} \frac{\partial v}{\partial t} = -\frac{1}{2}(\nabla\gamma^2 + \Delta\gamma)\cdot v + \frac{1}{2}\Delta v, & t > 0,\ x \in \mathbf{R}^n, \\ v(0,x) = \exp(\gamma(x))f(x), & x \in \mathbf{R}^n. \end{cases}$$

(問題 8.16 を見よ)

8.16(ドリフトをもつブラウン運動とブラウン運動の消滅の関連) B_t を $\mathbf{R}^n$ のブラウン運動, $h \in C_0^1(\mathbf{R}^n)$ とし, 次で与えられる $\mathbf{R}^n$ の拡散過程 X_t を考える.

$$dX_t = \nabla h(X_t)dt + dB_t, \quad X_0 = x \in \mathbf{R}^n. \tag{8.6.42}$$

a) この確率過程と B_t を適当な割合 V で消滅させて得られる確率過程 Y_t の間には重要な関係がある. これを詳しくみよう. $f \in C_0(\mathbf{R}^n)$ に対し

$$E^x[f(X_t)] = E^x\left[\exp\left(-\int_0^t V(B_s)ds\right)\cdot \exp(h(B_t) - h(x))\cdot f(B_t)\right] \tag{8.6.43}$$

が成り立つことを証明せよ. ここで

$$V(x) = \frac{1}{2}|\nabla h(x)|^2 + \frac{1}{2}\Delta h(x) \tag{8.6.44}$$

である. (ヒント. ギルサノフの定理を使って, (8.6.43)の左辺を B_t を用いて表現せよ. 次に伊藤の公式を $Z_t = h(B_t)$ に適用して(8.6.44)を導き出せ.)

b) T_t^X, T_t^Y を, それぞれ確率過程 X, Y に対応する半群とする. すなわち,

$$T_t^X f(x) = E^x[f(X_t)]$$

とする(T_t^Y も同様に定める). $V \geq 0$ と仮定し, ファインマン=カッツの

第 8 章 拡散過程に関する他の話題

公式を利用して (8.6.43) を次のように変形せよ.

$$T_t^X f(x) = \exp(-h(x)) \cdot T_t^Y (f \cdot \exp h)(x).$$

第9章

境界値問題への応用

§9.1 ディリクレ=ポアソン混合問題．一意性

先の章までに得た結果を，序で述べたディリクレ問題を一般化した問題の考察に適用しよう．

D を $\mathbf{R}^n$ の領域（連結開集合）とし，L を次で与えられる $C_0^2(\mathbf{R}^n)$ 上の半楕円型偏微分作用素とする．

$$L = \sum_{i=1}^n b_i(x)\frac{\partial}{\partial x_i} + \sum_{i,j=1}^n a_{ij}(x)\frac{\partial^2}{\partial x_i \partial x_j}. \tag{9.1.1}$$

ただし $b_i(x)$, $a_{ij}(x) = a_{ji}(x)$ は連続関数である（詳しい定義は後で与える）．（L が半楕円型（もしくは楕円型）とは，すべての $x \in \mathbf{R}^n$ に対して，対称行列 $a(x) = (a_{ij}(x))_{i,j=1}^n$ が非負定符号（もしくは正定符号）であることを言う．）

ディリクレ=ポアソン混合問題

$\phi \in C(\partial D)$, $g \in C(D)$ とする．次の2条件を満たす $w \in C^2(D)$ を求めよう．

(i) $\quad Lw(x) = -g(x), \quad \forall x \in D,$ \hfill (9.1.2)

(ii) $\quad \lim_{\substack{x \to y \\ x \in D}} w(x) = \phi(y), \quad \forall y \in \partial D.$ \hfill (9.1.3)

そのような w は，次の手順で求められる．まず，$C_0^2(\mathbf{R}^n)$ 上 L と一致する作用素 A を生成作用素にもつ伊藤拡散過程 $\{X_t\}$ を構成する．この構成のた

めに，
$$\frac{1}{2}\sigma(x)\sigma(x)^T = (a_{ij}(x)) \tag{9.1.4}$$
となる $\sigma(x) \in \mathbf{R}^{n \times n}$ をとる．$\sigma(x)$ と $b(x)$ は定理 5.2.1 の条件 (5.2.1) と (5.2.2) を満たすと仮定しよう（たとえば，a_{ij} が $C^2(D)$ に属し，それ自身とその 2 次までの微分がすべて有界ならば，上のような平方根行列 σ を構成できる．詳しくは Fleming-Rishel (1975) を見よ）．次に，B_t を n 次元ブラウン運動とし，X_t を確率微分方程式

$$dX_t = b(X_t)dt + \sigma(X_t)dB_t \tag{9.1.5}$$

の解とする．以前と同様に，$x \in \mathbf{R}^n$ を出発する X_t の分布 Q^x に関する期待値を E^x で表す．そして

$$w(x) = E^x[\phi(X_{\tau_D}) \cdot \mathcal{X}_{\{\tau_D < \infty\}}] + E^x\left[\int_0^{\tau_D} g(X_t)dt\right] \tag{9.1.6}$$

と定義する．もし ϕ が有界であり，

$$E^x\left[\int_0^{\tau_D} |g(X_t)|dt\right] < \infty, \quad \forall x \tag{9.1.7}$$

が成り立つならば，w は (9.1.2)，(9.1.3) の解の候補となる．

ディリクレ=ポアソン問題は次の 2 つの問題からなっている．

(i) 解の存在，
(ii) 解の一意性．

一意性の問題の方が易しいので，まずこの問題を考える．この節では，2 つの簡単な，しかし有用な一意性に関する結果を証明する．そして次の節で解の存在と，一意性に関する別の結果を取り扱う．

定理 9.1.1 (一意性定理 (1)) ϕ は有界で，g は (9.1.7) を満たすと仮定する．$w \in C^2(D)$ は有界で，さらに次を満たすとする．

(i) $\quad Lw(x) = -g(x), \quad \forall x \in D,$ $\hspace{4em}$ (9.1.8)

(ii)$'\quad \lim_{t \uparrow \tau_D} w(X_t) = \phi(X_{\tau_D}) \cdot \mathcal{X}_{\{\tau_D < \infty\}} \quad Q^x\text{-a.s.,} \quad \forall x \in D.$ $\hspace{1em}$ (9.1.9)

9.1 ディリクレ=ポアソン混合問題. 一意性

このとき, 次の関係式が成り立つ.

$$w(x) = E^x[\phi(X_{\tau_D}) \cdot \mathcal{X}_{\{\tau_D < \infty\}}] + E^x\left[\int_0^{\tau_D} g(X_t)dt\right]. \tag{9.1.10}$$

[証明] $D_k \subset\subset D$, $D = \bigcup_{k=1}^\infty D_k$ を満たす開集合の増大列 $\{D_k\}_{k=1}^\infty$ をとる.

$$\alpha_k = k \wedge \tau_{D_k}, \quad k = 1, 2, \ldots$$

とおく. このとき, ディンキンの公式と (9.1.8) より

$$\begin{aligned}w(x) &= E^x[w(X_{\alpha_k})] - E^x\left[\int_0^{\alpha_k} Lw(X_t)dt\right]\\&= E^x[w(X_{\alpha_k})] + E^x\left[\int_0^{\alpha_k} g(X_t)dt\right]\end{aligned} \tag{9.1.11}$$

となる. (9.1.9) より, $w(X_{\alpha_k}) \to \phi(X_{\tau_D}) \cdot \mathcal{X}_{\{\tau_D < \infty\}}$ という収束は一様有界な Q^x-概収束となる. したがって,

$$E^x[w(X_{\alpha_k})] \to E^x[\phi(X_{\tau_D}) \cdot \mathcal{X}_{\{\tau_D < \infty\}}] \quad (k \to \infty) \tag{9.1.12}$$

である. さらに,

$$\int_0^{\alpha_k} g(X_t)dt \to \int_0^{\tau_D} g(X_t)dt \quad \text{a.s.} \quad (k \to \infty)$$

である.

$$\left|\int_0^{\alpha_k} g(X_t)dt\right| \leq \int_0^{\tau_D} |g(X_t)|dt$$

であり, この右辺は (9.1.7) より Q^x-可積分であるから, 次の収束を得る.

$$E^x\left[\int_0^{\alpha_k} g(X_t)dt\right] \to E^x\left[\int_0^{\tau_D} g(X_t)dt\right] \quad (k \to \infty). \tag{9.1.13}$$

(9.1.12), (9.1.13) と (9.1.11) を合わせれば, (9.1.10) が従う. □

次の結果が直ちに従う.

系 9.1.2 (一意性定理(2)) ϕ は有界とし, g は (9.1.7) を満たすとする. さらに,

$$\tau_D < \infty \quad Q^x\text{-a.s.,} \quad \forall x \in D \tag{9.1.14}$$

が成り立つと仮定する．このとき，もし $w \in C^2(D)$ がディリクレ=ポアソン混合問題(9.1.2), (9.1.3)の有界な解であれば，次の等式が成り立つ．

$$w(x) = E^x[\phi(X_{\tau_D})] + E^x\left[\int_0^{\tau_D} g(X_t)dt\right]. \qquad (9.1.15)$$

§9.2 ディリクレ問題．正則点

より複雑な問題である解の存在について考えよう．このために，ディリクレ=ポアソン混合問題を，ディリクレ問題とポアソン問題の 2 つに分けて考える．

ディリクレ問題
$\phi \in C(\partial D)$ とする．次の 2 つの関係を満たす $u \in C^2(D)$ を求めよ．

(I) $\quad Lu(x) = 0, \quad \forall x \in D,$ $\qquad (9.2.1)$

(II) $\quad \lim_{\substack{x \to y \\ x \in D}} u(x) = \phi(y), \quad \forall y \in \partial D.$ $\qquad (9.2.2)$

ポアソン問題
$g \in C(D)$ とする．次の 2 つの関係を満たす $v \in C^2(D)$ を求めよ．

(I) $\quad Lv(x) = -g(x), \quad x \in D,$ $\qquad (9.2.3)$

(II) $\quad \lim_{\substack{x \to y \\ x \in D}} v(x) = 0, \quad \forall y \in \partial D.$ $\qquad (9.2.4)$

もし，u がディリクレ問題の解であり，そして v がポアソン問題の解であれば，$w := u + v$ はディリクレ=ポアソン混合問題の解となる．

この節ではディリクレ問題について考え，次節でポアソン問題について考察する．

簡単のため，この節を通じて，**(9.1.14)**が成り立つと仮定する．

系 9.1.2 より，ディリクレ問題(9.2.1), (9.2.2)の解の存在問題は「いつ

$$u(x) := E^x[\phi(X_{\tau_D})] \qquad (9.2.5)$$

は解となるか？」という問題に述べ直すことができる．

残念なことに，u は $C^2(D)$ に属するとは限らない．実際，u が連続でない

場合さえある.さらに,(9.2.2)も必ずしも満たされるというわけではない.これらのことを次の例で見てみよう.

例 9.2.1 $X(t) = (X_1(t), X_2(t))$ を方程式

$$dX_1(t) = dt$$
$$dX_2(t) = 0$$

の解とする.すなわち,$X(t) = X(0) + t(1,0) \in \mathbf{R}^2$, $t \geq 0$, である.

$$D = \big((0,1) \times (0,1)\big) \cup \big((0,2) \times (0, \tfrac{1}{2})\big)$$

とする.

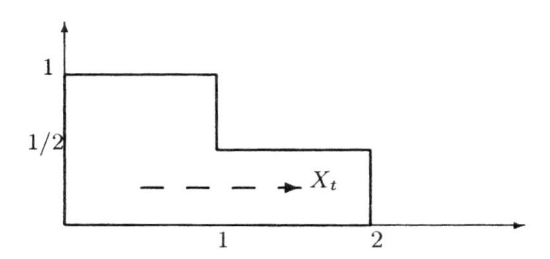

ϕ を次を満たす ∂D 上の連続関数とする.

$$\phi(t,x) = 1, \quad (t,x) \in \{1\} \times [\tfrac{1}{2}, 1] \text{ のとき},$$
$$\phi(t,x) = 0, \quad (t,x) \in \{2\} \times [0, \tfrac{1}{2}] \text{ のとき},$$
$$\phi(t,x) = 0, \quad (t,x) \in \{0\} \times [0,1] \text{ のとき}.$$

このとき,

$$u(t,x) = E^{t,x}[\phi(X_{\tau_D})] = \begin{cases} 1, & x \in (\tfrac{1}{2}, 1) \text{ のとき}, \\ 0, & x \in (0, \tfrac{1}{2}) \text{ のとき}, \end{cases}$$

となる.したがって,u は連続ですらない.さらに,もし $\tfrac{1}{2} < x < 1$ ならば,

$$\lim_{t \to 0^+} u(t,x) = 1 \neq \phi(0,x)$$

であるから,(9.2.2)も成り立たない.

しかし，(9.2.5) で与えられる関数 $u(x)$ は，次の意味で確率論的なディリクレ問題の解となっている．『境界条件 (9.2.2) を確率論的 (経路ごとの) 境界条件 (9.1.9) におき換え，条件 (9.2.1) ($Lu = 0$) を，X_t の特性作用素 $\mathcal{A}$ (7.5 節を見よ) に対する

$$\mathcal{A}u = 0$$

という条件におき換えれば，u はこの意味でディリクレ問題の解となる．』

このことをもう少し詳しく述べよう．

定義 9.2.2 f を局所有界な D 上の有界関数とする．f が X-調和であるとは，すべての $x \in D$ と，すべての $\overline{U} \subset D$ なる有界可測集合 U に対して

$$f(x) = E^x[f(X_{\tau_U})]$$

が成り立つことを言う．

次の 2 つの考察は重要である．

補題 9.2.3 a) f は D 上 X-調和とする．このとき D 上 $\mathcal{A}f = 0$ となる．
  b) 逆に $f \in C^2(D)$ かつ D 上 $\mathcal{A}f = 0$ と仮定せよ．このとき f は X-調和である．

[証明]
a) は $\mathcal{A}$ の定義から直ちに従う．
b) はディンキンの公式から従う．実際 U を定義 9.2.2 の通りに選べば，U 上 $Lf = \mathcal{A}f = 0$ であるから，

$$E^x[f(X_{\tau_U})] = \lim_{k \to \infty} E^x[f(X_{\tau_U \wedge k})]$$
$$= f(x) + \lim_{k \to \infty} E^x\left[\int_0^{\tau_U \wedge k} (Lf)(X_s)ds\right] = f(x)$$

となる． □

もっとも重要な X-調和関数の例を与えよう．

補題 9.2.4 ϕ を ∂D 上の有界可測関数とし，

$$u(x) = E^x[\phi(X_{\tau_D})], \quad x \in D$$

と定義する．このとき u は X-調和である．とくに $\mathcal{A}u = 0$ である．

[証明] u は平均値的である（(7.2.9)参照）．ゆえに，もし $\overline{V} \subset D$ ならば，

$$u(x) = \int_{\partial D} u(y) Q^x[X_{\tau_V} \in dy] = E^x[u(X_{\tau_V})]$$

となる． □

ディリクレ問題の確率論的な設定を述べよう．

確率論的ディリクレ問題
∂D 上の有界可測関数 ϕ に対し，次の性質をもつ D 上の関数 u を見つけよ．

(i)$_S$ u は X-調和である， (9.2.6)

(ii)$_S$ $\lim_{t \uparrow \tau_D} u(X_t) = \phi(X_{\tau_D})$, Q^x-a.s., $x \in D$. (9.2.7)

まず，確率論的ディリクレ問題(9.2.6)，(9.2.7)を解き，その後，元のディリクレ問題(9.2.1)，(9.2.2)との関連について考察しよう．

定理 9.2.5（確率論的ディリクレ問題の解） ϕ を ∂D 上の有界可測関数とする．

a)（存在）

$$u(x) = E^x[\phi(X_{\tau_D})] \qquad (9.2.8)$$

とおく．このとき u は確率論的ディリクレ問題(9.2.6)，(9.2.7)の解である．

b)（一意性）g を D 上の有界関数で，次の2つの性質をもつものとする．
(1) g は X-調和，
(2) $\lim_{t \uparrow \tau_D} g(X_t) = \phi(X_{\tau_D})$ Q^x-a.s., $x \in D$.
このとき $g(x) = E^x[\phi(X_{\tau_D})]$, $x \in D$ となる．

[証明] a)補題 9.2.4 より，(i)$_S$ が成り立つことが従う．$x \in D$ を固定しよう．開集合の増大列 $\{D_k\}$ を $D_k \subset\subset D$, $D = \bigcup_k D_k$ を満たすようにとり，$\tau_k = \tau_{D_k}$, $\tau = \tau_D$ とおく．このとき強マルコフ性より

$$u(X_{\tau_k}) = E^{X_{\tau_k}}[\phi(X_\tau)] = E^x[\theta_{\tau_k}(\phi(X_\tau))|\mathcal{F}_{\tau_k}]$$
$$= E^x[\phi(X_\tau)|\mathcal{F}_{\tau_k}] \quad (9.2.9)$$

となる. $M_k = E^x[\phi(X_\tau)|\mathcal{F}_{\tau_k}]$ は有界 (離散時間) マルチンゲールであるから, マルチンゲール収束定理 (系 C.9 (付録 C)) より, 収束

$$\lim_{k \to \infty} u(X_{\tau_k}) = \lim_{k \to \infty} E^x[\phi(X_\tau)|\mathcal{F}_{\tau_k}] = \phi(X_\tau) \quad (9.2.10)$$

が概収束および $L^p(Q^x)$-収束 ($\forall p < \infty$) の意味で起きる. さらに, (9.2.9) より, $k < k'$ に対し, 確率過程

$$N_t = u(X_{\tau_k \vee (t \wedge \tau_{k'})}) - u(X_{\tau_k}), \quad t \geq 0$$

は $\mathcal{G} = \mathcal{F}_{\tau_k \vee (t \wedge \tau_{k'})}$ に関してマルチンゲールとなる. マルチンゲール不等式より, 任意の $\varepsilon > 0$ に対して次の評価式が成り立つ.

$$Q^x\left[\sup_{\tau_k \leq r \leq \tau_{k'}} |u(X_r) - u(X_{\tau_k})| > \varepsilon\right] \leq \frac{1}{\varepsilon^2} E^x[|u(X_{\tau_{k'}}) - u(X_{\tau_k})|^2].$$

$k' \to \infty$ とし, 有界収束定理と (9.2.10) を用いれば,

$$Q^x\left[\sup_{\tau_k \leq r \leq \tau} |u(X_r) - u(X_{\tau_k})| > \varepsilon\right] \leq \frac{1}{\varepsilon^2} E^x[|\phi(X_\tau) - u(X_{\tau_k})|^2]$$
$$\longrightarrow 0 \quad (k \to \infty) \quad (9.2.11)$$

となる. (9.2.10) と (9.2.11) から (ii)$_S$ が従う.

b) D_k, τ_k を a) と同様にとる. g が X-調和であるから

$$g(x) = E^x[g(X_{\tau_k})]$$

がすべての k に対して成立する. (2) と有界収束定理より,

$$g(x) = \lim_{k \to \infty} E^x[g(X_{\tau_k})] = E^x[\phi(X_{\tau_D})]$$

となり, 主張を得る. □

最後に元のディリクレ問題 (9.2.1), (9.2.2) について考えよう. この問題の解が必ずしも存在しないことはすでに見た. しかし, もし正則境界点と呼ばれる境界点 $y \in \partial D$ に対してのみ条件 (9.2.2) が成り立つことを要請するなら

ば，非常に多くの拡散過程 X_t に対して(任意の領域 D に対して)ディリクレ問題の解が存在することを証明できる．正則点を定義し結果を詳しく述べる前に，次の補題を準備する必要がある(以前と同様に $\mathcal{M}_t, \mathcal{M}_\infty$ は，それぞれ $\{X_s; s \leq t\}, \{X_s; s \geq 0\}$ により生成される σ-加法族を表す)．

補題 9.2.6 (0-1 法則) $H \in \bigcap_{t>0} \mathcal{M}_t$ とする．このとき，$Q^x(H) = 0$，もしくは $Q^x(H) = 1$ のいずれかが成り立つ．

[証明] マルコフ性(7.2.5)より，任意の有界な $\mathcal{M}_\infty$-可測関数 $\eta : \Omega \to \mathbf{R}^n$ に対し
$$E^x[\theta_t \eta | \mathcal{M}_t] = E^{X_t}[\eta]$$
となる．これより，
$$\int_H \theta_t \eta \cdot dQ^x = \int_H E^{X_t}[\eta] dQ^x, \quad \forall t$$
を得る．まず有界連続関数 $g_i, 1 \leq i \leq k$ を用いて $\eta = \eta_k = g(X_{t_1}) \cdots g(X_{t_k})$ と表されると仮定しよう．このとき $t \to 0$ とすれば，フェラー連続性(補題 8.1.4)と有界収束定理より，
$$\int_H \eta dQ^x = \lim_{t \to 0} \int_H \theta_t \eta dQ^x = \lim_{t \to 0} \int_H E^{X_t}[\eta] dQ^x = Q^x(H) E^x[\eta]$$
である．一般の可測関数 η をこのような η_k で近似すれば，結局，すべての有界な $\mathcal{M}_\infty$-可測関数 η に対し
$$\int_H \eta dQ^x = Q^x(H) E^x[\eta]$$
が成り立つ．この式に $\eta = \mathcal{X}_H$ を代入すれば，$Q(H) = Q(H)^2$ となる．これより主張を得る． □

系 9.2.7 $y \in \mathbf{R}^n$ とする．このとき
$$Q^y[\tau_D = 0] = 0 \quad \text{もしくは} \quad Q^y[\tau_D = 0] = 1$$
のいずれかが成り立つ．

[証明] $H = \{\omega; \tau_D = 0\} \in \bigcap_{t>0} \mathcal{M}_t$ である． □

言い換えると，y から出発したほとんどすべての経路 X_t がしばらくは D 内に留まるか，もしくは y から出るほとんどすべての経路 X_t が直ちに D から流出するかのいずれかである．後者の場合に点 y を正則点と呼ぶことにする．すなわち，次のように定義する．

定義 9.2.8 点 $y \in \partial D$ が D の (X_t に関する) 正則 (**regular**) な点であるとは

$$Q^y[\tau_D = 0] = 1$$

が成り立つことを言う．そうでないとき，y は非正則 (**irregular**) であると言う．

例 9.2.9 系 9.2.7 は一見信じがたい主張に思えるかもしれない．たとえば，X_t が 2 次元ブラウン運動 B_t で，$\overline{D}$ が正方形 $[0,1] \times [0,1]$ であるとすれば，$(\frac{1}{2}, 0)$ から出発する経路の半分はしばらく上半平面に滞在し，残りの半分はしばらく下半平面に滞在するように思えるであろう．系 9.2.7 は，このようなことは起きないことを主張している．系によれば，経路はすべてしばらくは D に滞在するか，さもなくばすべて直ちに D を離れてしまう．ブラウン運動の対称性から前者は起こりえない．このようにして，$(\frac{1}{2}, 0)$ は，そして同様にして他のすべての ∂D の点は B_t に関し正則であると言える．

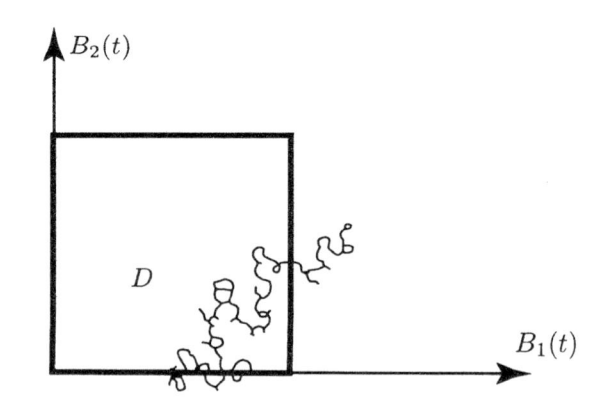

例 9.2.10 $D = [0,1] \times [0,1]$ とし，L を次で与えられる放物型微分作用素と

する(例 7.3.5 をみよ).

$$Lf(t,x) = \frac{\partial f}{\partial t} + \frac{1}{2}\frac{\partial^2 f}{\partial x^2}, \quad (t,x) \in \mathbf{R}^2.$$

対応するドリフト項, 拡散項は次のようになる.

$$b = \begin{pmatrix} 1 \\ 0 \end{pmatrix}, \quad a = (a_{ij}) = \frac{1}{2}\begin{pmatrix} 0 & 0 \\ 0 & 1 \end{pmatrix}.$$

したがって, たとえば $\sigma = \begin{pmatrix} 0 & 0 \\ 1 & 0 \end{pmatrix}$ ととれば, $\frac{1}{2}\sigma\sigma^T = a$ である. よって, 次の確率微分方程式から定まる伊藤拡散過程 X_t が L に対応する.

$$dX_t = \begin{pmatrix} 1 \\ 0 \end{pmatrix} dt + \begin{pmatrix} 0 & 0 \\ 1 & 0 \end{pmatrix} \begin{pmatrix} dB_t^{(1)} \\ dB_t^{(2)} \end{pmatrix}.$$

これより, x を出発する 1 次元ブラウン運動 B_t を用いて

$$X_t = \begin{pmatrix} t + t_0 \\ B_t \end{pmatrix}, \quad X_0 = \begin{pmatrix} t_0 \\ x \end{pmatrix},$$

と表示される. すなわち, 例 7.3.5 で扱ったブラウン運動のグラフにたどり着いた. この場合, ∂D の非正則点の集合は $\{0\} \times (0,1)$ なる開線分であり, この線分以外の点はすべて正則であることは容易に証明できる.

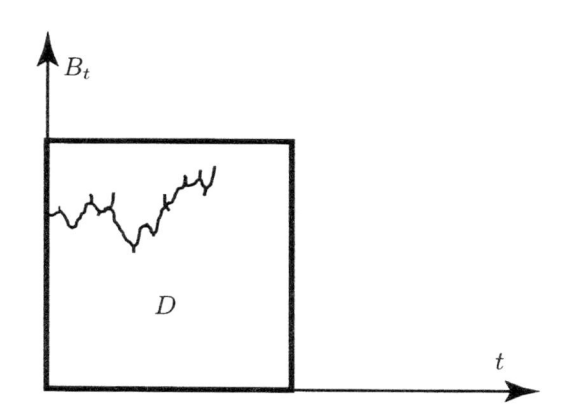

例 9.2.11 $\Delta = \{(x,y); x^2 + y^2 < 1\} \subset \mathbf{R}^2$ とし, $\{\Delta_n\}$ を互いに交わらない $(2^{-n}, 0)$ を中心とする開円盤 D_n の列とする. D を次で定義する.

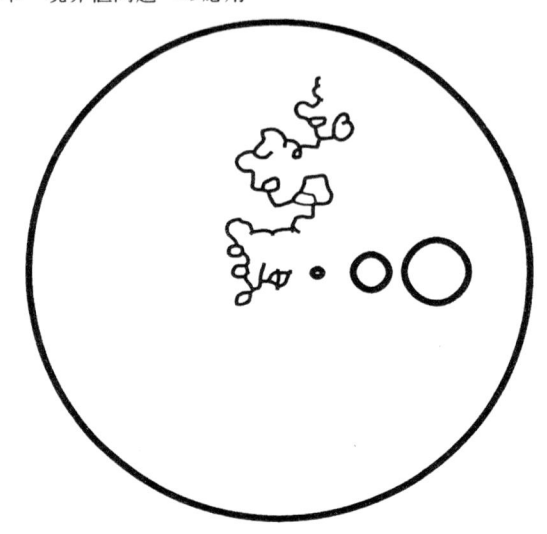

$$D = \Delta \setminus \overline{\left(\bigcup_{n=1}^{n} \Delta_n\right)}.$$

このとき，$\partial\Delta \cup \bigcup_{n=1}^{\infty} \partial\Delta_n$ のすべての点が 2 次元ブラウン運動 B_t に関する D の正則点であることは，例 9.2.9 と同様の議論により容易に証明できる．では，原点 0 はどうであろうか？答えは，円盤 Δ_n の大きさに依存して変わる．正確に言えば，r_n を Δ_n の半径とすると，0 は

$$\sum_{n=1}^{\infty} \frac{n}{\log \frac{1}{r_n}} = \infty \tag{9.2.12}$$

なるとき，およびそのときに限り，D の正則点となる．これは有名なウィナーの判定法から得られる（Port-Stone (1979, p.225) を見よ）．

一般化されたディリクレ問題を定式化しよう．

一般化されたディリクレ問題
領域 $D \subset \mathbf{R}^n$, L, ϕ は先と同様とする．このとき次を満たす $u \in C^2(D)$ を求めよ．

(i) $\quad Lu(x) = 0, \quad \forall x \in D,$ \hfill (9.2.13) (ii)$_r$　すべての正則点 $y \in \partial D$ において $\lim_{\substack{x \to y \\ x \in D}} u(x) = \phi(y)$. 　　(9.2.14)

　まず，X_t が以下で述べる**ハント**(**Hunt**)**の条件**(H)を満たすならば，この一般化されたディリクレ問題の解は定理 9.2.5 で構成した確率論的ディリクレ問題の解に一致することを証明しよう．

　ハントの条件を述べるために，除外集合について説明しよう．可測集合 $G \subset \mathbf{R}^n$ が**尖細**(**thin**)とは，G への到達時刻 $T_G = \inf\{t > 0; X_t \in G\}$ がすべての x に対し $Q^x[T_G = 0] = 0$ を満たす（直感的に言えば，どの点から出発しても確率過程はしばらくは G に到達しない）ことを言う．尖細な集合の可算和として得られる集合を**半極集合**(**semipolar set**)と呼ぶ．可測集合 $F \subset \mathbf{R}^n$ が X_t の**極集合**(**polar set**)であるとは，すべての x に対し $Q^x[T_F < \infty] = 0$ を満たす（直感的には，どの点から出発しても確率過程は F に到達しない）ことを言う．明らかに，極集合は半極集合であるが，半極集合は必ずしも極集合ではない（例 9.2.1 の確率過程を考えよ）．つまり，逆の命題は真でない．ハントの条件(H)とは，逆も成り立つという主張である．

(H)　X_t に関するすべての半極集合が X_t の極集合である．　　(9.2.15)

ブラウン運動はハントの条件(H)を満たす（Blumenthal-Getoor (1968)を見よ）．したがって，拡散項の行列が有界な逆をもち，ドリフト項がノビコフの条件をすべての $T < \infty$ に対して満たす伊藤拡散過程もハントの条件(H)を満足することが，ギルサノフの定理から従う．

　次の結果がディリクレ問題の考察に必要である．証明は Blumenthal-Getoor (1968, Prop. II.3.3)を見よ．

補題 9.2.12 $U \subset D$ を開集合とし，I で U の非正則点の全体を表す．このとき I は半極集合である．

定理 9.2.13 X_t はハントの条件(H)を満たすと仮定する．ϕ を ∂D 上の有界連続関数とする．次の条件を満たす有界な $u \in C^2(D)$ が存在したとせよ．

(i)　$Lu(x) = 0, \quad \forall x \in D,$

(ii)$_r$　すべての正則点 $y \in \partial D$ において $\lim_{\substack{x \to y \\ x \in D}} u(x) = \phi(y)$.

このとき $u(x) = E^x[\phi(X_{\tau_D})]$ となる．

[証明] $\{D_k\}$ を定理 9.1.1 の証明のようにとる．補題 9.2.3b) より u は X-調和関数である．したがって

$$u(x) = E^x[u(X_{\tau_k})], \quad \forall x \in D_k, \forall k$$

を満たす．$k \to \infty$ とすれば，$X_{\tau_k} \to X_{\tau_D}$ である．よって，もし X_{τ_D} が正則点であれば，$u(X_{\tau_k}) \to \phi(X_{\tau_D})$ となる．補題 9.2.12 より，∂D の非正則点全体の集合 I は半極集合である．ハントの条件 (H) から，I は極集合となり，したがって，Q^x-a.s. に $X_{\tau_D} \notin I$ となる．ゆえに，有界収束定理より，次の等式を得る．

$$u(x) = \lim E^x[u(X_{\tau_k})] = E^x[\phi(X_{\tau_D})].$$

$\square$

どのような条件の下，確率論的ディリクレ問題 (9.2.6)，(9.2.7) の解 u は一般化されたディリクレ問題 (9.2.13)，(9.2.14) の解となるのであろうか．これは一般には難しい問題であり，ここでは次のような部分的な解答を与えておこう．

定理 9.2.14 L は D において一様楕円である，すなわち，(a_{ij}) の固有値は D において一様に正であると仮定する．ϕ を ∂D 上の有界連続関数とする．

$$u(x) = E^x[\phi(X_{\tau_D})]$$

とおく．このとき，任意の $\alpha < 1$ に対し $u \in C^{2+\alpha}(D)$ であり，u は一般化されたディリクレ問題 (9.2.13)，(9.2.14) の解である．すなわち，

(i) $Lu(x) = 0, \quad \forall x \in D$,

(ii)$_r$ 任意の正則点 $y \in \partial D$ で $\lim_{\substack{x \to y \\ x \in D}} u(x) = \phi(y)$.

注 非負整数 k，実数 $\alpha > 0$ と開集合 G に対し，$C^{k+\alpha}(D)$ は k 次までの微分がすべて指数 α のヘルダー連続となる G 上の C^k 級関数の全体を表す．

[証明] $\overline{\Delta} \subset D$ となる開球 Δ をとり，$f \in C(\partial \Delta)$ とする．偏微分方程式論

の結果から，任意の $\alpha < 1$ に対して，$u|_\Delta \in C^{2+\alpha}(\Delta)$ で，かつ

$$Lv(x) = 0, \quad \forall x \in \Delta, \tag{9.2.16}$$

$$v(y) = f(y), \quad \forall y \in \partial\Delta \tag{9.2.17}$$

を満たす $\overline{\Delta}$ 上の連続関数 v が存在する（たとえば Dynkin (1965 II, p.226) を見よ）．また，任意の Δ のコンパクト部分集合 K に対し，K と L の係数の C^α-ノルムから定まる定数 C が存在して

$$\|v\|_{C^{2+\alpha}(K)} \leq C(\|Lv\|_{C^\alpha(\Delta)} + \|v\|_{C(\Delta)}) \tag{9.2.18}$$

となる（Bers-John-Schechter (1964, Theorem 3, p.232)参照）．(9.2.16)，(9.2.17)と(9.2.18)を合わせて，

$$\|v\|_{C^{2+\alpha}(K)} \leq C\|f\|_{C(\partial\Delta)} \tag{9.2.19}$$

を得る[1]．一意性（定理 9.2.13）より，$d\mu_x = Q^x[X_{\tau_\Delta} \in dy]$ とおけば

$$v(x) = \int f(y) d\mu_x(y) \tag{9.2.20}$$

となる．(9.2.19)から，次の評価式が従う．

$$\left| \int f d\mu_{x_1} - \int f d\mu_{x_2} \right| \leq C\|f\|_{C(\partial\Delta)} |x_1 - x_2|^\alpha, \quad x_1, x_2 \in K. \tag{9.2.21}$$

(9.2.21)はすべての $f \in C(\partial\Delta)$ に対して成り立つから，

$$\|\mu_{x_1} - \mu_{x_2}\| \leq C|x_1 - x_2|^\alpha, \quad x_1, x_2 \in K \tag{9.2.22}$$

となる．ただし $\|\ \|$ は $\partial\Delta$ 上の測度（を $C(\partial\Delta)$ 上の線形作用素と見なしたとき）の作用素ノルムである．ゆえに，もし g を $\partial\Delta$ 上の有界可測関数とすれば

$$\widehat{g}(x) = \int g(y) d\mu_x(y) = E^x[g(X_{\tau_\Delta})]$$

は $C^\alpha(K)$ に属すると言える．$\overline{U} \subset D$ なるすべての開集合 U とすべての $x \in U$ に対して $u(x) = E^x[u(X_{\tau_U})]$ という関係式が成り立つから（補題 9.2.4），$g = u$ として上を用いて，任意のコンパクト部分集合 $M \subset D$ に対

---

[1] (9.2.16)，(9.2.17)とディンキンの公式から $\|u\|_{C(\Delta)} \leq \|f\|_{C(\partial\Delta)}$．

し $u \in C^\alpha(M)$ となることが言える.

$f = u$ としてもう一度 (9.2.16),(9.2.17) の考察を適用すると,任意のコンパクト集合 $M \subset D$ に対して

$$u(x) = E^x[u(X_{\tau_D})] \quad \text{は } C^{2+\alpha}(M) \text{ に属する}$$

ということが結論できる.したがって,補題 9.2.3a) より,(i) が成り立つ.

(ii)$_\text{r}$ を証明するために,次の放物型方程式に関する結果を用いる (Dynkin (1965 II, Theorem 0.4, p.227) を見よ).『コルモゴロフの後退方程式

$$Lv = \frac{\partial v}{\partial t}$$

は,$(t, x, y) \in (0, \infty) \times \mathbf{R}^n \times \mathbf{R}^n$ に関して連続かつ,各 $t > 0$ ごとに (x, y) について有界となる基本解 $v = p(t, x, y)$ をもつ.』これから X_t は強フェラー過程であることが言える.つまり,すべての $t > 0$ とすべての有界可測関数 f に対して,写像

$$x \to E^x[f(X_t)] = \int_{\mathbf{R}^n} f(y) p(t, x, y) dy$$

は連続となる.さらに,次の事実が知られている (Dynkin (1965 II, Theorem 13.3, p.32~33) を見よ).

『もし X_t が強フェラーな伊藤拡散過程で,$D \subset \mathbf{R}^n$ が開集合ならば,すべての正則点 $y \in \partial D$ と $\phi \in C(\partial D)$ に対して

$$\lim_{\substack{x \to y \\ x \in D}} E^x[\phi(X_{\tau_D})] = \phi(y) \text{ が成り立つ.}』 \qquad (9.2.23)$$

したがって u は (ii)$_\text{r}$ を満たす. $\square$

例 9.2.15 条件 (9.1.3) は一般には必ずしも成り立たないことを例 9.2.1 ですでに見た.ここでは条件 (9.1.3) は,たとえ L が楕円型であっても成り立たない場合があることを見よう.例 9.2.11 をもう一度考える.そして,原点 0 が正則でないと仮定する.関数 $\phi \in C(\partial D)$ を

$$\phi(0) = 1,\ 0 \leq \phi(y) < 1, \quad y \in \partial D \setminus \{0\}$$

となるように選ぶ.1 点集合 $\{0\}$ は B_t の極集合である (問題 9.7a) から,$B^0_{\tau_D} \neq$

0 a.s. となる．したがって，

$$u(0) = E^0[\phi(B_{\tau_D})] < 1.$$

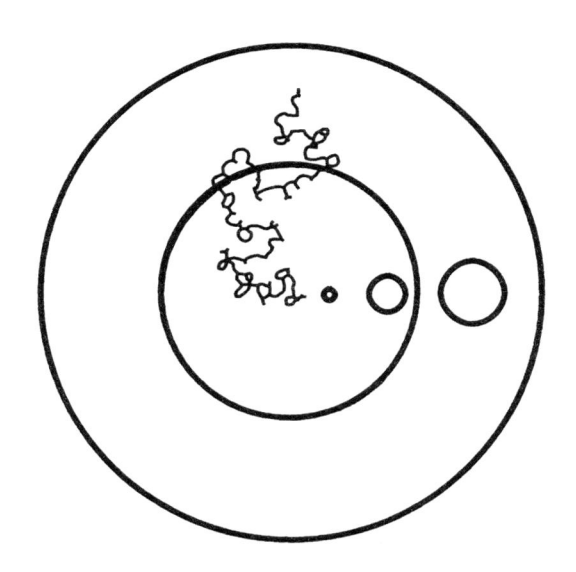

さて

$$\sigma_k = \inf\left\{t > 0; B_t \notin D \cap \left\{|x| < \frac{1}{k}\right\}\right\}$$

とおき，平均値性(7.2.9)を少し拡張すれば(問題 9.4 を見よ)，

$$E^0[u(B_{\sigma_k})] = E^0[\phi(B_{\tau_D})] = u(0) < 1 \qquad (9.2.24)$$

を得る．これは $x \to 0$ とするとき $u(x) \to 1$ とはならないことを導く．したがって，(9.1.3)は成り立たない．

ブラウン運動に対する正則点は，古典的ポテンシャル論の意味での正則点と一致することが証明できる．つまり，ブラウン運動の正則点は，任意の $\phi \in C(\partial D)$ に付随する一般化されたペロン=ウィナー=ブルロ(Perron-Wiener-Brelot)の解の境界値が $\phi(y)$ に一致するような境界点 $y \in \partial D$ に他ならない．詳しくは，Doob (1984)，Port-Stone (1979)，もしくは Rao (1977)を見よ．

例 9.2.16 $R \in \mathbf{R}$ とし，領域 D を
$$D = \{(t,x) \in \mathbf{R}^2; x < R\}$$
と定める．L を
$$Lf(t,x) = \frac{\partial f}{\partial t} + \frac{1}{2}\frac{\partial^2 f}{\partial x^2}, \quad f \in C^2(D)$$
なる微分作用素とする．$C_0^2(\mathbf{R}^2)$ 上生成作用素が L と一致する伊藤拡散過程は
$$X_t = (s+t, B_t), \quad t \geq 0$$
であり (例 9.2.10 を見よ)，すべての ∂D の点はこの確率過程の正則点である．この場合に (9.1.14) が満たされること，すなわち
$$\tau_D < \infty \quad \text{a.s.}$$
となることを示すのは難しくない (問題 7.4 を見よ)．
 ϕ を $\partial D = \{(t,R); t \in \mathbf{R}\}$ 上の有界連続関数とする．このとき，定理 9.2.5 より
$$u(s,x) = E^{s,x}[\phi(X_{\tau_D})]$$
は確率論的ディリクレ問題 (9.2.6)，(9.2.7) の解である．ただし，$E^{s,x}$ は (s,x) から出る X の確率法則 $Q^{s,x}$ に関する期待値を表している．u はディリクレ問題 (9.2.13)，(9.2.14) の解となるであろうか？これについて考えてみよう．
 X が D から流出する際の ∂D 上の通過点の分布，すなわち，B_t が初めて値 R に到達する時刻 $t = \hat{\tau}$ の分布を，ラプラス変換を用いて求めることができる (Karlin-Taylor (1975, p.363) を見よ．また，問題 7.19 も見よ)．実際，
$$g(x,t) = \begin{cases} (R-x)(2\pi t^3)^{-1/2} \exp\left(-\frac{(R-x)^2}{2t}\right), & t > 0, \\ 0, & t \leq 0, \end{cases} \quad (9.2.25)$$
とおけば，
$$P^x[\hat{\tau} \in dt] = g(x,t)dt$$
となる．これより解 u は
$$u(s,x) = \int_0^\infty \phi(s+t, R)g(x,t)dt = \int_s^\infty \phi(r, R)g(x, r-s)dr$$

と表される.

この表現から，$\frac{\partial u}{\partial t}$, $\frac{\partial^2 u}{\partial x^2}$ はともに連続であると言える．よって，補題 9.2.3 から $Lu = 0$ となることが従う．ゆえに u は (9.2.13) を満たす．(9.2.14) はどうであろうか？容易に分かるように，任意の $t > 0$ と (t, x)-可測有界関数 f に対し

$$E^{t_0,x}[f(X_t)] = (2\pi t)^{-\frac{1}{2}} \int_{\mathbf{R}} f(t_0 + t, y) \exp\left(-\frac{|x-y|^2}{2t}\right) dy$$

が成り立つ．とくに，X_t は強フェラー過程ではない．したがって，(9.2.14) を証明するために，(9.2.23) を用いることはできない．しかし，もし $y = R$, $t_1 > 0$ ならば，任意の $\varepsilon > 0$ に対して $\delta > 0$ が存在して「$|x - y| < \delta$, $|t - t_1| < \delta \Rightarrow Q^{t,x}[X_{\tau_D} \in N] \geq 1 - \varepsilon$」となることを直接証明できる (Itô-McKean (1965, p.25))．ただし，$N = [t_1 - \varepsilon, t_1 + \varepsilon] \times \{y\}$ である．これより，(9.2.14) が従う．

注 上の例（そして例 9.2.1）から分かるように，伊藤拡散過程は必ずしも**強フェラー過程**というわけではない．しかし，つねにフェラー過程ではある（補題 8.1.4）．

§9.3 ポアソン問題

$L = \sum a_{ij} \frac{\partial^2}{\partial x_i \partial x_j} + \sum b_i \frac{\partial}{\partial x_i}$ を領域 $D \subset \mathbf{R}^n$ 上の半楕円型偏微分作用素とし，X_t を (9.1.4), (9.1.5) で与えられる対応する伊藤拡散過程とする．この節ではポアソン問題 (9.2.3), (9.2.4) を考える．節 9.2 と同様の理由により，次のように問題を一般化する．

一般化されたポアソン問題
与えられた D 上の連続関数 g に対し次の性質を満たす D 上の C^2-関数 v を見つけよ．

a) $\quad Lv(x) = -g(x), \quad \forall x \in D,$ \hfill (9.3.1)

b) $\quad$ 任意の正則点 $y \in \partial D$ において $\lim\limits_{\substack{x \to y \\ x \in D}} v(x) = 0.$ \hfill (9.3.2)

前と同様に，まず問題の確率論的変形を考え，その後確率論的な解と（存在す

るならば)(9.3.1), (9.3.2)の解との関連を考察する.

定理 9.3.1（確率論的ポアソン問題の解）関係式

$$E^x\left[\int_0^{\tau_D}|g(X_s)|ds\right]<\infty,\quad \forall x\in D \qquad (9.3.3)$$

が成り立つとする（たとえば，g が有界で $E^x[\tau_D]<\infty, \forall x\in D$ ならば，この条件は満たされる）．

$$v(x)=E^x\left[\int_0^{\tau_D}g(X_s)ds\right] \qquad (9.3.4)$$

と定義する．このとき，次の関係式が成り立つ．

$$\mathcal{A}v(x)=-g(x),\quad \forall x\in D, \qquad (9.3.5)$$

$$\lim_{t\uparrow\tau_D}v(X_t)=0\quad Q^x\text{-a.s.},\quad \forall x\in D. \qquad (9.3.6)$$

[証明] $x\in U\subset\subset D$ なる開集合 U をとり，$\eta=\int_0^{\tau_D}g(X_s)ds, \tau=\tau_U$ とおく．このとき，強マルコフ性(7.2.5)より

$$\frac{E^x[v(X_\tau)]-v(x)}{E^x[\tau]}=\frac{1}{E^x[\tau]}(E^x[E^{X_\tau}[\eta]]-E^x[\eta])$$
$$=\frac{1}{E^x[\tau]}(E^x[E^x[\theta_\tau\eta|\mathcal{F}_\tau]]-E^x[\eta])=\frac{1}{E^x[\tau]}(E^x[\theta_\tau\eta-\eta])$$

となる．η を

$$\eta^{(k)}=\sum g(X_{t_i})\mathcal{X}_{\{t_i<\tau_D\}}\Delta t_i$$

という形の確率変数で近似する．(7.2.6)を導いた変形により

$$\theta_t\eta^{(k)}=\sum g(X_{t_i+t})\mathcal{X}_{\{t_i+t<\tau_D^t\}}\Delta t_i,\quad \forall k$$

となるので，結局

$$\theta_\tau\eta=\int_\tau^{\tau_D}g(X_s)ds \qquad (9.3.7)$$

である．したがって，g が連続であるから，$U\downarrow x$ とすれば

$$\frac{E^x[v(X_\tau)]-v(x)}{E^x[\tau]}=\frac{-1}{E^x[\tau]}E^x\left[\int_0^\tau g(X_s)ds\right]\to -g(x)$$

となる．よって(9.3.5)が示された[2]．

$H(x) = E^x[\int_0^{\tau_D} |g(X_s)|ds]$ とおく．D_k, τ_k を定理9.2.5の証明と同様に定義する．このとき，上と同様の議論により，次の表示を得る．

$$H(X_{\tau_k \wedge t}) = E^x\left[\int_0^{\tau_D} |g(X_s)|ds \Big| \mathcal{F}_{\tau_k \wedge t}\right] - \int_0^{\tau_k \wedge t} |g(s)|ds.$$

マルチンゲール収束定理(系C.9)を適用すれば，$\lim_{t \uparrow \tau_D} H(X_t) = 0$ となる．よって，(9.3.6)が従う． □

注 (9.3.3)を満たす関数 g に対して，作用素 $\mathcal{R}$ を

$$(\mathcal{R}g)(x) = \check{g}(x) = E^x\left[\int_0^{\tau_D} g(X_s)ds\right]$$

で定義する．このとき(9.3.5)は

$$\mathcal{A}(\mathcal{R}g) = -g \tag{9.3.8}$$

と書きかえられる．つまり，作用素 $-\mathcal{R}$ は $\mathcal{A}$ の右逆作用素となっている．

$$\mathcal{R}_\alpha g(x) = E^x\left[\int_0^{\tau_D} e^{-\alpha s}g(X_s)ds\right], \quad \alpha \geq 0 \tag{9.3.9}$$

と定義すれば，定理8.1.5の証明と同様にして，

$$(\mathcal{A} - \alpha)\mathcal{R}_\alpha g = -g, \quad \alpha \geq 0 \tag{9.3.10}$$

という関係式を得る($\alpha > 0$ のときは，仮定(9.3.3)を，g は有界(そして連続)という仮定におき換えてもよい)．

このように，作用素 $\mathcal{R}_\alpha$ を8章で扱ったレゾルベント作用素 R_α の一般化と見なすことができ，さらに式(9.3.10)を定理8.1.5b)の類似と思える．

次に，一般化された問題(9.3.1)，(9.3.2)の解 v が存在するならば，そのとき v は確率論的変形(9.3.5)，(9.3.6)の解(9.3.4)となることを証明しよう．

定理 9.3.2 (ポアソン方程式に対する一意性定理) X_t はハントの条件(H)，つまり(9.2.15)を満たすと仮定する．さらに(9.3.3)が成り立つとする．ま

---

[2] x がわなのときは，(9.3.3)より $g(x) = 0$ である．

た，$v \in C^2(D)$ と定数 C が存在して，3 条件

$$|v(x)| \leq C\left(1 + E^x\left[\int_0^{\tau_D} |g(X_s)|ds\right]\right), \quad \forall x \in D, \qquad (9.3.11)$$

$$Lv(x) = -g(x), \quad \forall x \in D, \qquad (9.3.12)$$

すべての正則点 $y \in \partial D$ において $\displaystyle\lim_{\substack{x \to y \\ x \in D}} v(x) = 0 \qquad (9.3.13)$

を満たすと仮定する．このとき $v(x) = E^x[\int_0^{\tau_D} g(X_s)ds]$ となる．

[証明] D_k, τ_k を定理 9.2.5 の証明と同じように定義する．このとき，ディンキンの公式から，

$$E^x[v(X_{\tau_k})] - v(x) = E^x\left[\int_0^{\tau_k}(Lv)(X_s)ds\right] = -E^x\left[\int_0^{\tau_k} g(X_s)ds\right]$$

となる．(9.3.11) から

$$|v(X_{\tau_k})| \leq C\left(1 + E^{X_{\tau_k}}\left[\int_0^{\tau_D}|g(X_s)|ds\right]\right)$$
$$\leq C\left(1 + E^x\left[\int_0^{\tau_D}|g(X_s)|ds\Big|\mathcal{F}_{\tau_k}\right]\right)$$

となる．この右辺は一様可積分である (Williams (1979, p.142) 参照)．したがって $\{v(X_{\tau_k})\}_{k=1}^\infty$ も一様可積分である．条件 (H) と補題 9.2.12 より X_{τ_D} はほとんど確実に正則点となるから，

$$\lim_{k \to \infty} E^x[v(X_{\tau_k})] = 0$$

となる．優収束定理を用いて，次の関係式を得る．

$$v(x) = \lim_{k \to \infty}\left(E^x[v(X_{\tau_k})] + E^x\left[\int_0^{\tau_k} g(X_s)ds\right]\right) = E^x\left[\int_0^{\tau_D} g(X_s)ds\right].$$
□

最後にディリクレ問題とポアソン問題を融合し，次のような結果を得る．

定理 9.3.3（確率論的ディリクレ=ポアソン混合問題の解）(9.1.14) が成り立つとする．$\phi \in C(\partial D)$ は有界で，$g \in C(D)$ は

$$E^x\left[\int_0^{\tau_D}|g(X_s)|ds\right] < \infty, \quad \forall x \in D \qquad (9.3.14)$$

を満たすとする．関数 w を

$$w(x) = E^x[\phi(X_{\tau_D})] + E^x\left[\int_0^{\tau_D} g(X_s)ds\right], \quad x \in D \quad (9.3.15)$$

で定義する．

a) このとき，次が成り立つ．

$$\mathcal{A}w(x) = -g(x), \quad \forall x \in D, \quad (9.3.16)$$

$$\lim_{t\uparrow\tau_D} w(X_t) = \phi(X_{\tau_D}), \quad Q^x\text{-a.s.}, \quad \forall x \in D. \quad (9.3.17)$$

b) さらに，もし関数 $w_1 \in C^2(D)$ と定数 C が存在し，

$$|w_1(x)| \le C\left(1 + E^x\left[\int_0^{\tau_D} |g(X_s)|ds\right]\right), \quad x \in D \quad (9.3.18)$$

を満たし，また w_1 が (9.3.16) と (9.3.17) を満たすならば，$w_1 = w$ である．

注 もし L が D 上一様楕円で，g が有界かつ適当な $\alpha > 0$ に対し $g \in C^\alpha(D)$ となるならば，(9.3.15) で与えられる w はディリクレ=ポアソン問題の解となること，すなわち

$$Lw(x) = -g(x), \quad \forall x \in D, \quad (9.3.19)$$

すべての正則点 $y \in \partial D$ において $\lim_{\substack{x \to y \\ x \in D}} w(x) = \phi(y) \quad (9.3.20)$

となることが，定理 9.2.14 と同様の方法で証明できる．

グリーン測度

関係式 (9.3.4) で与えられる解 v は次のように書き換えることができる．

定義 9.3.4 (X_t の D に関する x での) グリーン (**Green**) 測度 $G(x, \cdot)$ を次で定義する．

$$G(x, H) = E^x\left[\int_0^{\tau_D} \mathcal{X}_H(X_s)ds\right] \quad (H \subset \mathbf{R}^n \text{ はボレル集合}). \quad (9.3.21)$$

言い換えれば

$$\int f(y)G(x,dy) = E^x\left[\int_0^{\tau_D} f(X_s)ds\right] \quad (f \text{ は有界かつ連続}). \quad (9.3.22)$$

さらに別の言い方をすれば，$G(x,H)$ は確率過程が D を流出するまでに H に滞在する時間の平均である．もし X_t がブラウン運動であれば，D の古典的グリーン関数 $G(x,y)$ とルベーグ測度 dy により

$$G(x,H) = \int_H G(x,y)dy$$

と表される．Doob (1984)，Port-Stone (1979) もしくは Rao (1977) を見よ．また，例 9.3.6 を参照せよ．

D 上の X_t の**推移測度**を $Q_t^D(x,H) = Q^x[X_t \in H, t < \tau_D]$ とおく．フビニの定理により，次のようなグリーン測度と推移測度の関係が得られる．

$$G(x,H) = E^x\left[\int_0^\infty \mathcal{X}_H(X_s) \cdot \mathcal{X}_{[0,\tau_D)}(s)ds\right] = \int_0^\infty Q_t^D(x,H)dt. \quad (9.3.23)$$

(9.3.22) から

$$v(x) = E^x\left[\int_0^{\tau_D} g(X_s)ds\right] = \int_D g(y)G(x,dy) \quad (9.3.24)$$

という関係式が従う．これは，（ラプラシアンに付随する）古典的ポアソン方程式の解の，よく知られた表示である．

グリーン関数を用いると，ディンキンの公式を古典的なグリーンの公式の一般化と見なすことができる．

系 9.3.5 (グリーンの公式) すべての $x \in D$ に対し $E^x[\tau_D] < \infty$ と仮定する．$f \in C_0^2(\mathbf{R}^n)$ をとる．このとき

$$f(x) = E^x[f(X_{\tau_D})] - \int_D (L_X f)(y)G(x,dy) \quad (9.3.25)$$

が成り立つ．とくに，$f \in C_0^2(D)$ ならば，

$$f(x) = -\int_D (L_X f)(y)G(x,dy) \quad (9.3.26)$$

となる（これまでと同様に，$dX_t = b(X_t)dt + \sigma(X_t)dB_t$ としたとき，$L_X =$

$\sum b_i \frac{\partial}{\partial x_i} + \frac{1}{2}\sum (\sigma\sigma^T)_{ij}\frac{\partial^2}{\partial x_i \partial x_j}$ である).

[証明] ディンキンの公式と (9.3.24) より

$$E^x[f(X_{\tau_D})] = f(x) + E^x\left[\int_0^{\tau_D}(L_X f)(X_s)ds\right]$$
$$= f(x) + \int_D (L_X f)(y) G(x,dy)$$

となる. □

注 (9.3.8) と (9.3.26) を合わせると,もしすべてのコンパクト集合 K と $x \in D$ に対し $E^x[\tau_K] < \infty$ が成り立つならば,$-\mathcal{R}$ は作用素 $\mathcal{A}$ の $C_0^2(D)$ における逆作用素となることが言える.つまり

$$\mathcal{A}(\mathcal{R}f) = \mathcal{R}(\mathcal{A}f) = -f, \quad \forall f \in C_0^2(D) \tag{9.3.27}$$

が成立する.より一般に,任意の $\alpha \geq 0$ に対して,次のような定理 8.1.5 に類似した関係式が成り立つ.

$$(\mathcal{A}-\alpha)(\mathcal{R}_\alpha f) = \mathcal{R}_\alpha(\mathcal{A}-\alpha)f = -f, \quad \forall f \in C_0^2(D). \tag{9.3.28}$$

この関係式のうち,はじめの等式はすでに (9.3.10) で証明した.後の等式は,次の拡張されたディンキンの公式から従う.

$$E^x[e^{-\alpha\tau}f(X_\tau)] = f(x) + E^x\left[\int_0^\tau e^{-\alpha s}(\mathcal{A}-\alpha)f(X_s)ds\right]. \tag{9.3.29}$$

もし $\alpha > 0$ ならば,この関係式は任意の停止時刻 $\tau \leq \infty$ と $f \in C_0^2(D)$ に対して成立する (問題 9.6 を見よ).

例 9.3.6 $X_t = B_t$ が 1 次元ブラウン運動のとき,有界区間 $(a,b) \subset \mathbf{R}$ に関するグリーン関数 $G(x,y)$ を求めよう.このため,有界連続関数 $g : (a,b) \to \mathbf{R}$ をとり,

$$v(x) := E^x\left[\int_0^{\tau_D} g(B_t)dt\right]$$

を計算する.系 9.1.2 より v は微分方程式

$$\frac{1}{2}v''(x) = -g(x), \quad x \in (a,b),$$

の解である．2回積分をとり，境界条件を代入すると，

$$v(x) = \frac{2(x-a)}{b-a}\int_a^b\left(\int_a^y g(z)dz\right)dy - 2\int_a^x\left(\int_a^y g(z)dz\right)dy$$

となる．積分の順序を交換して

$$v(x) = \int_a^b g(y)G(x,y)dy$$

を得る．ただし，

$$G(x,y) = \frac{2(x-a)(b-y)}{b-a} - 2(x-y)\cdot \mathcal{X}_{(-\infty,x)}(y). \tag{9.3.30}$$

これより，区間 (a,b) に関するブラウン運動のグリーン関数は (**9.3.30**) で与えられると言える．

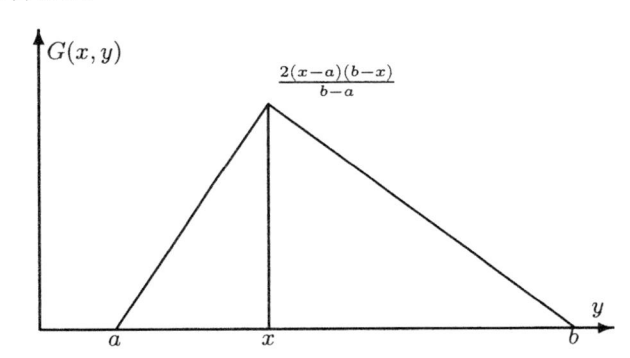

n 次元空間 $(n \geq 2)$ における x から出発するブラウン運動のグリーン関数 $y \mapsto G(x,y)$ は x に関して連続ではない．$n=2$ のときは対数型の特異点（すなわち $\ln\frac{1}{|x-y|}$ というオーダーの特異点），$n \geq 3$ のときは $|x-y|^{2-n}$ というオーダーの特異点をもつ．

問題

9.1 以下に述べるそれぞれの場合に，生成作用素が L と C_0^2 上一致する伊藤拡散過程を (1つ) 求めよ．

a) $Lf(t,x) = \alpha \frac{\partial f}{\partial t} + \frac{1}{2}\beta^2 \frac{\partial^2 f}{\partial x^2}$ (α, β は定数).
b) $Lf(x_1, x_2) = a\frac{\partial f}{\partial x_1} + b\frac{\partial f}{\partial x_2} + \frac{1}{2}(\frac{\partial^2 f}{\partial x_1^2} + \frac{\partial^2 f}{\partial x_2^2})$ (a, b は定数).
c) $Lf(t,x) = \alpha x f'(x) + \frac{1}{2}\beta^2 f''(x)$ (α, β は定数).
d) $Lf(t,x) = \alpha x f'(x) + \frac{1}{2}\beta^2 x^2 f''(x)$ (α, β は定数).
e) $Lf(x_1, x_2) = \ln(1+x_1^2)\frac{\partial f}{\partial x_1} + x_2 \frac{\partial f}{\partial x_2} + x_2^2 \frac{\partial^2 f}{\partial x_1^2} + 2x_1 x_2 \frac{\partial^2 f}{\partial x_1 \partial x_2} + 2x_1^2 \frac{\partial^2 f}{\partial x_2^2})$.

9.2 定理 9.3.3 を適用して次の境界値問題の解を求めよ.

(i) $\begin{cases} \frac{\partial u}{\partial t} + \frac{1}{2}\frac{\partial^2 u}{\partial x^2} = e^{\rho t}\phi(x), & 0 < t < T, \ x \in \mathbf{R}, \\ u(T, x) = \psi(x), & x \in \mathbf{R}. \end{cases}$
(ϕ, ψ は有界連続関数).

(ii) $\begin{cases} \alpha x u'(x) + \frac{1}{2}\beta^2 x^2 u''(x) = 0, & 0 < x < x_0, \\ u(x_0) = x_0^2. \end{cases}$
(α, β は定数で $\alpha \geq \frac{1}{2}\beta^2$ を満たす).

(iii) もし $\alpha < \frac{1}{2}\beta^2$ ならば (ii) には無数の有界な解が存在し, 一意性を言うためには, たとえば $x = 0$ での境界条件を付加しなければならない. このことを定理 9.3.3 の観点から説明せよ.

9.3 ブラウン運動を使って次の 2 つの境界値問題の解を書き下し, そして比較せよ.

a) $\begin{cases} \frac{\partial u}{\partial t} + \frac{1}{2}\Delta u = 0, & 0 < t < T, \ x \in \mathbf{R}^n, \\ u(T, x) = \phi(x), & x \in \mathbf{R}^n. \end{cases}$

b) $\begin{cases} \frac{\partial u}{\partial t} - \frac{1}{2}\Delta u = 0, & 0 < t < T, \ x \in \mathbf{R}^n, \\ u(0, x) = \psi(x), & x \in \mathbf{R}^n. \end{cases}$

9.4 G, H を $G \subset H$ なる $\mathbf{R}^n$ の有界開部分集合とし, B_t を n 次元ブラウン運動とする. B_t に対するハントの条件 (H) を用いて

$$\inf\{t > 0; B_t \notin H\} = \inf\{t > \tau_G; B_t \notin H\}$$

となることを, すなわち, (7.2.6) の記号を用いれば

$$\tau_H = \tau_H^\alpha, \quad (\text{ただし } \alpha = \tau_G)$$

となることを証明せよ．これを用いて $X_t = B_t$ ならば，平均値定理(7.2.9)はすべての有界開集合 $G \subset H$ に対して成り立つこと，したがって $G \subset\subset H$ でなくてもよいことを証明せよ．これにより(9.2.24)が証明される．

9.5（ラプラシアンの固有値）$D \subset \mathbf{R}^n$ を有界開集合とし，$\lambda \in \mathbf{R}$ とする．

a) 恒等的に零とはならない $u \in C^2(D) \cap C(\overline{D})$ で

$$\begin{cases} -\frac{1}{2}\Delta u(x) = \lambda u(x), & \forall x \in D, \\ u(y) = 0, & \forall y \in \partial D \end{cases} \tag{9.3.31}$$

なるものが存在したとする．このとき $\lambda > 0$ となることを証明せよ．（ヒント．

$$\langle u, v \rangle = \int_D u(x)v(x)dx$$

とおけば，D 上 $\frac{1}{2}\Delta u = \lambda u$ なる u は

$$\left\langle \frac{1}{2}\Delta u, u \right\rangle = \langle -\lambda u, u \rangle$$

を満たす．これに部分積分の公式を適用せよ．)

b) D が滑らかならば，$\lambda_n \to \infty$ なる増大列 $0 < \lambda_0 < \lambda_1 < \cdots < \lambda_n < \cdots$ が存在し，(9.3.31)はいずれかの n について $\lambda = \lambda_n$ のとき，およびそのときに限り成立することが知られている．$\{\lambda_n\}$ を作用素 $-\frac{1}{2}\Delta$ の固有値と言い，対応する（非自明な）(9.3.31)の解 u_n を**固有関数**と呼ぶ．最小固有値 λ_0 は興味深い確率論的な意味を持っている．これについて述べよう．$\tau = \tau_D = \inf\{t > 0; B_t \notin D\}$, $\rho > 0$ とし，

$$w_\rho(x) = E^x[\exp(\rho\tau)], \quad x \in D$$

と定義する．もしすべての $x \in D$ に対し $w_\rho(x) < \infty$ となるならば，ρ は $-\frac{1}{2}\Delta$ の固有値ではないことを証明せよ．（ヒント．u を $\lambda = \rho$ としたときの(9.3.31)の解とせよ．確率過程 $dY_t = (dt, dB_t)$ と関数 $f(t,x) = e^{\rho t}u(x)$ にディンキンの公式を適用して，すべての $x \in D$ に対し $u(x) = 0$ となることを証明せよ．)

c) b)から
$$\lambda_0 \geq \sup\{\rho; E^x[\exp(\rho\tau)] < \infty, \forall x \in D\}$$
となることを結論せよ(実際は等号が成り立つ．たとえば Durrett (1984, Chap. 8B)を見よ)．

9.6 関係式(9.3.29)を，たとえば確率過程
$$dY_t = \begin{pmatrix} dt \\ dX_t \end{pmatrix}$$
と関数 $g(y) = g(t,x) = e^{-\alpha t}f(x)$ にディンキンの公式を適用して証明せよ．

9.7 a) B_t を $\mathbf{R}^2$ 上のブラウン運動とする．次式を証明せよ
$$P^x[\exists t > 0; B_t = y] = 0, \quad \forall x, y \in \mathbf{R}^2.$$
(ヒント．まず，$x \neq y$ と仮定せよ．$y = 0$ としても一般性を失わない．$0 < \rho < R$ をとり，$f(u) = \ln|u|$ と $\tau = \inf\{t > 0; |B_t| \leq \rho$ もしくは $|B_t| \geq R\}$ としてディンキンの公式を用いよ．$\rho \to 0$ とし，その後 $R \to \infty$ とせよ．$x = y$ のときは，$P^x[\exists t > \varepsilon; B_t = x]$ をマルコフ性を用いて評価せよ.)

b) $B_t = (B_t^{(1)}, B_t^{(2)})$ を $\mathbf{R}^2$ 上のブラウン運動とする．$\widetilde{B}_t = (-B_t^{(1)}, B_t^{(2)})$ もまたブラウン運動となることを示せ．

c) $0 \in \mathbf{R}^2$ は領域
$$D = \{(x_1, x_2) \in \mathbf{R}^2; x_1^2 + x_2^2 < 1\} \setminus \{(x_1, 0); x_1 \geq 0\}$$
の(ブラウン運動に関する)正則点であることを証明せよ．

d) $0 \in \mathbf{R}^3$ は領域
$$D = \{(x_1, x_2, x_3) \in \mathbf{R}^3; x_1^2 + x_2^2 + x_3^2 < 1\} \setminus \{(x_1, 0, 0); x_1 \geq 0\}$$
の(ブラウン運動に関する)非正則点であることを証明せよ．

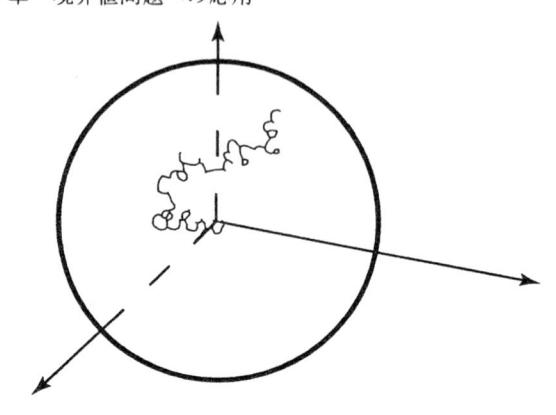

9.8 a)「X_t に関し半極集合ではあるが極集合とはならない可測集合 G が存在する」伊藤拡散過程 X_t と, そのような G の例を挙げよ.

b)「$\bigcup_{k=1}^{\infty} H_k$ は尖細とはならない尖細な集合の可算列 $\{H_k\}$ が存在する」伊藤拡散過程 X_t と, そのような $\{H_k\}$ の例を挙げよ.

9.9 a) X_t を $\mathbf{R}^n$ 上の伊藤拡散過程とし, g を連結開集合 $G \subset \mathbf{R}^n$ 上の定数関数ではない局所有界な実 X-調和関数とする. g は次のような弱い形の**最大値原理**を満たすことを証明せよ.『g は(局所的な, もしくは大域的な)最大値を G 内で実現しない.』(同様に g は**最小値原理**も満たす.)

b) 定数関数でない有界な X-調和関数 g が大域的な最大値をもつ例を挙げよ.

9.10 関数 K, ϕ と定数 $T > 0, \rho > 0, \alpha, \beta$ をとる. 境界値問題

$$\begin{cases} K(x)e^{-\rho t} + \frac{\partial f}{\partial t} + \alpha x \frac{\partial f}{\partial x} + \frac{1}{2}\beta^2 x^2 \frac{\partial^2 f}{\partial x^2} = 0, & x > 0, \ 0 < t < T, \\ f(T, x) = e^{-\rho T}\phi(x), & x > 0, \end{cases}$$

の(確率論的な)解 $f(t, x)$ を求めよ. (ヒント. X_t を幾何学的ブラウン運動とし, $dY_t = (dt, dX_t)$ を考えよ.)

9.11 a) $r \geq 0, \theta \in [0, 2\pi], z = re^{i\theta} \in \mathbf{C}$ ($i = \sqrt{-1}$)に対し, **ポアソン核**は

$$P_r(\theta) = \frac{1 - r^2}{1 - 2r\cos\theta + r^2} = \frac{1 - |z|^2}{|1 - z|^2}$$

と定義される. もし D が平面 $\mathbf{R}^2 = \mathbf{C}$ 内の単位円盤で, $h \in C(\overline{D})$ が

D 上 $\Delta h = 0$ を満たすならば，
$$h(re^{i\theta}) = \frac{1}{2\pi}\int_0^{2\pi} P_r(t-\theta)h(e^{it})dt$$
が成り立つ．これをポアソンの公式と言う．$z \in D$ を出発するブラウン運動が D から初めて流出するときに $F \subset \partial D$ を通って出てゆく確率は
$$\frac{1}{2\pi}\int_F P_r(t-\theta)dt$$
で与えられることを証明せよ．

b) 関数
$$w = \phi(z) = i\frac{1+z}{1-z}$$
は円盤 $D = \{|z|<1\}$ を上半平面 $H = \{w = u+iv; v > 0\}$ に等角に移す．さらに $\phi(\partial D) = \mathbf{R}$, $\phi(0) = i$ である．

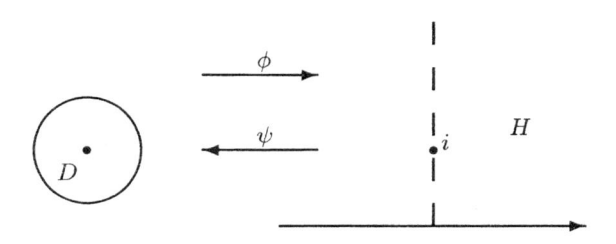

上半平面に対するブラウン運動の点 $i = (0,1)$ における調和測度を μ とすれば，
$$\int_{\mathbf{R}} f(\xi)d\mu(\xi) = \frac{1}{2\pi}\int_0^{2\pi} f(\phi(e^{it}))dt = \frac{1}{2\pi i}\int_{\partial D} \frac{f(\phi(z))}{z}dz$$
となることを，例 8.5.9 を使って証明せよ．

c) $w = \phi(z)$ (つまり $z = \phi(w) := \phi^{-1}(w) = \frac{w-i}{w+i}$) を上の積分に代入して
$$\int_{\mathbf{R}} f(\xi)d\mu(\xi) = \frac{1}{\pi}\int_{\partial H} f(w)\frac{dw}{|w-i|^2} = \frac{1}{\pi}\int_{-\infty}^{\infty} f(x)\frac{dx}{x^2+1}$$
という関係式を示せ．

d) H でのブラウン運動の点 $w = u+iv \in H$ における調和測度 μ_H^w は

$$d\mu_H^w(x) = \frac{1}{\pi} \cdot \frac{v}{(x-u)^2 + v^2} dx$$

で与えられることを証明せよ．

9.12（境界値問題に対するファインマン=カッツの公式）X_t を $\mathbf{R}^n$ 上の伊藤拡散過程で，その生成作用素は $C_0^2(\mathbf{R}^n)$ 上では偏微分作用素 L と一致するとする．D, ϕ, g を定理 9.3.3 と同じようにとり，$q(x) \geq 0$ を $\mathbf{R}^n$ 上の連続関数とする．次のような境界値問題を考えよう．『次の関係式を満たす $h \in C^2(D) \cap C(\overline{D})$ を求めよ．

$$\begin{cases} Lh(x) - q(x)h(x) = -g(x), & x \in D, \\ \lim_{x \to y} h(x) = \phi(y), & y \in \partial D. \end{cases}$$

もし有界な解 h が存在すれば，

$$h(x) = E^x\left[\int_0^{\tau_D} e^{-\int_0^t q(X_s)ds} g(X_t) dt + e^{-\int_0^{\tau_D} q(X_s)ds} \phi(X_{\tau_D})\right]$$

と表されることを証明せよ（ファインマン=カッツの公式と比較せよ）．（ヒント．定理 8.2.1b) の証明と同様の方法で証明せよ．）

境界値問題の確率論的な解に関するさらに進んだ話題については Freidlin (1985) を見よ．

9.13 $D = (a, b)$ を有界区間とする．

a) $x \in \mathbf{R}$ に対し

$$X_t = X_t^x = x + \mu t + \sigma B_t, \quad t \geq 0$$

とおく．ただし，$\mu, \sigma \neq 0$ は定数である．関数 $\phi : \{a, b\} \to \mathbf{R}$ と，有界連続関数 $g : (a, b) \to \mathbf{R}$ をとる．系 9.1.2 を用いて

$$w(x) := E^x[\phi(X_{\tau_D})] + E^x\left[\int_0^{\tau_D} g(X_t)dt\right]$$

を計算せよ．

b) a) の結果を用いて X_t のグリーン関数 $G(x, y)$ を求めよ．（ヒント．$\phi = 0$ とし，例 9.3.6 を真似て証明せよ．）

9.14 $D = (a, b) \subset (0, \infty)$ を有界区間とし，

$$dX_t = rX_t dt + \alpha X_t dB_t, \quad X_0 = x \in (a, b)$$

を幾何学的ブラウン運動とする．

a) 系 9.1.2 を用いて
$$Q^x[X_{\tau_D} = b]$$
を求めよ．（ヒント．$g = 0$, $\phi(a) = 0$, $\phi(b) = 1$ とせよ．）

b) 関数 $\phi : \{a, b\} \to \mathbf{R}$ と，有界連続関数 $g : (a, b) \to \mathbf{R}$ をとる．系 9.1.2 を用いて
$$w(x) := E^x[\phi(X_{\tau_D})] + E^x\left[\int_0^{\tau_D} g(X_t) dt\right]$$
を計算せよ．（ヒント．$t = \ln x$, $w(x) = h(\ln x)$ という変数変換を用いて，微分方程式
$$\frac{1}{2}\alpha^2 x^2 w''(x) + rxw'(x) = -g(x), \quad x > 0$$
を
$$\frac{1}{2}\alpha^2 h''(t) + \left(r - \frac{1}{2}\alpha^2\right)h'(t) = -g(e^t), \quad t \in \mathbf{R}$$
という微分方程式に変形せよ．）

9.15 a) $D = (a, b) \subset \mathbf{R}$ を有界区間とし，$X_t = B_t$ を 1 次元ブラウン運動とする．関数 $\psi : \{a, b\} \to \mathbf{R}$ と定数 $\rho > 0$ をとる．系 9.1.2 を用いて
$$h(x) = E^x[e^{-\rho \tau_D}\phi(B_{\tau_D})] + E^x\left[\int_0^{\tau_D} e^{-\rho t} B_t^2 dt\right]$$
を計算せよ．（ヒント．伊藤拡散過程
$$dY_t = \begin{pmatrix} dY_t^{(1)} \\ dY_t^{(2)} \end{pmatrix} = \begin{pmatrix} dt \\ dB_t \end{pmatrix} = \begin{pmatrix} 1 \\ 0 \end{pmatrix} dt + \begin{pmatrix} 0 \\ 1 \end{pmatrix} dB_t,$$
$$Y_0 = y = (s, x)$$
を考えよ．このとき $\phi(y) = \phi(s, x) = e^{-\rho s}\psi(x)$, $g(y) = g(s, x) = e^{-\rho s}x^2$,
$$w(s, x) = w(y) = E^y[\phi(Y_{\tau_D})] + E^y\left[\int_0^{\tau_D} g(Y_t) dt\right]$$

とすれば,
$$h(x) = w(0,x)$$
となる. さらに
$$\tau_D = \inf\{t > 0; B_t \notin (a,b)\} = \inf\{t > 0; Y_t^{(2)} \notin (a,b)\}$$
$$= \inf\{t > 0; Y_t \notin \mathbf{R} \times (a,b)\}$$
である. $w(s,x)$ を見つけるために, 境界値問題
$$\begin{cases} \frac{1}{2}\frac{\partial^2 w}{\partial x^2} + \frac{\partial w}{\partial s} = -e^{-\rho s}x^2, & a < x < b, \\ w(s,a) = e^{-\rho s}\psi(a), & w(s,b) = e^{-\rho s}\psi(b), \end{cases}$$
を解け. $w(s,x) = e^{-\rho s}h(x)$ としてみよ.)

b) a) の方法を用いて, $E^x[e^{-\rho \tau_D}]$ を求めよ (問題 7.19 と比較せよ).

 # 第10章

最適停止問題への応用

§10.1 時間的に一様な場合

1章で見た問題5は次に述べる問題の特別な場合となっている．

問題 10.1.1（最適停止問題） 『X_t を $\mathbf{R}^n$ 上の伊藤拡散過程とし，次の性質をもつ $\mathbf{R}^n$ 上の関数（効用関数）g を考える．

a) $g(\xi) \geq 0, \forall \xi \in \mathbf{R}^n,$ (10.1.1)

b) g は連続．

(i) 次の関係式を満たす X_t に関する停止時刻 $\tau^* = \tau^*(x, \omega)$（最適停止時刻と呼ぶ）を見出せ．

$$E^x[g(X_{\tau^*})] = \sup_{\tau} E^x[g(X_\tau)], \quad \forall x \in \mathbf{R}^n. \tag{10.1.2}$$

ただし，上限はあらゆる X_t の停止時刻に関してとる．

(ii) さらに，対応する最適期待効用（最適評価関数）

$$g^*(x) = E^x[g(X_{\tau^*})] \tag{10.1.3}$$

を求めよ．』ここで，$\tau(\omega) = \infty$ なる $\omega \in \Omega$ に対して $g(X_\tau) = 0$ とし，E^x は今までと同様に $X_0 = x \in \mathbf{R}^n$ を出発する確率過程 X_t の分布 Q^x に関する期待値を表している．

X_t は時刻 t におけるゲームの状態，ω はゲームの1つのサンプルと思える．プレーヤーは，任意の時刻 t にゲームを止める権利を持っており，その結果賞金 $g(X_t)$ を得る．当然，さらに大きな賞金を目指してゲームを続けても

よい．もちろん，問題はプレーヤーはゲームがどう進展するかを知らず，何が起きるか，その可能性さえ知らないことである．数学的に言えば，これは，考えうる停止時刻は定義 7.2.1 で与えられたものでなければならないことを意味する．つまり，$\tau \leq t$ であるかどうかは，(X を決める) ブラウン運動 B_r の時刻 t までの挙動，もしくは，X_r の時刻 t までの挙動にのみ依存せねばならない．最適停止問題とは，すべての可能な停止時刻 τ の中から最適な停止時刻 τ^* を求める問題である．言いかえれば，"長い目で見れば" 最良の結果を生む，すなわち (10.1.2) の意味で最大の期待効用を生む停止時刻を求める問題である．

以下では，先の章で行った考察がどのように最適停止問題の解の構成に用いられるかを概観しよう．また，この章の後半では，見かけ上はより一般の問題に見える

$$g^*(s,x) = \sup_{\tau} E^{(s,x)}[g(\tau, X_\tau)] = E^{(s,x)}[g(\tau^*, X_{\tau^*})], \qquad (10.1.4)$$

$$G^*(s,x) = \sup_{\tau} E^{(s,x)}\left[\int_0^\tau f(t, X_t)dt + g(\tau, X_\tau)\right]$$
$$= E^{(s,x)}\left[\int_0^{\tau^*} f(t, X_t)dt + g(\tau^*, X_{\tau^*})\right] \qquad (10.1.5)$$

という形の問題が，問題 (10.1.2)，(10.1.3) に帰着しうることを見る．ただし，f は (適当な条件を満たす) 効用率関数である．

また，g が連続ではない場合，もしくは負の値をとる場合への問題 (10.1.2)，(10.1.3) の拡張についても触れる．

(10.1.2)，(10.1.3) の解を議論するために，基本となる概念について説明しよう．

定義 10.1.2 可測関数 $f : \mathbf{R}^n \to [0, \infty]$ が (X_t に関して) **優平均値的 (supermeanvalued)** であるとは

$$f(x) \geq E^x[f(X_\tau)] \qquad (10.1.6)$$

が任意の停止時刻 τ と $x \in \mathbf{R}^n$ に対して成り立つことを言う．

もし，さらに f が下半連続であれば，f を (X_t に関する) **下半連続な優調**

和(**superharmonic**)関数, もしくは単に**優調和関数**と呼ぶ.

もし $f: \mathbf{R}^n \to [0, \infty]$ が下半連続であれば, ファトウの補題より, P-a.s. に $\tau_k \to 0$ なる任意の停止時刻の列 $\{\tau_k\}$ に対し

$$f(x) \leq E^x[\varliminf_{k\to\infty} f(X_{\tau_k})] \leq \varliminf_{k\to\infty} E^x[f(X_{\tau_k})] \qquad (10.1.7)$$

となる. これと(10.1.6)を合わせれば, (下半連続な)優調和関数 f とすべての上のような停止時刻の列 $\{\tau_k\}$ に対して, 次の関係式が従う.

$$f(x) = \lim_{k\to\infty} E^x[f(X_{\tau_k})]. \qquad (10.1.8)$$

注　1) 優平均値的であるという性質(10.1.6)と確率論的な連続性(10.1.8)をもって X-優調和の定義としている文献もある(たとえば Dynkin (1965 II) を見よ). この弱い定義は9章で定義した X-調和の概念と関連している.

2) もし $f \in C^2(\mathbf{R}^n)$ ならば, X_t に関し f が優調和であるための必要十分条件は

$$\mathcal{A}f \leq 0$$

となることであることが, ディンキンの公式から従う. ただし, $\mathcal{A}$ は X_t の特性作用素である. この条件は, 優調和かどうかを判定する際に, しばしば有効な判定条件となる(例 10.2.1 を見よ).

3) もし $X_t = B_t$ が $\mathbf{R}^n$ 上のブラウン運動ならば, X_t に関する優調和関数は古典的ポテンシャル論で言う(非負)優調和関数と一致する. Doob (1984), Port-Stone (1979) を見よ.

優調和関数, 優平均値的関数のいくつかの有用な性質を挙げておく.

補題 10.1.3　a) もし f が優調和(優平均値的)で $\alpha > 0$ ならば, αf もまた優調和(優平均値的)である.

b) もし f_1, f_2 が優調和(優平均値的)ならば, $f_1 + f_2$ もまた優調和(優平均値的)である.

c) $\{f_j\}_{j\in J}$ は優平均値的関数の族とする (J は任意の集合). このとき $f(x) := \inf_{j\in J}\{f_j(x)\}$ は, もし可測ならば, 優平均値的である.

d) $f_1, f_2, \cdots$ が優調和(優平均値的)であり, 各点で $f_k \uparrow f$ ならば, f もま

た優調和(優平均値的)である.

e) もし f が優調和であり, $\sigma \leq \tau$ が停止時刻ならば, $E^x[f(X_\sigma)] \geq E^x[f(X_\tau)]$ である.

f) もし f が優調和であり, H がボレル集合ならば, $\tilde{f}(x) := E^x[f(X_{\tau_H})]$ は優平均値的である.

[証明] a)と b)は容易に分かる.

c) $f_j, j \in J$, はすべて優平均値的であると仮定する. このとき,

$$f_j(x) \geq E^x[f_j(X_\tau)] \geq E^x[f(X_\tau)], \quad \forall j$$

である. したがって, $f(x) = \inf f_j(x) \geq E^x[f(X_\tau)]$ となる.

d) f_j は優平均値的で, $f_j \uparrow f$ とする. このとき

$$f(x) \geq f_j(x) \geq E^x[f_j(X_\tau)], \quad \forall j$$

であるから, 単調収束定理より

$$f(x) \geq \lim_{j \to \infty} E^x[f_j(X_\tau)] = E^x[f(X_\tau)]$$

となる. したがって f は優平均値的となる.

もしさらに f_j が下半連続であれば, その非減少単調極限である f もまた下半連続である.

e) f が優平均値的なので, マルコフ性より, $t > s$ に対して

$$E^x[f(X_t)|\mathcal{F}_s] = E^{X_s}[f(X_{t-s})] \leq f(X_s) \tag{10.1.9}$$

となる. したがって, 確率過程

$$\zeta_t = f(X_t)$$

は, $\{B_r; r \leq t\}$ の生成する σ-加法族 $\mathcal{F}_t$ に関して優マルチンゲールとなる(付録 C). さらに ζ_t は右連続で左極限をもつ(Blumenthal-Getoor (1968, Theorem 2.12, p.75)). ゆえに, ドゥーブの任意抽出定理(Gihman-Skorohod (1979, Theorem 6, p.11))により, Q^x-a.s. に $\sigma \leq \tau$ なる任意の停止時刻 σ, τ に対して, 次式を得る.

$$E^x[f(X_\sigma)] \geq E^x[f(X_\tau)].$$

f) f は優平均値的であると仮定せよ．強マルコフ性(7.2.2)と関係式(7.2.6)により，任意の停止時刻 α に対し，

$$E^x[\widetilde{f}(X_\alpha)] = E^x[E^{X_\alpha}[f(X_{\tau_H})]] = E^x[E^x[\theta_\alpha f(X_{\tau_H})|\mathcal{F}_\alpha]]$$
$$= E^x[\theta_\alpha f(X_{\tau_H})] = E^x[f(X_{\tau_H^\alpha})] \qquad (10.1.10)$$

となる．ただし $\tau_H^\alpha = \inf\{t > \alpha; X_t \notin H\}$ である．$\tau_H^\alpha \geq \tau_H$ であるから，e) より

$$E^x[\widetilde{f}(X_\alpha)] \leq E^x[f(X_{\tau_H})] = \widetilde{f}(x)$$

となり，$\widetilde{f}$ は優平均値的であると言える． □

定義 10.1.4 h を $\mathbf{R}^n$ 上の実数値可測関数とする．f が優調和（優平均値的）で $f \geq h$ を満たすとき，f を h の(X_t に関する)**優調和(優平均値的)優関数 (superharmonic (meanvalued) majorant)** と言う．関数

$$\overline{h}(x) = \inf_f f(x), \quad x \in \mathbf{R}^n \qquad (10.1.11)$$

を h の**最小優平均値的優関数**と呼ぶ．ただし，下限は h のあらゆる優平均値的優関数 f にわたってとる．

もし，次の性質を満たす関数 $\widehat{h}$ が存在すれば，

(i) $\widehat{h}$ は h の優調和優関数，
(ii) f が h の優調和優関数ならば $\widehat{h} \leq f$．

$\widehat{h}$ を h の**最小優調和優関数**と呼ぶ．

補題 10.1.3 c) より，$\overline{h}$ は，もし可測ならば，優平均値的である．さらに，もし $\overline{h}$ が下半連続ならば，$\widehat{h}$ は存在し，$\widehat{h} = \overline{h}$ である．後で示すように(定理 10.1.7)，もし g が非負(もしくは下に有界)で下半連続ならば，$\widehat{g}$ が存在し $\widehat{g} = \overline{g}$ となる．

$g \geq 0$ とし，f を g の優平均値的優関数とせよ．このとき，τ が停止時刻ならば，

$$f(x) \geq E^x[f(X_\tau)] \geq E^x[g(X_\tau)]$$

となる．したがって

$$f(x) \geq \sup_{\tau} E^x[g(X_\tau)] = g^*(x)$$

である.ゆえに,($\widehat{g}$ が存在すれば)

$$\widehat{g}(x) \geq g^*(x), \quad \forall x \in \mathbf{R}^n \tag{10.1.12}$$

が常に成り立つ.逆の不等号が成立すること,したがって

$$\widehat{g} = g^* \tag{10.1.13}$$

となることを示すのは容易ではない.$\widehat{g}$ を逐次的に求める方法を証明し,その後この等式を示す.この逐次的方法を論ずる前に,優調和関数に関連する用語を紹介しよう.

定義 10.1.5 下半連続関数 $f : \mathbf{R}^n \to [0, \infty]$ が(X_t に関して)**超過的** (**excessive**)であるとは,次が成り立つことを言う.

$$f(x) \geq E^x[f(X_s)], \quad \forall s \geq 0, \ x \in \mathbf{R}^n. \tag{10.1.14}$$

優調和関数が超過的であることは明らかである.逆の命題の真偽は自明ではないが,次に述べるように,実は真である.

定理 10.1.6 関数 $f: \mathbf{R}^n \to [0, \infty]$ が X_t に関して超過的となるのは,f が X_t に関して優調和となるとき,かつそのときに限る.

一般の場合の証明は Dynkin (1965 II, p.5)を参照することにし,ここでは特別な場合に証明を与える.

[特別な場合の証明] L を((7.3.3)の右辺で与えられる)X に付随する微分作用素とする.したがって,L は C_0^2 上 X の生成作用素 A と一致する.定理の主張を,$f \in C^2(\mathbf{R}^n)$ で,f と Lf が有界な場合に限り証明する.この場合,ディンキンの公式,すなわち次の等式が成り立つ.

$$E^x[f(X_t)] = f(x) + E^x\left[\int_0^t Lf(X_r)dr\right], \quad \forall t \geq 0.$$

したがって,f が超過的ならば,$Lf \leq 0$ である.ゆえに,任意の停止時刻 τ に対し

$$E^x[f(X_{t \wedge \tau})] \leq f(x), \quad \forall t \geq 0$$

となる．$t \to \infty$ として，f が優調和であることが言える．　□

g の最小優調和優関数を逐次的に求める方法の１つ目は次の通りである．

定理 10.1.7（最小優調和優関数の構成）$g = g_0$ を $\mathbf{R}^n$ 上の非負下半連続関数とする．$S_n = \{k \cdot 2^{-n}; 0 \leq k \leq 4^n\}$, $n = 1, 2, \ldots$，とし，g_n を

$$g_n(x) = \sup_{t \in S_n} E^x[g_{n-1}(X_t)] \qquad (10.1.15)$$

と帰納的に定義する．このとき，g の**最小優調和優関数** $\widehat{g}$ が存在し，$g_n \uparrow \widehat{g}$．さらに $\widehat{g} = \overline{g}$ が成り立つ．

[証明] $\{g_n\}$ は増加列である．$\check{g}(x) = \lim_{n \to \infty} g_n(x)$ とおく．このとき

$$\check{g}(x) \geq g_n(x) \geq E^x[g_{n-1}(X_t)], \quad \forall n, \, t \in S_n$$

となる．したがって，任意の $t \in S = \bigcup_{n=1}^{\infty} S_n$ に対し

$$\check{g}(x) \geq \lim_{n \to \infty} E^x[g_{n-1}(X_t)] = E^x[\check{g}(X_t)] \qquad (10.1.16)$$

が成り立つ．

$\check{g}$ は下半連続関数 g_n（補題 8.1.4）の非減少単調極限であるから，$\check{g}$ は下半連続である．$t \in \mathbf{R}$ を固定し $t_k \in S$ を $t_k \to t$ となるようにとる．このとき，(10.1.16)，ファトウの補題，および下半連続性より

$$\check{g}(x) \geq \varliminf_{k \to \infty} E^x[\check{g}(X_{t_k})] \geq E^x[\varliminf_{k \to \infty} \check{g}(X_{t_k})] \geq E^x[\check{g}(X_t)]$$

となる．したがって $\check{g}$ は超過的関数である．ゆえに，定理 10.1.6 により，$\check{g}$ は g の優調和優関数となる．

もし f が g の優平均値的優関数ならば，

$$f(x) \geq g_n(x), \quad \forall n$$

となることが帰納法により証明できる．したがって $f(x) \geq \check{g}(x)$ である．すなわち，$\check{g}$ は g の最小優平均値的優関数 $\overline{g}$ に一致する．よって $\check{g} = \overline{g} = \widehat{g}$ である．　□

定理 10.1.7 の応用として，有限集合 S_n を全区間 $[0, \infty]$ におき換えうることが従う．

系 10.1.8 $h_0 = g$ とし, h_n を帰納的に

$$h_n(x) = \sup_{t \geq 0} E^x[h_{n-1}(X_t)], \quad n = 1, 2, \ldots$$

と定義する. このとき, $h_n \uparrow \widehat{g}$ となる.

[証明] $h = \lim h_n$ とおく. このとき, 明らかに $h \geq \check{g} = \widehat{g}$ である. $\widehat{g}$ は超過的となるから,

$$\widehat{g}(x) \geq \sup_{t \geq 0} E^x[\widehat{g}(X_t)]$$

となる. したがって,

$$\widehat{g} \geq h_n, \quad \forall n$$

となることが帰納法を用いて証明できる. 以上より $\widehat{g} = h$ となる. □

最適停止問題に関する最初の結果を述べよう. これから述べる結果は基本的には Dynkin (1963) によるものである (マルチンゲールの言葉による同等の結果は Snell (1952) による).

定理 10.1.9 (最適停止問題に対する存在定理) $g \geq 0$ を連続な効用関数, g^* を最適期待効用, $\widehat{g}$ を g の最小優調和優関数とする.

a) このとき, 次の等式が成り立つ.

$$g^*(x) = \widehat{g}(x). \tag{10.1.17}$$

b) $\varepsilon > 0$ に対し

$$D_\varepsilon = \{x; g(x) < \widehat{g}(x) - \varepsilon\} \tag{10.1.18}$$

とおく. g は有界であると仮定せよ. このとき D_ε からの流出時刻 τ_ε における (ゲームの) 停止は次の意味で最適な停止を近似する.

$$|g^*(x) - E^x[g(X_{\tau_\varepsilon})]| < 2\varepsilon, \quad \forall x. \tag{10.1.19}$$

c) $\quad D = \{x; g(x) < g^*(x)\} \quad$ (続行領域 (**continuation region**))

$$\tag{10.1.20}$$

とおく．$N = 1, 2, \ldots$ に対して，$g_N = g \wedge N$, $D_N = \{x; g_N(x) < \widehat{g_N}(x)\}$, $\sigma_N = \tau_{D_N}$ と定める．このとき $D_N \subset D_{N+1}$, $D_N \subset D \cap g^{-1}([0,N))$, かつ $D = \bigcup_N D_N$ となる．もし，すべての N に対し Q^x-a.s. に $\sigma_N < \infty$ ならば，次の関係式が成り立つ．

$$g^*(x) = \lim_{N \to \infty} E^x[g(X_{\sigma_N})]. \tag{10.1.21}$$

d) とくに，Q_x-a.s. に $\tau_D < \infty$ であり，そして $\{g(X_{\sigma_N})\}_N$ が Q^x に関し一様可積分ならば，

$$g^*(x) = E^x[g(X_{\tau_D})]$$

が成り立ち，さらに $\tau^* = \tau_D$ が最適停止時刻である．

[証明] まず g は有界であると仮定する．

$$\widetilde{g}_\varepsilon(x) = E^x[\widehat{g}(X_{\tau_\varepsilon})], \quad \varepsilon > 0 \tag{10.1.22}$$

とおく．このとき，補題 10.1.3f) により $\widetilde{g}_\varepsilon$ は優平均値的である．

$$g(x) \leq \widetilde{g}_\varepsilon(x) + \varepsilon, \quad \forall x \tag{10.1.23}$$

となることを背理法を用いて証明しよう．そのために

$$\beta := \sup_x \{g(x) - \widetilde{g}_\varepsilon(x)\} > \varepsilon \tag{10.1.24}$$

と仮定しよう．任意の $\eta > 0$ に対し x_0 が存在して，次の不等式が成り立つ．

$$g(x_0) - \widetilde{g}_\varepsilon(x_0) \geq \beta - \eta \tag{10.1.25}$$

ところが，$\widetilde{g}_\varepsilon + \beta$ は g の優平均値的優関数であるから，

$$\widehat{g}(x_0) \leq \widetilde{g}_\varepsilon(x_0) + \beta \tag{10.1.26}$$

となる．(10.1.25) と (10.1.26) を合わせて，次を得る．

$$\widehat{g}(x_0) \leq g(x_0) + \eta. \tag{10.1.27}$$

次の 2 つの場合に分けて考えよう (0-1 法則よりこれら以外はない)．

第 1 の場合． Q^{x_0}-a.s. に $\tau_\varepsilon > 0$ とする．このとき (10.1.27) と D_ε の定義よ

り，すべての $t > 0$ に対し，次が成り立つ．

$$g(x_0) + \eta \geq \widehat{g}(x_0) \geq E^{x_0}[\widehat{g}(X_{t\wedge\tau_\varepsilon})] \geq E^{x_0}[(g(X_t) + \varepsilon)\mathcal{X}_{\{t<\tau_\varepsilon\}}].$$

したがって，ファトウの補題と g の(下半)連続性より

$$g(x_0) + \eta \geq \varliminf_{t\to 0} E^{x_0}[(g(X_t) + \varepsilon)\mathcal{X}_{\{t<\tau_\varepsilon\}}]$$
$$\geq E^{x_0}[\varliminf_{t\to 0}(g(X_t) + \varepsilon)\mathcal{X}_{\{t<\tau_\varepsilon\}}] \geq g(x_0) + \varepsilon$$

を得る．$\eta < \varepsilon$ ととれば，これは矛盾である．

第2の場合． Q^{x_0}-a.s. に $\tau_\varepsilon = 0$ とする．このとき，$\widetilde{g}_\varepsilon(x_0) = \widehat{g}(x_0)$ となるから，$g(x_0) \leq \widetilde{g}_\varepsilon(x_0)$ である．これは $\eta < \beta$ のとき，(10.1.25)に矛盾する．

このように(10.1.24)を仮定すれば矛盾に至る．したがって(10.1.23)が成り立つと言える．

(10.1.23)より，$\widetilde{g}_\varepsilon + \varepsilon$ は g の優平均値的優関数である．ゆえに

$$\widehat{g} \leq \widetilde{g}_\varepsilon + \varepsilon = E^{\bullet}[\widehat{g}(X_{\tau_\varepsilon})] + \varepsilon \leq E^{\bullet}[(g + \varepsilon)(X_{\tau_\varepsilon})] + \varepsilon \leq g^* + 2\varepsilon \tag{10.1.28}$$

となる．ε は任意であるから，(10.1.12)と合わせて，次式を得る．

$$\widehat{g} = g^*.$$

もし g が有界でなければ，

$$g_N = \min(N, g), \quad N = 1, 2, \ldots$$

とおき，$\widehat{g_N}$ を g_N の最小優調和優関数とする．このとき関数 h が存在して

$$g^* \geq g_N^* = \widehat{g_N} \uparrow h$$

となる．補題 10.1.3 d)より h は g の優調和優関数となるから，$h \geq \widehat{g}$ となる．したがって，$h = \widehat{g} = g^*$ となり，これより一般の g に対して(10.1.17)が成立すると言える．(10.1.19)は(10.1.28)と(10.1.17)から従う．

c)と d)を証明するために，再びまず g は有界であると仮定しよう．このとき

$$\tau_\varepsilon \uparrow \tau_D \quad (\varepsilon \downarrow 0)$$

かつ，(主張 c), d) のいずれの仮定のもとでも) $\tau_D < \infty$ a.s. となるから，

$$E^x[g(X_{\tau_\varepsilon})] \to E^x[g(X_{\tau_D})] \quad (\varepsilon \downarrow 0) \tag{10.1.29}$$

となる．ゆえに，(10.1.28) と (10.1.17) より

$$g^*(x) = E^x[g(X_{\tau_D})] \quad (g \text{ が有界なとき}) \tag{10.1.30}$$

となる．

最後に g は有界でないとしよう．

$$h = \lim_{N \to \infty} \widehat{g_N}$$

とする．上で見たように，次が成り立つ．

$$h = \widehat{g}. \tag{10.1.31}$$

これと (10.1.30) により，

$$g^*(x) = \lim_{N \to \infty} \widehat{g_N}(x) = \lim_{N \to \infty} E^x[g_N(X_{\sigma_N})] \le \lim_{N \to \infty} E^x[g(X_{\sigma_N})] \le g^*(x)$$

となり，(10.1.21) を得る．

常に $\widehat{g_N} \le N$ であるから，もし $g_N(x) < \widehat{g_N}(x)$ ならば，$g(x) < N$ となる．したがって，このとき，$g(x) = g_N(x) < \widehat{g_N}(x) \le \widehat{g}(x)$ かつ $g_{N+1}(x) = g_N(x) < \widehat{g_N}(x) \le \widehat{g_{N+1}}(x)$ となる．これより，すべての N について $D_N \subset D \cap \{x; g(x) < N\}$ かつ $D_N \subset D_{N+1}$ である．よって，(10.1.31) より，D は $\{D_N; N = 1, 2, \dots\}$ の和集合と一致する．ゆえに

$$\tau_D = \lim_{N \to \infty} \sigma_N$$

である．(10.1.30) と一様可積分性の仮定より

$$\widehat{g}(x) = \lim_{N \to \infty} \widehat{g_N}(x) = \lim_{N \to \infty} E^x[g_N(X_{\sigma_N})]$$
$$= E^x[\lim_{N \to \infty} g_N(X_{\sigma_N})] = E^x[g(X_{\tau_D})]$$

となる．以上により定理 10.1.9 の証明が完了した． □

注 1) $\widehat{g} = g^*$ は下半連続で，g は連続であるから，集合 D, D_ε, D_N はすべて開集合であることに注意せよ．

2) a)の証明を詳しくみれば，(10.1.17)は $g \geq 0$ が下半連続という弱い仮定のもとでも成立することが言える[1]．

定理 10.1.9 から得られる次の結果は，しばしば有用になる．

系 10.1.10

$$\widetilde{g}_H(x) := E^x[g(X_{\tau_H})]$$

が g の優平均値的優関数となるボレル集合 H が存在したと仮定する．このとき

$$g^*(x) = \widetilde{g}_H(x)$$

が成り立つ．したがって，$\tau^* = \tau_H$ が最適停止時刻となる．

[証明] もし $\widetilde{g}_H$ が g の優平均値的優関数ならば，明らかに

$$\overline{g}(x) \leq \widetilde{g}_H(x)$$

である．しかし，定義から

$$\widetilde{g}_H(x) \leq \sup_{\tau} E^x[g(X_\tau)] = g^*(x)$$

も成り立っている．したがって，定理 10.1.7 と 10.1.9a)より，$g^* = \widetilde{g}_H$ となる． □

系 10.1.11

$$D = \{x; g(x) < \widehat{g}(x)\}$$

とし，

$$\widetilde{g}(x) = \widetilde{g}_D(x) = E^x[g(X_{\tau_D})]$$

とおく．もし $\widetilde{g} \geq g$ ならば，$\widetilde{g} = g^*$ である．

[証明] $X_{\tau_D} \notin D$ であるから，$g(X_{\tau_D}) \geq \widehat{g}(X_{\tau_D})$ である．したがって，Q^x-a.s. に $g(X_{\tau_D}) = \widehat{g}(X_{\tau_D})$ となる．$\widehat{g}$ が優調和であるから，補題 10.1.3f)より

---

[1] $g \geq 0$ は下半連続としよう．$0 \leq g_n \leq g_{n+1} \uparrow g$ なる連続関数の列 $\{g_n\}$ がとれる．$h = \lim_n \widehat{g}_n$ とすれば，(10.1.17)を非有界な g に対して証明したのと同じ方法で $g^* = \widehat{g}$ が言える．

$\widetilde{g}(x) = E^x[\widehat{g}(X_{\tau_D})]$ は優平均値的となる．したがって，主張は系 10.1.10 より従う． □

定理 10.1.9 は最適停止時刻 τ^* が存在するための十分条件を与えている．しかしながら，一般には τ^* は存在しない．たとえば

$$X_t = t, \quad t \geq 0$$

とし，

$$g(\xi) = \frac{\xi^2}{1+\xi^2}, \quad \xi \in \mathbf{R}$$

とせよ．このとき $g^*(x) = 1$ ではあるが，

$$E^x[g(X_\tau)] = 1$$

となるような停止時刻 τ は存在しない．

最適停止時刻は存在しないかもしれないが，存在すれば，定理 10.1.9 で与えられた停止時刻が最適であることは証明できる．

定理 10.1.12（最適停止時刻の一意性） 前と同様に

$$D = \{x; g(x) < g^*(x)\} \subset \mathbf{R}^n$$

とおく．すべての x に対し，停止問題 (10.1.2) の最適停止時刻 $\tau^* = \tau^*(x,\omega)$ が存在したと仮定する[2]．このとき

$$\tau^* \geq \tau_D, \quad \forall x \in D \tag{10.1.32}$$

かつ

$$g^*(x) = E^x[g(X_{\tau_D})], \quad \forall x \in \mathbf{R}^n \tag{10.1.33}$$

が成り立つ．したがって，τ_D は停止問題 (10.1.2) の最適停止時刻である．

[証明] $x \in D$ とする．τ を $\mathcal{F}_t$-停止時刻とし，$Q^x[\tau < \tau_D] > 0$ と仮定する．$\tau < \tau_D$ ならば $g(X_\tau) < g^*(X_\tau)$ であり，また常に $g \leq g^*$ となっている

---

[2] この仮定は，$\sup_\tau E^x[g(X_\tau)] < \infty, \forall x$ をも意味している．

から, g^* の優調和性より

$$E^x[g(X_\tau)] = \int_{\tau < \tau_D} g(X_\tau)dQ^x + \int_{\tau \geq \tau_D} g(X_\tau)dQ^x$$
$$< \int_{\tau < \tau_D} g^*(X_\tau)dQ^x + \int_{\tau \geq \tau_D} g^*(X_\tau)dQ^x = E^x[g^*(X_\tau)] \leq g^*(x)$$

となる. したがって, (10.1.32) が成り立つ.

(10.1.33) を示すために, まず $x \in D$ とする. $\hat{g}$ は優調和であるから, (10.1.32) と補題 10.1.3 e) より,

$$g^*(x) = E^x[g(X_{\tau^*})] \leq E^x[\hat{g}(X_{\tau^*})]$$
$$\leq E^x[\hat{g}(X_{\tau_D})] = E^x[g(X_{\tau_D})] \leq g^*(x)$$

となる. よって, $x \in D$ に対しては (10.1.33) が成り立つことが示された.

次に $x \in \partial D$ であり, かつ x は非正則点である場合を考える. このとき, Q^x-a.s. に $\tau_D > 0$ である. マルコフ性と D の点に対しては (10.1.33) が成り立つことを用いて, 次の変形を得る.

$$E^x[g(X_{\tau_D})] = E^x\left[g(X_{\tau_D}); \tau_D \leq \frac{1}{k}\right] + E^x\left[g(X_{\tau_D}); \tau_D > \frac{1}{k}\right]$$
$$= E^x\left[g(X_{\tau_D}); \tau_D \leq \frac{1}{k}\right] + E^x\left[E^{X_{1/k}}[g(X_{\tau_D})]; \tau_D > \frac{1}{k}\right]$$
$$= E^x\left[g(X_{\tau_D}); \tau_D \leq \frac{1}{k}\right] + E^x\left[g^*(X_{1/k})\mathcal{X}_{\{\tau_D > \frac{1}{k}\}}\right].$$

$k \to \infty$ とすれば, $Q^x[\tau_D \leq \frac{1}{k}] \to 0$ であるから, g^* の下半連続性とファトウの補題より, 次を得る.

$$g^*(x) \leq E^x\left[\varliminf_{k \to \infty} g^*(X_{1/k})\mathcal{X}_{\{\tau_D > \frac{1}{k}\}}\right]$$
$$\leq \varliminf_{k \to \infty}\left\{E^x[g(X_{\tau_D})] - E^x\left[g(X_{\tau_D}); \tau_D \leq \frac{1}{k}\right]\right\}$$
$$= E^x[g(X_{\tau_D})].$$

ゆえに, (10.1.33) が非正則な $x \in \partial D$ に対して成り立つことが示された.

最後に $x \in \partial D$ で正則な場合, もしくは $x \notin \overline{D}$ の場合を考える. このとき, $g^*(x) = g(x)$ である. 一方, Q^x-a.s. に $\tau_D = 0$ でもある. したがって $g^*(x) = E^x[g(X_{\tau_D})]$ が成り立つ. □

注 以下の考察はしばしば有用である.

$\mathcal{A}$ を X の特性作用素とする. $g \in C^2(\mathbf{R}^n)$ とし,

$$U = \{x; \mathcal{A}g(x) > 0\} \qquad (10.1.34)$$

と定義する. D を先の通り((10.1.20))とすると,

$$U \subset D \qquad (10.1.35)$$

となる. (10.1.32)より, U を流出する前に確率過程を停止したのでは, 最適な停止にはならない. つまり, U からの流出時刻はゲームを停止する1つの目安となる. しかし, 一般には, $U \neq D$ である. よって, U からの流出時間を超えてゲームを続けることが最適な停止となる(実際このような場合が典型的である. たとえば例 10.2.2 を見よ).

(10.1.35)を証明しよう. $x \in U$ をとり, τ_0 を $x \in W \subset U$ なる有界開集合 W からの流出時刻とする. このとき, ディンキンの公式より, 任意の $u > 0$ に対して

$$E^x[g(X_{\tau_0 \wedge u})] = g(x) + E^x\left[\int_0^{\tau_0 \wedge u} \mathcal{A}g(X_s)ds\right] > g(x)$$

となる. したがって $g(x) < g^*(x)$, すなわち $x \in D$ である.

例 10.1.13 $X_t = B_t$ を $\mathbf{R}^2$ 上のブラウン運動とする. B_t は再帰的であること(例 7.4.2)を用いて, $\mathbf{R}^2$ 上の(非負)優調和関数は定数関数に限ることが証明できる. したがって

$$g^*(x) = \|g\|_\infty := \sup\{g(y); y \in \mathbf{R}^2\}, \quad \forall x \in \mathbf{R}^2$$

となる. ゆえに, もし g が有界でなければ, $g^* = \infty$ となり最適停止時刻は存在しない.

さて, g は有界であると仮定しよう. 対応する続行領域は

$$D = \{x; g(x) < \|g\|_\infty\}$$

である. もし ∂D が**極集合**であるならば, すなわち**対数容量** cap (Port-Stone (1979)参照)に対して $\text{cap}(\partial D) = 0$ となるならば, a.s. に $\tau_D = \infty$ であり, 最適停止時刻は存在しない. しかし, もし $\text{cap}(\partial D) > 0$ ならば a.s. に

$\tau_D < \infty$ であり,
$$E^x[g(B_{\tau_D})] = \|g\|_\infty = g^*(x)$$
となる.よって $\tau^* = \tau_D$ が最適停止時刻である.

例 10.1.14 次元が $n \geq 3$ となる $\mathbf{R}^n$ においては状況が変わる.
a) このことを見るために,$X_t = B_t$ を $\mathbf{R}^3$ 上のブラウン運動とし,効用関数として
$$g(\xi) = \begin{cases} |\xi|^{-1}, & |\xi| \geq 1 \text{ のとき,} \\ 1, & |\xi| < 1 \text{ のとき,} \end{cases} \quad \xi \in \mathbf{R}^3$$
を考える.このとき g は(古典的な意味で)$\mathbf{R}^3$ 上優調和である.したがって $g^* = g$ となる.ゆえに,出発点がどこであれ,直ちに停止することが最適な停止となる.

b) g の代わりに
$$h(x) = \begin{cases} |x|^{-\alpha}, & |x| \geq 1 \text{ のとき,} \\ 1, & |x| < 1 \text{ のとき,} \end{cases}$$
とおく.ただし $\alpha > 1$.$H = \{x; |x| > 1\}$ とし,
$$\widetilde{h}(x) = E^x[h(B_{\tau_H})] = P^x[\tau_H < \infty]$$
と定義する.このとき,例 7.4.2 より
$$\widetilde{h}(x) = \begin{cases} 1, & |x| \leq 1 \text{ のとき,} \\ |x|^{-1}, & |x| > 1 \text{ のとき,} \end{cases}$$
となる.すなわち,$\widetilde{h}$ は a) で定義された g(これは h の優調和優関数となる)と一致する.系 10.1.10 より
$$h^* = \widetilde{h} = g$$
が成り立ち,H が続行領域となり,さらに $\tau^* = \tau_H$ が最適停止時刻となる.

負の値を許す効用関数

問題 (10.1.2),(10.1.3) に対し得られた結果は仮定 (10.1.1) に基づいていた.これらの仮定を完全には取り除けないものの一部緩めることができる場合も

ある．たとえば定理 10.1.9a) の結果は $g \geq 0$ が下半連続であれば成り立つことをすでに注意した．

g の非負性に関する仮定も緩めることができる．まず g は下に有界である，すなわち定数 $M > 0$ が存在して $g \geq -M$ となると仮定しよう．このとき

$$g_1 = g + M \geq 0$$

とおいて先の理論を g_1 に適用しよう．もし a.s. に $\tau < \infty$ ならば，

$$E^x[g(X_\tau)] = E^x[g_1(X_\tau)] - M$$

であるから，$g^* = g_1^*(x) - M$ となる．このように停止問題は非負値関数 g_1 に対する最適停止問題に帰着される（問題 10.4 を見よ）．

もし g が下に有界でなければ，

$$g^-(x) = -\min(g(x), 0)$$

とおいたとき，

$$E^x[g^-(X_\tau)] < \infty, \quad \forall \tau \tag{10.1.36}$$

が成り立たなければ，停止問題 (10.1.2), (10.1.3) は定義できない．もし g がより強い条件

$$\text{族 } \{g^-(X_\tau); \tau \text{ は停止時刻}\} \text{ は一様可積分である} \tag{10.1.37}$$

を満たせば，非負な効用関数の場合に得られた結果が，この場合もほとんどすべて成立する．詳しいことは Shiryayev (1978) を参照せよ．また，定理 10.4.1 も見よ．

§10.2 時間的に一様でない場合

効用関数 g が時間と空間の両方に依存する場合を考えよう．すなわち

$$g = g(t, x) : \mathbf{R} \times \mathbf{R}^n \to [0, \infty), \quad g \text{ は連続} \tag{10.2.1}$$

という場合を考える．このとき最適停止問題は

$$g_0(x) = \sup_\tau E^x[g(\tau, X_\tau)] = E^x[g(\tau^*, X_{\tau^*})] \tag{10.2.2}$$

となる $g_0(x)$ と τ^* を求める問題となる．次のようにして，この場合を問題 (10.1.2), (10.1.3) に帰着できることを見よう．

伊藤拡散過程 $X_t = X_t^x$ は

$$dX_t = b(X_t)dt + \sigma(X_t)dB_t, \quad t \geq 0, \quad X_0 = x$$

という形をしていると仮定する．ただし，関数 $b : \mathbf{R}^n \to \mathbf{R}^n$, $\sigma : \mathbf{R}^n \to \mathbf{R}^{n \times m}$ は定理 5.2.1 の条件を満たすものとし，B_t は m 次元ブラウン運動である．$\mathbf{R}^{n+1}$ 上の伊藤拡散過程 $Y_t = Y_t^{(s,x)}$ を

$$Y_t = \begin{pmatrix} s+t \\ X_t^x \end{pmatrix}, \quad t \geq 0 \tag{10.2.3}$$

で定義する．このとき，$\eta = (t, \xi) \in \mathbf{R} \times \mathbf{R}^n$ に対し

$$\widehat{b}(\eta) = \widehat{b}(t, \xi) = \begin{pmatrix} 1 \\ b(\xi) \end{pmatrix} \in \mathbf{R}^{n+1},$$

$$\widehat{\sigma}(\eta) = \widehat{\sigma}(t, \xi) = \begin{pmatrix} 0 \cdots 0 \\ ---- \\ \sigma(\xi) \end{pmatrix} \in \mathbf{R}^{(n+1) \times m},$$

とおくと

$$dY_t = \begin{pmatrix} 1 \\ b(X_t) \end{pmatrix} dt + \begin{pmatrix} 0 \\ \sigma(X_t) \end{pmatrix} dB_t = \widehat{b}(Y_t)dt + \widehat{\sigma}(Y_t)dB_t \tag{10.2.4}$$

が成り立つ．したがって Y_t は (s, x) を出発する伊藤拡散過程である．$R^y = R^{(s,x)}$ を $\{Y_t\}$ の確率分布とし，$E^y = E^{(s,x)}$ を R^y に関する期待値とする．問題 (10.2.2) は，Y_t を用いて

$$g_0(x) = g^*(0, x) = \sup_\tau E^{(0,x)}[g(Y_\tau)] = E^{(0,x)}[g(Y_{\tau^*})] \tag{10.2.5}$$

と表すことができる．これは，問題 (10.1.2), (10.1.3) の X_t を Y_t でおき換えた

$$g^*(s, x) = \sup_\tau E^{(s,x)}[g(Y_\tau)] = E^{(s,x)}[g(Y_{\tau^*})] \tag{10.2.6}$$

という問題の特別な場合になっている．

Y_t の特性作用素 $\widehat{\mathcal{A}}$ は

$$\widehat{\mathcal{A}}\phi(s, x) = \frac{\partial \phi}{\partial s}(s, x) + \mathcal{A}\phi(s, x), \quad \phi \in C^2(\mathbf{R} \times \mathbf{R}^n) \tag{10.2.7}$$

となる．ただし，$\mathcal{A}$ は X_t の特性作用素である(ϕ の x-成分に作用する)．

例 10.2.1 $X_t = B_t$ を 1 次元ブラウン運動とし，効用関数として

$$g(t, \xi) = e^{-\alpha t + \beta \xi}, \quad \xi \in \mathbf{R}$$

を考える．ただし α, β は定数である．$Y_t^{(s,x)} = \begin{pmatrix} s+t \\ B_t^x \end{pmatrix}$ の特性作用素 $\widehat{\mathcal{A}}$ は

$$\widehat{\mathcal{A}}f(s,x) = \frac{\partial f}{\partial s}(s,x) + \frac{1}{2} \cdot \frac{\partial^2 f}{\partial x^2}(s,x), \quad f \in C^2$$

となる．したがって

$$\widehat{\mathcal{A}}g = \left(-\alpha + \frac{1}{2}\beta^2\right)g$$

である．それゆえ，もし $\beta^2 \leq 2\alpha$ ならば，直ちに(ゲームを)停止することが最適である．もし $\beta^2 > 2\alpha$ ならば

$$U := \{(s,x); \widehat{\mathcal{A}}g(s,x) > 0\} = \mathbf{R}^2$$

であり，ゆえに(10.1.35)より $D = \mathbf{R}^2$ となる．したがって τ^* は存在しない．$\beta^2 > 2\alpha$ のときは，次のように定理 10.1.7 を用いて，$g^* = \infty$ となることを証明できる．

$$\sup_{t \in S_n} E^{(s,x)}[g(Y_t)] = \sup_{t \in S_n} E^{(s,x)}[e^{-\alpha(s+t) + \beta B_t^x}]$$

$$= \sup_{t \in S_n}[e^{-\alpha(s+t)} \cdot e^{\beta x + \frac{1}{2}\beta^2 t}] \quad ((5.1.6) \text{の後の注を見よ})$$

$$= \sup_{t \in S_n} g(s,x) \cdot e^{(-\alpha + \frac{1}{2}\beta^2)t} = g(s,x) \cdot \exp\left(\left(-\alpha + \frac{1}{2}\beta^2\right)2^n\right)$$

と変形できる．したがって $n \to \infty$ とすれば $g_n(s,x) \to \infty$ である．ゆえに，この場合最適な停止時刻はない．

例 10.2.2 (いつ株を売ればよいか？)
序の問題 5 の特別な場合を考えよう．
　時刻 t における資産(家，株，石油，…)の価格 X_t は

$$dX_t = rX_t dt + \alpha X_t dB_t, \quad X_0 = x > 0$$

という確率微分方程式にしたがって変動していると仮定する．ただし B_t は 1

次元ブラウン運動であり，r, α は既知の定数とする（α と r を一連の観測から推定する問題は，それぞれ，X_t の 2 次変分過程 $\langle X, X\rangle_t$（問題 4.7）と線形フィルターの問題（例 6.2.11）を応用して解決できる）．資産の売却に際し固定された手数料，税もしくは取り引きコスト $a > 0$ がかかるものとする．このとき，もし時刻 t に資産を売ることを決心したとすれば，たとえばインフレーションによる資産の減価を加味した利益は

$$e^{-\rho t}(X_t - a)$$

である．ただし，$\rho > 0$ は減価の効果を表す既知の定数．問題は

$$g(t, \xi) = e^{-\rho t}(\xi - a)$$

とおくときに，

$$E^{(s,x)}[e^{-\rho\tau}(X_\tau - a)] = E^{(s,x)}[g(\tau, X_\tau)]$$

を最大にする停止時刻 τ を求めることである．確率過程 $Y_t = (s + t, X_t)$ の特性作用素 $\widehat{\mathcal{A}}$ は

$$\widehat{\mathcal{A}}f(s,x) = \frac{\partial f}{\partial s} + rx\frac{\partial f}{\partial x} + \frac{1}{2}\alpha^2 x^2 \frac{\partial^2 f}{\partial x^2}$$

で与えられる．したがって $\widehat{\mathcal{A}}g(s,x) = -\rho e^{-\rho s}(x-a) + rxe^{-\rho s} = e^{-\rho s}((r-\rho)x + \rho a)$ である．ゆえに

$$U := \{(s,x); \widehat{\mathcal{A}}g(s,x) > 0\} = \begin{cases} \mathbf{R} \times \mathbf{R}_+, & r \geq \rho \text{ のとき,} \\ \{(s,x); x < \frac{a\rho}{\rho-r}\} & r < \rho \text{ のとき,} \end{cases}$$

となる[3]．したがって $r \geq \rho$ ならば，$U = D = \mathbf{R} \times \mathbf{R}_+$ となるので τ^* は存在しない．しかし，$r > \rho$ ならば，$g^* = \infty$ であるが，$r = \rho$ ならば

$$g^*(s,x) = xe^{-\rho s}$$

である（証明は問題 10.5 とする）．

$r < \rho$ の場合を考えよう（もし ρ を利率，インフレーション，税金などの和と考えれば，これは応用上不自然な仮定ではない）．まず領域 D は

$$D + (t_0, 0) = D, \quad \forall t_0 \tag{10.2.8}$$

---

[3] x は価格であるから，$x > 0$ という領域で考える．

という意味で t に関して不変であることを示そう.

$$\begin{aligned}
g^*(s-t_0, x) &= \sup_\tau E^{(s-t_0,x)}[e^{-\rho\tau}(X_\tau - a)] \\
&= \sup_\tau E[e^{-\rho(\tau+(s-t_0))}(X_\tau^x - a)] \\
&= e^{\rho t_0} \sup_\tau E[e^{-\rho(\tau+s)}(X_\tau^x - a)] = e^{\rho t_0} g^*(s, x)
\end{aligned}$$

が成り立つので

$$\begin{aligned}
D + (t_0, 0) &= \{(t+t_0, x); (t,x) \in D\} = \{(s,x); (s-t_0, x) \in D\} \\
&= \{(s,x); g(s-t_0, x) < g^*(s-t_0, x)\} \\
&= \{(s,x); e^{\rho t_0} g(s,x) < e^{\rho t_0} g^*(s,x)\} \\
&= \{(s,x); g(s,x) < g^*(s,x)\} = D
\end{aligned}$$

となり, (10.2.8)が証明された.

したがって, U を含む D の連結成分は

$$D(x_0) = \{(t,x); 0 < x < x_0\}, \quad \left(\exists x_0 \geq \frac{a\rho}{\rho - r}\right)$$

という形をしている. さらに D は他の連結成分をもたない. これを証明しよう. V は U とは交わらない D の連結成分とする. V 上 $\widehat{\mathcal{A}}g \leq 0$ である. x-方向に有界な V に含まれる帯状領域からの流出時刻を上界にもつ停止時刻 τ をとる. このとき, $y \in V$ ならば,

$$E^y[g(Y_\tau)] = g(y) + E^y\left[\int_0^\tau \widehat{\mathcal{A}}g(Y_t)dt\right] \leq g(y)$$

となる. 定理 10.1.9c)により, これから $g^*(y) = g(y)$ が結論できる. これは $y \in D$ に矛盾する. したがって $V = \emptyset$ である.

$\tau(x_0) = \tau_{D(x_0)}$ とおき,

$$\widetilde{g}(s,x) = \widetilde{g}_{x_0}(s,x) = E^{(s,x)}[g(Y_{\tau(x_0)})] \tag{10.2.9}$$

を計算しよう. 9章の結果から, $f = \widetilde{g}$ は境界値問題

$$\begin{cases} \dfrac{\partial f}{\partial s} + rx\dfrac{\partial f}{\partial x} + \dfrac{1}{2}\alpha^2 x^2 \dfrac{\partial^2 f}{\partial x^2} = 0, & 0 < x < x_0, \\ f(s, x_0) = e^{-\rho s}(x_0 - a) \end{cases} \tag{10.2.10}$$

の(有界な)解である($\mathbf{R} \times \{0\}$ は, $Y_t = (s+t, X_t)$ に関し D の非正則な境界点だけからなることに注意せよ).

(10.2.10)の解を求めるため,
$$f(s,x) = e^{-\rho s}\phi(x)$$
という形をしていると仮定しよう. すると
$$\begin{cases} -\rho\phi + rx\phi'(x) + \frac{1}{2}\alpha^2 x^2 \phi''(x) = 0, & 0 < x < x_0, \\ \phi(x_0) = x_0 - a \end{cases} \quad (10.2.11)$$
という1次元常微分方程式を得る. (10.2.11)の一般解は
$$\gamma_i = \alpha^{-2}\left[\frac{1}{2}\alpha^2 - r \pm \sqrt{\left(r - \frac{1}{2}\alpha^2\right)^2 + 2\rho\alpha^2}\right] \quad (i=1,2), \ \gamma_2 < 0 < \gamma_1$$
と定数 C_1, C_2 を用いて
$$\phi(x) = C_1 x^{\gamma_1} + C_2 x^{\gamma_2}$$
で与えられる. $x \to 0$ のとき $\phi(x)$ は有界であるから, $C_2 = 0$ でなければならない. さらに境界条件 $\phi(x_0) = x_0 - a$ は $C_1 = x_0^{-\gamma_1}(x_0 - a)$ を導く. したがって(10.2.10)の有界な解 f は
$$\widetilde{g}_{x_0}(s,x) = f(s,x) = e^{-\rho s}(x_0 - a)\left(\frac{x}{x_0}\right)^{\gamma_1} \quad (10.2.12)$$
である. (s,x) を固定すれば, $\widetilde{g}_{x_0}(s,x)$ を最大にする x_0 は
$$x_0 = x_{\max} = \frac{a\gamma_1}{\gamma_1 - 1} \quad (10.2.13)$$
である($\gamma_1 > 1$ となるのは $r < \rho$ なるとき, およびそのときに限ることに注意せよ).

このようにして $g^*(s,x) = \sup_\tau E^{(s,x)}[e^{-\rho\tau}(X_\tau - a)]$ の候補となる $\widetilde{g}_{x_{\max}}(s,x)$ を構成できた. 実際 $\widetilde{g}_{x_{\max}}(s,x) = g^*$ となることを見るためには, $\widetilde{g}_{x_{\max}}$ が g の優平均値的優関数であることを示せばよい(系10.1.10を見よ). これは証明できるが, 後で述べる定理10.4.1を用いれば容易に証明できるので, ここでは証明を与えない(例10.4.2を見よ).

結論として, 資産の価格が $x_{\max} = \frac{a\gamma_1}{\gamma_1 - 1}$ に初めてなる瞬間に株を売るべき

であると言える．減価を加味したこのときの利益の期待値は

$$g^*(s,x) = \widetilde{g}_{x_{\max}}(s,x) = e^{-\rho s}\left(\frac{\gamma_1 - 1}{a}\right)^{\gamma_1 - 1}\left(\frac{x}{\gamma_1}\right)^{\gamma_1}$$

である．

注　値 $x_0 = x_{\max}$ は，(10.2.9)により定義される関数

$$x \to \widetilde{g}_{x_0}(s,x)$$

が x_0 で連続的微分可能となる唯一の値であることを読者自ら確かめよ．この現象は偶然ではない．実際，**ハイコンタクト原理**として知られる一般的な現象に由来する．Samuelson (1965), McKean (1965), Bather (1970), および Shiryayev (1978) を見よ．この原理は最適停止問題と**変分不等式**の関連の基礎となっている．この章の後の方で，この関連について触れる．詳しいことは Bensoussan-Lions (1978), Friedman (1976) を見よ．また Brekke-Øksendale (1991) も参照せよ．

§10.3　積分を含む最適停止問題

Y_t を

$$dY_t = b(Y_t)dt + \sigma(Y_t)dB_t, \quad Y_0 = y \quad (10.3.1)$$

で与えられる $\mathbf{R}^k$ 上の伊藤拡散過程とせよ．$g : \mathbf{R}^k \to [0,\infty)$ を連続関数とし，$f : \mathbf{R}^k \to [0,\infty)$ を高々線形増大なリプシッツ連続関数とする（これらの条件は緩めることができる（(10.1.37) と定理 10.4.1 を見よ））．

$$G^*(y) = \sup_\tau E^y\left[\int_0^\tau f(Y_t)dt + g(Y_\tau)\right] = E^y\left[\int_0^{\tau^*} f(Y_t)dt + g(Y_{\tau^*})\right] \quad (10.3.2)$$

を満たす $G^*(y)$ と τ^* を求めるという最適停止問題を考えよう．この問題は次のようにして問題 (10.1.2), (10.1.3) に帰着できる．$\mathbf{R}^k \times \mathbf{R} = \mathbf{R}^{k+1}$ 上の伊藤拡散過程 Z_t を次式で定義する．

$$dZ_t = \begin{pmatrix} dY_t \\ dW_t \end{pmatrix} = \begin{pmatrix} b(Y_t) \\ f(Y_t) \end{pmatrix} dt + \begin{pmatrix} \sigma(Y_t) \\ 0 \end{pmatrix} dB_t, \quad Z_0 = z = (y,w). \quad (10.3.3)$$

このとき

$$G^*(y) = \sup_\tau E^{(y,0)}[W_\tau + g(Y_\tau)] = \sup_\tau E^{(y,0)}[G(Z_\tau)] \qquad (10.3.4)$$

である. ただし

$$G(z) := G(y,w) := g(y) + w, \quad z = (y,w) \in \mathbf{R}^k \times \mathbf{R}. \qquad (10.3.5)$$

これもまた, 問題 (10.1.2), (10.1.3) の X_t を Z_t で, そして g を G でおき換えた問題となる. Y_t の特性作用素 $\mathcal{A}_Y$ と Z_t の特性作用素 $\mathcal{A}_Z$ の関係は次で与えられる.

$$\mathcal{A}_Z \phi(z) = \mathcal{A}_Z \phi(y,w) = \mathcal{A}_Y \phi(y,w) + f(y)\frac{\partial \phi}{\partial w}, \quad \phi \in C^2(\mathbf{R}^{k+1}). \qquad (10.3.6)$$

とくに $G(y,w) = g(y) + w \in C^2(\mathbf{R}^{k+1})$ に対して, 次が成り立つ.

$$\mathcal{A}_Z G(y,w) = \mathcal{A}_Y g(y) + f(y). \qquad (10.3.7)$$

例 10.3.1 $\alpha, \beta, \theta > 0$ を定数とする. 幾何学的ブラウン運動

$$dX_t = \alpha X_t dt + \beta X_t dB_t, \quad X_0 = x > 0$$

に対する最適停止問題

$$\gamma(x) = \sup_\tau E^x\left[\int_0^\tau \theta e^{-\rho t} X_t dt + e^{-\rho \tau} X_\tau\right]$$

を考える.

$$dY_t = \begin{pmatrix} dt \\ dX_t \end{pmatrix} = \begin{pmatrix} 1 \\ \alpha X_t \end{pmatrix} dt + \begin{pmatrix} 0 \\ \beta X_t \end{pmatrix} dB_t, \quad Y_0 = (s,x),$$

とし, さらに

$$dZ_t = \begin{pmatrix} dY_t \\ dW_t \end{pmatrix} = \begin{pmatrix} 1 \\ \alpha X_t \\ e^{-\rho t} X_t \end{pmatrix} dt + \begin{pmatrix} 0 \\ \beta X_t \\ 0 \end{pmatrix} dB_t, \quad Z_0 = (s,x,w)$$

とおく. このとき, (10.3.2), (10.3.4) の記号を用いて

$$f(y) = f(s,x) = \theta e^{-\rho s} x, \quad g(y) = e^{-\rho s} x,$$

$$G(s,x,w) = g(s,x) + w = e^{-\rho s}x + w$$

と表せば，

$$\mathcal{A}_Z G = \frac{\partial G}{\partial s} + \alpha x \frac{\partial G}{\partial x} + \frac{1}{2}\beta^2 x^2 \frac{\partial^2 G}{\partial x^2} + \theta e^{-\rho s} x \frac{\partial G}{\partial w}$$
$$= (-\rho + \alpha + \theta)e^{-\rho s}x$$

となる．したがって

$$U = \{(s,x,w); \mathcal{A}_Z G(s,x,w) > 0\} = \begin{cases} \mathbf{R} \times \mathbf{R}_+ \times \mathbf{R}, & \rho < \alpha + \theta \text{ のとき}, \\ \emptyset, & \rho \geq \alpha + \theta \text{ のとき} \end{cases}$$

である．これより次の結論が従う（問題 10.6 参照）．

もし $\rho \geq \alpha + \theta$ ならば，$\tau^* = 0$, そして
$$G^*(s,x,w) = G(s,x,w) = e^{-\rho s}x + w. \tag{10.3.8}$$

もし $\alpha < \rho < \alpha + \theta$ ならば，τ^* は存在せず，
$$G^*(s,x,w) = \frac{\theta x}{\rho - \alpha}e^{-\rho s} + w. \tag{10.3.9}$$

もし $\rho \leq \alpha$ ならば，τ^* は存在せず，$G^*(s,x,w) = \infty$. \hfill (10.3.10)

§10.4 変分不等式との関係

"ハイコンタクト原理"は，大雑把に言えば，「（適当な仮定のもと）もし $g \in C^2(\mathbf{R}^n)$ ならば，(10.1.2), (10.1.3)の解 g^* は $\mathbf{R}^n$ 上の C^1 関数である」というものである．これは g^* を決定するために有効な情報である．この原理が非常に便利なので，この原理の成立が厳密には証明されていない場合にも用いられることがしばしばある．

幸い，ハイコンタクト原理のような判定条件を証明することは難しくない．つまり，（推論もしくは直感により得られた）g^* の候補となる関数が，本当に g^* に一致するかどうかを確認するのを容易にする，最適停止に対するある種の判定条件を示すことができる．以下に述べる判定条件は，Brekke-Øksendal (1991)で得られた結果を簡単にしたものである．

以下領域 $V \subset \mathbf{R}^k$ を固定し，

$$dY_t = b(Y_t)dt + \sigma(Y_t)dB_t, \quad Y_0 = y \quad (10.4.1)$$

を $\mathbf{R}^k$ 上の伊藤拡散過程とする.

$$T = T(y, \omega) = \inf\{t > 0; Y_t(\omega) \notin V\} \quad (10.4.2)$$

とおく. $f : \mathbf{R}^k \to \mathbf{R}, g : \mathbf{R}^k \to \mathbf{R}$ を, 次の性質 (a), (b) を満たす連続関数とする.

(a) $E^y\left[\int_0^T |f(Y_t)|dt\right] < \infty, \quad \forall y \in \mathbf{R}^k,$ (10.4.3)

(b) すべての $y \in \mathbf{R}^k$ に対し, 族 $\{g^-(Y_\tau); \tau$ は $\tau \leq T$ なる停止時刻 $\}$ は R^y
 (Y_t の確率分布) に関して一様可積分である. (10.4.4)

次の問題を考えよう.『評価関数を

$$J^\tau(y) = E^y\left[\int_0^\tau f(Y_t)dt + g(Y_\tau)\right], \quad \tau \leq T$$

とおく. このとき,

$$\Phi(y) = \sup_{\tau \leq T} J^\tau(y) = J^{\tau^*}(y) \quad (10.4.5)$$

となる $\Phi(y)$ と τ^* を求めよ.』

$J^0(y) = g(y)$ であるから,

$$\Phi(y) \geq g(y), \quad \forall y \in V \quad (10.4.6)$$

である. 変分不等式について述べよう. 今まで通り, Y_t の生成作用素 A_Y に $C_0^2(\mathbf{R}^k)$ 上一致する偏微分作用素を $L = L_Y$ とする. すなわち,

$$L = L_Y = \sum_{i=1}^k b_i(y)\frac{\partial}{\partial y_i} + \frac{1}{2}\sum_{i,j=1}^k (\sigma\sigma^T)_{ij}(y)\frac{\partial^2}{\partial y_i \partial y_j}.$$

定理 10.4.1 (最適停止問題に対する変分不等式) 関数 $\phi : \overline{V} \to \mathbf{R}$ は次の 2 条件を満たすと仮定する.

(i) $\phi \in C^1 \cap C(\overline{V})$.

(ii) V 上 $\phi \geq g$ かつ ∂V 上 $\phi = g$.

次に

$$D = \{x \in V; \phi(x) > g(x)\}$$

とおき,Y_t は ∂D 上で時間を費やさない,つまり

(iii) すべての $y \in V$ に対して $E^y\left[\int_0^T \mathcal{X}_{\partial D}(Y_t)dt\right] = 0$ が成り立つ.

と仮定する.また,

(iv) ∂D はリプシッツ境界である.

とする.すなわち,∂D は局所的には,適当な定数に対し

$$|h(x) - h(y)| \leq K|x - y|, \quad \forall x, y$$

を満たす関数 $h : \mathbf{R}^{n-1} \to \mathbf{R}$ のグラフとなっている,と仮定する.さらに次の (v)~(ix) を仮定する.

(v) $\phi \in C^2(V \setminus \partial D)$ かつ ϕ の 2 次微分は ∂D の付近で局所有界.
(vi) $(L\phi + f)(x) \leq 0, \quad \forall x \in V \setminus \overline{D}$.
(vii) $(L\phi + f)(x) = 0, \quad \forall x \in D$.
(viii) すべての $y \in V$ について R^y-a.s. に $\tau_D := \inf\{t > 0; Y_t \notin D\} < \infty$.
(ix) すべての $y \in V$ について族 $\{\phi(Y_\tau); \tau \leq \tau_D\}$ は R^y に関し一様可積分.

このとき

$$\phi(y) = \Phi(y) = \sup_{\tau \leq T} E^y\left[\int_0^\tau f(Y_t)dt + g(Y_\tau)\right], \quad y \in V \quad (10.4.7)$$

が成り立つ.さらに

$$\tau^* = \tau_D \quad (10.4.8)$$

がこの問題の最適停止時刻である.

[証明] (i),(iv) と (v) により次の条件を満たす関数の列 $\{\phi_j \in C^2(V) \cap C(\overline{V}); j = 1, 2, \ldots\}$ を構成できる(付録 D を見よ).

(a) $j \to \infty$ のとき,$\overline{V}$ のコンパクト部分集合上一様に $\phi_j \to \phi$,
(b) $j \to \infty$ のとき,$V \setminus \partial D$ のコンパクト部分集合上一様に $L\phi_j \to L\phi$,

(c) $\{L\phi_j\}_{j=1}^{\infty}$ は V 上局所有界である.

$R \in \mathbf{N}$ とし, $V_R \subset\subset V_{R+1} \subset V$, $\bigcup_{R=1}^{\infty} V_R = V$ となる開集合列 $\{V_R\}$ をとる. $T_R = \min(R, \inf\{t > 0; Y_t \notin V_R\})$ と定義する. $\tau \leq T$ なる停止時刻を考える. $y \in V$ とせよ. このとき, ディンキンの公式より, 次を得る.

$$E^y[\phi_j(Y_{\tau \wedge T_R})] = \phi_j(y) + E^y\left[\int_0^{\tau \wedge T_R} L\phi_j(Y_t)dt\right]. \quad (10.4.9)$$

(a), (b), (c) および (iii) と有界収束定理より

$$\phi(y) = \lim_{j \to \infty} E^y\left[\int_0^{\tau \wedge T_R}(-L\phi_j)(Y_t)dt + \phi_j(Y_{\tau \wedge T_R})\right]$$
$$= E^y\left[\int_0^{\tau \wedge T_R}(-L\phi)(Y_t)dt + \phi(Y_{\tau \wedge T_R})\right] \quad (10.4.10)$$

を得る. ゆえに, (ii), (iii), (vi), (vii) より

$$\phi(y) \geq E^y\left[\int_0^{\tau \wedge T_R} f(Y_t)dt + g(Y_{\tau \wedge T_R})\right]$$

となる. ファトウの補題と (10.4.3), (10.4.4) により

$$\phi(y) \geq \varliminf_{R \to \infty} E^y\left[\int_0^{\tau \wedge T_R} f(Y_t)dt + g(Y_{\tau \wedge T_R})\right] \geq E^y\left[\int_0^{\tau} f(Y_t)dt + g(Y_{\tau})\right]$$

が従う. $\tau \leq T$ は任意であるから, 次の不等式を得る.

$$\phi(y) \geq \Phi(y), \quad \forall y \in V. \quad (10.4.11)$$

もし $y \notin D$ ならば, $\phi(y) = g(y) \leq \Phi(y)$ である. したがって, (10.4.11) と合わせて

$y \notin D$ のとき, $\phi(y) = \Phi(y)$ かつ $\hat{\tau}(y, \omega) := 0$ が最適停止時刻である.
$$(10.4.12)$$

次に $y \in D$ とする. $\{D_k\}_{k=1}^{\infty}$ を $D_k \subset\subset D_{k+1}$, $D = \bigcup_{k=1}^{\infty} D_k$ となる開集合 D_k の増大列とする. $\tau_k = \inf\{t > 0; Y_t \notin D_k\}$, $k = 1, 2, \ldots$, とおく. (10.4.10) より, $y \in D_k$ ならば,

$$\phi(y) = E^y\left[\int_0^{\tau_k \wedge T_R}(-L\phi)(Y_t)dt + \phi(Y_{\tau_k \wedge T_R})\right]$$
$$= E^y\left[\int_0^{\tau_k \wedge T_R} f(Y_t)dt + \phi(Y_{\tau_k \wedge T_R})\right]$$

となる．条件(ii)，(viii)，(ix) より

$$
\begin{aligned}
\phi(y) &= \lim_{R,k\to\infty} E^y\left[\int_0^{\tau_k \wedge T_R} f(Y_t)dt + \phi(Y_{\tau_k \wedge T_R})\right] \\
&= E^y\left[\int_0^{\tau_D} f(Y_t)dt + g(Y_{\tau_D})\right] = J^{\tau_D}(y) \leq \Phi(y).
\end{aligned} \quad (10.4.13)
$$

(10.4.11) と (10.4.13) を合わせて

$$\phi(y) \geq \Phi(y) \geq J^{\tau_D}(y) = \phi(y)$$

となる．したがって

$$y \in D \text{ のとき，} \phi(y) = \Phi(y) \text{ かつ } \widehat{\tau}(y,\omega) := \tau_D \text{ が最適停止時刻である．} \quad (10.4.14)$$

(10.4.12) と (10.4.14) から，

$$\phi(y) = \Phi(y), \quad \forall y \in V$$

が結論できる．さらに

$$\widehat{\tau}(y,\omega) = \begin{cases} 0, & y \notin D \text{ のとき，} \\ \tau_D, & y \in D \text{ のとき} \end{cases}$$

で定義される停止時刻 $\widehat{\tau}$ が最適停止時刻である．定理 10.1.12 より τ_D もまた最適停止時刻である． □

例 10.4.2 定理 10.4.1 の応用として，例 10.2.2 を再考しよう．

(10.2.8) とそれに続いて調べた D の性質は証明せずに，D は

$$D = \{(s,x); 0 < x < x_0\}$$

という形をしていると推測・仮定しよう．この仮定は，直感的には自然である．このとき，(10.2.11) を任意の x_0 に対して解いて，次のような g^* の候補 ϕ を得る．

$$\phi(s,x) = \begin{cases} e^{-\rho s}(x_0 - a)(\frac{x}{x_0})^{\gamma_1}, & 0 < x < x_0 \text{ のとき，} \\ e^{-\rho s}(x_0 - a), & x \geq x_0 \text{ のとき．} \end{cases}$$

$\phi \in C^1$ という要請(定理 10.4.1 (i))は x_0 の値が (10.2.13) で与えられること

を導く. 明らかに ∂D の外部で $\phi \in C^2$ であり, 構成法から D 上 $L\phi = 0$ となる. さらに, 条件(iii), (iv), (viii), (ix)が成り立つことは明らかである. したがって

(ii) $0 < x < x_0$ ならば $\phi(s, x) > g(s, x)$, すなわち $0 < x < x_0$ ならば $\phi(s, x) > e^{-\rho s}(x - a)$ となる.
(v) $x > x_0$ ならば $L\phi(s, x) \leq 0$, すなわち $x > x_0$ ならば $Lg(s, x) \leq 0$ となる.

という2つの性質を証明すればよい. しかし, これらは直接計算により確かめられる($r < \rho$ を仮定せよ). $\phi = g^*$ であり, かつ(x_0 として(10.2.13)で与えられる値をもつ)$\tau^* = \tau_D$ が最適であることが結論できる.

問題

10.1 以下に述べる最適停止問題において上限 g^* と(もし存在すれば)最適停止時刻 τ^* を求めよ(B_t は1次元ブラウン運動とする).

a) $g^*(x) = \sup_\tau E^x[B_\tau^2]$.
b) $g^*(x) = \sup_\tau E^x[|B_\tau|^p]$ (ただし $p > 0$).
c) $g^*(x) = \sup_\tau E^x[e^{-B_\tau^2}]$.
d) $g^*(s, x) = \sup_\tau E^{(s,x)}[e^{-\rho\tau} \cosh B_\tau]$.
  (ただし $\rho > 0$, $\cosh x = \frac{1}{2}(e^x + e^{-x})$).

10.2 a) $\mathbf{R}^2$ 上の非負(B_t-)優調和関数は定数関数に限ることを証明せよ. (ヒント. u を非負優調和関数とし,

$$u(x) < u(y)$$

なる $x, y \in \mathbf{R}^2$ が存在したとせよ. τ を y を中心とする小円盤への B_t の到達時刻とし,

$$E^x[u(B_\tau)]$$

を考えよ.)

b) **R** 上の非負優調和関数は定数関数に限ることを証明せよ．また，これを用いて

$$g(x) = \begin{cases} xe^{-x}, & x > 0 \text{ のとき}, \\ 0, & x \leq 0 \text{ のとき}, \end{cases}$$

に対する $g^*(x)$ を求めよ．

c) $\gamma \in \mathbf{R}, n \geq 3$ とし，$x \in \mathbf{R}^n$ に対し

$$f_\gamma(x) = \begin{cases} |x|^\gamma, & |x| \geq 1 \text{ のとき}, \\ 1, & |x| < 1 \text{ のとき}, \end{cases}$$

と定義する．どのような γ に対して，f_γ は $|x| > 1$ において $(B_t\text{-})$ 調和となるであろうか？ 答えは，「$\gamma \in [2-n, 0]$ のとき，およびそのときに限り f_γ は $\mathbf{R}^n$ において優調和である」となることを証明せよ．

10.3 B_t を 1 次元ブラウン運動とし，$\rho > 0$ を定数とする．

$$g^*(s, x) = \sup_\tau E^{(s,x)}[e^{-\rho\tau} B_\tau^2] = E^{(s,x)}[e^{-\rho\tau^*} B_{\tau^*}^2]$$

となる g^* と τ^* を求めよ．（ヒント．適当な x_0 がとれて，続行領域は

$$D = \{(s, x); -x_0 < x < x_0\}$$

という形で与えられると仮定し，x_0 を決定せよ．その後定理 10.4.1 を適用せよ．）

10.4 X_t を $\mathbf{R}^n$ 上の伊藤拡散過程とし，$g : \mathbf{R}^n \to \mathbf{R}^+$ を連続な効用関数とする．

$$g^\diamond(x) = \sup\{E^x[g(X_\tau)]; \tau \text{ は } E^x[\tau] < \infty \text{ なる停止時刻}\}$$

と定義する．$g^\diamond = g^*$ を証明せよ．（ヒント．停止時刻 τ に対し $\tau_k = \tau \wedge k$, $k = 1, 2, \ldots$, とおき，

$$E^x[g(X_\tau) \cdot \mathcal{X}_{\tau<\infty}] \leq E^x[\varliminf_{k\to\infty} g(X_{\tau_k})]$$

に注意せよ．）

10.5 g, r, ρ を例 10.2.2 の通りとする．次を証明せよ．

a) $r > \rho$ ならば $g^* = \infty$,
b) $r = \rho$ ならば $g^*(s,x) = xe^{-\rho s}$.

10.6 例 10.3.1 の主張 (10.3.8), (10.3.9), (10.3.10) を証明せよ.

10.7 問題 10.4 の補足として, もし g が下に有界でないならば, 2つの最適値問題

$$g^*(x) = \sup\{E^x[g(X_\tau)]; \tau \text{ は停止時刻}\}$$

と

$$g^\diamond(x) = \sup\{E^x[g(X_\tau)]; \tau \text{ は } E^x[\tau] < \infty \text{ なる停止時刻}\}$$

は必ずしも同じ解をもたないことに注意しよう. たとえば, $g(x) = x$, $X_t = B_t \in \mathbf{R}$ のときに,

$$g^\diamond(x) = x, \quad \forall x \in \mathbf{R}$$

であるが

$$g^*(x) = \infty, \quad \forall x \in \mathbf{R}$$

となることを証明せよ (問題 7.4 を見よ).

10.8 g が下に有界でなく定理 10.1.9 a) が成り立たない例を挙げよ. (ヒント. 問題 10.7 を見よ.)

10.9 最適停止問題

$$\gamma(x) = \sup_\tau E^x\left[\int_0^\tau e^{-\rho t}B_t^2 dt + e^{-\rho\tau}B_\tau^2\right]$$

を解け.

10.10 (10.1.35) の拡張と見なせる次の簡単な, しかし有用な事実を証明せよ.『$W = \{(s,x); g(s,x) < E^{(s,x)}[g(s+\tau, X_\tau)]$ を満たす τ が存在する$\}$ と定義する. このとき $W \subset D$ である.』

10.11 最適停止問題

$$g^*(s,x) = \sup_\tau E^{(s,x)}[e^{-\rho\tau}B_\tau^+]$$

を考える．ただし，B_t は **R** 上のブラウン運動で，$x^+ = \max(0, x)$．

a) (10.2.8)を示した議論と問題 10.10 を用いて，続行領域 D は，適当な $x_0 > 0$ がとれて
$$D = \{(s, x); x < x_0\}$$
という形をしていることを証明せよ．

b) x_0 を決定し，g^* を求めよ．

c) ハイコンタクト原理が成り立つこと，すなわち
$$\frac{\partial g^*}{\partial x} = \frac{\partial g}{\partial x}, \quad (s, x) = (s, x_0) \text{ のとき}$$
となることを証明せよ．ただし $g(t, x) = e^{-\rho t} x^+$．

10.12 ハイコンタクト原理が最初に定式化されたのは，Samuelson (1965) の論文においてであろう．彼は，時刻 t，そして価格が ξ のときに資産を売って得られる利益が
$$g(t, \xi) = e^{-\rho t}(\xi - 1)^+$$
で与えられるとすれば，いつ資産を売るのが最適となるかを研究していた．資産の価格 X_t は
$$dX_t = rX_t dt + \alpha X_t dB_t, \quad X_0 = x > 0$$
という幾何学的ブラウン運動であると仮定されていた．ただし，$r < \rho$．言いかえれば，
$$g^*(s, x) = \sup_\tau E^{(s,x)}[e^{-\rho \tau}(X_\tau - 1)^+] = E^{(s,x)}[e^{-\rho \tau^*}(X_{\tau^*} - 1)^+]$$
という最適停止問題の最適期待効用 g^* と最適停止時刻 τ^* を求めていたことになる．

a) (10.2.8)を示した議論と問題 10.10 を用いて，適当な $x_0 > \frac{\rho}{\rho - r}$ がとれて，続行領域 D は
$$D = \{(s, x); x < x_0\}$$
と表されることを証明せよ．

b) $x_0 > \frac{\rho}{\rho-r}$ に対し,境界値問題

$$\begin{cases} \frac{\partial f}{\partial s} + rx\frac{\partial f}{\partial x} + \frac{1}{2}\alpha^2 x^2 \frac{\partial^2 f}{\partial x^2} = 0, & 0 < x < x_0 \text{ のとき,} \\ f(s,0) = 0 \\ f(s,x_0) = e^{-\rho s}(x_0 - q)^+ \end{cases}$$

を $f(s,x) = e^{-\rho s}\phi(x)$ とおいて解け.

c) ハイコンタクト原理を利用して,つまり,$x = x_0$ のとき

$$\frac{\partial f}{\partial x} = \frac{\partial g}{\partial x}$$

となることを用いて,x_0 を決定せよ.

d) f, x_0 を b),c)のようにとり,

$$\gamma(s,x) = \begin{cases} f(s,x), & x < x_0 \text{ のとき,} \\ e^{-\rho s}(x-1)^+, & x \geq x_0 \text{ のとき} \end{cases}$$

と定義する.定理 10.4.1 を用いて $\gamma = g^*$ となり,$\tau^* = \tau_D$ が最適停止時刻となることを証明せよ.

10.13(資源採取の問題) 時刻 t におけるある資源(たとえばガス,石油)の 1 単位の値段 P_t は幾何学的ブラウン運動にしたがって変動しているとしよう.つまり,B_t を 1 次元ブラウン運動,α, β を定数とし,

$$dP_t = \alpha P_t dt + \beta P_t dB_t, \quad P_0 = p$$

であるとする.Q_t を時刻 t における資源の残量とする.資源の採取率は残量に比例する,すなわち,定数 $\lambda > 0$ が存在して

$$dQ_t = -\lambda Q_t dt, \quad Q_0 = q$$

が成り立つと仮定する.運転経費率を $K > 0$ とする.このとき,時刻 $\tau = \tau(\omega)$ に採取を止めるならば,減価を加味した総利益は

$$J^\tau(s,p,q)$$
$$= E^{(s,p,q)}\left[\int_0^\tau (\lambda P_t Q_t - K)e^{-\rho(s+t)}dt + e^{-\rho(s+\tau)}g(P_\tau, Q_\tau)\right]$$

で与えられる.ただし $\rho > 0$ であり,$g(p,q)$ は資源価格 p,残量 q のときの

埋蔵資源の価格を与える関数である.

a) 拡散過程
$$dX_t = \begin{pmatrix} dt \\ dP_t \\ dQ_t \end{pmatrix}, \quad X_0 = (s, p, q)$$

の特性作用素 $\mathcal{A}$ を書き下せ. さらに, 最適停止問題
$$G^*(s, p, q) = \sup_\tau J^\tau(s, p, q) = J^{\tau^*}(s, p, q)$$

に対応する定理 10.4.1 の変分不等式を求めよ.

b) $g(p, q) = pq$ とし, (10.1.34), (10.3.7)に対応する領域,
$$U = \{(s, p, q); \mathcal{A}(e^{-\rho s} g(p, q)) + f(s, p, q) > 0\}$$

を求めよ. ただし,
$$f(s, p, q) = e^{-\rho s}(\lambda pq - K).$$

これから次のことを結論せよ.
  (i) $\rho \geq \alpha$ ならば, $\tau^* = 0$ かつ $G^*(s, p, q) = pq e^{-\rho s}$.
  (ii) $\rho < \alpha$ ならば, $D \supset \{(s, p, q); pq > \frac{K}{\alpha - \rho}\}$.

c) $\rho < \alpha$ のときの G^* の候補として, 関数 $\psi: \mathbf{R} \to \mathbf{R}$ と y_0 を用いて
$$\phi(s, p, q) = \begin{cases} e^{-\rho s} pq, & 0 < pq \leq y_0 \text{ のとき}, \\ e^{-\rho s} \psi(pq), & pq > y_0 \text{ のとき}, \end{cases}$$

と定義される関数 ϕ を考える. 定理 10.4.1 を用いて, ψ, y_0 を決定せよ. このように決めた ψ, y_0 に対し, もし $\rho < \alpha < \rho + \lambda$ ならば, $\phi = G^*$ かつ $\tau^* = \inf\{t > 0; P_t Q_t \leq y_0\}$ となることを証明せよ.

d) $\rho + \lambda \leq \alpha$ のときはどうなるか?

10.14 (最適投資時刻(I)) B_t は 1 次元ブラウン運動, α, β, ρ, C は定数で $0 < \alpha < \rho$, $C > 0$ を満たすとし,
$$dP_t = \alpha P_t dt + \beta P_t dB_t, \quad P_0 = p$$

とする. 最適停止問題

$$G^*(s,p) = \sup_\tau E^{(s,p)}\left[\int_\tau^\infty e^{-\rho(s+t)} P_t dt - C e^{-\rho(s+\tau)}\right]$$

を解け(これは,あるプロジェクトへの投資の最適時刻を見出す問題と思える.投資後の利益率が P_t であり,投資費用が C である.そして G^* は減価を加味した利益の最大平均値を与える).(ヒント.$\int_\tau^\infty e^{-\rho(s+t)} P_t dt = e^{-\rho s}[\int_0^\infty e^{-\rho t} P_t dt - \int_0^\tau e^{-\rho t} P_t dt]$ と表せ.P_t の解の公式(5 章を見よ)を用いて $E[\int_0^\infty e^{-\rho t} P_t dt]$ を計算せよ.そして定理 10.4.1 を最適停止問題

$$\phi(s,x) = \sup_\tau E^{(s,p)}\left[-\int_0^\tau e^{-\rho(s+t)} P_t dt - C e^{-\rho(s+\tau)}\right]$$

に適用せよ.

10.15 B_t を 1 次元ブラウン運動とし,$\rho > 0$ を定数とする.

a) 族
$$\{e^{-\rho\tau} B_\tau; \tau \text{ は停止時刻}\}$$

は P^x に関し一様可積分であることを示せ.

b) $a > 0$ は定数とする.最適停止問題

$$g^*(s,x) = \sup_\tau E^{(s,x)}[e^{-\rho\tau}(B_\tau - a)]$$

を解け.これは例 10.2.2/10.4.2 の市場モデル X_t を B_t におき換えた問題とも思える.

10.16(最適投資時刻(II)) $\mu, \sigma \neq 0$ を定数とし,

$$dP_t = \mu dt + \sigma dB_t, \quad P_0 = p$$

とするとき,最適停止問題

$$G^*(s,x) = \sup_\tau E^{(s,x)}\left[\int_\tau^\infty e^{-\rho(s+t)} P_t dt - C e^{-\rho(s+\tau)}\right]$$

を解け(問題 10.14 と比較せよ).

第11章

確率制御への応用

§11.1 確率制御とは

時刻 t における系(システム)の状態は

$$dX_t = dX_t^u = b(t, X_t, u_t)dt + \sigma(t, X_t, u_t)dB_t \tag{11.1.1}$$

という形の伊藤過程で記述されるとしよう．ただし，$X_t \in \mathbf{R}^n$, $b: \mathbf{R} \times \mathbf{R}^n \times U \to \mathbf{R}^n$, $\sigma: \mathbf{R} \times \mathbf{R}^n \times U \to \mathbf{R}^{n \times m}$ で，B_t は m 次元ブラウン運動である．$u_t \in U \subset \mathbf{R}^k$ は，与えられたボレル集合 U に値をとるシステム X_t を制御するためのパラメータである．このため，$u_t = u(t, \omega)$ は確率過程となる．制御は時刻 t までのシステムの挙動に基づいて行われるから，関数 $\omega \mapsto u(t, \omega)$ は(少なくとも) $\mathcal{F}_t^{(m)}$-可測でなければならない．すなわち，確率過程 u_t は $\mathcal{F}_t^{(m)}$-適合でなければならない．このとき，b, σ に適当な条件を課せば，(11.1.1)の右辺の確率積分を定義できる．当面は，b と σ に関する条件を特定せず，単に(11.1.1)を満たす X_t が存在することだけを仮定しよう[1]．解の存在に関しては，2節の終わりで論ずる．

$\{X_h^{s,x}\}_{h \geq s}$ を(11.1.1)の $X_s^{s,x} = x$ なる解とする．つまり，

$$X_h^{s,x} = x + \int_s^h b(r, X_r^{s,x}, u_r)dr + \int_s^h \sigma(r, X_r^{s,x}, u_r)dB_r, \quad h \geq s.$$

さらに $t = s$ に x を出発する X_t の確率法則を $Q^{s,x}$ と表す．したがって，

---

[1] b, σ が特定されないので，これからの議論は「そういう主張が成り立つ状況にあると仮定して」という形で，したがって必ずしも厳密とは言えない形で進む場合も出てくる．以下の議論においては，解はマルチンゲール問題の解としての観点で理解するのがもっとも適切であろう．

$s \leq t_i$, $F_i \subset \mathbf{R}^n$, $1 \leq i \leq k$, $k = 1, 2, \ldots$ に対して

$$Q^{s,x}[X_{t_1} \in F_1, \ldots, X_{t_k} \in F_k] = P^0[X_{t_1}^{s,x} \in F_1, \ldots, X_{t_k}^{s,x} \in F_k] \quad (11.1.2)$$

となる.

$F: \mathbf{R} \times \mathbf{R}^n \times U \to \mathbf{R}$ (効用率)と $K: \mathbf{R} \times \mathbf{R}^n \to \mathbf{R}$ (効用)は連続関数とし, G を $\mathbf{R} \times \mathbf{R}^n$ 内の固定された領域とする. $\widehat{T}$ を $\{X_r^{s,x}\}_{r \geq s}$ の G からの流出時間とする. つまり

$$\widehat{T} = \widehat{T}^{s,x}(\omega) = \inf\{r > s; (r, X_r^{s,x}(\omega)) \notin G\} \leq \infty \quad (11.1.3)$$

とおく. $F^u(r, z) = F(r, z, u)$ とおき,

$$E^{s,x}\left[\int_s^{\widehat{T}} |F^{u_r}(r, X_r)| dr + |K(\widehat{T}, X_{\widehat{T}})| \mathcal{X}_{\{\widehat{T} < \infty\}}\right] < \infty, \quad \forall s, x, u \quad (11.1.4)$$

が成り立つと仮定する. このとき評価関数(期待効用) $J^u(s, x)$ を

$$J^u(s, x) = E^{s,x}\left[\int_s^{\widehat{T}} F^{u_r}(r, X_r) dr + K(\widehat{T}, X_{\widehat{T}}) \mathcal{X}_{\{\widehat{T} < \infty\}}\right] \quad (11.1.5)$$

と定義する. 表記を簡単にするために

$$Y_t = (s + t, X_{s+t}^{s,x}), \quad t \geq 0, \ Y_0 = (s, x)$$

とおく. これを(11.1.1)に代入すれば, 次の方程式を得る.

$$dY_t = dY_t^u = b(Y_t, u_t)dt + \sigma(Y_t, u_t)dB_t \quad (11.1.6)$$

(厳密に言えば, (11.1.6)の u, b, σ は(11.1.1)のものとは若干異なる). $t = 0$ に $y = (s, x)$ を出る Y_t の確率法則も(記号を混用して) $Q^{s,x} = Q^y$ と表す.

$$T := \inf\{t > 0; Y_t \notin G\} = \widehat{T} - s \quad (11.1.7)$$

とおけば,

$$\int_s^{\widehat{T}} F^{u_r}(r, X_r) dr = \int_0^{\widehat{T}-s} F^{u_{s+t}}(s+t, X_{s+t}) dt = \int_0^T F^{u_{s+t}}(Y_t) dt$$

となる. さらに

$$K(\widehat{T}, X_{\widehat{T}}) = K(Y_{\widehat{T}-s}) = K(Y_T)$$

が成り立つ．したがって，評価関数は，Y の言葉で，次のように表現できる．

$$J^u(y) = E^y\left[\int_0^T f^{u_t}(Y_t)dt + K(Y_T)\mathcal{X}_{\{T<\infty\}}\right], \qquad y = (s,x), \quad (11.1.8)$$

(厳密に言えば，ここに現れた u_t は (11.1.6) の u_t の時間をずらしたものである)．

確率制御問題とは，各 $y \in G$ に対し，

$$\Phi(y) := \sup_{u(t,\omega)} J^u(y) = J^{u^*}(y) \qquad (11.1.9)$$

となる上限の値 $\Phi(y)$ と上限を実現する $u^* = u^*(t,\omega) = u^*(y,t,\omega)$ を見出す問題である．ここで，上限はあらゆる U-値 $\mathcal{F}_t^{(m)}$-適合確率過程 $\{u_t\}$ についてとる．もし存在すれば，このような制御 u^* を**最適制御**と呼び，Φ を**最適評価関数**もしくは**値関数**と呼ぶ．

制御の例を挙げよう．

(1) $u(t,\omega) = u(t)$ という形の関数，すなわち ω に依存しない関数．このような制御を**決定論的制御**もしくは**開ループ制御**と呼ぶ．

(2) $\mathcal{M}_t$-適合な，すなわち $\omega \mapsto u(t,\omega)$ が $\mathcal{M}_t$-可測な確率過程 $\{u_t\}$．ただし，$\mathcal{M}_t$ は $\{X_r^u; r \leq t\}$ により生成される σ-加法族である．このような制御は**閉ループ制御**，もしくは**フィードバック制御**と呼ばれる．

(3) 制御には，システムの状態の一部の情報だけが関与している．詳しく言えば，制御を行う基になる情報は X_t の観測値 R_t である．この観測値 R_t は，(B とは必ずしも関係をもたない) ブラウン運動 $\widehat{B}$ を用いて，

$$dR_t = a(t,X_t)dt + \gamma(t,X_t)d\widehat{B}_t$$

という伊藤過程として与えられる．したがって，制御過程 $\{u_t\}$ は $\{R_s; s \leq t\}$ により生成される σ-加法族 $\mathcal{N}_t$ に適合していなければならない．この点において，確率制御の問題はフィルタリング問題 (6章) と関連している．実際，もし方程式 (11.1.1) が線形で，F と K が 2 次形式であれば，確率制御問題は，線形フィルタリング問題と決定論的制御問題に分離する．これは分離原理と呼ばれている．例 11.2.4 を見よ．

(4) 関数 $u_0 : \mathbf{R}^{n+1} \to U \subset \mathbf{R}^k$ を用いて $u(t,\omega) = u_0(t,X_t(\omega))$ と表される

$u(t,\omega)$. この場合, u は出発点 $y = (s,x)$ には依存しないと仮定する．すなわち，時刻 t での値はそのときのシステムの状態にのみ依存すると仮定する．このような u に対応する X_t は伊藤拡散過程，とくにマルコフ過程となるので，この u をマルコフ制御と呼ぶ．以下では u と u_0 を区別しない．したがって，関数 $u : \mathbf{R}^{n+1} \to U$ とマルコフ制御 $u(Y) = u(t, X_t)$ を同一視し，そのような関数も単にマルコフ制御と呼ぶ．

§11.2 ハミルトン=ヤコビ=ベルマン方程式

まずマルコフ制御
$$u = u(t, X_t(\omega))$$
だけを考えよう．$Y_t = (s+t, X_{s+t})$ を導入すると，（先に説明したように）システムの方程式は
$$dY_t = b(Y_t, u(Y_t))dt + \sigma(Y_t, u(Y_t))dB_t \tag{11.2.1}$$
となる．$v \in U$ と $f \in C_0^2(\mathbf{R} \times \mathbf{R}^n)$ に対し，
$$(L^v f)(y) = \frac{\partial f}{\partial s} + \sum_{i=1}^n b_i(y,v) \frac{\partial f}{\partial x_i} + \sum_{i,j=1}^n a_{ij}(y,v) \frac{\partial^2 f}{\partial x_i \partial x_j} \tag{11.2.2}$$
と定義する．ただし，$a_{ij} = \frac{1}{2}(\sigma\sigma^T)_{ij}$, $y = (s,x)$, $x = (x_1, \ldots, x_n)$ である．このとき，関数 u ごとに，解 $Y_t = Y_t^u$ は
$$(Af)(y) = (L^{u(y)}f)(y), \quad f \in C_0^2(\mathbf{R} \times \mathbf{R}^n)$$
で与えられる生成作用素 A をもつ伊藤拡散過程である（定理 7.3.3 参照）[2]．$v \in U$ に対し $F^v(y) = F(y,v)$ とおく．次は，確率制御に関する最初の基本的な結果である．

定理 11.2.1 ハミルトン=ヤコビ=ベルマン (Hamilton-Jacobi-Bellman, HJB) 方程式 (I)

$$\Phi(y) = \sup\{J^u(y); u = u(Y) \text{ はマルコフ制御}\}$$

---

[2] ここも b, σ が特定されないから, 些か粗っぽい言い方ではある. Y_t はこの A に対応するマルチンゲール問題の解となると言う程度に考えておこう.

11.2 ハミルトン=ヤコビ=ベルマン方程式

と定義する. $\Phi \in C^2(G) \cap C(\overline{G})$, Φ は有界, すべての $v \in U$ について $L^v\Phi$ は G 上連続, すべての $y \in G$ (とすべてのマルコフ制御) に対し Q^y-a.s. に $T < \infty$, そして, 最適マルコフ制御 u^* が存在すると仮定する. さらに ∂G は $Y_t^{u^*}$ に関し正則である (定義 9.2.8) と仮定する. このとき, 次が成り立つ.

$$\sup_{v \in U}\{F^v(y) + (L^v\Phi)(y)\} = 0, \quad \forall y \in G, \tag{11.2.3}$$

$$\Phi(y) = K(y), \quad \forall y \in \partial D. \tag{11.2.4}$$

また, $y \mapsto F(y, u^*(y))$ が連続ならば, (11.2.3) の上限は $v = u^*(y)$ のときに実現される. すなわち, 次の関係式が成り立つ.

$$F(y, u^*(y)) + (L^{u^*(y)}\Phi)(y) = 0, \quad \forall y \in G. \tag{11.2.5}$$

[証明] 後の2つの主張は容易に証明できる. まず, この2つを示そう. $u^* = u^*(y)$ が最適であるから,

$$\Phi(y) = J^{u^*}(y) = E^y\left[\int_0^T F(Y_s, u^*(Y_s))ds + K(Y_T)\right]$$

となる. もし $y \in \partial G$ ならば, (∂G は正則なので) Q^y-a.s. に $T = 0$ である. したがって (11.2.4) が成立する. また, この等式より, Φ はディリクレ=ポアソン問題の解となる (定理 9.3.3 参照) から, 次を得る (Dynkin (1965 I, p.152) も参照せよ).

$$(L^{u^*(y)}\Phi)(y) = -F(y, u^*(y)), \quad \forall y \in G.$$

すなわち (11.2.5) が示された.

(11.2.3) を証明しよう. $y = (s, x) \in G$ を固定し, マルコフ制御 u をとる. $S = \inf\{t \geq 0; Y_t \notin G\}$ とし,

$$\widetilde{J}^u(z) = E^z\left[\int_0^S F^u(Y_r)dr + K(Y_S)\right]$$

とおく. このとき,

$$J^u(y) = \widetilde{J}^u(y)$$

である. $\alpha \leq T$ を停止時刻とする. $S = T$ Q^y-a.s. なので, 強マルコフ性に

より，次のように変形できる．

$$\begin{aligned}
E^y[\widetilde{J}^u(Y_\alpha)] &= E^y\left[E^{Y_\alpha}\left[\int_0^S F^u(Y_r)dr + K(Y_S)\right]\right] \\
&= E^y\left[E^y\left[\theta_\alpha\left(\int_0^S F^u(Y_r)dr + K(Y_S)\right)\Big|\mathcal{F}_\alpha\right]\right] \\
&= E^y\left[E^y\left[\int_\alpha^S F^u(Y_r)dr + K(Y_S)\Big|\mathcal{F}_\alpha\right]\right] \\
&= E^y\left[\int_0^S F^u(Y_r)dr + K(Y_S) - \int_0^\alpha F^u(Y_r)dr\right] \\
&= J^u(y) - E^y\left[\int_0^\alpha F^u(Y_r)dr\right].
\end{aligned}$$

よって，次を得る．

$$J^u(y) = E^y\left[\int_0^\alpha F^u(Y_r)dr\right] + E^y[\widetilde{J}^u(Y_\alpha)]. \tag{11.2.6}$$

$s < t_1$ とし，$W \subset G$ を $W = \{(r,z) \in G; r < t_1\}$ と定義する．

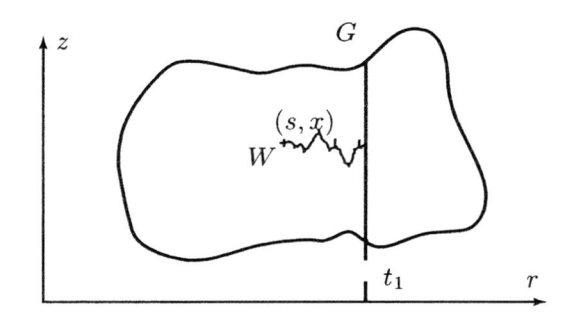

$\alpha = \inf\{t \geq 0; Y_t \notin W\}$ とおく．最適制御 $u^*(y) = u^*(r,z)$ を用いて，

$$u(r,z) = \begin{cases} v, & (r,z) \in W \text{ のとき}, \\ u^*(r,z), & (r,z) \in G \setminus W \text{ のとき} \end{cases}$$

と定義する．ただし $v \in U$ は任意に固定する．このとき

$$\Phi(Y_\alpha) = J^{u^*}(Y_\alpha) = \widetilde{J}^u(Y_\alpha) \tag{11.2.7}$$

となる．これを(11.2.6)と合わせて

$$\Phi(y) \geq J^u(y) = E^y\left[\int_0^\alpha F^u(Y_r)dr\right] + E^y[\Phi(Y_\alpha)] \qquad (11.2.8)$$

を得る．Φ は $C^2(G)$ に属し，かつ有界であるから，ディンキンの公式により，

$$E^y[\Phi(Y_\alpha)] = \Phi(y) + E^y\left[\int_0^\alpha (L^u\Phi)(Y_r)dr\right]$$

となる．これを (11.2.8) に代入すると，次を得る．

$$\Phi(y) \geq E^y\left[\int_0^\alpha F^u(Y_r)dr\right] + \Phi(y) + E^y\left[\int_0^\alpha (L^u\Phi)(Y_r)dr\right].$$

よって，W 上 $u \equiv v$ となるので，次が従う．

$$E^y\left[\int_0^\alpha F^v(Y_r)dr\right] + E^y\left[\int_0^\alpha (L^v\Phi)(Y_r)dr\right] \leq 0.$$

したがって，すべての上のような W について

$$\frac{E^y[\int_0^\alpha (F^v(Y_r) + (L^v\Phi)(Y_r))dr]}{E^y[\alpha]} \leq 0$$

である．$F^v(\cdot), (L^v\Phi)(\cdot)$ は y で連続であるから，$t_1 \to s$ とすれば，$F^v(y) + (L^v\Phi)(y) \leq 0$ となる．これを (11.2.5) と合わせて，(11.2.3) を得る． □

注 もし最適制御 u^* が存在すれば，その y における値 $u^*(y)$ は関数

$$v \mapsto F^v(y) + (L^v\Phi)(y), \quad v \in U$$

が最大値をとる点 v であること（そしてその最大値は 0 であること）を，HJB (I) 方程式は示唆している．これより，確率制御問題は，$U \subset \mathbf{R}^k$ 上の実数値関数の最大値点を求めるというより易しい問題に結び付けらる．しかしながら，HJB (I) 方程式は，$v = u^*(y)$ がこの関数の最大値点であることが**必要条件**であることを述べているだけである．では，これは**十分条件**となるのであろうか？ 言いかえれば，各点 y に対し $F^v(y) + (L^v\Phi)(y)$ が最大となり，さらにその最大値が 0 となる $v = u_0(y)$ を見つけることができれば，そのとき $u_0(Y)$ は最適制御となるのだろうか？ 次の結果は，実は（適当な条件の下）十分条件となっていることを示している．

定理 11.2.2 (HJB (II) 方程式── HJB (I) の逆) $\phi \in C^2(G) \cap C(\overline{G})$ は，すべての $v \in U$ に対し，関係式

$$F^v(y) + (L^v\phi)(y) \leq 0, \quad y \in G \tag{11.2.9}$$

を満たし,また境界値

$$\lim_{t \to T} \phi(Y_t) = K(Y_T) \cdot \mathcal{X}_{\{T < \infty\}}, \quad Q^y\text{-a.s.}, \tag{11.2.10}$$

をもち,さらに

$$\{\phi(Y_\tau); \tau\text{ は } \tau \leq T \text{ なる停止時刻}\}\text{ はすべてのマルコフ制御と}$$
$$y \in G \text{ に対し } Q^y \text{ に関し一様可積分である}, \tag{11.2.11}$$

という条件を満たすと仮定する.このとき

$$\text{すべてのマルコフ制御 } u \text{ と } y \in G \text{ に対し} \quad \phi(y) \geq J^u(y) \tag{11.2.12}$$

となる.さらに,もし各 $y \in G$ に対し

$$F^{u_0(y)}(y) + (L^{u_0(y)}\phi)(y) = 0 \tag{11.2.13}$$

となる $u_0(y)$ が見つかれば,$u_0 = u_0(y)$ は

$$\phi(y) = J^{u_0}(y)$$

を満たすマルコフ制御である.とくに,このとき u_0 は最適制御であり,$\phi(y) = \Phi(y)$ となる.

[証明] ϕ は (11.2.9)〜(11.2.11) を満たすとしよう.u をマルコフ制御とする.$G_n \subset\subset G_{n+1} \subset G, \bigcup_{n=1}^\infty G_n = G$ を満たす開集合の増大列 $\{G_n\}$ をとり,$n \in \mathbf{N}$ に対し

$$T_n = \min\{n, T, \inf\{t > 0; Y_t \notin G_n\}\} \tag{11.2.14}$$

とおく.$L^u\phi \leq -F^u$ であるから,ディンキンの公式より[3]

$$E^y[\phi(Y_{T_n})] = \phi(y) + E^y\left[\int_0^{T_n} (L^u\phi)(Y_r)dr\right]$$
$$\leq \phi(y) - E^y\left[\int_0^{T_n} F^u(Y_r)dr\right]$$

---

[3] マルチンゲール問題の解として Y_t を構成したと思え.

となる．(11.1.4), (11.2.10), (11.2.11) より, $n \to \infty$ とすれば,

$$\phi(y) \geq E^y\left[\int_0^{T_n} F^u(Y_r)dr + \phi(Y_{T_n})\right]$$
$$\to E^y\left[\int_0^T F^u(Y_r)dr + K(Y_T)\mathcal{X}_{\{T<\infty\}}\right] = J^u(y)$$

である．これより, (11.2.12) が従う．

もし, u_0 が (11.2.13) を満たせば, 上の証明の不等号は等号に変わる．したがって後半の主張も成り立つ． □

マルコフ制御のみを扱う場合には, HJB (I), (II) 方程式から確率制御問題の非常に良い解が得られる．だが, マルコフ制御だけでは, あまりにも制約が強いと思えるであろう．しかし, 特別な条件のもと, 任意の $\mathcal{F}_t^{(m)}$-適合な制御による確率制御と同様の良い評価をマルコフ制御により得ることができる．それを述べよう．

定理 11.2.3

$$\Phi_M(y) = \sup\{J^u(y); u = u(Y) \text{ はマルコフ制御 }\}$$
$$\Phi_a(y) = \sup\{J^u(y); u = u(t,\omega) \text{ は } \mathcal{F}_t^{(m)}\text{-適合な制御 }\}$$

とおく．マルコフ制御問題に対する最適マルコフ制御 $u_0 = u_0(Y)$ (すなわち, $\Phi_M(y) = J^{u_0}(y)$ ($\forall y \in G$)) が存在して, すべての G の境界点が $Y_t^{u_0}$ に関し正則で, Φ_M は $C^2(G) \cap C(\overline{G})$ に属する有界関数であり, すべての $v \in U$ に対し $L^v\Phi_M$ は G 上連続で, すべての $y \in G$ とすべての $\mathcal{F}_t^{(m)}$-適合な制御に関して Q^y-a.s. に $T < \infty$ であると仮定する．このとき, 次の関係式が成り立つ．

$$\Phi_M(y) = \Phi_a(y), \quad \forall y \in G.$$

[証明] ϕ は $C^2(G) \cap C(\overline{G})$ に属する有界関数で, 次の 2 つの関係式を満たすとする．

$$F^v(y) + (L^v\phi)(y) \leq 0, \quad \forall y \in G, v \in U, \qquad (11.2.15)$$

$$\phi(y) = K(y), \quad \forall y \in \partial G. \qquad (11.2.16)$$

$u_t(\omega) = u(t, \omega)$ を $\mathcal{F}_t^{(m)}$-適合な制御とする.このとき Y_t は

$$dY_t = b(Y_t, u_t)dt + \sigma(Y_t, u_t)dB_t$$

という伊藤過程である.したがって,T_n を (11.2.14) で定義すれば,

$$E^y[\phi(Y_{T_n})] = \phi(y) + E^y\left[\int_0^{T_n}(L^{u(t,\omega)}\phi)(Y_t)dt\right] \qquad (11.2.17)$$

となる.ただし,

$$(L^{u(t,\omega)})\phi(y)$$
$$= \frac{\partial \phi}{\partial t}(y) + \sum_{i=1}^n b_i(y, u(t,\omega))\frac{\partial \phi}{\partial x_i}(y) + \sum_{i,j=1}^n a_{ij}(y, u(t,\omega))\frac{\partial^2 \phi}{\partial x_i \partial x_j}(y),$$

$a_{ij} = \frac{1}{2}(\sigma\sigma^T)_{ij}$ である.これと (11.2.15) により

$$E^y[\phi(Y_{T_n})] \leq \phi(y) - E^y\left[\int_0^{T_n} F(Y_t, u(t,\omega))dt\right] \qquad (11.2.18)$$

となる.$n \to \infty$ として,次を得る.

$$\phi(y) \geq J^u(y) \qquad (11.2.19)$$

定理 11.2.1 により,$\phi(y) = \Phi_M(y)$ は (11.2.15) と (11.2.16) を満たす.ゆえに,(11.2.19) により,$\Phi_M(y) \geq \Phi_a(y)$ となり,定理の主張を得る. □

注 上の結果は

$$\Psi(y) = \inf_u J^u(y) = J^{u^*}(y) \qquad (11.2.20)$$

という最小値問題にも適用できる.

$$\Psi(y) = -\sup_u\{-J^u(y)\} = -\sup_u\left\{E^y\left[\int_0^T -F^u(Y_t)dt - K(Y_T)\right]\right\}$$

となること,したがって $-\Psi$ は,F を $-F$ で,K を $-K$ でおき換えた最大値問題 (11.1.9) の解となる.たとえば Φ に対する関係式 (11.2.3) は,Ψ に対しては

$$\inf_{v \in U}\{F^v(y) + (L^v\Psi)(y)\} = 0, \quad \forall y \in G \qquad (11.2.21)$$

という形に読み替えられる．

いくつかの例を挙げよう．

例 11.2.4（確率線形レギュレータ問題）時刻 t におけるシステムの状態 X_t は線形確率微分方程式

$$dX_t = (H_t X_t + M_t u_t)dt + \sigma_t dB_t, \quad t \geq s, \ X_s = x \quad (11.2.22)$$

で与えられ，評価関数は

$$J^u(s,x) = E^{s,x}\left[\int_s^{t_1}\{X_t^T C_t X_t + u_t^T D_t u_t\}dt + X_{t_1}^T R X_{t_1}\right] \quad (11.2.23)$$

という形をしているとしよう．ただし，$H_t \in \mathbf{R}^{n \times n}$, $M_t \in \mathbf{R}^{n \times k}$, $\sigma_t \in \mathbf{R}^{n \times m}$, $C_t \in \mathbf{R}^{n \times n}$, $D_t \in \mathbf{R}^{k \times k}$ および $R \in \mathbf{R}^{n \times n}$ はすべて t-連続でランダムでないとする．すべての t について，C_t と R は対称かつ非負定符号とし，D_t は対称かつ正定符号とする．さらに t_1 はランダムでない時刻とする．

このとき $J^u(s,x)$ を最小にするような制御 $u = u(t, X_t) \in \mathbf{R}^k$ を求めよう．この制御問題は次のように解釈できる．『問題の目的は，制御のためのエネルギー（$\sim u^T Du$）がなるべく少ない，しかし $|X_t|$ をできるだけ素早く小さくする制御を見出すことである．』C_t や R は $|X_t|$ が大きな値をとる際のコストに関連し，D_t は大きな値の制御 $|u_t|$ を用いる際のコスト（エネルギー）に関連している．

この場合，$\Psi(s,x) = \inf_u J^u(s,x)$ に対する HJB 方程式は

$$\begin{aligned}
0 &= \inf_v \{F^v(s,x) + (L^v\Psi)(s,x)\} \\
&= \frac{\partial \Psi}{\partial s} + \inf_v \bigg\{ x^T C_s x + v^T D_s v + \sum_{i=1}^n (H_s x + M_s v)_i \frac{\partial \Psi}{\partial x_i} \\
&\quad + \frac{1}{2}\sum_{i,j=1}^n (\sigma_s \sigma_s^T)_{ij} \frac{\partial^2 \Psi}{\partial x_i \partial x_j}\bigg\}, \quad s < t_1,
\end{aligned} \quad (11.2.24)$$

$$\Psi(t_1, x) = x^T R x \quad (11.2.25)$$

である．対称かつ非負定符号な $S(t) = S_t \in \mathbf{R}^{n \times n}$ と $a_t \in \mathbf{R}$ で，ともに t に関し連続的微分可能な（ランダムでない）ものを用いて

$$\psi(t,x) = x^T S_t x + a_t \tag{11.2.26}$$

と表される (11.2.24), (11.2.25) の解を探してみよう. 定理 11.2.2 を用いるには,

$$\inf_v \{F^v(t,x) + (L^v\psi)(t,x)\} = 0, \quad t < t_1, \tag{11.2.27}$$

$$\psi(t_1, x) = x^T R x \tag{11.2.28}$$

を満たす S_t と a_t を求めねばならない. (11.2.28) を成り立たせるために,

$$S_{t_1} = R, \tag{11.2.29}$$
$$a_{t_1} = 0 \tag{11.2.30}$$

とおく. (11.2.26) により, $S_t' = \frac{d}{dt}S_t, a_t' = \frac{d}{dt}a_t$ とおけば, 次を得る.

$$\begin{aligned}
F^v(t,x) &+ (L^v\psi)(t,x) \\
&= x^T S_t' x + a_t' + x^T C_t x + v^T D_t v \\
&\quad + (H_t x + M_t v)^T (S_t x + S_t^T x) + \sum_{i,j} (\sigma_t \sigma_t^T)_{ij} (S_t)_{ij}
\end{aligned} \tag{11.2.31}$$

これの最小値は

$$\frac{\partial}{\partial v_i}(F^v(t,x) + (L^v\psi)(t,x)) = 0, \quad i = 1, \ldots, k$$

のとき, すなわち,

$$2D_t v + 2M_t^T S_t x = 0$$

のときに得られる. これから次が従う.

$$v = -D_t^{-1} M_t^T S_t x. \tag{11.2.32}$$

この v を (11.2.31) に代入すると

$$\begin{aligned}
F^v(t,x) &+ (L^v\psi)(t,x) \\
&= x^T S_t' x + a_t' + x^T C_t x + x^T S_t M_t D_t^{-1} D_t D_t^{-1} M_t^T S_t x \\
&\quad + (H_t x - M_t D_t^{-1} M_t^T S_t x)^T 2 S_t x + \text{tr}(\sigma \sigma^T S)_t
\end{aligned}$$

$$= x^T(S'_t + C_t - S_t M_t D_t^{-1} M_t^T S_t + 2H_t^T S_t)x + a'_t + \mathrm{tr}(\sigma\sigma^T S)_t$$

となる. ただし, tr は行列のトレースを表す. もし

$$S'_t = -(S_t H_t + H_t^T S_t) + S_t M_t D_t^{-1} M_t^T S_t - C_t, \quad t < t_1, \quad (11.2.33)$$

$$a'_t = -\mathrm{tr}(\sigma\sigma^T S)_t, \quad t < t_1 \quad (11.2.34)$$

となるように S_t, a_t を選べば, 上の式は 0 となる. (11.2.33) はフィルタリング問題で現れたリッカチ型の方程式である ((6.3.4) 参照). よって, 方程式 (11.2.33) と終端条件 (11.2.29) を満たす S_t は一意的に定まる. (11.2.34) を終端条件 (11.2.30) と合わせて

$$a_t = \int_t^{t_1} \mathrm{tr}(\sigma\sigma^T S)_s ds \quad (11.2.35)$$

を得る.

上のように S_t と a_t を選べば, (11.2.27) と (11.2.28) が成り立ち, したがって, 定理 11.2.2 を適用して,

$$u^*(t,x) = -D_t^{-1} M_t^T S_t x, \quad t < t_1 \quad (11.2.36)$$

が最適制御であり, 最小な評価関数は

$$\Psi(s,x) = x^T S_s x + \int_s^{t_1} \mathrm{tr}(\sigma\sigma^T S)_t dt, \quad s < t_1 \quad (11.2.37)$$

となることが結論できる. この式は, システムにノイズがあることによる余分なコストは

$$a_s = \int_s^{t_1} \mathrm{tr}(\sigma\sigma^T S)_t dt$$

であることを示している.

分離原理 (Davis (1977), Davis-Vinter (1985), Fleming-Rishel (1975) を参照せよ) によれば, もしシステム X_t の部分的な情報しか得られないならば, つまり, ノイズのある観測

$$dZ_t = g_t X_t dt + \gamma_t d\widetilde{B}_t \quad (11.2.38)$$

だけが得られるとするならば, 最適制御 $u^*(t,\omega)$ は $(\{Z_t; r \leq t\}$ で生成され

る σ-加法族 $\mathcal{G}_t$-適合とならねばならず) 次の式で与えられると考えられる.

$$u^*(t,\omega) = -D_t^{-1}M_t^T S_t \widehat{X}_t(\omega). \qquad (11.2.39)$$

ただし, $\widehat{X}_t$ は観測 $\{Z_r; r \leq t\}$ に基づく X_t の推定であり, カルマン=ブーシー・フィルター(6.3.3)により与えられる. (11.2.36)と比べると, この場合, 確率制御問題は線形フィルタリング問題と決定論的制御問題に分離することが分かる.

確率制御理論の重要な応用分野は経済学とファイナンスである. 次に, 最適なポートフォリオの分割に関する簡単な問題に, 上で得た結果がどのように応用されるかを見よう. これについては, 多くの研究者がより一般の設定で研究を行っている. たとえば, Markowitz (1976), Merton (1971), Harrison-Pliska (1981), Aase (1984), Karatzas-Lehoczky-Shreve (1987), Duffie (1994), およびそれらの文献表を見よ.

例 11.2.5 (最適ポートフォリオ選択問題) X_t を時刻 t における資産額とし, この資産で 2 種類の異なる投資を行うとする. 1 つの証券の時刻 t での価格 $p_1(t)$ は次の方程式を満たすと仮定しよう.

$$\frac{dp_1}{dt} = p_1(a + \alpha W_t). \qquad (11.2.40)$$

ここで W_t はホワイトノイズ, $a, \alpha > 0$ はそれぞれ p_1 の平均相対変化率とノイズの大きさを表す定数である. 前と同様に, 伊藤積分を使って, これを次のように表す.

$$dp_1 = p_1 a dt + p_1 \alpha dB_t. \qquad (11.2.41)$$

$\alpha > 0$ であるので, この証券は**危険**であると言われる. 他の証券の価格 p_2 は同様の, しかしノイズのない方程式

$$dp_2 = p_2 b dt \qquad (11.2.42)$$

に従う. この証券は**安全**であると言う. したがって $b < a$ と仮定するのは自然であろう. 各時刻に資産の保有者は資産のどれほどの割合 (u とおく) を危険証券に投資するかを決め, そして残りの割合 $1-u$ を安全証券に投資する.

11.2 ハミルトン=ヤコビ=ベルマン方程式

このとき，資産額 $X_t = X_t^u$ に対する次の確率微分方程式が得られる．

$$dX_t = uX_t a dt + uX_t \alpha dB_t + (1-u)X_t b dt$$
$$= X_t(au + b(1-u))dt + \alpha u X_t dB_t. \qquad (11.2.43)$$

時刻 s に資産 $X_s = x$ から始め，ある時刻 $t_0 > s$ に資産の期待効用が最大となるような投資戦略を求めよう．負債は許されず（つまり $X \geq 0$ であることを要求され），そして $N(0) = 0$ なる効用関数 $N : [0,\infty) \to [0,\infty)$ が与えられたとしよう（通常 N は増加凹関数である）．このとき，この最大値問題は，T を領域 $G = \{(r,z); r < t_0, z > 0\}$ からの流出時刻とし，

$$J^u(s,x) = E^{(s,x)}[N(X_T^u)]$$

とおくと，

$$\Phi(s,x) = \sup\{J^u(s,x); u \text{ はマルコフ制御で}, \ 0 \leq u \leq 1\} = J^{u^*}(s,x), \qquad (11.2.44)$$

を満たす $\Phi(s,x)$ と $0 \leq u^* \leq 1$ なる（マルコフ）制御 $u^* = u^*(t, X_t)$ を見出す問題となる．これは $F = 0$, $K = N$ とおいた (11.1.6)〜(11.1.8) の最適制御問題となっている．対応する微分作用素 L^v は

$$(L^v f)(t,x) = \frac{\partial f}{\partial t} + x(av + b(1-v))\frac{\partial f}{\partial x} + \frac{1}{2}\alpha^2 v^2 x^2 \frac{\partial^2 f}{\partial x^2} \qquad (11.2.45)$$

という形をしている（(11.2.2) を見よ）．したがって，HJB 方程式は次のようになる．

$$\sup_v \{(L^v \Phi)(t,x)\} = 0, \quad (t,x) \in G, \qquad (11.2.46)$$

$$\Phi(t,x) = \begin{cases} N(x), & t = t_0 \text{ のとき}, \\ 0, & t < t_0, x = 0 \text{ のとき}. \end{cases} \qquad (11.2.47)$$

ゆえに，各 (t,x) に対し関数

$$\eta(v) = L^v \Phi = \frac{\partial \Phi}{\partial t} + x(av + b(1-v))\frac{\partial \Phi}{\partial x} + \frac{1}{2}\alpha^2 v^2 x^2 \frac{\partial^2 \Phi}{\partial x^2} \qquad (11.2.48)$$

を最大にする値 $v = u(t,x)$ を求めよう．もし $\Phi_x := \frac{\partial \Phi}{\partial x} > 0$ かつ $\Phi_{xx} :=$

$\frac{\partial^2 \Phi}{\partial x^2} < 0$ ならば, 解は

$$v = u(t,x) = -\frac{(a-b)\Phi_x}{x\alpha^2 \Phi_{xx}} \tag{11.2.49}$$

である. これを HJB 方程式 (11.2.48) に代入すれば, 次のような Φ に対する非線形境界値問題が得られる.

$$\Phi_t + bx\Phi_x - \frac{(a-b)^2 \Phi_x^2}{2\alpha^2 \Phi_{xx}} = 0, \quad t < t_0, x > 0, \tag{11.2.50}$$

$$\Phi(t,x) = N(x) \quad (t = t_0 \text{ もしくは } x = 0 \text{ のとき}). \tag{11.2.51}$$

一般の N に対し問題 (11.2.50), (11.2.51) を解くことは難しい. そこで, 重要な増加凹関数の例である, べき関数

$$N(x) = x^r, \quad 0 < r < 1 \tag{11.2.52}$$

を考えよう. このような効用関数 N に対し, (11.2.50), (11.2.51) の解で

$$\phi(t,x) = f(t)x^r$$

という形をしたものを求めよう. これを元の方程式に代入し簡単な計算を行えば,

$$\phi(t,x) = e^{\lambda(t_0-t)}x^r \tag{11.2.53}$$

を得る. ただし, $\lambda = br + \frac{(a-b)^2 r}{2\alpha^2 (1-r)}$ である.

(11.2.49) により, 最適制御は

$$u^*(t,x) = \frac{a-b}{\alpha^2 (1-r)} \tag{11.2.54}$$

である. もし $\frac{a-b}{\alpha^2(1-r)} \in (0,1)$ ならば, 定理 11.2.2 よりこれが最適制御問題の解となる. u^* が定数であることに注意せよ.

他の効用関数の例は $N(x) = \log x$ である (これをケリー (Kelly) 条件と言う). Aase (1984) により (一般の設定で) 指摘されたように, ディンキンの公式を用いて $E^{s,x}[\log(X_T)]$ を計算し, この最適制御を直接求めることができる. これについて述べよう.

$L^v(\log x) = av + b(1-v) - \frac{1}{2}\alpha^2 v^2$ であるから,
$E^{s,x}[\log(X_T)]$
$$= \log x + E^{s,x}\left[\int_s^T \{au(t,X_t) + b(1-u(t,X_t)) - \frac{1}{2}\alpha^2 u^2(t,X_t)\}dt\right]$$

となる．したがって
$$av + b(1-v) - \frac{1}{2}\alpha^2 v^2$$
を最大にする v を $u(r, z)$ としてとれば，すなわち
$$v = u(t, X_t) = \frac{a-b}{\alpha^2}, \quad \forall t, \omega \tag{11.2.55}$$
となるようにとれば，$J^u(s, x) = E^{s,x}[\log(X_T)]$ は最大となる．したがって，これが最適制御である．この直接計算による解法を用いて，$N(x) = x^r$ のときにも同様に最適制御を求めることができる（問題 11.8 を見よ）．

例 11.2.6 最後に極めて簡単な確率制御問題だが，この章で説明した枠組みでは取り扱うことのできない例について述べよう．

システムは 1 次元伊藤微分方程式
$$dX_t = dX_t^u = u(t, \omega)dB_t \tag{11.2.56}$$
で与えられるとし，対応する確率制御問題
$$\Phi(t, x) = \sup_u E^{t,x}[K(X_\tau^u)] \tag{11.2.57}$$
を考える．ただし，τ は $Y_t = (s+t, X_{s+t}^{s,x})$ の $G = \{(r, z); r \leq t_1, z > 0\}$ からの流出時間であり，K は有界連続関数とする．直感的に言えば，システムは "興奮した" ブラウン運動のように振舞うと思える．そして，そのブラウン運動の各瞬間の興奮の度合い u を制御している．制御の目的は時刻 t_1 に期待される支払い $K(X_{t_1})$ を最大にすることである．

$\Phi \in C^2$ であり u^* が存在すると仮定すると，HJB (I) 方程式より
$$\sup_{v \in \mathbf{R}} \left\{ \frac{\partial \Phi}{\partial t} + \frac{1}{2}v^2 \frac{\partial^2 \Phi}{\partial x^2} \right\} = 0, \quad t < t_1, \quad \Phi(t_1, x) = K(x) \tag{11.2.58}$$
となる．これより
$$\frac{\partial^2 \Phi}{\partial x^2} \leq 0, \quad v^* \frac{\partial^2 \Phi}{\partial x^2} = 0, \quad かつ \quad \frac{\partial \Phi}{\partial t} = 0 \tag{11.2.59}$$
が従う．ただし v^* は (11.2.58) の最大値を与える $v \in \mathbf{R}$ である．$\frac{\partial \Phi}{\partial t} = 0$ ならば，$\Phi(t, x) = \Phi(t_1, x) = K(x)$ である．しかし，$\frac{\partial^2 K}{\partial x^2} \leq 0$ を仮定していないから，さらに言えば，K が微分可能であることさえ仮定していないから，

$\Phi(t,x) = K(x)$ という等式は一般には成立しえない.

何が間違っていたのであろうか. HJB (I) 方程式から導かれる結論に矛盾があったのであるから, そもそもの仮定が成立していないと言える. つまり, Φ が C^2 でないか, u^* が存在しないか, もしくはその両方かである.

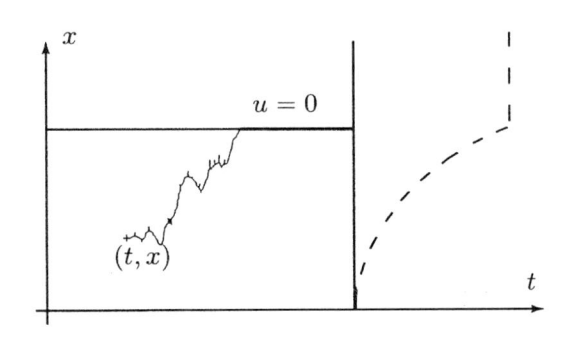

問題を簡単にするために,

$$K(x) = \begin{cases} x^2, & 0 \leq x \leq 1 \text{ のとき}, \\ 1, & x > 1 \text{ のとき} \end{cases}$$

とおく. 上の図を考えると, もし X_t が帯状領域 $0 < x < 1$ にあるならば, 線分 $\{t_1\} \times (0,1)$ を通じて G から流出するのを防ぐように, できるだけブラウン運動を "興奮させる" ことが最適であると言える (いったん 1 に到達すれば, それ以後は $u = 0$ として最大の支払い 1 を得る). X_t はブラウン運動の時間変更である (8 章を見よ) ことを用いて, もし出発点が $x \in (0,1)$ ならば, この最適制御により得られる確率過程 X^* は確率 x で値 1 に, 確率 $1-x$ で値 0 に出発後直ちに飛躍することが推論できる. 実際, 時間を進めたブラウン運動の経路が時刻 t_1 以前に 1 に到達するという事象が "確実に" 起きるには, 結局, 時間を無限大まで進めねばならない. そしてそのときには, 経路が 0 に到達するという事象も "確実に" 起きている (0 に到達すると資産 0 であるからゲームを続けられない. よって, 支払いは 0 である). もし出発点が $x \in [1, \infty)$ ならば, 制御を 0 ととればよい. 言い換えれば, 形式的には

$$u^*(t,x) = \begin{cases} \infty, & x \in (0,1) \text{ のとき}, \\ 0, & x \in [1, \infty) \text{ のとき} \end{cases} \quad (11.2.60)$$

が最適制御となり，対応する期待ペイオフは

$$\phi^*(s,x) = E^{s,x}[K(X_{t_1}^*)] = \begin{cases} x, & 0 \leq x \leq 1 \text{ のとき,} \\ 1, & x > 1 \text{ のとき} \end{cases} \quad (11.2.61)$$

である．

このように最適制御の候補である u^* は連続ではなく(有限ですらない！)，対応する最適過程 X_t^* は伊藤過程でない(連続ですらない)．したがって，この問題を数学的に取り扱うには，考える制御の範囲を広げねばならない(そして対応する確率過程の範囲も)．この方向に定理 11.2.2 を拡張することができ，上の u^* の選択が少なくとも他のマルコフ制御と同様の良い効用を与え，さらに(11.2.61)で定義される ϕ^* が(11.2.57)で与えられる最大期待ペイオフ Φ に一致するということを結論できる．

この最後の例は，最適制御 u^* とそれに関連する確率微分方程式(11.1.1)の解 X_t の両方の**存在問題**が重要であることを示唆している．この種類のいくつかの結果を簡単に紹介しよう．

$b, \sigma, F, \partial G$ に適当な仮定をおき，制御の値域がコンパクト集合であるという仮定をすれば，非線形方程式論の一般的な結果を利用して，

$$\sup_v \{F^v(y) + (L^v\phi)(y)\} = 0, \quad y \in G,$$
$$\phi(y) = K(y), \quad y \in \partial G$$

となる滑らかな関数 ϕ が存在することが言える．このとき，$\mathbf{R}^{n+1}$ 上のルベーグ測度に関してほとんどすべての $y \in G$ に対して

$$F^{u^*}(y) + (L^{u^*}\phi)(y) = 0 \quad (11.2.62)$$

となる(可測)関数 $u^*(y)$ がとれる．u^* は可測というだけであるが，対応する(11.1.1)の解 $X_t = X_t^{u^*}$ が存在する(解の存在に関する一般論については Stroock-Varadan (1979) を見よ)．定理 11.2.2 の証明を注意深く読めば，(11.2.62)がグリーン測度(定義 9.3.4 を見よ)零の G の部分集合を除いて成立していれば十分であることが分かる．ところが，適当な条件を b と σ におけば，グリーン測度はルベーグ測度に対して絶対連続となる．このようにして，(11.2.62)(と定理 11.2.2 の拡張)から，u^* は最適制御であると言える．詳し

い証明とより進んだ結果については，Fleming-Rishel (1975)，Bensoussan-Lions (1978)，Dynkin-Yushkevich (1979)，Krylov (1980) を見よ．

§11.3 終端条件をもつ確率制御問題

多くの応用例において，取り扱うマルコフ制御が制限される．たとえば終端時刻 $t = T$ における Y_t^u の確率論的挙動に関する制約である．このような問題は，今から述べるある種の "ラグランジュの未定係数法" により取り扱うことができる．

$$\Phi(y) = \sup_{u \in \mathcal{K}} J^u(y) = J^{u^*}(y) \tag{11.3.1}$$

を満たす $\Phi(y)$ と $u^*(y)$ を求める問題を考える[4]．ただし，

$$J^u(y) = E^y\left[\int_0^T F^u(Y_t^u)dt + K(Y_T^u)\right] \tag{11.3.2}$$

であり，上限は，ある与えられた連続関数 $M = (M_1,\ldots,M_l) : \mathbf{R}^{n+l} \to \mathbf{R}^l$ に対し

$$E^y[M_i(Y_T^u)] = 0, \quad i = 1, 2, \ldots, l \tag{11.3.3}$$

$$E^y[|M(Y_T^u)|] < \infty, \quad \forall y, u \tag{11.3.4}$$

を満たすすべてのマルコフ制御 $u : \mathbf{R}^{n+1} \to U \subset \mathbf{R}^k$ からなる空間 $\mathcal{K}$ 上でとる．

これに関連する制約をもたない次のような問題を導入しよう．

『各 $\lambda \in \mathbf{R}^l$ とマルコフ制御 u に対し

$$J_\lambda^u(y) = E^y\left[\int_0^T F^u(Y_t^u)dt + K(Y_T^u) + \lambda \cdot M(Y_T^u)\right] \tag{11.3.5}$$

とおく．ただし $\cdot$ は $\mathbf{R}^l$ の内積である．

$$\Phi_\lambda(y) = \sup_u J_\lambda^u(y) = J_\lambda^{u_\lambda^*}(y) \tag{11.3.6}$$

---
[4] 任意のマルコフ制御 u と $y \in G$ に対し Q^y-a.s. に $T < \infty$ を仮定する．

という終端条件をもたない関係式を満たす $\Phi_\lambda(y)$ と $u_\lambda^*(y)$ を求めよ.』

定理 11.3.1 すべての $\lambda \in \Lambda \subset \mathbf{R}^l$ に対し，(制約条件なしの) 確率制御問題 (11.3.5), (11.3.6) の解 $\Phi_\lambda(y)$ と u_λ^* が存在すると仮定する．さらに

$$E^y[M(Y_T^{u_{\lambda_0}^*})] = 0 \tag{11.3.7}$$

なる $\lambda_0 \in \Lambda$ が存在したとする (可積分性は自動的に仮定している)．このとき，$\Phi(y) := \Phi_{\lambda_0}(y)$ と $u^* = u_{\lambda_0}^*$ は制約条件付き確率制御問題 (11.3.1)～(11.3.3) の解である．

[証明] u をマルコフ制御，$\lambda \in \Lambda$ とする．u_λ^* の定義より

$$\begin{aligned}
E^y&\left[\int_0^T F^{u_\lambda^*}(Y_t^{u_\lambda^*})dt + K(Y_T^{u_\lambda^*}) + \lambda \cdot M(Y_T^{u_\lambda^*})\right] = J_\lambda^{u_\lambda^*}(y) \\
&\geq J_\lambda^u(y) = E^y\left[\int_0^T F^u(Y_t^u)dt + K(Y_T^u) + \lambda \cdot M(Y_T^u)\right]
\end{aligned} \tag{11.3.8}$$

となる．とくに $\lambda = \lambda_0, u \in \mathcal{K}$ とすれば

$$E^y[M(Y_T^{u_{\lambda_0}^*})] = 0 = E^y[M(Y_T^u)]$$

であるから，(11.3.8) から次の関係式が従う．

$$J^{u_{\lambda_0}^*}(y) \geq J^u(y), \quad \forall u \in \mathcal{K}.$$

$u_{\lambda_0}^* \in \mathcal{K}$ であるから，定理の主張を得る． □

この結果の応用については，問題 11.11 を見よ．

問題

11.1

$$dX_t = u_t dt + dB_t, \quad X_t, u_t, B_t \in \mathbf{R}$$

とおく．有界連続関数 $g : \mathbf{R} \to \mathbf{R}$ をとる．$\alpha > 0$ を定数とし，確率制御問題

$$\Psi(s,x) = \inf_u E^{s,x}\left[\int_s^\infty e^{-\alpha t}(g(X_t) + u_t^2)dt\right]$$

の HJB 方程式を求めよ．さらに，もし Ψ が定理 11.2.1 の条件を満たし，u^* が存在するならば，そのとき

$$u^*(t,x) = -\frac{1}{2}e^{\alpha t}\frac{\partial \Psi}{\partial x}$$

となることを示せ.

11.2

$$dX_t = dX_t^u = b(u_t, X_t)dt + \sigma(u_t, X_t)dB_t,$$
$$X_t \in \mathbf{R}^n, u_t \in \mathbf{R}^k, B_t \in \mathbf{R}^m,$$

とする. 有界連続実数値関数 f と定数 $\rho > 0$ をとる. 確率制御問題

$$\Psi_0(s,x) = \inf_u E^{s,x}\left[\int_s^\infty e^{-\rho t} f(u_t, X_t) dt\right]$$

を考えよ. ただし, 下限は時間的に一様なマルコフ制御 u, すなわち $u(X_t)$ という形をした u についてとる.

$$\Psi_0(s,x) = e^{-\rho s}\xi(x), \quad \xi(x) = \Psi(0,x)$$

となることを証明せよ. (ヒント. P に関する期待値を E で表せば, $E^{s,x}$ の定義より

$$E^{s,x}\left[\int_s^\infty e^{-\rho t} f(u(X_t), X_t) dt\right]$$
$$= E\left[\int_0^\infty e^{-\rho(s+t)} f(u(X_{s+t}^{s,x}), X_{s+t}^{s,x}) dt\right]$$

である.)

11.3

$$dX_t = ru_t X_t dt + \alpha u_t X_t dB_t, \quad X_t, u_t, B_t \in \mathbf{R},$$

$$\Phi(s,x) = \sup_u E^{s,x}\left[\int_s^\infty e^{-\rho t} f(X_t) dt\right]$$

とする. ただし, r, α, ρ は定数で, $\rho > 0$ であり, f は有界連続実数値関数である. Φ は定理 11.2.1 の条件を満足し, そして最適マルコフ制御 u^* が存在すると仮定する.

a) 関係式

$$\sup_{v \in \mathbf{R}} \left\{ e^{-\rho t} f(x) + \frac{\partial \Phi}{\partial t} + rvx \frac{\partial \Phi}{\partial x} + \frac{1}{2} \alpha^2 v^2 x^2 \frac{\partial^2 \Phi}{\partial x^2} \right\} = 0$$

が成り立つことを証明せよ．さらに，

$$\frac{\partial^2 \Phi}{\partial x^2} \leq 0$$

となることを導け．

b) $\frac{\partial^2 \Phi}{\partial x^2} < 0$ と仮定せよ．このとき

$$u^*(t, x) = -\frac{r \frac{\partial \Phi}{\partial x}}{\alpha^2 x \frac{\partial^2 \Phi}{\partial x^2}}$$

となること，および

$$2\alpha^2 \left(e^{-\rho t} f + \frac{\partial \Phi}{\partial t} \right) \frac{\partial^2 \Phi}{\partial x^2} - r^2 \left(\frac{\partial \Phi}{\partial x} \right)^2 = 0$$

となることを証明せよ．

c) $\frac{\partial^2 \Phi}{\partial x^2} = 0$ と仮定せよ．このとき $\frac{\partial \Phi}{\partial x} = 0$ であること，および

$$e^{-\rho t} f(x) + \frac{\partial \Phi}{\partial t} = 0$$

であることを証明せよ．

d) $u_t^* = u^*(X_t)$ となっており，b)が成り立っていると仮定する．このとき，$\Phi(t, x) = e^{-\rho t} \xi(x)$ かつ

$$2\alpha^2 (f - \rho \xi) \xi'' - r^2 (\xi')^2 = 0$$

となることを証明せよ(問題 11.2 を見よ)．

11.4 定理 11.2.1 の仮定はしばしば成り立たない(たとえば問題 11.10 を見よ)．したがって，そのような場合にも確率制御問題に関し結果を得ることは有用である．たとえば，定理 11.2.3 のように Φ_a を定義したときに，u^* の存在を仮定することなく，そして Φ の滑らかさを仮定することなく，次のベルマン原理が成立する((11.2.6), (11.2.7)と比較せよ)．「すべての $y \in G$ と停止時刻 $\alpha \leq T$ に対し，次の関係式が成り立つ．

$$\Phi_a(y) = \sup_u E^y \left[\int_0^\alpha F^u(Y_r^u) dr + \Phi_a(Y_\alpha^u) \right].$$ 」

ただし上限はすべての $\mathcal{F}_t^{(m)}$-適合制御 u についてとる．Krylov (1980, Th.6,

p.150)を見よ．これより，もし $\Phi_a \in C^2(G)$ ならば，
$$F^v(y) + L^v \Phi_a(y) \leq 0, \quad y \in G, v \in U$$
が成立することを証明せよ．

11.5 (11.1.8)において $F = 0$ とし，さらに最適マルコフ制御 u^* が存在したと仮定せよ．このとき，すべてのマルコフ制御 u に対し，Φ は G 上 Y_t^u に関する優調和関数であることを証明せよ．（ヒント．(11.2.6)，(11.2.7)を見よ．）

11.6 X_t を時刻 t における資産額とする．各時刻 t に次の2種類の投資を選べるとする．

1) 危険な証券．単位価格 $p_1 = p_1(t, \omega)$ は次の方程式に従う．
$$dp_1 = a_1 p_1 dt + \sigma_1 p_1 dB_t.$$

2) より安全な(危険でない)証券．単位価格 $p_2 = p_2(t, \omega)$ は次の方程式に従う．
$$dp_2 = a_2 p_2 dt + \sigma_2 p_2 d\widetilde{B}_t.$$

ただし a_i, σ_i は定数で
$$a_1 > a_2, \ \sigma_1 > \sigma_2$$
を満たし，B_t と $\widetilde{B}_t$ は独立な1次元ブラウン運動である．

a) 時刻 t に資産 $X_t(\omega)$ をより危険な証券に投資する割合を $u(t, \omega)$ とする．
$$dX_t = dX_t^{(u)} = X_t(a_1 u + a_2(1-u))dt$$
$$+ X_t(\sigma_1 u dB_t + \sigma_2(1-u)d\widetilde{B}_t)$$
となることを説明せよ．

b) u はマルコフ制御 $u = u(t, X_t)$ であると仮定し，(t, X_t) の生成作用素 A^u を求めよ．

c) 次の確率制御問題に対する HJB 方程式を書き下せ．
$$\Phi(s, x) = \sup_u E^{s,x}[(X_T^{(u)})^\gamma].$$

ただし，$T = \min(t_1, \tau_0)$，$\tau_0 = \inf\{t > s; X_t = 0\}$，で t_1 は定数，そして $\gamma \in (0,1)$ も定数である．

d) c)の確率制御問題の最適制御 u^* を求めよ．

11.7 次のような確率制御問題を考える．

（システム）　$dX_t = au\,dt + u\,dB_t$,　$X_0 = x > 0$

（最適評価関数）　$\Phi(s,x) = \sup_u E^{s,x}[(X_T)^r]$.

ただし，$B_t \in \mathbf{R}$, $u \in \mathbf{R}$ であり，$a \in \mathbf{R}$ は定数，$0 < r < 1$ も定数で，

$$T = \inf\{t > s; X_t = 0\} \wedge t_1$$

かつ t_1 は定数である．この制御問題には

$$u^*(t,x) = \frac{ax}{1-r}$$

という最適制御が存在し，対応する最適評価関数は

$$\Phi(s,x) = x^r \exp\left(\frac{a^2(t_1-s)r}{2(1-r)}\right)$$

となることを証明せよ．

11.8 効用関数として $N(x) = x^r$ をとるとき，例 11.2.5 の最適制御問題の最適制御は

$$u^*(t,x) = \min\left(\frac{a-b}{\alpha^2(1-r)}, 1\right)$$

で与えられることを，ディンキンの公式を使って直接証明せよ．（ヒント．(11.2.55)を導いた議論を思い出せ．）

11.9 Beneš (1994)は，次の確率制御問題を取り扱った．

$$\Psi(s,x) = \inf_u E^{s,x}\left[\int_s^\infty e^{-\rho t} X_t^2 dt\right].$$

ただし

$$dX_t = dX_t^{(u)} = au_t dt + dB_t, \quad X_t, B_t \in \mathbf{R},$$

であり，a, ρ はともに（既知の）定数で $\rho > 0$ とする．さらに，下限をとる制御 u は $U = [-1,1]$ に値をとるものに制限する．

a) この制御問題に対する HJB 方程式は次で与えられることを証明せよ.

$$\inf_{v\in[-1,1]}\left\{e^{-\rho s}x^2 + \frac{\partial \Psi}{\partial s} + av\frac{\partial \Psi}{\partial x} + \frac{1}{2}\cdot\frac{\partial^2 \Psi}{\partial x^2}\right\} = 0.$$

b) もし $\Psi \in C^2$ で u^* が存在するならば,

$$u^*(x) = -\text{sign}(ax)$$

となることを証明せよ. ただし

$$\text{sign}z = \begin{cases} 1, & z > 0 \text{ のとき}, \\ -1, & z \leq 0 \text{ のとき}. \end{cases}$$

(ヒント. なぜ「$x > 0 \Rightarrow \frac{\partial \Psi}{\partial x} > 0$」および「$x < 0 \Rightarrow f\frac{\partial \Psi}{\partial x} < 0$」が成立するかを説明せよ.)

11.10

$$f(x) = \begin{cases} x^2, & 0 \leq x \leq 1 \text{ のとき}, \\ \sqrt{x}, & x > 1 \text{ のとき} \end{cases}$$

とし,

$$J^u(s,x) = E^{s,x}\left[\int_s^T e^{-\rho t}f(X_t^u)dt\right], \quad \Phi(s,x) = \sup_u J^u(s,x)$$

とおく. ただし, 制御 u_t は $\mathbf{R}$ に値をとり, $\mathbf{R}$ 値ブラウン運動 B_t によりシステムは

$$dX_t^u = u_t dB_t, \quad t \geq s$$

と表され, T は次で与えられる停止時刻である.

$$T = \inf\{t > s; X_t^u \leq 0\}.$$

a)

$$\widehat{f}(x) = \begin{cases} x, & 0 \leq x \leq 1 \text{ のとき}, \\ \sqrt{x}, & x > 1 \text{ のとき} \end{cases}$$

とし,

$$\phi(s,x) = \frac{1}{\rho}e^{-\rho s}\widehat{f}(x), \quad x \geq 0, s \in \mathbf{R}$$

と定義する. すべての s,x と (有限) マルコフ制御 u に対し

$$J^u(s,x) \leq \phi(s,x)$$

となることを証明せよ．(ヒント．すべての s,x に対し，$\phi_1(s,x) = \frac{1}{\rho}e^{-\rho s}x$, $\phi_2(s,x) = \frac{1}{\rho}e^{-\rho s}\sqrt{x}$ とおく．このとき，定理 11.2.2 を用いて次の不等式を示せ．

$$J^u(s,x) \leq \phi_i(s,x), \quad i=1,2)$$

b) 次の等式を証明せよ．

$$\Phi(s,x) = \phi(s,x).$$

(ヒント．

$$u_k = \begin{cases} k, & 0 \leq x < 1 \text{ のとき}, \\ 0, & 0 \leq x \geq 1 \text{ のとき}, \end{cases}$$

とする．$J^{u_k}(s,x)$ を考え，$k \to \infty$ とせよ．)

このように，u^* は存在せず，Φ は C^2 でない．したがって，この場合，HJB (I) に対する条件はともに成立しない．

11.11 例 11.2.4 の 1 次元確率線形レギュレータ問題を考えよう．つまり，

$$\Psi(s,x) = \inf_{u \in \mathcal{K}} E^{s,x}\left[\int_s^{t_1}((X_r^u)^2 + \theta u_r^2)dr\right] \tag{11.3.9}$$

を考える．ただし，θ は定数で $\theta > 0$ であり，システムは

$$dX_t^u = u_t dt + \sigma dB_t, \quad t \geq s, \ X_s = x$$

($u_t, B_t \in \mathbf{R}$, σ は定数) で与えられ，さらに (11.3.9) の下限は

$$E^{s,x}[(X_{t_1}^u)^2] = m^2 \quad (m \text{ は定数}) \tag{11.3.10}$$

を満たすすべてのマルコフ制御 u のなす空間 $\mathcal{K}$ 上でとるものとする．この確率制御問題を定理 11.3.1 を用いて解け．(ヒント．各 $\lambda \in \mathbf{R}$ に対し制約条件なしの制御問題

$$\Psi_\lambda(s,x) = \inf_u E^{s,x}\left[\int_s^{t_1}((X_r^u)^2 + \theta u_r^2)dr + \lambda(X_{t_1}^u)^2\right]$$

を解き，最適制御 u_λ^* を求めよ．そして，等式

$$E^{s,x}[(X_{t_1}^{u_{\lambda_0}^*})^2] = m^2$$

を満たす λ_0 を求めよ．)

11.12 $\sigma \in \mathbf{R}, \rho > 0, \theta > 0$ を定数とする．システム

$$dX_t = u_t dt + \sigma dB_t, \quad u_t, B_t \in \mathbf{R},$$

と評価関数

$$J^u(s,x) = E^{s,x}\left[\int_s^\infty e^{-\rho s}(X_r^2 + \theta u_r^2)dr\right]$$

に対する確率制御問題

$$\Psi(s,x) = \inf_u J^u(s,x) = J^{u^*}(s,x)$$

を解け．（ヒント．適当な定数 a,b に対し $\psi(s,x) = e^{-\rho s}(ax^2 + b)$ とおき，定理 11.2.2 を応用せよ．）

11.13 （1次元）システム X_t が

$$dX_t = dX_t^u = (1 - u_t)dt + dB_t$$

で与えられている．確率制御問題

$$\Phi(s,x) = \sup_u E^{s,x}\left[\int_s^T e^{-\rho t} u_t dt\right]$$

を考えよう．ただし，制御 $u_t = u_t(\omega)$ は $U = [0,1]$ に値をとるものとし，

$$T = \inf\{t > s; X_t^u \leq 0\} \quad \text{（破産時刻）}$$

とする．このとき，もし $\rho \geq 2$ ならば，最適制御は

$$u_t^* = 1, \quad \forall t$$

であり，対応する値関数は

$$\Phi(s,x) = \frac{1}{\rho}(1 - e^{-\sqrt{2\rho}x}), \quad x \geq 0$$

となることを証明せよ．

第12章
数理ファイナンスへの応用

§12.1 市場モデル，ポートフォリオ，裁定

　この章では先の章までに得た結果を，ファイナンスの数学的に厳密なモデルの構成に応用する．この章で議論するのは，もっとも基本的な問題であり，そして，今まで取り扱った話題と非常に密接に関連する問題である．この章では，数理ファイナンスという，近年急速に発展している，そしてその発展の速さに陰りのまったく見えない非常に興味深い研究課題の入門的解説を行う．数理ファイナンスの問題のより包括的な取り扱いについては，参考文献 Duffe (1996), Karatzas (1997), Karatzas-Shreve (1998), Lamberton-Lapeyre (1996), Musiela-Rutkowski (1997), Kallianpur (1997)やそれらの文献表を参照してもらいたい．

　まずファイナンスに現れる基本的な概念の数学的定義を述べよう．もちろん，ここで扱うモデルとは異なるモデルを論ずることは可能だし，また，そのようなモデルが精力的に研究されてもいる．他のモデルとしては，より一般の(不連続かもしれない)セミマルチンゲールに基づくモデルや，もはやセミマルチンゲールでさえない(フラクショナル・ブラウン運動のような)確率過程に基づくモデルもある．たとえば，Cutland-Kopp-Willinger (1995), Lin (1995)を見よ．

定義 12.1.1 a) **市場モデル**(**market**)とは，次の確率積分で与えられる $\mathcal{F}_t^{(m)}$-適合な $(n+1)$ 次元伊藤過程 $X(t) = (X_0(t), X_1(t), \ldots, X_n(t))$, $0 \leq t \leq T$ を言う．

$$dX_0(t) = \rho(t,\omega)X_0(t)dt, \quad X_0(0) = 1, \qquad (12.1.1)$$

$$\begin{aligned}dX_i(t) &= \mu_i(t,\omega)dt + \sum_{j=1}^{m}\sigma_{ij}(t,\omega)dB_j(t)\\ &= \mu_i(t,\omega)dt + \sigma_i(t,\omega)dB(t), \quad X_i(0) = x_i.\end{aligned} \qquad (12.1.2)$$

ただし,$\mu \in \mathcal{W}^n$, $\sigma \in \mathcal{W}^{n \times m}$ であり,σ_i は $n \times m$-行列 (σ_{ij}) の第 i 行ベクトル($1 \leq i \leq n \in \mathbf{N}$)である.

b) $X_0(t) \equiv 1$ のとき市場モデル $\{X(t)\}_{t \in [0,T]}$ は正規化されている(**normalized**)と言う.

c) 市場モデル $\{X(t)\}_{t \in [0,T]}$ のポートフォリオ(**portfolio**)とは (t,ω)-可測かつ $\mathcal{F}_t^{(m)}$-適合な $(n+1)$ 次元確率過程

$$\theta(t,\omega) = (\theta_0(t,\omega), \theta_1(t,\omega), \ldots, \theta_n(t,\omega)), \quad 0 \leq t \leq T, \qquad (12.1.3)$$

のことを言う.

d) 時刻 t におけるポートフォリオ $\theta(t)$ の価値を

$$V(t,\omega) = V^\theta(t,\omega) = \theta(t) \cdot X(t) = \sum_{i=0}^{n} \theta_i(t)X_i(t) \qquad (12.1.4)$$

と定義する.ここで · は $\mathbf{R}^{n+1}$ の内積を表す.

e) ポートフォリオ $\theta(t)$ が自己充足的(自己資金調達,**self-financing**)であるとは,

$$\int_0^T \left\{ \left| \theta_0(s)\rho(s)X_0(s) + \sum_{i=1}^{n}\theta_i(s)\mu_i(s) \right| + \sum_{j=1}^{m}\Big(\sum_{i=1}^{n}\theta_i(s)\sigma_{ij}(s)\Big)^2 \right\}ds < \infty \quad \text{a.s.} \qquad (12.1.5)$$

が成り立ち,さらに関係式

$$dV(t) = \theta(t) \cdot dX(t), \qquad (12.1.6)$$

すなわち,積分形で言いかえれば,

$$V(t) = V(0) + \int_0^t \theta(s) \cdot dX(s), \quad t \in [0,T] \qquad (12.1.7)$$

が成り立つことを言う.

定義 12.1.1 に対する注意　a) $X_i(t) = X_i(t,\omega)$ は 第 i 番目の証券の時刻 t での価格を表す．1 番から n 番の証券は，拡散項をもつので，**危険な (リスクをもつ)証券**と呼ぶ．たとえば株式である．0 番の証券は，($\rho(t,\omega)$ は ω に依存するかもしれないが)拡散項をもたないので，**安全な証券**と言う．たとえば銀行預金，割引債券が安全証券である．以下では簡単のため，$\rho(t,\omega)$ は有界であると仮定する．

b)
$$\overline{X}_i(t) = X_0(t)^{-1} X_i(t), \quad 1 \leq i \leq n \tag{12.1.8}$$

と定義することで，常に与えられた市場モデルを正規化することができる．新しい市場モデル

$$\overline{X}(t) = (1, \overline{X}_1(t), \ldots, \overline{X}_n(t))$$

を $X(t)$ の正規化(normalization)と呼ぶ[1].

正規化は安全証券 $X_0(t)$ の価格を基準単位(**基本財 (numeraire)**)とし，他の証券価格をこの単位に基づいて調整したものである．

$$X_0(t) = \exp\left(\int_0^t \rho(s,\omega) ds\right)$$

であるから

$$\xi(t) := X_0(t)^{-1} = \exp\left(-\int_0^t \rho(s,\omega) ds\right) > 0, \quad \forall t \in [0, T], \tag{12.1.9}$$

とおけば，

$$d\overline{X}_i(t) = d(\xi(t) X_i(t)) = \xi(t)[(\mu_i - \rho X_i)dt + \sigma_i dB(t)], \ 1 \leq i \leq n \tag{12.1.10}$$

を得る．これを，$X(t)$ を用いてベクトル形で書けば，次のようになる．

$$d\overline{X}(t) = \xi(t)[dX(t) - \rho(t) X(t) dt]. \tag{12.1.11}$$

---

[1] ポートフォリオ θ について，$X(t)$ に対して自己充足的であることと $\overline{X}(t)$ に対して自己充足的であることは同値である．

c) $\theta_0(t), \ldots, \theta_n(t)$ はそれぞれ,時刻 t における $0, \ldots, n$ 番目の証券の**保有数**である.
d) $V^\theta(t, \omega)$ は時刻 t に投資家が保有する証券に基づく資産の総額を表している.
e) 条件 (12.1.5) は確率積分 (12.1.7) を定義するためのものである.

定義 12.1.1 の e) は数学的モデルの微妙さを物語っている.実際,$\theta(t)$ もまた伊藤過程であれば,伊藤の公式を用いて,(12.1.4) から

$$dV(t) = \theta(t) \cdot dX(t) + X(t) \cdot d\theta(t) + d\theta(t) \cdot dX(t)$$

を得る.しかし,(12.1.6) は,これとは別に,付随する離散時間モデルによる近似から派生するものである.これについて説明しよう.考えている投資において資金の流入や流出がない(つまりポートフォリオ $\theta(t)$ が**自己充足的**である)としよう.離散時刻 $t = t_k$ においてなされる投資 $\theta(t_k)$ を考えると,資金の増加 $\Delta V(t_k) = V(t_{k+1}) - V(t_k)$ は,次の関係式で与えられる.

$$\Delta V(t_k) = \theta(t_k) \cdot \Delta X(t_k). \qquad (12.1.12)$$

ただし,$\Delta X(t_k) = X(t_{k+1}) - X(t_k)$ は価格の変動を表す.連続時間モデルが離散時間モデルから $\Delta t_k = t_{k+1} - t_k$ を零にする極限操作で得られるとすれば,(12.1.6) は (12.1.12) の極限として従う.

注 (12.1.4) と (12.1.7) から,

$$\theta_0(t)X_0(t) + \sum_{i=1}^n \theta_i(t)X_i(t) = V(0) + \int_0^t \theta_0(s)dX_0(s) + \sum_{i=1}^n \int_0^t \theta_i(s)dX_i(s)$$

を得る.したがって,

$$\begin{aligned} Y_0(t) &= \theta_0(t)X_0(t) \\ A(t) &= \sum_{i=1}^n \left(\int_0^t \theta_i(s)dX_i(s) - \theta_i(t)X_i(t) \right) \end{aligned} \qquad (12.1.13)$$

とおけば,

$$d(Y_0 - A)(t) = \rho(t)(Y_0 - A)(t)dt + \rho(t)A(t)dt$$

となる．この微分方程式を解いて，次を得る．

$$\xi(t)(Y_0(t) - A(t)) = V(0) + \int_0^t \xi(s)\rho(s)A(s)ds.$$

したがって，次の関係式が成り立つ．

$$\theta_0(t) = V(0) + \xi(t)A(t) + \int_0^t \rho(s)A(s)\xi(s)ds. \tag{12.1.14}$$

とくに，$\rho = 0$ ならば，

$$\theta_0(t) = V(0) + A(t) \tag{12.1.15}$$

となる．

以上の考察により，$\theta_1(t), \ldots, \theta_n(t)$ が与えられたとき，(12.1.14)により $\theta_0(t)$ を定義することで，自己充足的なポートフォリオ $\theta(t) = (\theta_0(t), \theta_1(t), \ldots, \theta_n(t))$ を構成できると言える[2]．

次の定義を導入する．

定義 12.1.2 自己充足的なポートフォリオ $\theta(t)$ が許容可能であるとは，$V^\theta(t)$ が本質的に下に有界であること，つまり，定数 $K = K(\theta) < \infty$ が存在し，

$$V^\theta(t, \omega) \geq -K \quad \text{a.a.}(t, \omega) \in [0, T] \times \Omega \tag{12.1.16}$$

となることを言う．

この定義は，Karatzas (1997) のテームポートフォリオの概念の類似物である．制約 (12.1.16) は『証券の保有者がどれだけ負債を許されるか』ということを反映している (例 12.1.4 を見よ)．

定義 12.1.3 許容可能なポートフォリオは，対応する価値過程 $V^\theta(t)$ が，

$$V^\theta(0) = 0, \quad V^\theta(T) \geq 0 \text{ a.s.}, \quad P[V^\theta(T) > 0] > 0$$

---

[2] 当然可積分性に関する仮定が必要である．たとえば，$(\theta_1(t), \ldots, \theta_n(t))$ が

$$\int_0^T \Big\{ \Big| \sum_{i=1}^n \theta_i(s)(\mu_i(s) - \rho(s)X_i(s)) \Big| + \sum_{j=1}^m \Big(\sum_{i=1}^n \theta_i(s)\sigma_{ij}(s) \Big)^2 \Big\} ds < \infty \quad \text{a.s.}$$

を満たすならば，(12.1.14)で構成されるポートフォリオは自己充足的となる．

の3条件を満たすときに(市場モデル $\{X_t\}_{t\in[0,T]}$ における)**裁定** (**arbitrage**)であると言われる.裁定ポートフォリオが存在するとき,市場モデルは裁定機会をもつと言う.

言い換えると,時刻 $t=0$ から $t=T$ までの間,ほとんど確実に資産を減少させず,さらに満期時には正の確率で資産を真に増加させる投資戦略 $\theta(t)$ があれば,裁定機会が存在する.したがって,そのような $\theta(t)$ は損益をこうむるリスクなしに利益を生むことになる.

直感的に言えば,裁定機会の存在は市場における均衡状態の欠如を意味している.つまり,裁定ポートフォリオが存在すれば,長い目で見ても,市場は均衡状態に至らない.ゆえに,考察の対象の市場モデルが裁定ポートフォリオをもつかどうかを判定することは大切である.当然,これは「モデルの考察に用いるポートフォリオにどのような条件を課すか?」という問題と深く関連している.1つの条件をすでに定義 12.1.2 の中で与えたが,そこで与えた条件(12.1.16)はモデルをたてると言う観点から導入したものである.それ以外の条件,たとえば

$$E[V^2(t)] < \infty \quad \forall t \in [0,T] \tag{12.1.17}$$

のような L^2-条件を課すことで数学的に意味のあるモデルをたてることも可能である.いずれにせよ,**何らかの条件**を自己充足的なポートフォリオに課さねばならない.実際,次に挙げる例で見るように,ポートフォリオに単に自己充足的という仮定をおくだけでは,いかなる最終価値 $V(T)$ をも達成できてしまう.

例 12.1.4 $T=1$ とし,

$$dX_0(t) = 0, \ dX_1(t) = dB(t), \quad 0 \le t \le T = 1$$

で与えられる市場モデルを考える.

$$Y(t) = \int_0^t \frac{dB(s)}{\sqrt{1-s}}, \quad 0 \le t < 1$$

と定義する.

$$\beta_t = \int_0^t \frac{ds}{1-s} = \ln\left(\frac{1}{1-t}\right), \quad 0 \le t < 1$$

とおけば，系 8.5.5 より，ブラウン運動 $\widehat{B}(t)$ がとれて
$$Y(t) = \widehat{B}(\beta_t)$$
と表される．$a \in \mathbf{R}$ を任意に固定し，停止時刻 τ, α を次で定める．
$$\tau := \tau_a := \inf\{t > 0; \widehat{B}(t) = a\},$$
$$\alpha := \alpha_a := \inf\{t > 0; Y(t) = a\}.$$
このとき
$$\tau < \infty \text{ a.s.} \quad (\text{問題 7.4a}), \quad \tau = \ln\left(\frac{1}{1-\alpha}\right)$$
となる．したがって，ほとんど確実に $\alpha < 1$ である．

自己充足的なポートフォリオ $\theta(t) = (\theta_0(t), \theta_1(t))$ を，(12.1.14) を用いて
$$\theta_1(t) = \begin{cases} \frac{1}{\sqrt{1-t}}, & 0 \le t < \alpha, \\ 0 & \alpha \le t \le 1 \end{cases}$$
から構成する（θ_1 の可積分条件 (12.1.5) は後で示す）．$V(0) = 0$ を仮定すれば，対応する価値過程は
$$V(t) = \int_0^{t \wedge \alpha} \frac{dB(s)}{\sqrt{1-s}} = Y(t \wedge \alpha), \quad 0 \le t \le 1$$
となる．とくに，
$$V(1) = Y(\alpha) = a \quad \text{a.s.}$$
である．この場合，条件 (12.1.5) が成り立つことを見るには
$$\int_0^1 \theta_1^2(s) ds < \infty \quad \text{a.s.}$$
という評価式を示せばよい．これは
$$\int_0^1 \theta_1^2(s) ds = \int_0^\alpha \frac{ds}{1-s} = \ln\left(\frac{1}{1-\alpha}\right) = \tau < \infty \quad \text{a.s.}$$
から従う．よって，(12.1.5) は満たされる．しかし，$V(t) = Y(t \wedge \alpha) = \widehat{B}\left(\ln\left(\frac{1}{1-t \wedge \alpha}\right)\right)$ は本質的に有界ではないから，この $\theta(t)$ は許容可能ではない．さらに，$t \to T$ のとき
$$E[V^2(t)] = E[Y^2(t \wedge \alpha)]$$

$$= E\left[\int_0^{t\wedge\alpha} \frac{ds}{1-s}\right] = E\left[\ln\left(\frac{1}{1-t\wedge\alpha}\right)\right] \to E[\tau] = \infty$$

となる(問題 7.4b). すなわち，(12.1.17) も成立しない.

この例から，ポートフォリオが単に自己充足的であるという仮定だけでは，リスクのある証券の価格過程 $X_1(t)$ がブラウン運動のときでさえ，初期資産 $V(0) = 0$ から始めて，あらゆる満期時資産 $V(T,\omega)$ を達成しうることが分かる. これは明らかに現実のファイナンスの現象と矛盾している. したがって，この例は，ポートフォリオに (12.1.5) よりも強い制約を課す必要性を示唆している. 1つの自然な制約条件は，先に述べた (12.1.16) である.

この例で述べた，あらゆる終端価値を達成できるという現象に関連して，Dudley (1977) による次の結果を挙げておこう.

定理 12.1.5 任意の $\mathcal{F}_T^{(m)}$-可測関数 F に対し，$\phi \in \mathcal{W}^m$ がとれて

$$F(\omega) = \int_0^T \phi(t,\omega) dB(t) \tag{12.1.18}$$

が成り立つ.

この表現に現れる ϕ は一意的ではない. Karatzas-Shreve (1991, Exerecise 3.4.22) もしくはこの章の問題 12.4 を見よ.

この定理は，任意の定数 z に対して $\phi \in \mathcal{W}^m$ がとれて

$$F(w) = z + \int_0^T \phi(t,\omega) dB(t)$$

と表現できることを導く. さて，$m = n$ とし，$B_1(t) = X_1(t), \ldots, B_n(t) = X_n(t)$ を価格と思い，$X_0(t) \equiv 1$ としよう. この表現は『どのようなポートフォリオを $\mathcal{W}^m$ から選んでもよいのであれば，いかなる初期資産から始めても望む満期時資産 $F = V(T)$ を達成できる』ことを意味している. 採用してよいポートフォリオに (12.1.6) のような制約条件をおく必要性が，これからも分かる.

市場が裁定機会をもつか否かの判定について考えよう. 次の簡単な結果が重要である.

補題 12.1.6 $\mathcal{F}_T^{(m)}$ 上の確率測度 Q は $P \sim Q$ を満たし，さらに正規化され

た市場モデル $\{\overline{X}(t)\}_{t\in[0,T]}$ は Q に関して局所マルチンゲール（問題7.12）になるとする．このとき，市場モデル $\{X(t)\}_{t\in[0,T]}$ は裁定ポートフォリオをもたない．

[証明] $\{\overline{X}(t)\}_{t\in[0,T]}$ に対する裁定ポートフォリオ $\theta(t)$ が存在したとする．$V^\theta(t)$ を対応する価値過程としよう．このとき，$V^\theta(t)$ は下に有界な Q-局所マルチンゲールとなる．したがって優マルチンゲールである（問題7.12）．よって

$$E_Q[V^\theta(T)] \leq V^\theta(0) = 0 \qquad (12.1.19)$$

となる．ただし，E_Q は Q に対する期待値を表す．ところが，$V^\theta(T,\omega) \geq 0$ P-a.s., $Q \ll P$ であるから，$V^\theta(T,\omega) \geq 0$ Q-a.s. となる．また，$P[V^\theta(T) > 0] > 0$, $P \ll Q$ であるから，$Q[V^\theta(T) > 0] > 0$ となる．よって，

$$E_Q[V^\theta(T)] > 0$$

となるが，これは(12.1.19)に矛盾する．したがって，$\{\overline{X}(t)\}$ は裁定ポートフォリオをもたない．問題12.1 より，$\{X(t)\}$ も裁定ポートフォリオをもたない． □

定義 12.1.7 正規化された市場モデル $\{\overline{X}(t)\}_{t\in[0,T]}$ がマルチンゲールとなるような P と互いに絶対連続な確率測度 Q を**同値マルチンゲール測度**と呼ぶ．

補題12.1.6 より，同値マルチンゲール測度が存在すれば市場モデルは裁定ポートフォリオをもたないと言える．このとき，市場モデルは「リスクが漸近的に消えてなくなるフリーランチは存在しない (no free lunch with vanishing risk (NFLVR))」というより強い条件を満たしている．逆に，市場モデルが条件 NFLVR を満たせば，同値マルチンゲール測度が存在する．Delbean-Schachermayer (1994, 1995, 1997) とその参考文献表を参照せよ．ここでは，もう少し弱いが，しかし十分多くの応用例に適用できる条件を紹介しよう．

定理 12.1.8 a) $\widehat{X}(t,\omega) = (X_1(t,\omega),\ldots,X_n(t,\omega))$ とおく．

$$\sigma(t,\omega)u(t,\omega) = \mu(t,\omega) - \rho(t,\omega)\widehat{X}(t,\omega) \quad \text{a.a. } (t,\omega), \qquad (12.1.20)$$

$$E\left[\exp\left(\frac{1}{2}\int_0^T u^2(t,\omega)dt\right)\right] < \infty \qquad (12.1.21)$$

を満たす確率過程 $u(t,\omega) \in \mathcal{V}^m(0,T)$ が存在したとする．このとき市場モデル $\{X(t)\}_{t\in[0,T]}$ は裁定ポートフォリオをもたない．

b) (Karatzas (1997, Th.0.2.4)) 逆に，もし市場モデル $\{X(t)\}_{t\in[0,T]}$ が裁定ポートフォリオをもたないならば，$\mathcal{F}_t^{(m)}$-適合で (t,ω)-可測な確率過程 $u(t,\omega)$ がとれて

$$\sigma(t,\omega)u(t,\omega) = \mu(t,\omega) - \rho(t,\omega)\widehat{X}(t,\omega) \quad \text{a.a.} \ (t,\omega)$$

となる．

[証明] a) $\{X(t)\}$ は正規化されている，つまり $\rho = 0$ と仮定して良い (問題 2.1 と (12.1.10))．この仮定のもと，$\mathcal{F}_T^{(m)}$ 上の測度 $Q = Q_u$ を

$$dQ(w) = \exp\left(-\int_0^T u(t,\omega)dB(t) - \frac{1}{2}\int_0^T u^2(t,\omega)dt\right)dP(w) \quad (12.1.22)$$

と定義する．このとき $Q \sim P$ となり，さらに Girsanov の定理 (定理 8.6.4) より，確率過程

$$\widetilde{B}(t) := \int_0^t u(s,\omega)ds + B(t) \qquad (12.1.23)$$

は，Q のもとブラウン運動となる．$\widetilde{B}(t)$ を用いて

$$dX_i(t) = \mu_i dt + \sigma_i dB(t) = \sigma d\widetilde{B}(t)$$

と表されるから，$X(t)$ は Q-局所マルチンゲールとなる．補題 12.1.6 より，裁定ポートフォリオは存在しない．

b) 逆に，市場モデルは裁定ポートフォリオをもたず，正規化されている ($\rho = 0$) と仮定しよう．$t \in [0,T]$, $\omega \in \Omega$ に対し，

$$\begin{aligned}
F_t &= \{\omega; 方程式 (12.1.20) は解をもたない \} \\
&= \{\omega; \mu(t,\omega) は \sigma(t,\omega) の列ベクトルの張る空間に属さない \} \\
&= \{\omega; \sigma^T(t,\omega)v(t,\omega) = 0,\ v(t,\omega)\cdot\mu(t,\omega) \neq 0 を満たす \\
&\qquad\qquad v = v(t,\omega) が存在する \}
\end{aligned}$$

とおく．

F_t の定義に現れた $v(t,\omega)$ を使って自己充足的なポートフォリオ $\theta(t)$ を次

12.1 市場モデル,ポートフォリオ,裁定

の手順で定める.まず,$1 \leq i \leq n$ については

$$\theta_i(t,\omega) = \begin{cases} \mathrm{sign}(v(t,\omega) \cdot \mu(t,\omega))v_i(t,\omega), & \omega \in F_t \text{ のとき}, \\ 0, & \omega \notin F_t \text{ のとき}, \end{cases}$$

と定める.$\sigma(t,\omega)$, $\mu(t,\omega)$ は $\mathcal{F}_t^{(m)}$-適合かつ (t,ω)-可測であるから,$\theta_i(t,\omega)$, $1 \leq i \leq n$ も $\mathcal{F}_t^{(m)}$-適合かつ (t,ω)-可測ととれる.さらに (12.1.15) で $\theta_0(t)$ を定めれば,自己充足的なポートフォリオ $\theta(t)$ が構成できる[3].このポートフォリオに対応する価値過程は,次の関係式を満たす.

$$\begin{aligned}
V^\theta(t,\omega) - V^\theta(0) &= \int_0^t \sum_{i=1}^n \theta_i(s,\omega) dX_i(s) \\
&= \int_0^t \mathcal{X}_{F_s}(\omega)|v(s,\omega) \cdot \mu(s,\omega)|ds \\
&\quad + \int_0^t \sum_{j=1}^m \left(\sum_{i=1}^n \theta_i(s,\omega)\sigma_{ij}(s,\omega)\right) dB_j(s) \\
&= \int_0^t \mathcal{X}_{F_s}(\omega)|v(s,\omega) \cdot \mu(s,\omega)|ds \\
&\quad + \int_0^t \mathrm{sign}(v(s,\omega) \cdot \mu(s,\omega))\mathcal{X}_{F_s}(\omega)\sigma^T(s,\omega)v(s,\omega)dB(s) \\
&= \int_0^t \mathcal{X}_{F_s}(\omega)|v(s,\omega) \cdot \mu(s,\omega)|ds \geq 0, \quad \forall t \in [0,T].
\end{aligned}$$

市場モデルは裁定ポートフォリオをもたないから,(問題 12.1b により)ほとんどすべての (t,ω) に対して

$$\mathcal{X}_{F_t}(\omega) = 0$$

となる.つまり,(12.1.20) はほとんどすべての (t,ω) に対して解をもつと言

---

[3] 問題なのは $v(t,\omega)$ の選びかたである.グラム=シュミットの直交化法を用いて,$\{\tilde{\sigma}_i(t,\omega)\}$ を $\sigma(t,\omega)$ の列ベクトルが張る線形部分空間を張り,さらに $i \neq j$ ならば $\tilde{\sigma}_i(t,\omega) \cdot \tilde{\sigma}_j(t,\omega) = 0$, $|\sigma_i(t,\omega)|$ は 0 もしくは 1 となるようにできる.このとき,$\tilde{v}(t,\omega) = \mu(t,\omega) - \sum_{i=1}^m (\tilde{\sigma}(t,\omega) \cdot \mu(t,\omega))\tilde{\sigma}(t,\omega)$ とし,次のようにとる.

$$v(t,\omega) = \begin{cases} \tilde{v}(t,\omega)/|\tilde{v}(t,\omega)|, & \tilde{v}(t,\omega) \neq 0 \text{ のとき}, \\ 0, & \tilde{v}(t,\omega) = 0 \text{ のとき}. \end{cases}$$

える.　　　　　　　　　　　　　　　　　　　　　　　　　□

例 12.1.9 a) 次で与えられる市場モデル $X(t)$ を考える.
$$dX_0(t) = 0, \quad dX_1(t) = 2dt + dB_1(t), \quad dX_2(t) = -dt + dB_1(t) + dB_2(t).$$
このとき
$$\mu = \begin{pmatrix} 2 \\ -1 \end{pmatrix}, \quad \sigma = \begin{pmatrix} 1 & 0 \\ 1 & 1 \end{pmatrix}$$
となり, 方程式 $\sigma u = \mu$ は一意的な解
$$u = \begin{pmatrix} u_1 \\ u_2 \end{pmatrix} = \begin{pmatrix} 2 \\ -3 \end{pmatrix}$$
をもつ. 定理 12.1.8a) より, 市場モデル $X(t)$ は裁定ポートフォリオをもたないと言える.

b) 次に
$$dY_0(t) = 0, \quad dY_1(t) = 2dt + dB_1(t) + dB_2(t)$$
$$dY_2(t) = -dt - dB_1(t) - dB_2(t)$$
で与えられる正規化された市場モデル $Y(t)$ を考える. このとき方程式 $\sigma u = \mu$ は
$$\begin{pmatrix} 1 & 1 \\ -1 & -1 \end{pmatrix} \begin{pmatrix} u_1 \\ u_2 \end{pmatrix} = \begin{pmatrix} 2 \\ -1 \end{pmatrix}$$
となるが, これは解をもたない. 定理 12.1.8 b) より, 市場モデル $Y(t)$ は裁定ポートフォリオをもつ. 実際, θ_0 を定数とし, ポートフォリオとして
$$\theta(t) = (\theta_0, 1, 1)$$
という形のものをとれば,
$$V^\theta(T) = V^\theta(0) + \int_0^T \{2dt + dB_1(t) + dB_2(t) - dt - dB_1(t) - dB_2(t)\}$$
$$= V^\theta(0) + T$$
となる. 特に, 定数 θ_0 を
$$V^\theta(0) = \theta_0 Y_0(0) + Y_1(0) + Y_2(0) = 0$$
を満たすように選べば, $\theta(t)$ は裁定ポートフォリオである.

§12.2　裁定と完備性

定義 12.2.1　a) 下に有界な $\mathcal{F}_T^{(m)}$-可測確率変数 $F(\omega)$ を T-(ヨーロッパ型)**条件付き請求権**(簡単に条件付き請求権，**European T-contingent claim**)と言う．

b) 条件付き請求権 $F(\omega)$ が (市場モデル $\{X(t)\}_{t\in[0,T]}$ で) **複製可能 (attainable)** であるとは，許容可能なポートフォリオ $\theta(t)$ と実数 z が存在して
$$F(\omega) = V^\theta(T) := z + \int_0^T \theta(t)dX(t)$$
がほとんど確実に成り立つことを言う．そのようなポートフォリオ $\theta(t)$ を F を複製(ヘッジ)するポートフォリオ (**replicating (hedging) portfolio**) と言う．

c) すべての有界な T-条件付き請求権が複製可能であるとき，市場モデルは**完備**であると言う．

言いかえれば，F が複製可能となるのは，初期資産 z から始めて時刻 T において F と一致する資産 $V^\theta(T)$ を達成できる，すなわち
$$V^\theta(T,\omega) = F(\omega) \quad \text{a.s.}$$
となるポートフォリオが存在するときである．

注　a) 定義 12.2.1 における有界性の仮定は技術的な便法であり，他の定義もまた可能である．もし市場モデルが c) の意味で完備ならば，**非有界な条件付き請求権**でも複製可能となることがしばしば起こる(問題 12.3 参照せよ)．
b) T-条件付き請求権 F を複製する許容可能なポートフォリオは必ずしも一意ではない(問題 12.4 を参照せよ)．

どのような条件付き請求権が複製可能で，どのような市場モデルが完備なのであろうか？これは重要だが，一般には難しい問題である．ここでは，この問題に対し部分的な解答を与えよう．

次の重要な補題を紹介しておく．これは Yor により得られた結果 (1997, Proposition 17.1) の特別な場合として得られるので，証明は省略する．

補題 12.2.2 確率過程 $u(t,\omega) \in \mathcal{V}^m(0,T)$ は条件

$$E\left[\exp\left(\frac{1}{2}\int_0^T u^2(s,\omega)ds\right)\right] < \infty \qquad (12.2.1)$$

を満たすとする. $\mathcal{F}_T^{(m)}$ 上の測度 $Q = Q_u$ を

$$dQ(\omega) = \exp\left(-\int_0^T u(t,\omega)dB(t) - \frac{1}{2}\int_0^T u^2(t,\omega)dt\right)dP(\omega) \qquad (12.2.2)$$

で定める. このとき, 確率過程

$$\widetilde{B}(t) := \int_0^t u(s,\omega)ds + B(t) \qquad (12.2.3)$$

は測度 Q に関して $\mathcal{F}_t^{(m)}$-マルチンゲール (そしてさらに $\mathcal{F}_t^{(m)}$-ブラウン運動) となる. さらに, 任意の $F \in L^2(\mathcal{F}_T^{(m)}, Q)$ は

$$F(\omega) = E_Q[F] + \int_0^T \phi(t,\omega)d\widetilde{B}(t) \qquad (12.2.4)$$

と一意的に表される. ただし, $\phi(t,\omega)$ は $\mathcal{F}_t^{(m)}$-適合な (t,ω)-可測関数で

$$E_Q\left[\int_0^T \phi^2(t,\omega)dt\right] < \infty \qquad (12.2.5)$$

を満たす.

注 a) $\{\widetilde{B}(t)\}$ から生成されるフィルトレーション $\{\widetilde{\mathcal{F}}_t^{(m)}\}$ は (12.2.3) より $\{\mathcal{F}_t^{(m)}\}$ に含まれるが一致するわけではない. したがって, (12.2.4) のような表現は伊藤の表現定理 (定理 4.2.3) や Dudley の定理 (定理 12.1.5) の直接の帰結というわけではない. 実際, それらを適用するには F が $\widetilde{\mathcal{F}}_T^{(m)}$-可測であることが必要である.

b) 測度 Q のもとで $\widetilde{B}(t)$ が $\mathcal{F}_t^{(m)}$-マルチンゲールであることを見るには,

$$Z(t) = \exp\left(-\int_0^t u(s,\omega)dB(s) - \frac{1}{2}\int_0^t u^2(s,\omega)ds\right)$$

とおいて,

$$Y(t) := Z(t)\widetilde{B}(t)$$

が P のもとマルチンゲールとなることを伊藤の公式を適用して示し, さらに

Bayes の公式（補題 8.6.2）を用いるとよい．詳しい証明は問題 12.5 とする．

次の考察は簡単な結果だが重要である．

補題 12.2.3　a) $\overline{X}(t) = \xi(t)X(t)$ を (12.1.8) 〜 (12.1.11) で与えたような正規化された市場モデルとする．市場モデル $\{X(t)\}$ の許容可能なポートフォリオ $\theta(t)$ をとり，その価値過程を

$$V^\theta(t) = \theta(t) \cdot X(t) \tag{12.2.6}$$

とする．このとき $\theta(t)$ は正規化された市場モデル $\{\overline{X}(t)\}$ に対しても許容可能なポートフォリオとなり，価値過程は

$$\overline{V}^\theta(t) := \theta(t) \cdot \overline{X}(t) = \xi(t)V^\theta(t) \tag{12.2.7}$$

を満たす．また，逆に $\theta(t)$ が正規化された市場モデルの許容可能なポートフォリオであれば，もとの市場モデルの許容可能なポートフォリオでもあり，価値過程は (12.2.7) という関係を満たしている．言いかえれば，次の関係が成り立つ．

$$V^\theta(t) = V^\theta(0) + \int_0^t \theta(s)dX(s), \quad 0 \le t \le T, \tag{12.2.8}$$

$$\Updownarrow$$

$$\xi(t)V^\theta(t) = V^\theta(0) + \int_0^t \theta(s)d\overline{X}(s), \quad 0 \le t \le T. \tag{12.2.9}$$

b) とくに，有界な T-条件付き請求権 $F = F(\omega)$ が市場モデル $\{X(t)\}$ に対し複製可能であるための必要十分条件は $\xi(T)F$ が正規化された市場モデル $\{\overline{X}(t)\}$ に対し複製可能となることである．

c) 市場モデル $\{X(t)\}$ が完備であることと正規化された市場モデル $\{\overline{X}(t)\}$ が完備であることは同値である．

[証明]　a) ρ が有界であるから，$\overline{V}^\theta$ は，もし V^θ が下に有界ならば，そしてそのときに限り，下に有界となる．まず，市場モデル $X(t)$ とそこでの許容可能なポートフォリオ $\theta(t)$ を考える．このとき

$$\overline{V}^\theta(t) = \theta(t) \cdot \overline{X}(t) = \xi(t)V^\theta(t) \tag{12.2.10}$$

である．$\theta(t)$ は市場モデル $\{X(t)\}$ に対し自己充足的であるから，(12.1.6)，(12.1.10) より，

$$\begin{aligned}
d\overline{V}^\theta(t) &= \xi(t)dV^\theta(t) + V^\theta(t)d\xi(t) \\
&= \xi(t)\theta(t)dX(t) - \rho(t)\xi(t)V^\theta(t)dt \\
&= \xi(t)\theta(t)[dX(t) - \rho(t)X(t)dt] \\
&= \theta(t)d\overline{X}(t) \qquad (12.2.11)
\end{aligned}$$

を得る．したがって $\theta(t)$ は正規化された市場モデル $\{\overline{X}(t)\}$ に対して許容可能と言え，さらに，$\overline{V}^\theta(t) = V^\theta(0) + \int_0^t \theta(s)d\overline{X}(s)$ となる．したがって，a) の主張の前半が証明できた．

上の議論を逆にたどることで，a) の主張の後半も証明できる．主張 b)，c) は a) から容易に帰結できる． □

もう 1 つ重要な結果を準備しておく．

補題 12.2.4 $\widehat{X}(t,\omega) = (X_1(t,\omega),\ldots,X_n(t,\omega))$ とおく．m-次元確率過程 $u(t,\omega) \in \mathcal{V}^m(0,T)$ で

$$\sigma(t,\omega)u(t,\omega) = \mu(t,\omega) - \rho(t,\omega)\widehat{X}(t,\omega) \qquad (12.2.12)$$

をほとんどすべての (t,ω) に対して満たし，さらに

$$E\left[\exp\left(\frac{1}{2}\int_0^T u^2(s,\omega)ds\right)\right] < \infty \qquad (12.2.13)$$

を満たすものが存在すると仮定する．測度 $Q = Q_u$ と確率過程 $\widetilde{B}(t)$ を (12.2.2)，(12.2.3) で定義する．このとき正規化された市場モデルが $\widetilde{B}(t)$ を用いて次のように表現できる．

$$d\overline{X}_0(t) = 0, \qquad (12.2.14)$$
$$d\overline{X}_i(t) = \xi(t)\sigma_i(t)d\widetilde{B}(t), \quad 1 \leq i \leq n. \qquad (12.2.15)$$

とくに，$\sum_{i=1}^n \sum_{j=1}^m E_Q\left[\int_0^T \xi^2(t)\sigma_{ij}^2(t)dt\right] < \infty$ ならば Q は同値マルチンゲール測度となる（定義 12.1.7）．

[証明] (12.2.14) は正規化された市場モデルであるから自明である．

(12.2.15)は次の計算から従う.

$$
\begin{aligned}
d\overline{X}_i(t) &= d(\xi(t)X_i(t)) = \xi(t)dX_i(t) + X_i(t)d\xi(t) \\
&= \xi(t)[(\mu_i(t) - \rho(t)X_i(t))dt + \sigma_i(t)dB(t)] \\
&= \xi(t)[(\mu_i(t) - \rho(t)X_i(t))dt + \sigma_i(t)(d\widetilde{B}(t) - u_i(t)dt)] \\
&= \xi(t)\sigma_i(t)d\widetilde{B}(t). \quad (12.2.16)
\end{aligned}
$$

とくに,$\sum_{i=1}^n \sum_{j=1}^m E_Q\left[\int_0^T \xi^2(t)\sigma_{ij}^2(t)dt\right] < \infty$ ならば $\overline{X}_i(t)$ は Q のもとマルチンゲールとなる(系 3.2.6)から,最後の主張も従う. □

以上,(12.2.12),(12.2.13)が成り立てば,正規化された市場モデルが良い性質をもつことを見た.これを市場の完備性の判定に利用するために,次のような完備性の定義を導入する.『(12.2.12),(12.2.13)が成り立つとし,測度 $Q = Q_u$ を (12.2.2) で定義する.市場モデル $X(t)$ が Q-完備であるとは,任意の有界な T-条件付き請求権 F に対し,許容可能なポートフォリオ θ がとれて

$$F = E_Q[\xi(T)F] + \int_0^T \theta(t)dX(t) \quad \text{a.s.}$$

が成り立つことを言う.』以下,(12.2.12),(12.2.13)が成り立っているときは,完備と言えば Q-完備を意味するものとする.

この節の主要な結果を述べよう.

定理 12.2.5 (12.2.12),(12.2.13)が成り立つとせよ.このとき,市場モデル $\{X(t)\}$ が完備となるための必要十分条件は,ほとんどすべての (t,ω) について $\sigma(t,\omega)$ が**左逆元** $\Lambda(t,\omega)$ をもつこと,すなわち $\mathcal{F}_t^{(m)}$-適合な行列値確率過程 $\Lambda(t,\omega) \in \mathbf{R}^{m \times n}$ が存在し

$$\Lambda(t,\omega)\sigma(t,\omega) = I_m \quad \text{a.a. } (t,\omega) \quad (12.2.17)$$

が成り立つことである.

注 (12.2.17)は次と同値である.

$$\operatorname{rank} \sigma(t,\omega) = m \quad \text{a.a. } (t,\omega). \quad (12.2.18)$$

定理 12.2.5 の証明 (i) まず (12.2.17) が成り立つと仮定する．Q, $\widetilde{B}$ を (12.2.2), (12.2.3) で定義し，F を有界な T-条件付き請求権とする．許容可能なポートフォリオ $\theta(t) = (\theta_0(t), \ldots, \theta_n(t))$ が存在して，

$$V_z^\theta(T) = F(\omega) \quad \text{a.s.}$$

となることを示そう．ただし，

$$z = E_Q[\xi(T)F], \quad V_z^\theta(t) = z + \int_0^t \theta(t)dX(t), \quad 0 \leq t \leq T.$$

補題 12.2.3 と (12.2.15) より，これは

$$\xi(T)F(\omega) = z + \int_0^T \theta(t)d\overline{X}(t)$$
$$= z + \int_0^T \xi(t) \sum_{i=1}^n \theta_i(t)\sigma_i(t)d\widetilde{B}(t)$$

が成り立つことと同値である．補題 12.2.2 より，適当な $\phi(t,\omega) = (\phi_1(t,\omega), \ldots, \phi_m(t,\omega)) \in \mathbf{R}^m$ を用いて

$$\xi(T)F(\omega) = E_Q[\xi(T)F] + \int_0^T \phi(t,\omega)d\widetilde{B}(t)$$
$$= z + \int_0^T \sum_{j=1}^m \phi_j(t,\omega)d\widetilde{B}_j(t)$$

と表現できる．この表現に鑑み，$\widehat{\theta}(t) = (\theta_1(t), \ldots, \theta_n(t))$ を

$$\xi(t) \sum_{i=1}^n \theta_i(t)\sigma_{ij}(t) = \phi_j(t), \quad 1 \leq j \leq m$$

を満たすようにとる．これをベクトル表現すれば

$$\xi(t)\widehat{\theta}(t)\sigma(t) = \phi(t)$$

であるから，(12.2.17) より

$$\widehat{\theta}(t) = X_0(t)\phi(t,\omega)\Lambda(t,\omega)$$

ととればよい．θ_0 を (12.1.14) により定めれば，ポートフォリオ $\theta = (\theta_0, \widehat{\theta})$

は自己充足的である[4]．さらに，このとき $\xi(t)V_z^\theta(t) = z + \int_0^t \theta(s)d\overline{X}(s) = z + \int_0^t \phi(s)d\widetilde{B}(s)$ が成り立っているから，

$$\xi(t)V_z^\theta(t) = E_Q[\xi(T)V_z^\theta(T)|\mathcal{F}_t^{(m)}] = E_Q[\xi(T)F|\mathcal{F}_t^{(m)}] \quad (12.2.19)$$

を得る．とくに $V_z^\theta(t)$ は下に有界となり，$\theta(t)$ は許容可能である．ゆえに，市場モデル $\{X(t)\}$ は完備となる．

(ii) 逆に $\{X(t)\}$ は完備であるとする．このとき，補題 12.2.3 より，$\{\overline{X}(t)\}$ も完備となる．よって，$\rho = 0$ と仮定して良い．(i) で行った計算から，初期資産 z のとき，ポートフォリオ $\theta(t) = (\theta_0(t), \theta_1(t), \ldots, \theta_n(t))$ に対応する価値過程は

$$V_z^\theta(t) = z + \int_0^t \sum_{j=1}^m \Big(\sum_{i=1}^n \theta_i \sigma_{ij}\Big) d\widetilde{B}_j = z + \int_0^t \widehat{\theta}\sigma d\widetilde{B} \quad (12.2.20)$$

となる．ただし，$\widehat{\theta}(t) = (\theta_1(t), \ldots, \theta_n(t))$．

任意の $\mathcal{F}_t^{(m)}$-適合確率過程 $\phi(t, \omega) \in \mathbf{R}^m$ で $E_Q[\int_0^T \phi^2(t, \omega)dt] < \infty$ なるものをとり，$F(\omega) := \int_0^T \phi(t, \omega)d\widetilde{B}(t)$ と定める．このとき $E_Q[F] = 0$ かつ $E_Q[F^2] < \infty$ である．優収束定理を用いて，有界な T-条件付き請求権の列 $F_k(\omega)$ を

$$E_Q[|F_k - F|^2] \to 0 \quad \text{かつ} \quad E_Q[F_k] = 0$$

となるようにとる．市場モデルは完備であるから，各 F_k に対して許容可能なポートフォリオ $\theta^{(k)} = (\theta_0^{(k)}, \widehat{\theta}^{(k)})$ がとれて

$$F_k(\omega) = \int_0^T \widehat{\theta}^{(k)}\sigma d\widetilde{B}$$

と表現できる ((12.2.20) と Q-完備性を用いよ)．このとき，

$$V_k(t) = \int_0^t \widehat{\theta}^{(k)}\sigma d\widetilde{B}$$

とおけば，これは下に有界な局所マルチンゲールであるから，連続な優マル

---
[4] (12.2.12), (12.2.13) を合わせると，注 2 で述べた自己充足的になるための可積分条件が満たされる．

チンゲールとなる(問題 7.12). $V_k(0) = 0$ かつ $E_Q[V_k(T)] = E_Q[F_k] = 0$ であるから,任意の $\tau \leq T$ なる停止時刻に対し,任意抽出定理より,

$$0 = E_Q[V_k(T)] \leq E_Q[V_k(\tau)] \leq E_Q[V_k(0)] = 0$$

となる.したがって $V_k(t)$ はマルチンゲールとなる(Revuz-Yor (1991, Prop. II.1.4 (p.49))).よって,条件付き期待値を比較すれば,$V_k(t) = E_Q[F_k|\mathcal{F}_t]$ となり,$V_k(t)$ は有界マルチンゲールとなる.ゆえに,次式が成り立つ.

$$E_Q\left[\int_0^T |\widehat{\theta}^{(k)}(t)\sigma(t)|^2 dt\right] < \infty.$$

伊藤積分の等長性より,

$$E_Q\left[\int_0^T |\phi(t,\omega) - (\widehat{\theta}^{(k)}\sigma)(t,\omega)|^2 dt\right] = E_Q[|F - F_k|^2] \to 0$$

である.したがって,$\{\widehat{\theta}^{(k)}\sigma\}$ の部分列 $x^{(k)}(t,\omega) = (x_1^{(k)}(t,\omega), \ldots, x_m^{(k)}(t,\omega)) \in \mathbf{R}^m$ を

$$x^{(k)}(t,\omega)\sigma(t,\omega) \to \phi(t,\omega) \quad \text{a.e. } (t,\omega)$$

となるように選べる.これより,ほとんどすべての (t,ω) について $\phi(t,\omega)$ は $\{\sigma_i(t,\omega)\}_{i=1}^n$ の張る線形空間に属している.L^2-関数 $\phi(t)$ は任意に選べたから,ほとんどすべての (t,ω) について $\{\sigma_i(t,\omega)\}_{i=1}^n$ は $\mathbf{R}^m$ を張る.したがって,rank $\sigma(t,\omega) = m$ となり,

$$\Lambda(t,\omega)\sigma(t,\omega) = I_m$$

を満たす $\Lambda(t,\omega) \in \mathbf{R}^{n \times m}$ が存在する. □

系 12.2.6 (12.2.12), (12.2.13)が成り立つと仮定する.

(a) もし $m = n$ ならば,$\sigma(t,\omega)$ がほとんどすべての (t,ω) に対して逆をもつとき,そしてそのときに限り,市場モデルは完備となる.

(b) もし市場モデルが完備ならば,

$$\text{rank}\,\sigma(t,\omega) = m$$

がほとんどすべての (t,ω) に対して成り立つ.とくに $n \geq m$ となる.さ

らに，(12.2.12) を満たす確率過程 $u(t,\omega)$ は一意的に定まる．

[証明] $m=n$ ならば左逆元の存在から逆元の存在が従うので，(a) は定理 12.2.5 より帰結する．$n \times m$-行列に対し，左逆元の存在は行列のランクが m であることを導き，$n \geq m$ となる．さらに，このとき (12.2.12) を満たす一意解は

$$u(t,\omega) = \Lambda(t,\omega)[\mu(t,\omega) - \rho(t,\omega)\widehat{X}(t,\omega)]$$

となる．したがって主張 (b) も示された． □

例 12.2.7 $X_0(t) \equiv 1$,
$$\begin{pmatrix} dX_1(t) \\ dX_2(t) \\ dX_3(t) \end{pmatrix} = \begin{pmatrix} 1 \\ 2 \\ 3 \end{pmatrix} dt + \begin{pmatrix} 1 & 0 \\ 0 & 1 \\ 1 & 1 \end{pmatrix} \begin{pmatrix} dB_1(t) \\ dB_2(t) \end{pmatrix}$$

とおく．このとき，$\rho = 0$ であり，方程式 (12.2.12) は

$$\sigma u = \begin{pmatrix} 1 & 0 \\ 0 & 1 \\ 1 & 1 \end{pmatrix} \begin{pmatrix} u_1 \\ u_2 \end{pmatrix} = \begin{pmatrix} 1 \\ 2 \\ 3 \end{pmatrix}$$

となる．これは一意解 $u_1 = 1, u_2 = 2$ をもつ．u が定数であるから (12.2.13) が成り立つことは明らかである．また，$\mathrm{rank}\,\sigma = 2$ であり，(12.2.18) が成り立っている．

さらに

$$\begin{pmatrix} 1 & 0 & 0 \\ 0 & 1 & 0 \end{pmatrix} \begin{pmatrix} 1 & 0 \\ 0 & 1 \\ 1 & 1 \end{pmatrix} = \begin{pmatrix} 1 & 0 \\ 0 & 1 \end{pmatrix} = I_2$$

であるから，$\sigma = \begin{pmatrix} 1 & 0 \\ 0 & 1 \\ 1 & 1 \end{pmatrix}$ の左逆元は

$$\Lambda = \begin{pmatrix} 1 & 0 & 0 \\ 0 & 1 & 0 \end{pmatrix}$$

である．定理 12.2.5 より，市場モデルが完備であることが結論できる．

例 12.2.8 $X_0(t) \equiv 1$,

$$dX_1(t) = 2dt + dB_1(t) + dB_2(t)$$

で与えられる市場モデルを考える．このとき $\mu = 2$, $\sigma = (1,1) \in \mathbf{R}^{1\times 2}$ であり，$n = 1 < 2 = m$ となっている．よって系 12.2.6 b) より，この市場モデルは完備ではない．すなわち，ヘッジできない有界な T-条件付き請求権が存在する．そのような T-条件付き請求権を求めてみよう．ポートフォリオ $\theta(t) = (\theta_0(t), \theta_1(t))$ に対する価値過程 $V_z^\theta(t)$ は

$$V_z^\theta(t) = z + \int_0^t \theta_1(s)(d\widetilde{B}_1(s) + d\widetilde{B}_2(s))$$

である ((12.2.20) を参照) から，もし $\theta(t)$ が $F(\omega)$ をヘッジするならば，

$$F(\omega) = z + \int_0^t \theta_1(s)(d\widetilde{B}_1(s) + d\widetilde{B}_2(s)) \tag{12.2.21}$$

となるはずである．有界関数 $g : \mathbf{R} \to \mathbf{R}$ により $F(\omega) = g(\widetilde{B}_1(T))$ と表されるとしよう．伊藤の表現定理を 2 次元ブラウン運動 $\widetilde{B}(t) = (\widetilde{B}_1(t), \widetilde{B}_2(t))$ に適用すると，確率過程 $\phi(t,\omega) = (\phi_1(t,\omega), \phi_2(t,\omega))$ が一意的に見つかって

$$g(\widetilde{B}_1(T)) = E_Q[g(\widetilde{B}_1(T))] + \int_0^T \phi_1(s)d\widetilde{B}_1(s) + \phi_2(s)d\widetilde{B}_2(s)$$

となる．ところが，1 次元ブラウン運動 $\widetilde{B}_1(t)$ に同じ表現定理を用いれば，$\phi_2 = 0$ となる．つまり，次式が成立する．

$$g(\widetilde{B}_1(T)) = E_Q[g(\widetilde{B}_1(T))] + \int_0^T \phi_1(s)d\widetilde{B}_1(s).$$

これを (12.2.21) と比較すれば，そこで述べられたような $\theta_1(t)$ は存在しないことが分かる．ゆえに $F(\omega) = g(\widetilde{B}_1(T))$ はヘッジできない．

注 Harrison-Pliska (1983) と Jacod (1979) は，市場モデルの完備性を次のような同値マルチンゲール測度に関する性質で特徴付けた．

市場モデル $\{X(t)\}$ は，正規化された市場モデル $\{\overline{X}(t)\}$ に対し，同値なマルチンゲール測度が**唯一つ存在する**とき，そしてそのときに限り，完備である．

(この結果を，定義 12.1.7 の後で述べた無裁定/NFLVR な市場モデルの同値マルチンゲール測度のよる特徴付けと比較せよ．)

§12.3 オプションの価格付け

ヨーロッパ型オプション

$F(\omega)$ を T-条件付き請求権とする．すなわち，満期時刻 $t = T$ に金額 $F(\omega)$ が支払われる証券としよう．これに対して時刻 $t = 0$ にどれだけの対価を払うことが妥当であろうか？ この問題について，買い手は次のように考えるであろう．「私(買い手)がこの保証に対して対価 y を支払えば，私は $-y$ という初期資産(負債)から資産運用を始めることになる．このとき，時刻 T に価値 $V^\theta_{-y}(T)$ をヘッジすれば，保証された支払い $F(\omega)$ と合わせて，非負の利益

$$V^\theta_{-y}(T, \omega) + F(\omega) \geq 0 \quad \text{a.s.}$$

を得るはずである．」したがって，買い手が快く払う対価の最大値 $p = p(F)$ は次のようになる．

(買い手の付ける(ヨーロッパ型)条件付き請求権 F の値段)　　(12.3.1)

$p(F) = \sup\{y;\ 許容可能なポートフォリオ\ \theta\ が存在し，$

$$V^\theta_{-y}(T, \omega) := -y + \int_0^T \theta(s) dX(s) \geq -F(\omega) \quad \text{a.s.\ となる\ }\}.$$

一方，売り手は次のように考えるであろう．「もし私(売り手)がこの証券を z で売れば，これを元手に投資を行える．この元手から時刻 T に資産 $V^\theta_z(T, \omega)$ をヘッジできるであろうが，それは私が買い手に支払う $F(\omega)$ より多くなければならない．すなわち

$$V^\theta_z(T, \omega) \geq F(\omega) \quad \text{a.s.}$$

となっていなければならない.」ゆえに，売り手が喜んで受け入れる価格の最小値 $q = q(F)$ は次で与えられる．

(売り手の付ける(ヨーロッパ型)条件付き請求権 F の値段)　　(12.3.2)

$q(F) = \inf\{z;\ 許容可能なポートフォリオ\ \theta\ が存在し，$

$$V^\theta_z(T, \omega) := z + \int_0^T \theta(s) dX(s) \geq F(\omega) \quad \text{a.s.\ となる\ }\}.$$

定義 12.3.1　$p(F) = q(F)$ が成り立つとき，この値を(ヨーロッパ型)T-条件

付き請求権 $F(\omega)$ の $(t=0$ における)**価格**と言う.

ヨーロッパ型条件付き請求権の重要な 2 つの例を挙げておく.

a) 適当な $i \in \{1, 2, \ldots, n\}$ と $K > 0$ に対し
$$F(\omega) = (X_i(T, \omega) - K)^+$$
で与えられる条件付き請求権を**ヨーロッパ型コールオプション**と呼ぶ. これは, オプションの保有者に, 第 i 番目の証券 1 単位を時刻 T に決められた価格 K (**行使価格**)で**購入する権利**(義務はない)を与えるものである. したがって, もし $X_i(T, \omega) > K$ ならば, 保有者は時刻 T に $X_i(T, \omega) - K$ という支払いを受けるであろうし, もし $X_i(T, \omega) < K$ ならば, オプションを行使せず, 支払いも受けないであろう.

b) 同様に, **ヨーロッパ型プットオプション**は, オプションの保有者に第 i 番目の証券 1 単位を時刻 T に決められた価格 K (**行使価格**)で**売る権利**(義務はない)を与えるものである. このオプションにより保有者に次で与えられる支払いを受ける.
$$F(\omega) = (K - X_i(T, \omega))^+$$

定理 12.3.2 a) (12.2.12), (12.2.13)が成り立っていると仮定し, Q を (12.2.2)で定義する. $E_Q[\xi(T)F] < \infty$ なる(ヨーロッパ型)T-条件付き請求権 F をとる. このとき次の関係式が成り立つ.
$$\operatorname{ess\,inf} F(\omega) \leq p(F) \leq E_Q[\xi(T)F] \leq q(F) \leq \infty. \tag{12.3.3}$$

b) さらに市場モデル $\{X_t\}$ は完備であると仮定せよ. このとき(ヨーロッパ型)T-条件付き請求権 F の価格は次式で与えられる.
$$p(F) = E_Q[\xi(T)F] = q(F). \tag{12.3.4}$$

[証明] a) $y \in \mathbf{R}$ と許容可能なポートフォリオが存在して, 次が成立すると仮定する.
$$V_{-y}^\theta(T, \omega) = -y + \int_0^T \theta(s) dX(s) \geq -F(\omega) \quad \text{a.s.}$$
このとき, (12.2.7)と補題 12.2.4 により

$$-y + \int_0^T \sum_{i=1}^n \theta_i(s)\xi(s)\sigma_i(s)d\widetilde{B}(s) \geq -\xi(T)F(\omega) \quad \text{a.s.} \qquad (12.3.5)$$

である.ただし,$\widetilde{B}$ は (12.2.3) で定められた Q-ブラウン運動.

Q に関して期待値をとれば,次が結論できる[5].

$$y \leq E_Q[\xi(T)F].$$

したがって $y \in \mathbf{R}$ に対して $p(F)$ の定義に現れるようなポートフォリオが存在するならば

$$p(F) \leq E_Q[\xi(T)F]$$

となる.つまり (12.3.3) の 2 番目の不等式が示された.もし $y < F(\omega)$ がほとんどすべての ω に対して成り立つならば,$\theta(t) = 0, t > 0$ なるポートフォリオを考えれば $V_{-y}^\theta(T,\omega) = -y > -F(\omega)$ がほとんどすべての ω に対して成り立つ.よって (12.3.3) のはじめの不等式も示された.

もし $z \in \mathbf{R}$ と許容可能なポートフォリオ θ で

$$z + \int_0^T \theta(s)dX(s) \geq F(\omega) \quad \text{a.s.}$$

なるものが存在すれば,(12.3.5) と同様にして,

$$z + \int_0^T \sum_{i=1}^n \theta_i(s)\xi(s)\sigma_i(s)d\widetilde{B}(s) \geq \xi(T)F(\omega) \quad \text{a.s.}$$

が成り立つ.これの Q-期待値をとれば,

$$z \geq E_Q[\xi(T)F]$$

である.もしそのような z, θ が存在しないならば,明らかに $q(F) = \infty > E_Q[\xi(T)F]$ となる.ゆえに,(12.3.3) の最後の不等式も示された.

b) さらに市場モデルは完備であると仮定しよう.

$$F_k(\omega) = \begin{cases} k, & F(\omega) \geq k \text{ のとき}, \\ F(\omega), & F(\omega) < k \text{ のとき}, \end{cases}$$

---

[5] $V^\theta(t)$ は下に有界なので,(12.3.5) の左辺は下に有界な局所マルチンゲールとなる.よって優マルチンゲールである.

とおく．F_k は有界な T-条件付き請求権である．市場モデルが完備であるから，(12.2.17) が成り立ち，定理 12.2.5 の証明で見たように，$y_k \in \mathbf{R}$ と，

$$E_Q\left[\int_0^T |\xi(t)\widehat{\theta}^{(k)}(t)\sigma(t)|^2 dt\right] < \infty$$

を満たす自己充足的なポートフォリオ $\theta^{(k)} = (\theta_0^{(k)}, \widehat{\theta}^{(k)})$ がとれ，

$$-y_k + \int_0^T \theta^{(k)}(s)dX(s) = -F_k(\omega) \quad \text{a.s.}$$

となる．$-F_k \geq -F$ であるから，$y_k \leq p(F)$ である．さらに (12.2.7) を適用して

$$-y_k + \int_0^T \theta^{(k)}(s)d\overline{X}(s) = -\xi(T)F_k(\omega) \quad \text{a.s.}$$

を得る．これに補題 12.2.4 を適用すると

$$-y_k + \int_0^T \sum_{i=1}^n \theta^{(k)}(s)\xi(s)\sigma_i(s)d\widetilde{B}(s) = -\xi(T)F_k(\omega) \quad \text{a.s.}$$

となる．これから，

$$\xi(t)V_{-y_k}^\theta(t) = E_Q[-\xi(T)F_k|\mathcal{F}_t]$$

となり，θ は許容可能なポートフォリオとなる．さらに，Q-期待値をとれば

$$y_k = E_Q[\xi(T)F_k]$$

である．$k \to \infty$ とすれば，単調収束定理から，$p(F) \geq E_Q[\xi(T)F_k] \to E_Q[\xi(T)F]$ となる．a) の結果と合わせて

$$p(F) = E_Q[\xi(T)F]$$

となる．

主張の 2 番目の等式 $q(F) = E_Q[\xi(T)F]$ を証明しよう．$M(t) = E_Q[\xi(T)F|\mathcal{F}_t]$ とおく．Q-a.s. に $\int_0^T |\phi(t,\omega)|^2 dt < \infty$ となる $\phi(t,\omega)$ が存在し，次の関係式が成り立つ．

$$M(t) = E_Q[\xi(T)F] + \int_0^t \phi(s,\omega)d\widetilde{B}(s) \quad \text{a.s.}$$

市場モデルが完備であるから，(12.2.17) の $\sigma(t)$ の左逆元 $\Lambda(t)$ を用いて，$(\theta_1(t),\ldots,\theta_n(t)) = X_0(t)\phi(t)\Lambda(t)$ とおき，(12.1.14)を適用して θ_0 を定めれば，(12.1.10)，(12.2.12)，(12.2.13)から，$\theta(t)$ は自己充足的なポートフォリオである．さらに，$y = E_Q[\xi(T)F]$ とすれば，補題 12.2.4 より

$$\xi(t)V_y^\theta(t) = y + \int_0^t \theta(s)d\overline{X}(s) = y + \int_0^t \phi(s)d\widetilde{B}(s) = M(t) = E[\xi(T)F|\mathcal{F}_t]$$

である．よって，F は下に有界なので，ポートフォリオ θ は許容可能となる．また，この等式から

$$\xi(T)F = E_Q[\xi(T)F] + \int_0^T \theta(t,\omega)d\overline{X}(t)$$

となる．よって補題 12.2.3 より $E_Q[\xi(T)F] \geq q(F)$ を得る． □

複製可能な条件付き請求権をヘッジする方法

市場モデル $\{X(t)\}$ の許容可能なポートフォリオ $\theta(t)$ に対する価値過程を $V_z^\theta(t)$ とする．このとき，正規化された市場モデル $\overline{X}(t)$ に対する価値過程 $\overline{V}_z^\theta(t)$ は $\xi(t)V_z^\theta(t)$ で与えられる（補題 12.2.3）．したがって，次の関係式をが成り立つ．

$$\xi(t)V_z^\theta(t) = z + \int_0^t \theta(s)d\overline{X}(s) \quad (12.3.6)$$

もし (12.2.12)，(12.2.13) が成り立ち，さらに $Q, \widetilde{B}$ を (12.2.2)，(12.2.3) で定義すれば，この関係式から次の式を得る（補題 12.2.4）．

$$\xi(t)V_z^\theta(t) = z + \int_0^t \sum_{i=1}^n \theta_i(s)\xi(s)\sum_{j=1}^m \sigma_{ij}(s)d\widetilde{B}_j(s). \quad (12.3.7)$$

ゆえに，T-条件付き請求権 F をヘッジするポートフォリオ $\theta(t) = (\theta_0(t),\ldots,\theta_n(t))$ は

$$\xi(t,\omega)(\theta_1(t),\ldots,\theta_n(t))\sigma(t,\omega) = \phi(t,\omega) \quad (12.3.8)$$

で与えられる．ただし，$\phi(t,\omega) \in \mathbf{R}^m$ は

$$\xi(T)F(\omega) = z + \int_0^T \phi(t,\omega)d\widetilde{B}(s) \quad (12.3.9)$$

を満たし，$\theta_0(t)$ は (12.1.14) で与えられる．

この考察から「F に対する $\phi(t,\omega)$ を正確に求められるか？」という問題が大切であることが分かる．$\phi(t)$ を求める 1 つの方法はマリアヴァン解析によるクラーク=オコンの公式の一般化を利用することである (Karatzas-Ocone (1991) 参照．この公式を含む解説が Øksendal (1996) にある)．マルコフ型の市場モデルの場合には，次に述べるような簡単な $\phi(t,\omega)$ の計算方法がある．これは，Hu (1995) により用いられた方法を修正したものである．

次で与えられる $\mathbf{R}^n$ 上の伊藤拡散過程 $Y(t)$ を考えよう．

$$dY(t) = b(Y(t))dt + \sigma(Y(t))dB(t), \quad Y(0) = y. \qquad (12.3.10)$$

ただし，$b : \mathbf{R}^n \to \mathbf{R}^n$, $\sigma : \mathbf{R}^n \to \mathbf{R}^{n \times m}$ はともにリプシッツ連続であるとする．$Y(t)$ は一様楕円型であると仮定しよう．つまり適当な定数 $c > 0$ がとれて，次の不等式が成り立っていると仮定する．

$$y^T \sigma(x) \sigma(x)^T y \geq c|y|^2, \quad \forall y, x \in \mathbf{R}^n. \qquad (12.3.11)$$

$Z(t)$ を

$$dZ(t) = \sigma(Z(t))dB(t), \quad Z(0) = z \qquad (12.3.12)$$

で与えられる $\mathbf{R}^n$ 上の伊藤拡散過程とする．次に，すべての z と $t \in [0,T]$ に対して $E^z[|h(Z(t))|] < \infty$ を満たす連続関数 $h : \mathbf{R}^n \to \mathbf{R}$ をとり，

$$v(t,z) = E^z[h(Z(t))], \qquad (12.3.13)$$
$$g(t,z) = v(T-t,z)$$

と定義する．このとき，一様楕円性から $v(t,z) \in C^{1,2}((0,\infty) \times \mathbf{R}^n)$ となる (Dynkin (1965 II, Theorem13.18, p.53) および Dynkin (1965 I, Theorem5.11, p.162) を見よ)．したがって，Kormogorov の後退方程式 (定理 8.1.1) から次を得る．

$$\frac{\partial v}{\partial t} = \frac{1}{2} \sum_{i,j=1}^{n} (\sigma \sigma^T)_{ij}(z) \frac{\partial^2 v}{\partial z_i \partial z_j}.$$

よって，伊藤の公式を確率過程

$$\eta(t) := g(t, Y(t)) = v(T-t, Y(t)) \qquad (12.3.14)$$

に適用すれば，

$$
\begin{aligned}
d\eta(t) &= \Big[\frac{\partial g}{\partial t}(t,Y(t)) + \sum_{i=1}^n \frac{\partial g}{\partial z_i}(t,Y(t))b_i(Y(t)) \\
&\quad + \frac{1}{2}\sum_{i,j=1}^n \frac{\partial^2 g}{\partial z_i \partial z_j}(t,Y(t))(\sigma\sigma^T)_{ij}(Y(t))\Big]dt \\
&\quad + \sum_{i=1}^n \frac{\partial g}{\partial z_i}(t,Y(t))\sum_{j=1}^n \sigma_{ij}(Y(t))dB_j(t) \\
&= \sum_{i=1}^n \frac{\partial g}{\partial z_i}(t,Y(t))\Big[b_i(Y(t))dt + \sum_{j=1}^n \sigma_{ij}(Y(t))dB_j(t)\Big] \quad (12.3.15)
\end{aligned}
$$

を得る．

さて，任意の $y \in \mathbf{R}^n$ に対し $u(y) \in \mathbf{R}^m$ が見つかって

$$\sigma(y)u(y) = b(y) \quad (12.3.16)$$

という関係を満たすと仮定しよう．そして，

$$\widetilde{B}(t) = \int_0^t u(Y(s))ds + B(t) \quad (12.3.17)$$

と定義する．このとき，(12.3.15)は

$$d\eta(t) = \sum_{i=1}^n \frac{\partial g}{\partial z_i}(t,Y(t))\sum_{j=1}^n \sigma_{ij}(Y(t))d\widetilde{B}_j(t) \quad (12.3.18)$$

と書き直される．また(12.3.14)より次が従う．

$$\eta(T) = u(0,Y(T)) = E^z[h(Z(0))]_{z=Y(T)} = h(Y(T)), \quad (12.3.19)$$

$$\eta(0) = u(T,Y(0)) = E^y[h(Z(T))]. \quad (12.3.20)$$

(12.3.18)〜(12.3.20)から，

$$h(Y(T)) = E^y[h(Z(T))] + \int_0^T (\nabla g)^T(t,Y(t))\sigma(Y(t))d\widetilde{B}(t) \quad (12.3.21)$$

となる．以前と同様に $\mathcal{F}_T$ 上の測度 $Q = Q_u$ を

$$dQ(\omega) = \exp\Big(-\int_0^T u(Y(t))dB(t) - \frac{1}{2}\int_0^T u^2(Y(t))dt\Big)dP(\omega) \quad (12.3.22)$$

で与えれば，$\widetilde{B}$ は Q に関してブラウン運動となる[6]．また (12.3.10) より $Y(t)$ は

$$dY(t) = \sigma(Y(t))d\widetilde{B}(t)$$

の弱い解となる．弱い解の一意性（補題 5.3.1）より，

$$u(t,y) = E^y[h(Z(t))] = E_Q^y[h(Y(t))], \quad \forall t \qquad (12.3.23)$$

が成り立つ．これを (12.3.21) に代入し，次の定理を得る．

定理 12.3.3 $Y(t), Z(t)$ を (12.3.10)，(12.3.12) で定義し，(12.3.13) で用いた $h: \mathbf{R}^n \to \mathbf{R}$ をとる．(12.3.11)，(12.3.16) が成り立つと仮定し，Q を (12.3.22) で定める．このとき

$$h(Y(T)) = E_Q^y[h(Y(T))] + \int_0^T \phi(t,\omega)d\widetilde{B}(t) \qquad (12.3.24)$$

なる表現が，

$$\phi_j(t,\omega) = \sum_{i=1}^n \frac{\partial}{\partial y_i}\bigl(E^y[h(Z(T-t))]\bigr)_{y=Y(t)} \sigma_{ij}(Y(t)), \quad 1 \leq j \leq m \qquad (12.3.25)$$

で与えられる $\phi = (\phi_1, \ldots, \phi_m)$ を用いて成り立つ．

以上で得られたヨーロッパ型 T-条件付き請求権の価格とヘッジの結果をまとめると次のようになる．

定理 12.3.4 (12.2.12)，(12.2.13) が成り立ち，さらに市場モデル $X(t)$ は完備であると仮定する．$Q, \widetilde{B}$ を (12.2.2)，(12.2.3) で定める．$E_Q[\xi(T)F] < \infty$ を満たすヨーロッパ型 T-条件付き請求権 F を考える．このとき，F の価格は

$$p(F) = E_Q[\xi(T)F] \qquad (12.3.26)$$

となる．さらに，条件付き請求権 F を複製するポートフォリオ $\theta(t) = (\theta_0(t), \ldots, \theta_n(t))$ を次の手順で見つけることができる．まず（たとえば定理

---

[6] (12.2.13) が成り立つという仮定が必要である．(12.3.11) と合わせれば，たとえば b が有界であればよい．

12.3.3 を使って)

$$\xi(T)F = E_Q[\xi(T)F] + \int_0^T \phi(t,\omega)d\widetilde{B}(t) \tag{12.3.27}$$

を満たす $\phi \in \mathcal{W}^m$ を見つける．次に $\widehat{\theta}(t) = (\theta_1(t),\ldots,\theta_n(t))$ を

$$\widehat{\theta}(t,\omega)\xi(t,\omega)\sigma(t,\theta) = \phi(t,\omega) \tag{12.3.28}$$

を満たすように選び，$\theta_0(t)$ を (12.1.14) により定義する．

[証明] (12.3.26) は定理 12.3.2b) そのものである．(12.3.28) は (12.3.8) から従う．定理 12.2.5 より，$\sigma(t,\omega)$ は左逆元 $\Lambda(t,\omega)$ をもつから，(12.3.28) は解

$$\widehat{\theta}(t,\omega) = X_0(t)\phi(t,\omega)\Lambda(t,\omega) \tag{12.3.29}$$

をもつ． □

例 12.3.5 $Y(t)$ をオルンシュタイン＝ウーレンベック過程とせよ．つまり，$Y(t)$ を次で定義する．

$$dY(t) = \alpha Y(t)dt + \sigma dB(t), \quad Y(0) = y$$

($\alpha,\ \sigma \neq 0$ は定数)．このとき，上で考えた $Z(t)$ は

$$dZ(t) = \sigma dB(t), \quad Z(0) = z$$

となる．

$X_0(t) = 1$，$X_1(t) = Y(t)$ で与えられる価格過程を考える．次で与えられる条件付き請求権 F をヘッジしよう．

$$F(\omega) = \exp(Y(T)).$$

求めるべきポートフォリオ $\theta(t) = (\theta_0(t), \theta_1(t))$ は，(12.3.29) で定まる．つまり，(12.3.9) の $\phi(t,\omega)$，$V(0)$ を用いて，次で与えられる．

$$\theta_1(t,\omega) = \sigma^{-1}\phi(t,\omega).$$

この $\phi(t,\omega)$ を計算するために，定理 12.3.3 を適用しよう．そのために $h(y) = \exp(y)$ とおく．すると

$$E_Q^y[h(Y(T-t))] = E^y[h(Z(T-t))] = E^y[\exp(\sigma B(T-t))]$$
$$= \exp\left(\sigma y + \frac{1}{2}\sigma^2(T-t)\right)$$

となる．したがって，

$$\phi(t,\omega) = \frac{\partial}{\partial y}\left(\exp\left(\sigma y + \frac{1}{2}\sigma^2(T-t)\right)\right)_{y=Y(t)} \sigma$$
$$= \sigma^2 \exp\left(\sigma Y(t) + \frac{1}{2}\sigma^2(T-t)\right)$$

が成り立つ．ゆえに，

$$\theta_1(t) = \sigma \exp\left(\sigma Y(t) + \frac{1}{2}\sigma^2(T-t)\right)$$

である．

一般化されたブラック=ショールズ・モデル

　市場モデルが2つの証券 $X_0(t)$ と $X_1(t)$ からなる場合を考えよう．さらに X_0, X_1 は次で与えられる伊藤過程であるとしよう．

$$dX_0(t) = \rho(t,\omega)X_0(t)dt, \tag{12.3.30}$$
$$dX_1(t) = \alpha(t,\omega)X_1(t)dt + \beta(t,\omega)X_1(t)dB(t). \tag{12.3.31}$$

ただし $B(t)$ は1次元ブラウン運動で，$\alpha(t,\omega)$, $\beta(t,\omega)$ は $\mathcal{W}$ に属する1次元確率過程である．

　(12.3.31)は

$$X_1(t) = X_1(0)\exp\left(\int_0^t \beta(s,\omega)dB(s) + \int_0^t \left(\alpha(s,\omega) - \frac{1}{2}\beta^2(s,\omega)\right)ds\right) \tag{12.3.32}$$

なる解をもつ．今考えているモデルでは，方程式(12.2.12)は

$$X_1(t)\beta(t,\omega)u(t,\omega) = X_1(t)\alpha(t,\omega) - X_1(t)\rho(t,\omega)$$

となる．上の $X_1(t)$ の表現から，もし $\beta(t,\omega) \neq 0$ ならば，(12.2.12)は解けて

$$u(t,\omega) = \beta^{-1}(t,\omega)[\alpha(t,\omega) - \rho(t,\omega)] \tag{12.3.33}$$

となる．したがって，もし

$$E\left[\exp\left(\frac{1}{2}\int_0^T \frac{(\alpha(s,\omega)-\rho(s,\omega))^2}{\beta^2(s,\omega)}ds\right)\right] < \infty \quad (12.3.34)$$

ならば(12.2.13)が成立する．この場合，同値マルチンゲール測度が存在し，定理12.1.8により，市場モデルは裁定ポートフォリオをもたない．さらに系12.2.6より，市場モデルは完備となる．よって，定理12.3.2を用いれば，もし$\xi(T)F$がQ-可積分であれば，T-条件付き請求権Fの時刻$t=0$における価格は

$$p(F) = q(F) = E_Q[\xi(T)F] \quad (12.3.35)$$

であると言える．

以下，$\rho(t,\omega) = \rho(t)$, $\beta(t,\omega) = \beta(t)$ はともにωに依存しないと仮定しよう．

$$E_Q[f(X_1(T))] < \infty$$

を満たす下に有界な関数$f : \mathbf{R} \to \mathbf{R}$をとり，

$$F(\omega) = f(X_1(T,\omega))$$

で与えられるペイオフ$F(\omega)$を考えよう．$x_1 = X_1(0)$とすれば，(12.3.35)より価格$p = p(F) = q(F)$は

$$p = \xi(T)E_Q\left[f\left(x_1\exp\left(\int_0^T \beta(s)d\widetilde{B}(s) + \int_0^T \left(\rho(s) - \frac{1}{2}\beta^2(s)\right)ds\right)\right)\right]$$

を満たす．測度Qのもと，確率変数$Y = \int_0^T \beta(s)d\widetilde{B}(s)$は平均0分散$\delta^2 := \int_0^T \beta^2(t)dt$の正規分布に従うから，$p$はより詳しく計算でき，次の結果を得る．

定理 12.3.6 (一般化されたブラック=ショールズの公式) 市場モデル$X(t) = (X_0(t), X_1(t))$は

$$dX_0(t) = \rho(t)X_0(t)dt, \quad X_0(0) = 1, \quad (12.3.36)$$

$$dX_1(t) = \alpha(t,\omega)X_1(t)dt + \beta(t)X_1(t)dB(t), \ X_1(0) = x_1 > 0 \quad (12.3.37)$$

で与えられるとする．ただし，$\rho(t)$, $\beta(t)$はωに依存せず，さらに

$$E\left[\exp\left(\frac{1}{2}\int_0^T \frac{(\alpha(t,\omega)-\rho(t))^2}{\beta^2(t)}dt\right)\right] < \infty$$

が成り立つとする．このとき，

a) 市場モデル $\{X(t)\}$ は完備である．また，$E_Q[f(X_1(T,\omega))] < \infty$ となる下に有界な f から定まるヨーロッパ型 T-条件付き請求権 $F(\omega) = f(X_1(T,\omega))$ の時刻 $t=0$ での価格は

$$p = \frac{\xi(T)}{\delta\sqrt{2\pi}}\int_{\mathbf{R}} f\left(x_1\exp\left[y+\int_0^T(\rho(s)-\tfrac{1}{2}\beta^2(s))ds\right]\right)\exp\left(-\frac{y^2}{2\delta^2}\right)dy \tag{12.3.38}$$

となる．ただし，$\xi(T) = \exp(-\int_0^T \rho(s)ds)$, $\delta^2 = \int_0^T \beta^2(s)ds$ である．

b) もし $\rho,\alpha,\beta \neq 0$ が定数で，$f \in C^1(\mathbf{R})$ ならば，T-条件付き請求権 $F(\omega) = f(X_1(T,\omega))$ を複製する自己充足的なポートフォリオ $\theta(t) = (\theta_0(t),\theta_1(t))$ は，次で与えられる．

$$\theta_1(t,\omega) = \frac{1}{\sqrt{2\pi(T-t)}}\int_{\mathbf{R}} f'\Big(X_1(t,\omega)e^{\rho(T-t)} \times$$
$$\times \exp\Big\{\beta x - \frac{1}{2}\beta^2(T-t)\Big\}\Big)e^{-\frac{(x-\beta(T-t))^2}{2(T-t)}}dx \tag{12.3.39}$$

であり，$\theta_0(t,\omega)$ は (12.1.14) を用いて定義する．

[証明] 主張 a) はすでに証明した．b) の証明には，定理 12.3.3 と 12.3.4 を応用できることだけ証明しよう（正確に言えば条件 (12.3.11) は (x が原点の近傍にないという仮定なしには) 確率過程 X_1 に対して成立しないが，一様楕円性を用いることなく (12.3.13) の $u(t,z)$ が $C^{1,2}((0,\infty)\times\mathbf{R})$ に属することを直接証明できる）．$h(y) = e^{-\rho T}f(y)$,

$$Y(t) = e^{-\rho t}X_1(t) = x_1\exp\left\{\beta B(t) + \left(\alpha - \rho - \frac{1}{2}\beta^2\right)t\right\},$$
$$Z^y(t) = y\exp\left\{\beta B(t) - \frac{1}{2}\beta^2 t\right\} = yZ^1(t)$$

とおき，$\theta_1(t)$ を (12.3.25) で定義すれば，(12.3.28) よりポートフォリオは

$$\theta_1(t,\omega) = X_0(t)\sigma(t)^{-1}\phi(t,\omega)$$

という形をしていると言える．直接計算すると，

$$
\begin{aligned}
\theta_1(t,\omega) &= e^{\rho t}\beta^{-1}X_1(t)^{-1}\frac{\partial}{\partial y}\left[E^y[e^{-\rho T}f(e^{\rho T}Z(T-t))]\right]_{y=Y(t)} \times \beta Y(t) \\
&= e^{-\rho T}\frac{\partial}{\partial y}\left[E[f(ye^{\rho T}Z^1(T-t))]\right]_{y=Y(t)} \\
&= E\left[f'(ye^{\rho T}Z^1(T-t))\cdot Z^1(T-t)]\right]_{y=Y(t)} \\
&= \frac{1}{\sqrt{2\pi(T-t)}}\int_{\mathbf{R}} f'\left(e^{\rho T}Y(t,\omega)\exp\left\{\beta x - \frac{1}{2}\beta^2(T-t)\right\}\right) \\
&\qquad \times \exp\left\{\beta x - \frac{1}{2}\beta^2(T-t)\right\}e^{-\frac{x^2}{2(T-t)}}dx
\end{aligned}
$$

となる．ゆえに，(12.3.39)が従う． □

アメリカ型オプション

ヨーロッパ型オプションとアメリカ型オプションの違いは，後者においてはオプションの購入者が期日 T 以前の時刻 τ において権利を自由に行使できる(ペイオフは τ と ω に依存する)ことにある．この行使時刻 τ は確率変数であるかもしれないが，それは権利の行使の前までの情報にのみ依存している．正確に言えば，

$$\{\omega;\tau(\omega)\leq t\}\in \mathcal{F}_t^{(m)}$$

が，すべての t について成り立たねばならない．すなわち，τ は $\mathcal{F}_t^{(m)}$-停止時刻となっている(定義 7.2.1)．

定義 12.3.7 アメリカ型 T-条件付き請求権とは，$\mathcal{F}_t^{(m)}$-適合で，(t,ω)-可測かつ，本質的に下に有界な確率過程 $F(t)=F(t,\omega), t\in[0,T], \omega\in\Omega$ のことを言う．

$F(t)=F(t,\omega)$ をアメリカ型条件付き請求権とする．(停止)時刻 τ (この時刻は自由に選べる)に $F(\tau(\omega),\omega)$ を支払われる証券を考えよう．時刻 $t=0$ にこの証券を購入するとすれば，いくら支払うのが妥当と思えるか，定義 12.3.1 の前の議論を繰り返して考えてみよう．買い手は次のように考えるであろう．「もし私(買い手)がこの証券に y 支払えば，資産(負債)$-y$ が投資計画の出発点となる．この資産から始めて，停止時刻 $\tau\leq T$ と許容可能なポートフォリ

オ θ を見つけて

$$V^\theta_{-y}(\tau(\omega),\omega) + F(\tau(\omega),\omega) \geq 0 \quad \text{a.s.}$$

とできねばならない.」したがって，買い手が妥当と考えて支払う価格の最大値は次で与えられるであろう．

(購入者の付けるアメリカ型条件付き請求権 F の値段) \hfill (12.3.40)

$p_A(F) = \sup\{y;$ 停止時刻 $\tau \leq T$ と許容可能なポートフォリオ θ が

存在して，次式が成り立つ．

$$V^\theta_{-y}(\tau(\omega),\omega) := -y + \int_0^{\tau(\omega)} \theta(s)dX(s) \geq -F(\tau(\omega),\omega) \quad \text{a.s.}\}.$$

一方，売り手は次のように考えるであろう．「もし私（売り手）が証券を価格 z で売れば，z から始め，許容可能なポートフォリオ θ をうまく選んで，価値過程が買い手に払うペイオフよりも大きくなるように，つまり

$$V^\theta_z(t,\omega) \geq F(t,\omega) \quad \text{a.s.} \quad \forall t \in [0,T]$$

となるようにせねばならない.」よって，売り手が妥当と考えて付ける価格の最小値は次のようになるであろう．

(売り手の付けるアメリカ型条件付き請求権 F の値段) \hfill (12.3.41)

$q_A(F) = \inf\{z;$ 許容可能なポートフォリオ θ が存在して

すべての $t \in [0,T]$ に対して次式が成り立つ．

$$V^\theta_{-y}(t,\omega) := z + \int_0^t \theta(s)dX(s) \geq F(t,\omega) \quad \text{a.s.}\}.$$

$p_A(F),\ q_A(F)$ について定理 12.3.2 に類似の結果が成り立つ．この結果は基本的には Bensoussan (1984)，Karatzas (1988) による．

定理 12.3.8 (アメリカ型オプションの価格付けの公式) a) (12.2.12)，(12.2.13) が成立していると仮定し，Q を (12.2.2) で定義する．アメリカ型 T-条件付き請求権 $F(t) = F(t,\omega),\ t \in [0,T]$ は

$$\sup_{\tau \leq T} E_Q[\xi(\tau)F(\tau)] < \infty \tag{12.3.42}$$

を満たすとしよう.ただし,上限は $\tau \leq T$ なるすべての停止時刻にわたってとる.このとき,関係式

$$p_A(F) \leq \sup_{\tau \leq T} E_Q[\xi(\tau)F(\tau)] \leq q_A(F) \leq \infty \qquad (12.3.43)$$

が成り立つ.

b) さらに市場モデル $\{X(t)\}$ が完備であるとする.このとき,

$$p_A(F) = \sup_{\tau \leq T} E_Q[\xi(\tau)F(\tau)] = q_A(F) \qquad (12.3.44)$$

となる.

[証明] a) 定理 12.3.2 の証明と同様の手順で証明する.$y \in \mathbf{R}$,停止時刻 $\tau \leq T$ と許容可能なポートフォリオがとれて,

$$V_{-y}^{\theta}(\tau, \omega) = -y + \int_0^{\tau} \theta(s)dX(s) \geq -F(\tau) \quad \text{a.s.}$$

が成り立つとしよう.このとき,補題 12.2.3 により

$$-y + \int_0^{\tau} \sum_{i=1}^{n} \theta_i(s)\xi(s)\sigma_i(s)d\widetilde{B}(s) \geq -\xi(\tau)F(\tau) \quad \text{a.s.}$$

を得る.Q について両辺の期待値をとって

$$y \leq E_Q[\xi(\tau)F(\tau)] \leq \sup_{\tau \leq T} E_Q[\xi(\tau)F(\tau)]$$

となる.上の条件を満たす任意の y についてこの関係が成り立つから,

$$p_A(F) \leq \sup_{\tau \leq T} E_Q[\xi(\tau)F(\tau)] \qquad (12.3.45)$$

が従う.

次に,$z \in \mathbf{R}$ と許容可能なポートフォリオ θ で

$$V_z^{\theta}(t, \omega) = z + \int_0^t \theta(s)dX(s) \geq F(t) \quad \text{a.s.} \quad \forall t \in [0, T]$$

なるものが存在したと仮定しよう.このとき,上と同様にして,任意の停止時刻 $\tau \leq T$ に対して

$$z + \int_0^{\tau} \sum_{i=1}^{n} \theta_i(s)\xi(s)\sigma_i(s)d\widetilde{B}(s) \geq \xi(\tau)F(\tau) \quad \text{a.s.}$$

となる.再び,Q-期待値をとり,$\tau \leq T$ に関する上限をとって,

$$z \geq \sup_{\tau \leq T} E_Q[\xi(\tau)F(\tau)]$$

を得る.上の条件を満たす任意の z についてこの関係が成り立つから,

$$q_A(F) \geq \sup_{\tau \leq T} E_Q[\xi(\tau)F(\tau)] \qquad (12.3.46)$$

が成立する.

b) さらに市場モデルが完備であると仮定しよう.このとき,$p_A(F) \geq E_Q[\xi(\tau)F(\tau)]$ が任意の停止時刻 $\tau \leq T$ に対して成り立つことは,定理 12.3.2b) と同様の方法で証明できる.読者自ら確かめよ.

最後に

$$z = \sup_{\tau \leq T} E_Q[\xi(\tau)F(\tau)] \qquad (12.3.47)$$

としたときに,許容可能なポートフォリオ $\theta(s,\omega)$ で

$$z + \int_0^t \theta(s,\omega)dX(s) \geq F(t,\omega) \quad \text{a.a. } (t,\omega) \in [0,T] \times \Omega \qquad (12.3.48)$$

を満たすものが存在することを証明せねばならない.このことの詳しい証明は Karatzas (1997, Theorem 1.4.3) にあるのでここでは略証を与えよう.

スネル包 (**Snell envelope**) $S(t)$ を次で定義する.

$$S(t) = \sup_{t \leq \tau \leq T} E_Q[\xi(\tau)F(\tau)|\mathcal{F}_t^{(m)}], \quad 0 \leq t \leq T.$$

このとき $S(t)$ は測度 Q のもと $\{\mathcal{F}_t^{(m)}\}$-優マルチンゲールとなり,さらにドゥーブ=メイエー分解できる.すなわち,$M(0) = S(0) = z$ を満たす $\{\mathcal{F}_t^{(m)}\}$-マルチンゲール $M(t)$ と $A(0) = 0$,$A(s) \leq A(t)$ $(s \leq t)$ なる確率過程 $A(t)$ がとれて $S(t) = M(t) - A(t)$ となる.補題 12.2.2 を用いると,$M(t)$ を $\widetilde{B}$ に関する伊藤積分として表示できる.したがって,$\{\mathcal{F}_t^{(m)}\}$-適合な確率過程 $\phi(s,\omega)$ が存在して次の関係式が成り立つ.

$$z + \int_0^t \phi(s,\omega)d\widetilde{B}(s) = M(t) = S(t) + A(t) \geq S(t). \qquad (12.3.49)$$

市場モデルが完備であるから,$\sigma(t,\omega)$ の左逆元 $\Lambda(t,\omega)$ が存在する(定理

12.2.5). この逆元を用いて，ポートフォリオ $\theta = (\theta_0, \widehat{\theta})$ を，(12.1.14)と関係式

$$\widehat{\theta}(t,\omega) = X_0(t)\phi(t,\omega)\Lambda(t,\omega)$$

により定める．(12.3.49)と補題 12.2.4 より

$$z + \int_0^t \widehat{\theta} d\overline{X} = z + \int_0^t \sum_{i=1}^n \xi\theta_i\sigma_i d\widetilde{B} = z + \int_0^t \phi d\widetilde{B} \geq S(t), \quad 0 \leq t \leq T$$

となる．よって，θ は許容可能なポートフォリオである．さらに，定義より $S(t) \geq \xi(t)F(t)$ であるから，補題 12.2.3 を用いて，

$$z + \int_0^t \theta(s,\omega)dX(s) \geq X_0(t)S(t) \geq X_0(t)\xi(t)F(t) = F(t), \quad 0 \leq t \leq T$$

を得る． □

伊藤拡散過程の場合：最適停止問題との関連

定理 12.3.8 はアメリカ型オプションの価格付けの問題は最適停止問題となることを示している．一般に，この問題の解はスネル包の言葉で表現できる (El Karoui (1981), El Karoui-Karatzas (1990) を参照せよ)．伊藤拡散過程の場合には，最適停止問題を 10 章で扱った．これらの関係をもう少し詳しく見てみよう．

市場モデルは次の確率微分方程式で与えられる $(n+1)$ 次元の伊藤拡散過程 $X(t) = (X_0(t), X_1(t), \ldots, X_n(t))$ であるとせよ ((12.1.1), (12.1.2) を参照)．

$$dX_0(t) = \rho(t, X(t))X_0(t)dt, \quad X_0(0) = 1, \tag{12.3.50}$$

$$dX_1(t) = \mu_i(t, X(t))dt + \sum_{j=1}^m \sigma(t, X(t))dB_j(t)$$

$$= \mu_i(t, X(t))dt + \sigma_i(t, X(t))dB(t), \quad X_i(0) = x_i. \tag{12.3.51}$$

ただし，ρ, μ_i, σ_{ij} は定理 5.2.1 の条件を満たすとする．

さらに (12.2.12)～(12.2.13) に対応する条件が成立すると仮定しよう．したがって，$u(t,x) \in \mathbf{R}^{m\times 1}$ が存在し，すべての t, $x = (x_0, x_1, \ldots, x_n)$ に対して，

$$\sigma_i(t,x)u(t,x) = \mu_i(t,x) - \rho(t,x)x_i, \quad i=1,\ldots,n \qquad (12.3.52)$$

を満たし,さらに

$$E^x\left[\exp\left(\frac{1}{2}\int_0^T u^2(t,X(t))dt\right)\right] < \infty, \quad \forall x \qquad (12.3.53)$$

が成立すると仮定する.ここで,E^x は $x=(1,x_1,\ldots,x_n)$ を出発する $X(t)$ の分布に関する期待値を表している.$0 \le t \le T$ に対して

$$M(t) = M(t,\omega) = \exp\left(-\int_0^t u(s,X(s))dB(s) - \frac{1}{2}\int_0^t u^2(s,X(s))ds\right) \qquad (12.3.54)$$

とおき,(12.2.2)の通り,$\mathcal{F}_T^{(m)}$ 上の確率測度 Q を

$$dQ(\omega) = M(T,\omega)dP(\omega) \qquad (12.3.55)$$

で定義する.さらにアメリカ型 T-条件付き請求権 $F(t,\omega)$ は

$$F(t,\omega) = g(t,X(t,\omega)) \qquad (12.3.56)$$

というマルコフ型をしているとしよう.ただし,$g:\mathbf{R}\times\mathbf{R}^{n+1} \to \mathbf{R}$ は,下に有界な連続関数.もし市場モデルが完備ならば,定理 12.3.8 より,条件付き請求権 F の価格 $p_A(F)$ は次のように求められる.

$$\begin{aligned}
p_A(F) &= \sup_{\tau \le T} E_Q[\xi(\tau)g(\tau,X(\tau))] = \sup_{\tau \le T} E[M(T)\xi(\tau)g(\tau,X(\tau))] \\
&= \sup_{\tau \le T} E[E[M(T)\xi(\tau)g(\tau,X(\tau))|\mathcal{F}_\tau]] \\
&= \sup_{\tau \le T} E[\xi(\tau)g(\tau,X(\tau))E[M(T)|\mathcal{F}_\tau]] \\
&= \sup_{\tau \le T} E[M(\tau)\xi(\tau)g(\tau,X(\tau))] \qquad (12.3.57)
\end{aligned}$$

(この変形では $M(t)$ が P-マルチンゲールであることと,ドゥーブの任意抽出定理(Gihman-Skorohod (1975), Theorem6, p.11)を用いた).

$$\begin{aligned}
K(t) &= M(t)\xi(t) \\
&= \exp\left(-\int_0^t u(s,X(s))dB(s) - \int_0^t \left[\frac{1}{2}u^2(s,X(s)) + \rho(s,X(s))\right]ds\right)
\end{aligned}$$
$$(12.3.58)$$

とおく．このとき，$K(t)$ は

$$dK(t) = -\rho(t, X(t))K(t)dt - u(t, X(t))K(t)dB(t)$$

を満たす．したがって，$(n+3)$ 次元伊藤拡散過程 $Y(t)$ を

$$dY(t) = \begin{pmatrix} dt \\ dK(t) \\ dX(t) \end{pmatrix} = \begin{pmatrix} dt \\ dK(t) \\ dX_0(t) \\ dX_1(t) \\ \vdots \\ dX_n(t) \end{pmatrix}$$

$$= \begin{pmatrix} 1 \\ -\rho K \\ \rho X_0 \\ \mu_1 \\ \vdots \\ \mu_n \end{pmatrix} dt + \begin{pmatrix} 0 \\ -uK \\ 0 \\ \sigma_1 \\ \vdots \\ \sigma_n \end{pmatrix} dB(t), \quad Y(0) = y \quad (12.3.59)$$

と定義し，関数 G を

$$G(y) = G(s, k, x) = kg(s, x), \quad y = (s, k, x) \in \mathbf{R} \times \mathbf{R} \times \mathbf{R}^{n+1}$$

とおけば，次の等式が成り立つ．

$$p_A(F) = \sup_{\tau \leq T} E[G(Y(\tau))]. \quad (12.3.60)$$

結局，次の結果が示されたことになる．

定理 12.3.9 (12.3.56)で与えられるマルコフ型をしたアメリカ型 T-条件付き請求権 F の価格 $p_A(F)$ は (12.3.59) で定義される伊藤拡散過程 $Y(t)$ に対する最適停止問題 (12.3.60) の解となる.

(12.3.60) は定理 10.4.1 で取り扱った最適停止問題の特別な場合となっている．したがって，定理で述べた方法により，$p_A(F)$ を求めることができる．

例 12.3.10 ブラック=ショールズ・モデル $(X_0(t), X_1(t))$ を考えよう．すな

わち，定数 ρ, α, β で $\beta \neq 0$ なるものが存在して，

$$dX_0(t) = \rho X_0(t) dt, \quad X_0(0) = 1,$$
$$dX_1(t) = \alpha X_1(t) dt + \beta X_1(t) dB(t), \quad X_1(0) = x_1 > 0$$

となっているとする．このとき，等式 (12.3.5) は

$$\beta x_1 u(x_1) = \alpha x_1 - \rho x_1$$

となり，結局，

$$u(x_1) = u = \frac{\alpha - \rho}{\beta}, \quad \forall x_1.$$

したがって，

$$K(t) = \exp\left(-\frac{\alpha - \rho}{\beta} B(t) - \left\{\frac{1}{2}\left(\frac{\alpha - \rho}{\beta}\right)^2 + \rho\right\} t\right)$$

である．アメリカ型条件付き請求権 F が，下に有界な連続関数 $g(t, x_1)$ を用いて

$$F(t, \omega) = g(t, X_1(t))$$

と表されるとしよう．このとき，アメリカ型オプションの価格は

$$p_A(F) = \sup_{\tau \leq T} E[K(\tau) g(\tau, X_1(\tau))]$$

となる．

この価格 $p_A(F)$ を拡散過程 $Y(t) = (dt, dK(t), dX(t))$ の出発点 $y = (s, k, x)$ の関数 $\Phi(s, k, x)$ と考えれば，定理 10.4.1 の条件を満たす $\phi(s, k, x)$ を見出すことにより，この $\Phi(s, k, x)$ は求まる．この場合，定理 10.4.1 に現れる効用率 f は 0 であり，さらに

$$L\phi(s, k, x) = \frac{\partial \phi}{\partial s} - \rho k \frac{\partial \phi}{\partial k} + \rho x_0 \frac{\partial \phi}{\partial x_0} + \alpha x_1 \frac{\partial \phi}{\partial x_1}$$
$$+ \frac{1}{2}\left(\frac{\alpha - \rho}{\beta}\right)^2 k^2 \frac{\partial^2 \phi}{\partial k^2} - (\alpha - \rho) k x_1 \frac{\partial^2 \phi}{\partial k \partial x_1} + \frac{1}{2} \beta^2 x_1^2 \frac{\partial^2 \phi}{\partial x_1^2}$$

となる．

$T < \infty$ のときは，10 章でしばしば用いた時間 s への依存を排除する手法

が利用できない．それゆえ，この場合 ϕ を見つけることは非常に困難な問題となる．この難しさを見るために，

$$\alpha = \rho$$

と仮定し，さらに

$$g(t, x_1) = (a - x_1)^+$$

とおいて，極めて簡単な設定で問題を考えよう．このとき，問題は**アメリカ型プットオプションの価格**

$$p_A(F) = \sup_{\tau \leq T} E[e^{-\rho\tau}(a - X_1(\tau))^+] \qquad (12.3.61)$$

を求めることになる．これは，例 10.2.2 (そして 10.4.2) に関連している．この問題に入る前に，アメリカ型プットオプションについて説明しておこう．このオプションの保有者は，特定の価格 a で，自ら選んだ時刻 $\tau \leq T$ に証券 1 を 1 単位を売る権利 (義務ではない) を保有している．もし価格が $X_1(\tau) < a$ となっている時刻 $\tau \leq T$ に売れば，差 $a - X_1(\tau)$ だけ資産が増える．したがって，(12.3.6) はオプションの保有者の獲得できる割り引かれたペイオフの期待値の最大値を与える．

この場合，変数 k と x_0 は無視してよいから，求めたいものは次の変分不等式を満たす $\phi(s, x_1) \in C^1(\mathbf{R}^2)$ である (定理 10.4.1 参照).

$$\phi(s, x_1) \geq e^{-\rho s}(a - x_1)^+, \quad \forall s, x_1, \qquad (12.3.62)$$

$$\frac{\partial \phi}{\partial s}(s, x_1) + \frac{1}{2}\beta^2 x_1^2 \frac{\partial^2 \phi}{\partial x_1^2}(s, x_1) \leq 0, \quad \forall (s, x_1) \notin \overline{D}, \qquad (12.3.63)$$

$$\frac{\partial \phi}{\partial s}(s, x_1) + \frac{1}{2}\beta^2 x_1^2 \frac{\partial^2 \phi}{\partial x_1^2}(s, x_1) = 0, \quad \forall (s, x_1) \in D. \qquad (12.3.64)$$

ただし，続行領域 D は次で定義される．

$$D = \{(s, x_1); \phi(s, x_1) > e^{-\rho s}(a - x_1)^+\}. \qquad (12.3.65)$$

もしそのような ϕ が見つかり，さらに定理 10.4.1 の他の条件が満たされれば，

$$\phi(s, x_1) = \Phi(s, x_1)$$

となり，$p_A(F) = \phi(0, x_1)$ が $t = 0$ でのオプションの価格である．さらに，

$$\tau^* = \tau_D = \inf\{t > 0; (s + t, X_1(t)) \notin D\}$$

が対応する最適停止時刻，したがって，アメリカ型オプションを行使する最適時刻となる．厄介なことには，このような簡単な場合にすら，正確な解を求めることは非常に難しい(ほとんど不可能に思える)．しかしながら，いくつかの部分的な結果や近似法が知られている(Barles et al.(1995)，Bather (1997)，Jacka(1991)，Karatzas(1997)，Musiela-Rutkowski(1997)およびそれらに挙げられた文献を見よ)．たとえば，続行領域 D は，連続増加関数 $f : (0, T) \to \mathbf{R}$ のグラフの上方になること，つまり

$$D = \{(t, x_1) \in (0, T) \times \mathbf{R}; x_1 > f(t)\}$$

という形であることが知られている(Jacka(1991))．したがって，問題は f を見出すことに帰着する．Barles 達(1991)は

$$\frac{f(t) - a}{-\sigma a \sqrt{(T-t)|\ln(T-t)|}} \to 1 \quad (t \to T^-)$$

という意味で，$t \to T^-$ のとき，$f(t)$ が

$$a - \sigma a \sqrt{(T-t)|\ln(T-t)|}$$

のごとく振舞うことを証明した．これは領域 D が図に与えたような形をしていることを意味している．しかし，正確な形はまだ知られていない．

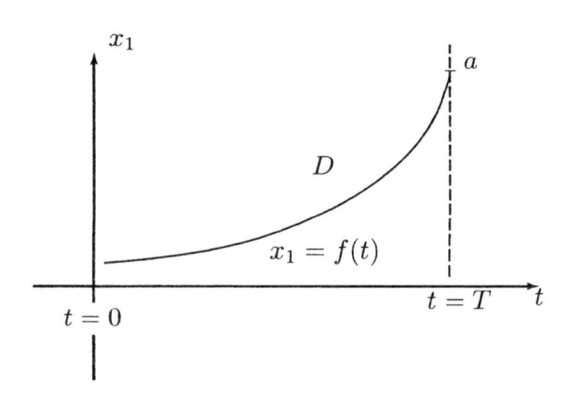

対応するアメリカ型コールオプションはもっと容易に取り扱える（問題 12.14 を見よ）．

問題

12.1 a) 市場モデル $\{X(t)\}_{t\in[0,T]}$ は正規化された市場モデル $\{\overline{X}(t)\}_{t\in[0,T]}$ が裁定ポートフォリオをもつとき，そのときに限り裁定ポートフォリオをもつことを示せ．

b) 市場モデル $\{X(t)\}_{t\in[0,T]}$ は正規化されているとせよ．このとき，$\{X(t)\}_{t\in[0,T]}$ は

$$V^\theta(0) \leq V^\theta(T) \quad a.s. \quad \text{かつ} \quad P[V^\theta(T) > V^\theta(0)] > 0 \quad (12.3.66)$$

となる許容可能なポートフォリオ θ が存在するとき，そのときに限り，裁定ポートフォリオをもつことを示せ．（ヒント．もし θ が(12.3.66)を満たすならば，$\widetilde{\theta}(t) = (\widetilde{\theta}_0(t), \widetilde{\theta}_1(t), \ldots, \widetilde{\theta}_n(t))$ を次のように定めよ．$\widetilde{\theta}(t) = \theta(t)$, $1 \leq i \leq n$ とせよ．$\widetilde{\theta}_0(0)$ を $V^{\widetilde{\theta}}(0) = 0$ となるようにとり，$\widetilde{\theta}_0(t)$ は(12.1.15)を用いて $\widetilde{\theta}$ が自己充足的となるように定義せよ．このとき

$$V^{\widetilde{\theta}}(t) = \widetilde{\theta}(t) \cdot X(t) = \int_0^t \widetilde{\theta}(t) dX(s)$$
$$= \int_0^t \theta(t) dX(s) = V^\theta(t) - V^0(0)$$

となる．）

12.2 $\theta(t) = (\theta_0, \ldots, \theta_n)$ なる**定数**ポートフォリオを考える．このとき θ は自己充足的であることを示せ．

12.3 $\{X(t)\}$ は完備かつ正規化された市場モデルで，(12.2.12)，(12.2.13)が成り立っていると仮定する．さらに $n=m$ で，σ は有界な逆元をもつと仮定する．このとき

$$E_Q[F^2] < \infty$$

を満たす下に有界な条件付き請求権は複製可能であることを示せ．（ヒント．定理12.2.5で用いられた議論を用いよ．すなわち，

$$E_Q[|F_k - F|^2] \to 0$$

を満たす有界な T-条件付き請求権 F_k をとれ. 市場モデルが完備であるから, 許容可能なポートフォリオ $\theta^{(k)} = (\theta_0^{(k)}, \ldots, \theta_n^{(k)})$ と定数 $V_k(0)$ がとれて

$$F_k(\omega) = V_k(0) + \int_0^T \theta^{(k)}(s) dX(s) = V_k(0) + \int_0^T \widehat{\theta}^{(k)}(s) \sigma(s) d\widetilde{B}(s)$$

となる. ただし, $\widehat{\theta}^{(k)} = (\widehat{\theta}_1^{(k)}, \ldots, \widehat{\theta}_n^{(k)})$. $V_k(0) = E_Q[F_k] \to E_Q[F]$ となる. 伊藤積分の等長性から, $\{\widehat{\theta}^{(k)}\sigma\}_k$ は $L^2(\lambda \times Q)$ でコーシー列となり (λ は $[0,T]$ 上のルベーグ測度), この L^2 空間で収束する. これらより, 許容可能なポートフォリオ θ で

$$F(\omega) = E_Q[F] + \int_0^T \theta(s) dX(s)$$

となるものがとれることを結論せよ.)

12.4 $B(t)$ を 1 次元ブラウン運動とする. $\theta_1(t,\omega), \theta_2(t,\omega) \in \mathcal{W}$ をとり,

$$V_1(t) = 1 + \int_0^t \theta_1(s,\omega) dB(s),$$
$$V_2(t) = 2 + \int_0^t \theta_2(s,\omega) dB(s), \quad t \in [0,1]$$

と定義する.

$$V_1(1) = V_2(1) = 0$$

かつ

$$V_1(t) \geq 0, \quad V_2(t) \geq 0$$

がほとんどすべての (t,ω) に対して成り立つ θ_1, θ_2 が存在することを示せ.

ゆえに $\theta_1(t,\omega)$ と $\theta_2(t,\omega)$ はともに条件付き請求権 $F(\omega) = 0$ に対する正規化された市場モデル $X_1(t) = B(t)$ ($n = 1$) の許容可能なポートフォリオである. とくに, たとえ許容可能なポートフォリオの範疇で考えても, 条件付き請求権を複製するポートフォリオは一意的には定まらない (しかし, もし $\theta \in \mathcal{V}(0,1)$ という仮定を付加すれば, 定理 4.3.3 より, 一意的になる). (ヒント. 例 12.1.4 を $a = -1, a = -2$ として用いよ. そして,

$$\theta_i(t) = \begin{cases} \frac{1}{\sqrt{1-t}} & 0 \leq t < \alpha_{-i} \\ 0 & \alpha_{-i} \leq t \leq 1 \end{cases}$$

$$V_i(t) = i + \int_0^t \theta_i(s)dB(s) = i + Y(t \wedge \alpha_{-i}), \quad 0 \leq t \leq 1$$

とおけ. ただし, $i = 1, 2$.)

12.5 補題 12.2.2 の最初の主張を証明せよ. すなわち, (12.2.3) で与えられる $\widetilde{B}(t)$ は $\mathcal{F}_t^{(m)}$-マルチンゲールとなることを示せ (補題の後の注 b) を見よ).

12.6 次の正規化された市場モデル $\{X(t)\}_{t \in [0,T]}$ が裁定ポートフォリオをもつかどうか確かめよ. また, もし裁定ポートフォリオをもつならば, それを求めよ.

a) $(n = m = 2)$
   $dX_1(t) = 3dt + dB_1(t) + dB_2(t)$
   $dX_2(t) = -dt + dB_1(t) - dB_2(t)$

b) $(n = 2, m = 3)$
   $dX_1(t) = dt + dB_1(t) + dB_2(t) - dB_3(t)$
   $dX_2(t) = 5dt - dB_1(t) + dB_2(t) + dB_3(t)$

c) $(n = 2, m = 3)$
   $dX_1(t) = dt + dB_1(t) + dB_2(t) - dB_3(t)$
   $dX_2(t) = 5dt - dB_1(t) - dB_2(t) + dB_3(t)$

d) $(n = 2, m = 3)$
   $dX_1(t) = dt + dB_1(t) + dB_2(t) - dB_3(t)$
   $dX_2(t) = -3dt - 3dB_1(t) - 3dB_2(t) + 3dB_3(t)$

e) $(n = 3, m = 2)$
   $dX_1(t) = dt + dB_1(t) + dB_2(t)$
   $dX_2(t) = 2dt + dB_1(t) - dB_2(t)$
   $dX_3(t) = 3dt - dB_1(t) + dB_2(t)$

f) $(n = 3, m = 2)$
   $dX_1(t) = dt + dB_1(t) + dB_2(t)$
   $dX_2(t) = 2dt + dB_1(t) - dB_2(t)$
   $dX_3(t) = -2dt - dB_1(t) + dB_2(t)$

12.7 問題 12.6 a)〜f) の市場モデルの正規化が完備であるかどうか調べよ．もし正規化された市場モデルが完備でないならば，複製可能でない T-条件付き請求権を求めよ．

12.8 B_t を 1 次元ブラウン運動とする．定理 12.3.3 を用いて，次で与えられる F に対して，
$$F(\omega) = z + \int_0^T \phi(t,\omega)dB(t)$$
を満たす $z \in \mathbf{R}$ と $\phi \in \mathcal{V}(0,T)$ を求めよ．

(i) $F(\omega) = B^2(T,\omega)$
(ii) $F(\omega) = B^3(T,\omega)$
(iii) $F(\omega) = \exp B(T,\omega)$.
　　（得られた結果を問題 4.14 で用いた方法と比較せよ．）

12.9 B_t を n 次元ブラウン運動とする．定理 12.3.3 を用いて，次で与えられる F に対して，
$$F(\omega) = z + \int_0^T \phi(t,\omega)dB(t)$$
を満たす $z \in \mathbf{R}$ と $\phi \in \mathcal{V}^n(0,T)$ を求めよ．

(i) $F(\omega) = B^2(T,\omega)(= B_1^2(T,\omega) + \cdots + B_n^2(T,\omega))$
(ii) $F(\omega) = \exp(B_1(T,\omega) + \cdots + B_n(T,\omega))$.

12.10 $X(t)$ を次で与えられる幾何学的ブラウン運動とする．
$$dX(t) = \alpha X(t)dt + \beta X(t)dB(t).$$
ただし，α, β は定数とする．定理 12.3.3 を用いて
$$X(T,\omega) = z + \int_0^T \phi(t,\omega)dB(t)$$
を満たす $z \in \mathbf{R}$ と $\phi \in \mathcal{V}(0,T)$ を求めよ．

12.11 定数 $\rho > 0, m > 0, \sigma \neq 0$ をとる．次で与えられる市場モデルを考え

る（平均回帰的オルンシュタイン=ウーレンベック過程）．

$$dX_0(t) = \rho X_0(t)dt, \quad X_0(0) = 1,$$
$$dX_1(t) = (m - X_1(t))dt + \sigma dB(t), \quad X_1(0) = x_1 > 0.$$

このとき以下の問に答えよ．

a) ヨーロッパ型 T-条件付き請求権

$$F(\omega) = X_1(T, \omega)$$

の価格 $E_Q[\xi(T)F]$ を求めよ．

b) この条件付き請求権を複製するポートフォリオ $\theta(t) = (\theta_0(t), \theta_1(t))$ を求めよ．
（ヒント．定理 12.3.4 を例 12.3.5 のように利用せよ．）

12.12 $\rho > 0$ を定数とし，$X_0(t)$ が

$$dX_0 = \rho X_0(t)dt, \quad X_0(0) = 1$$

で与えられる市場モデル $(X_0(t), X_1(t)) \in \mathbf{R}^2$ を考える．以下で与えられる $X_1(t)$ に対して，ヨーロッパ型 T-条件付き請求権

$$F(\omega) = B(T, \omega)$$

の価格 $E_Q[\xi(T)F]$ を求め，さらにそれを複製するポートフォリオ $\theta(t) = (\theta_0(t), \theta_1(t))$ を求めよ．

a) $dX_1(t) = \alpha X_1(t)dt + \beta X_1(t)dB(t)$ （α, β は定数で，$\beta \neq 0$）．
b) $dX_1(t) = cdB(t)$ （$c \neq 0$ は定数）．
c) $dX_1(t) = \alpha X_1(t)dt + \sigma dB(t)$ （α, σ は定数で，$\sigma \neq 0$）．

12.13（古典的ブラック=ショールズの公式）定数 ρ, α, β（$\beta \neq 0$）をとり，$X(t) = (X_1(t), X_2(t))$ を

$$dX_0(t) = \rho X_0(t)dt, \quad X_0(0) = 1,$$
$$dX_1(t) = \alpha X_1(t)dt + \beta X_1 dB(t), \quad X_1(0) = x_1 > 0$$

で定義する．さらにヨーロッパ型T-条件付き請求権Fは次で与えられるヨーロッパ型コールオプションであるとする．

$$F(\omega) = (X_1(T,\omega) - K)^+$$
$$= \begin{cases} X_1(T,\omega) - K, & X_1(T,\omega) > K \text{ なるとき}, \\ 0, & X_1(T,\omega) \leq K \text{ なるとき}, \end{cases}$$

ただし$K > 0$は与えられた定数(行使価格)とする．この場合に定理 12.3.6 で述べたオプションの価格を与える式(12.3.38)が次のようになることを証明せよ．

$$p = x_1 \Phi(u) - e^{-\rho T} K \Phi(u - \beta\sqrt{T}). \quad (12.3.67)$$

ここでΦは標準正規分布の分布関数

$$\Phi(u) = \frac{1}{\sqrt{2\pi}} \int_{-\infty}^{u} e^{-\frac{x^2}{2}} dx \quad (12.3.68)$$

であり，uは次の関係式で与えられる．

$$u = \frac{\ln\left(\frac{x_1}{K}\right) + \left(\rho + \frac{1}{2}\beta^2\right)T}{\beta\sqrt{T}}. \quad (12.3.69)$$

これが，今日のファイナンスで基本的である有名なブラック=ショールズの公式(Black-Scholes (1973))である．

12.14（アメリカ型コールオプション）$X(t) = (X_0(t), X_1(t))$は問題 12.13 の通りとし，さらに$\alpha > \rho$を仮定する．アメリカ型T-条件付き請求権Fが

$$F(t,\omega) = (X_1(t,\omega) - K)^+$$

と与えられたとき，対応するアメリカ型オプションを**アメリカ型コールオプション**と呼ぶ．

$$p_A(F) = e^{-\rho T} E_Q[(X_1(T) - K)^+]$$

となることを証明せよ．したがって，満期期日Tにアメリカ型コールオプションを行使することが常に最適となる．とくに，アメリカ型コールオプションの価格はヨーロッパ型コールオプションの価格と一致する．（ヒント．

$$Y(t) = e^{-\rho t}(X_1(t) - K)$$

とおけ.

a) $Y(t)$ は Q-劣マルチンゲール(付録 C)となること,つまり,次の関係が成り立つことを示せ.
$$Y(t) \leq E_Q[Y(s)|\mathcal{F}_t] \quad s > t.$$

b) イェンセンの不等式(付録 B)を用いて
$$Z(t) := e^{-\rho t}(X_1(t) - K)^+$$
も また Q-劣マルチンゲール(付録 C)であることを示せ.

c) ドゥーブの任意抽出定理(補題 10.1.3e)の証明を見よ)を用いて証明を完了せよ.)

付録 A

ガウス型確率変数

本文中で用いられたいくつかの基本的な事実を列挙しておく.

定義 A.1 $(\Omega, \mathcal{F}, P)$ を確率空間とする. 確率変数 X がガウス型であるとは, X の分布が

$$p_X(x) = \frac{1}{\sigma\sqrt{2\pi}} \cdot \exp\left(-\frac{(x-m)^2}{2\sigma^2}\right) \tag{A.1}$$

という密度関数をもつことを言う. ただし, $\sigma > 0$ と m は定数である. 言い換えれば, すべてのボレル集合 $G \subset \mathbf{R}$ に対し

$$P[X \in G] = \int_G p_X(x) dx$$

が成り立つことを言う.

この場合,

$$E[X] = \int_\Omega X dP = \int_\mathbf{R} x p_X(x) dx = m \tag{A.2}$$

かつ

$$\mathrm{var}[X] = E[(X-m)^2] = \int_\mathbf{R} (x-m)^2 p_X(x) dx = \sigma^2 \tag{A.3}$$

である.

より一般に, 確率変数 $X : \Omega \to \mathbf{R}^n$ が (多次元) ガウス型である (もしくは分布 $\mathcal{N}(m, C)$ に従う) とは, X の分布が次のような密度関数をもつことを言う.

$$p_X(x_1,\cdots,x_n) = \frac{\sqrt{|A|}}{(2\pi)^{n/2}} \exp\Bigl(-\frac{1}{2}\cdot\sum_{j,k}(x_j-m_j)a_{jk}(x_k-m_k)\Bigr). \tag{A.4}$$

ここで $m=(m_1,\cdots,m_n)\in\mathbf{R}^n$, $C^{-1}=A=(a_{jk})\in\mathbf{R}^{n\times n}$ は対称正定符号行列である．この場合，次の2つが成り立つ．

$$E[X]=m, \tag{A.5}$$

$A^{-1}=C=(c_{jk})$ は X の共分散行列である，すなわち
$$c_{jk}=E[(X_j-m_j)(X_k-m_k)]. \tag{A.6}$$

定義 A.2 確率変数 $X:\Omega\to\mathbf{R}^n$ の特性関数 $\phi_X:\mathbf{R}^n\to\mathbf{C}$ ($\mathbf{C}$ は複素数の全体) を次で定義する．

$$\phi_X(u_1,\cdots,u_n) = E[\exp(i(u_1X_1+\cdots+u_nX_n))] = \int_{\mathbf{R}^n} e^{i\langle u,x\rangle} P[X\in dx]. \tag{A.7}$$

ただし，$\langle u,x\rangle=u_1x_1+\cdots+u_nx_n$, i は虚数単位である．すなわち，ϕ_X は X の (正確に言えば，測度 $P[X\in dx]$ の) フーリエ変換である．

したがって次が言える．

定理 A.3 X の特性関数は X の分布を一意的に定める．

次は容易に証明できる．

定理 A.4 $X:\Omega\to\mathbf{R}^n$ がガウス型分布 $\mathcal{N}(m,C)$ に従うならば，次が成り立つ．

$$\phi_X(u_1,\cdots,u_n) = \exp\Bigl(-\frac{1}{2}\sum_{j,k}u_jc_{jk}u_k + i\sum_j u_jm_j\Bigr). \tag{A.8}$$

定理 A.4 は，ガウス型確率変数を拡張するために，しばしば利用される．すなわち，$X:\Omega\to\mathbf{R}^n$ が (拡張された意味で) ガウス型確率変数であるとは，適当な対称非負定符号行列 $(c_{jk})\in\mathbf{R}^{n\times n}$ と $m\in\mathbf{R}^n$ がとれ，ϕ_X が (A.8)

を満たすことを言う．この定義では C が可逆であることを要求しない．以下（そして本文中でも），この拡張された定義をガウス型の定義とする．本文でしばしば次の結果を用いた．

定理 A.5 $X_j : \Omega \to \mathbf{R}, 1 \leq j \leq n$, を確率変数とする．このとき，次は同値である．

(i) $X = (X_1, \cdots, X_n)$ はガウス型確率変数である，

(ii) すべての $\lambda_1, \ldots, \lambda \in \mathbf{R}$ に対し $Y = \lambda_1 X_1 + \cdots + \lambda_n X_n$ はガウス型確率変数である．

[証明] もし X がガウス型確率変数であれば，

$$E[\exp[(iu(\lambda_1 X_1 + \cdots + \lambda_n X_n))]$$
$$= \exp\left(-\frac{1}{2}\sum_{j,k} u\lambda_j c_{jk} u\lambda_k + i\sum_j u\lambda_j m_j\right)$$
$$= \exp\left(-\frac{1}{2}u^2 \sum_{j,k} \lambda_j c_{jk} \lambda_k + iu\sum_j \lambda_j m_j\right)$$

となる．したがって Y はガウス型確率変数で，$E[Y] = \sum \lambda_j m_j$, $\mathrm{var}[Y] = \sum \lambda_j c_{jk} \lambda_k$ となる．

逆に，もし $Y = \lambda_1 X_1 + \cdots + \lambda_n X_n$ がガウス型確率変数で，$E[Y] = m$ かつ $\mathrm{var}[Y] = \sigma^2$ ならば，そのとき

$$E[\exp(iu(\lambda_1 X_1 + \cdots + \lambda_n X_n))] = \exp\left(-\frac{1}{2}u^2 \sigma^2 + ium\right)$$

となる．$m_j = E[X_j]$ とすれば，

$$m = \sum_j \lambda_j E[X_j],$$
$$\sigma^2 = E\Big[\Big(\sum_j \lambda_j X_j - \sum_j \lambda_j E[X_j]\Big)^2\Big]$$
$$= E\Big[\Big(\sum_j \lambda_j (X_j - m_j)\Big)^2\Big] = \sum_{j,k} \lambda_j \lambda_k E[(X_j - m_j)(X_k - m_k)]$$

であるから，X はガウス型確率変数である． □

定理 A.6 $Y_0, Y_1, \ldots, Y_n$ を Ω 上の実確率変数とする．$X = (Y_0, Y_1, \ldots, Y_n)$ はガウス型確率変数であり，Y_0 と Y_j は相関がない，すなわち

$$E[(Y_0 - E[Y_0])(Y_j - E[Y_j])] = 0, \quad 1 \leq j \leq n$$

が成り立つと仮定する．このとき Y_0 は $\{Y_1, \ldots, Y_n\}$ と独立である．

[証明]　すべてのボレル集合 $G_0, G_1, \ldots, G_n \subset \mathbf{R}$ に対し

$$\begin{aligned}P[Y_0 \in G_0, Y_1 \in G_1, \ldots, Y_n \in G_n] \\ = P[Y_0 \in G_0] \cdot P[Y_1 \in G_1, \ldots, Y_n \in G_n]\end{aligned} \quad (A.9)$$

となることを証明すればよい．

共分散行列 $c_{jk} = E[(Y_j - E[Y_j])(Y_k - E[Y_k])]$ の第 1 行（そして第 1 列）は第 1 成分 $c_{00} = \mathrm{var}[Y_0]$ のみが零でない．ゆえに特性関数は

$$\phi_X(x_0, \cdots, x_n) = \phi_{Y_0}(x_0) \cdot \phi_{Y_1, \cdots, Y_n}(x_1, \cdots, x_n)$$

を満たす．よって (A.9) が成り立つ． □

最後に次の主張を証明しよう．

定理 A.7 $X_k : \Omega \to \mathbf{R}^n$ はガウス型確率変数で $L^2(\Omega)$ において $X_k \to X$ となる，つまり

$$E[|X_k - X|^2] \to 0 \quad (k \to \infty)$$

とする．このとき，X はガウス型確率変数である．

[証明]　$|e^{i\langle u, x \rangle} - e^{i\langle u, y \rangle}| \leq |u| \cdot |x - y|$ であるから，$k \to \infty$ とすると

$$E[|e^{i\langle u, X_k \rangle} - e^{i\langle u, X \rangle}|^2] \leq |u|^2 \cdot E[|X_k - X|^2] \to 0$$

である．したがって，

$$E[e^{i\langle u, X_k \rangle}] \to E[e^{i\langle u, X \rangle}] \quad (k \to \infty)$$

となる．よって，X は平均 $E[X] = \lim E[X_k]$，分散行列 $C = \lim C_k$（C_k は X_k の分散行列）をもつガウス型確率変数である． □

付録 B

条件付き期待値

$(\Omega, \mathcal{F}, P)$ を確率空間とし,$X : \Omega \to \mathbf{R}^n$ を $E[|X|] < \infty$ を満たす確率変数とし,$\mathcal{H} \subset \mathcal{F}$ を σ-加法族とする.$\mathcal{H}$ が与えられたときの X の条件付き期待値($E[X|\mathcal{H}]$ と表す)を次で定義する.

定義 B.1 $E[X|\mathcal{H}]$ は次の性質をもつ Ω 上の $\mathbf{R}^n$-値関数として(a.s. に一意的に)定まる関数とする.

(1) $E[X|\mathcal{H}]$ は $\mathcal{H}$-可測である,
(2) すべての $H \in \mathcal{H}$ に対し,$\int_H E[X|\mathcal{H}] dP = \int_H X dP$ が成り立つ.

$E[X|\mathcal{H}]$ の存在と一意性はラドン=ニコディムの定理から従う.すなわち,$\mathcal{H}$ 上の測度 μ を

$$\mu(H) = \int_H X dP, \quad H \in \mathcal{H}$$

で定める.このとき,μ は P の $\mathcal{H}$ への制限 $P|_{\mathcal{H}}$ に関し絶対連続であるから,$\mathcal{H}$-可測関数 F が $P|_{\mathcal{H}}$ に関し一意的に存在して

$$\mu(H) = \int_H F dP, \quad H \in \mathcal{H}$$

となる.$E[X|\mathcal{H}] := F$ とおけば,これは定義の要請を満たし,さらに $P|_{\mathcal{H}}$ に関し a.s. に一意的である.

条件(2)は次と同値である.

(2)′ すべての $\mathcal{H}$-可測な Z に対し,$\int_\Omega Z \cdot E[X|\mathcal{H}] dP = \int_\Omega Z \cdot X dP$.

条件付き期待値の基本的な性質を列挙しよう．

定理 B.2 $Y : \Omega \to \mathbf{R}^n$ を $E[||Y||] < \infty$ なる別の確率変数とし，$a, b \in \mathbf{R}$ とする．このとき以下が成り立つ．

a) $E[aX + bY|\mathcal{H}] = aE[X|\mathcal{H}] + bE[Y|\mathcal{H}]$.
b) $E[E[X|\mathcal{H}]] = E[X]$.
c) X が $\mathcal{H}$-可測ならば，$E[X|\mathcal{H}] = X$.
d) X が $\mathcal{H}$ と独立ならば，$E[X|\mathcal{H}] = E[X]$.
e) Y が $\mathcal{H}$-可測ならば，$E[Y \cdot X|\mathcal{H}] = Y \cdot E[X|\mathcal{H}]$. ただし，$\cdot$ は $\mathbf{R}^n$ の通常の内積を表す．

[証明] d) もし X が $\mathcal{H}$ と独立ならば，任意の $H \in \mathcal{H}$ に対し

$$\int_H X dP = \int_\Omega X \cdot \mathcal{X}_H dP = \int_\Omega X dP \cdot \int_\Omega \mathcal{X}_H dP = E[X] \cdot P(H)$$

となる．したがって定数 $E[X]$ は性質 (1), (2) を満たす．
e) 成分ごとに考えればよいから，$n = 1$ とする．まず $H \in \mathcal{H}$ を用いて $Y = \mathcal{X}_H$ と表される場合を考える．このとき，任意の $G \in \mathcal{H}$ に対し，

$$\int_G Y \cdot E[X|\mathcal{H}] dP = \int_{G \cap H} E[X|\mathcal{H}] dP = \int_{G \cap H} X dP = \int_G YX dP$$

となり，したがって $Y \cdot E[X|\mathcal{H}]$ が条件 (1) と (2) を満たす．同様にして，Y が

$$Y = \sum_{j=1}^m c_j \mathcal{X}_{H_j}, \quad H_j \in \mathcal{H}$$

という形をした単関数であるときも主張 e) が成り立つ．一般の Y 対する主張は，上のような単関数で近似することにより得られる． □

定理 B.3 $\mathcal{G}, \mathcal{H}$ を $\mathcal{G} \subset \mathcal{H}$ なる σ-加法族とする．このとき

$$E[X|\mathcal{G}] = E[E[X|\mathcal{H}]|\mathcal{G}]$$

が成り立つ．

[証明] $G \in \mathcal{G}$ とすれば，$G \in \mathcal{H}$ である．したがって，

$$\int_G E[X|\mathcal{H}]dP = \int_G XdP$$

となる.一意性より, $E[E[X|\mathcal{H}]|\mathcal{G}] = E[X|\mathcal{G}]$ となる. □

次の結果は有用である(証明は Chung (1974, Theorem9.1.4)にある).

定理 B.4 (イェンセン(Jensen)の不等式) もし $\phi : \mathbf{R} \to \mathbf{R}$ が凸関数で, $E[|\phi(X)|] < \infty$ を満たすならば,

$$\phi(E[X|\mathcal{H}]) \leq E[\phi(X)|\mathcal{H}]$$

が成り立つ.

系 B.5 (i) $|E[X|\mathcal{H}]| \leq E[|X||\mathcal{H}]$.
(ii) $|E[X|\mathcal{H}]|^2 \leq E[|X|^2|\mathcal{H}]$.

付録 C

一様可積分性とマルチンゲール収束定理

本書で述べた応用の背景となる定義と結果について概観しよう．証明とさらに進んだ結果については，Doob (1984), Liptser-Shiryayev (1977), Meyer (1966) もしくは Williams (1979) を見よ．

定義 C.1 $(\Omega, \mathcal{F}, P)$ を確率空間とする．Ω 上の実数値可測関数の族 $\{f_j\}_{j \in J}$ が**一様可積分**であるとは，

$$\lim_{M \to \infty} \left(\sup_{j \in J} \left\{ \int_{\{|f_j| > M\}} |f_j| dP \right\} \right) = 0$$

となることを言う．

一様可積分の判定法を述べるために，次の概念を導入しよう．

定義 C.2 関数 $\psi : [0, \infty) \to [0, \infty)$ が**一様可積分性 (u.i.) 判定関数**であるとは，ψ が増加，凸（すなわち，すべての $x, y \in [0, \infty)$, $\lambda \in [0, 1]$ に対し $\psi(\lambda x + (1 - \lambda)y) \leq \lambda \psi(x) + (1 - \lambda)\psi(y)$ となる）かつ

$$\lim_{x \to \infty} \frac{\psi(x)}{x} = \infty$$

となることを言う．

たとえば，$\psi(x) = x^p$ は $p > 1$ のとき u.i. 判定関数であるが，$p = 1$ のときはそうではない．

定義 C.2 の名称の妥当性は次の定理に見られる．

定理 C.3 関数族 $\{f_j\}_{j \in J}$ は

$$\sup_{j \in J} \left\{ \int \psi(|f_j|) dP \right\} < \infty$$

をみたす u.i. 判定関数 ψ が存在するとき，およびそのときに限り一様可積分となる．

積分論に現れる種々の収束定理の究極の一般化と見なせる次の結果は一様可積分性の重要さを物語る1つの例である．

定理 C.4 $\{f_k\}_{k=1}^{\infty}$ は Ω 上の実数値可測関数の列で

$$\lim_{k \to \infty} f_k(\omega) = f(\omega) \quad \text{a.a.} \; \omega$$

を満たすとする．このとき次の2条件は同値である．

1) $\{f_k\}$ は一様可積分である．
2) $f \in L^1(P)$ かつ $L^1(P)$ において $f_k \to f$ となる，すなわち $\int |f_k - f| dP \to 0 \; (k \to \infty)$．

一様可積分性の重要な応用はマルチンゲール収束定理である．これについて説明しよう．$(\Omega, \mathcal{N}, P)$ を確率空間とし，$\{\mathcal{N}_t\}_{t \geq 0}$ を $\mathcal{N}_t \subset \mathcal{N} \; (\forall t)$ なる σ-加法族の増大列とする．確率過程 $N_t : \Omega \to \mathbf{R}$ が（$\{\mathcal{N}_t\}_{t \geq 0}$ に関し）優マルチンゲールであるとは，N_t が $\mathcal{N}_t$-適合であり，すべての t に対し $E[|N_t|] < \infty$ であり，さらに

$$N_t \geq E[N_s | \mathcal{N}_t], \quad \forall s > t \tag{C.1}$$

を満たすことを言う．(C.1) とは逆の不等号がすべての $s > t$ に対し成り立つとき，**劣マルチンゲール**と言う．そしてすべての $s > t$ に対し (C.1) で等号が成り立つとき，**マルチンゲール**と言う．

慣習にならって，$\mathcal{N}_t$ はすべての $\mathcal{N}$ の零集合を含むこと，ほとんどすべての ω に対し $t \mapsto N_t(\omega)$ は右連続であること，そして $\mathcal{N}_t = \bigcap_{s > t} \mathcal{N}_s \; (\forall t)$ という意味で $\mathcal{N}_t$ が右連続であることを仮定する．

定理 C.5（ドゥーブの優マルチンゲール収束定理 I） N_t を次の性質をもつ右連続優マルチンゲールとする．

$$\sup_{t > 0} E[N_t^-] < \infty.$$

ただし，$N_t^- = \max(-N_t, 0)$. このときほとんどすべての ω に対し，各点収束極限
$$N(\omega) = \lim_{t\to\infty} N_t(\omega)$$
が存在し，$E[N^-] < \infty$ を満たす．

定理で得られる収束は $L^1(P)$-収束ではない．この種の収束を得るには一様可積分性が必要である．

定理 C.6（ドゥーブの優マルチンゲール収束定理 II）N_t を右連続優マルチンゲールとする．もし $\{N_t\}_{t\geq 0}$ が一様可積分ならば，$N \in L^1(P)$ が存在し，$t \to \infty$ のとき P-a.e. に $N_t \to N$ かつ $L^1(P)$ において $N_t \to N$，すなわち，$\int |N_t - N| dP \to 0$ となる．

とくに，N_t が右連続マルチンゲールであれば，次の条件は同値である．

1) $\{N_t\}_{t\geq 0}$ は一様可積分である．
2) $N \in L^1(P)$ が存在し，$t \to \infty$ のとき P-a.e. に $N_t \to N$ かつ $L^1(P)$ において $N_t \to N$．

定理 C.6 と C.3（$\psi(x) = x^p$ とする）を合わせて次の系を得る．

系 C.7 M_t を，適当な $p > 1$ に対し
$$\sup_{t>0} E[|M_t|^p] < \infty$$
を満たす連続マルチンゲールとする．このとき，$M \in L^1(P)$ が存在して，$t \to \infty$ のとき，P-a.e. に $M_t \to M$，かつ
$$\int |M_t - M| dP \to 0$$
となる．

最後に，離散時間優/劣マルチンゲール $\{N_k, \mathcal{N}_k\}$ に対し同様の結果が成り立つことに注意しよう．もちろん，この場合には連続性に関する仮定は必要ではない．たとえば，9 章で用いた次のような主張が成り立つ．

系 C.8 $\{M_k, k = 1, 2, \ldots\}$ を離散時間マルチンゲールとし，$p > 1$ が存在

して
$$\sup_k E[|M_k|^p] < \infty$$
が成り立つとする. このとき, $M \in L^1(P)$ が存在して, $k \to \infty$ のとき, P-a.e. に $M_k \to M$, かつ
$$\int |M_k - M| dP \to 0$$
となる.

系 C.9 $X \in L^1(P)$, $\{\mathcal{N}_k\}_{k=1}^{\infty}$ を $\mathcal{N}_k \subset \mathcal{N}$ なる σ-加法族の増大列とし, $\mathcal{N}_\infty$ を $\{\mathcal{N}_k\}_{k=1}^{\infty}$ により生成される σ-加法族とする. このとき, $k \to \infty$ とすれば, 収束
$$E[X|\mathcal{N}_k] \to E[X|\mathcal{N}_\infty]$$
が P-a.s. に, かつ $L^1(P)$ において起きる.

[証明] $M_k := E[X|\mathcal{N}_k]$ は一様可積分である (Williams (1979, Th.44.1, p.142) を見よ). したがって $M \in L^1(P)$ がとれて, $k \to \infty$ のとき収束 $M_k \to M$ が P-a.e. に, かつ $L^1(P)$ において起きる. $M = E[X|\mathcal{N}_\infty]$ となることを証明しよう.

$$\|M_k - E[M|\mathcal{N}_k]\|_{L^1(P)} = \|E[M_k|\mathcal{N}_k] - E[M|\mathcal{N}_k]\|_{L^1(P)}$$
$$\leq \|M_k - M\|_{L^1(P)} \to 0 \quad (k \to \infty)$$

が成り立つ. したがって, $F \in \mathcal{N}_{k_0}$, $k \geq k_0$ とし, $k \to \infty$ とすれば,
$$\int_F (X - M) dP = \int_F E[X - M|\mathcal{N}_k] dP = \int_F (M_k - E[M|\mathcal{N}_k]) dP \to 0$$
となる. これより,
$$\int_F (X - M) dP = 0, \quad \forall F \in \bigcup_{k=1}^{\infty} \mathcal{N}_k$$
と言え, よって,
$$E[X|\mathcal{N}_\infty] = E[M|\mathcal{N}_\infty] = M$$
を得る. □

付録 D

近似定理

この付録では定理 10.4.1 で用いた近似法の証明を与える．定理と同じ用語を用いる．

定理 D.1 $D \subset V \subset \mathbf{R}^n$ を開集合とする．

$$\partial D \text{ はリプシッツ境界である} \tag{D.1}$$

とし，$\phi : \overline{V} \to \mathbf{R}$ を次の 2 条件を満たす関数とする．

$$\phi \in C^1(V) \cap C(\overline{V}), \tag{D.2}$$

$$\phi \in C^2(V \setminus \partial D) \text{ かつ } \phi \text{ の 2 次の微係数はすべて}$$
$$\partial D \text{ の近傍で局所有界である．} \tag{D.3}$$

このとき $\phi_j \in C^2(V) \cap C(\overline{V})$ なる関数の列 $\{\phi_j\}_{j=1}^\infty$ が存在して，次の 3 条件を満たす．

$$\overline{V} \text{ のコンパクト部分集合上一様に } \phi_j \to \phi \ (j \to \infty), \tag{D.4}$$

$$V \setminus \partial D \text{ のコンパクト部分集合上一様に } L\phi_j \to L\phi \ (j \to \infty), \tag{D.5}$$

$$\{L\phi_j\}_{j=1}^\infty \text{ は } V \text{ 上局所有界である．} \tag{D.6}$$

[証明] ϕ は $\mathbf{R}^n$ 上の連続関数に拡張しておく．

$$\int_{\mathbf{R}^n} \eta(y) dy = 1 \tag{D.7}$$

となる C^∞-関数 $\eta : \mathbf{R}^n \to [0, \infty)$ をとり，$\varepsilon > 0$ に対し

$$\eta_\varepsilon(x) = \varepsilon^{-n}\eta\left(\frac{x}{\varepsilon}\right), \quad x \in \mathbf{R}^n \tag{D.8}$$

と定義する．$\varepsilon_j \downarrow 0$ となる正数列 $\{\varepsilon_j\}$ を固定し，

$$\phi_j(x) = (\phi * \eta_{\varepsilon_j})(x) = \int_{\mathbf{R}^n} \phi(x-z)\eta_{\varepsilon_j}(z)dz = \int_{\mathbf{R}^n} \phi(y)\eta_{\varepsilon_j}(x-y)dy \tag{D.9}$$

とおく．すなわち，ϕ_j は ϕ と η_{ε_j} の合成積である．このとき，ϕ が連続であるから，任意の $\overline{V}$ のコンパクト部分集合上で一様に $\phi_j \to \phi$ となることはよく知られている (たとえば Folland (1984, Theorem 8.4 (c)) を見よ)．η がコンパクトな台をもつので，ϕ は大域的に有界である必要はなく，局所的に有界であれば (これは連続性から従う) よいことに注意せよ．

(D.4)～(D.6) を証明しよう．$W \subset V$ をリプシッツ境界をもつ開集合とする．$V_1 = W \cap D, V_2 = W \setminus \overline{D}$ とおく．

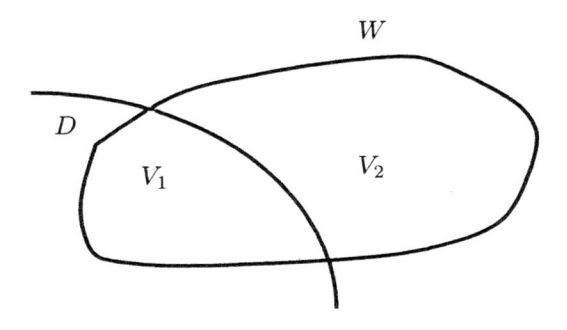

このとき V_1, V_2 はともにリプシッツ境界をもつ領域であり，部分積分の公式により，

$$\int_{V_i} \phi(y)\frac{\partial^2}{\partial y_k \partial y_\ell}\eta_{\varepsilon_j}(x-y)dy = \int_{\partial V_i} \phi(y)\frac{\partial}{\partial y_\ell}\eta_{\varepsilon_j}(x-y)n_{ik}d\nu(y) \\ - \int_{V_i} \frac{\partial\phi}{\partial y_k}(y)\frac{\partial}{\partial y_\ell}\eta_{\varepsilon_j}(x-y)dy \tag{D.10}$$

が成り立つ $(i=1,2)$．ここで，n_{ik} は V_i の ∂V_i での外向き法線ベクトル n_i の第 k 成分である (∂V_i がリプシッツゆえ，∂V_i 上の面測度 ν に関しほとんど至るところ外向き法線ベクトルが存在する)．

さらに部分積分を行えば，

$$\int_{V_i} \frac{\partial \phi}{\partial y_k}(y)\frac{\partial}{\partial y_\ell}\eta_{\varepsilon_j}(x-y)dy = \int_{\partial V_i} \frac{\partial \phi}{\partial y_k}(y)\eta_{\varepsilon_j}(x-y)n_{i\ell}d\nu(y)$$
$$- \int_{V_i} \frac{\partial^2 \phi}{\partial y_k \partial y_\ell}(y)\eta_{\varepsilon_j}(x-y)dy \quad \text{(D.11)}$$

となる．(D.10)と(D.11)を合わせて，次の等式を得る．

$$\int_{V_i} \phi(y)\frac{\partial^2}{\partial y_k \partial y_\ell}\eta_{\varepsilon_j}(x-y)dy$$
$$= \int_{\partial V_i}\left[\phi(y)\frac{\partial}{\partial y_\ell}\eta_{\varepsilon_j}(x-y)n_{ik} - \frac{\partial \phi}{\partial y_k}(y)\eta_{\varepsilon_j}(x-y)n_{i\ell}\right]d\nu(y)$$
$$+ \int_{V_i} \frac{\partial^2 \phi}{\partial y_k \partial y_\ell}(y)\eta_{\varepsilon_j}(x-y)dy, \quad i=1,2. \quad \text{(D.12)}$$

$i=1,2$について(D.12)の和をとれば，$\partial V_1 \cap \partial V_2$ 上 V_1 の外向き法線ベクトルは V_2 の内向き法線ベクトルであるから，N_k, N_ℓ を W の ∂W 上の外向き単位法線ベクトルの第 k, ℓ 成分とすれば，

$$\int_W \phi(y)\frac{\partial^2}{\partial y_k \partial y_\ell}\eta_{\varepsilon_j}(x-y)dy$$
$$= \int_{\partial W}\left\{\phi(y)\frac{\partial}{\partial y_\ell}\eta_{\varepsilon_j}(x-y)N_k - \frac{\partial \phi}{\partial y_k}(y)\eta_{\varepsilon_j}(x-y)N_\ell\right\}d\nu(y)$$
$$+ \int_W \frac{\partial^2 \phi}{\partial y_k \partial y_\ell}(y)\eta_{\varepsilon_j}(x-y)dy \quad \text{(D.13)}$$

である．

$x \in W \setminus \partial D$ を固定すると，十分大なる j に対し，$y \notin W$ ならば $\eta_{\varepsilon_j}(x-y)=0$ となる．そのような j に対し，(D.13)から

$$\int_{\mathbf{R}^n} \phi(y)\frac{\partial^2}{\partial y_k \partial y_\ell}\eta_{\varepsilon_j}(x-y)dy = \int_{\mathbf{R}^n} \frac{\partial^2 \phi}{\partial y_k \partial y_\ell}(y)\eta_{\varepsilon_j}(x-y)dy \quad \text{(D.14)}$$

となる．すなわち，$x \in V \setminus \partial D$ ならば，十分大きな j に対し，

$$\frac{\partial}{\partial x_k \partial x_\ell}\phi_j(x) = \left(\frac{\partial^2 \phi}{\partial y_k \partial y_\ell} * \eta_{\varepsilon_j}\right)(x) \quad \text{(D.15)}$$

が成り立つ．ただし，j は $x \in V \setminus \partial D$ の十分小さい近傍上一様にとれる．

同様にして W 上で部分積分を行い，

$$\int_W \phi(y)\frac{\partial}{\partial y_k}\eta_{\varepsilon_j}(x-y)dy = -\int_W \frac{\partial \phi}{\partial y_k}(y)\eta_{\varepsilon_j}(x-y)dy$$

を得る.これより,$x \in V$ に対し,j を十分大きくとれば,

$$\frac{\partial}{\partial x_k}\phi_j(x) = \left(\frac{\partial \phi}{\partial y_k} * \eta_{\varepsilon_j}\right)(x) \tag{D.16}$$

となることを結論できる.前同様,j は $x \in V$ の十分小さい近傍上一様にとれる.

(D.15),(D.16) から,Folland (1984, Theorem 8.14 (c)) と合わせて,$j \to \infty$ のとき,

$$\frac{\partial \phi_j}{\partial x_k} \to \frac{\partial \phi}{\partial x_k} \quad (V \text{ のコンパクト部分集合上一様収束}) \tag{D.17}$$

かつ

$$\frac{\partial^2 \phi_j}{\partial x_k \partial x_\ell} \to \frac{\partial^2 \phi}{\partial x_k \partial x_\ell} \quad (V \setminus \partial D \text{ のコンパクト部分集合上一様収束}) \tag{D.18}$$

となる.さらに,仮定 (D.2),(D.3) を (D.15),(D.16) と合わせると,$\left\{\frac{\partial \phi_j}{\partial x_k}\right\}_{j=0}^{\infty}$,$\left\{\frac{\partial^2 \phi_j}{\partial x_k \partial x_\ell}\right\}_{j=0}^{\infty}$ はともに V 上局所有界となる.

以上の考察により,(D.4) ~ (D.6) が成立することが結論できる. □

問題の解答とヒント

2.13 $P^0[B_t \in D_\rho] = 1 - e^{-\frac{\rho^2}{2t}}$.

2.14 もし $H \subset \mathbf{R}^n$ がルベーグ測度零であれば，任意の $x \in \mathbf{R}^n$ に対し，
$$E^x\left[\int_0^\infty \mathcal{X}_H(B_t)dt\right] = \int_0^\infty P^x[B_t \in H]dt$$
$$= \int_0^\infty (2\pi t)^{-n/2}\left(\int_H e^{-\frac{(x-y)^2}{2t}}dy\right)dt = 0.$$

2.15 (2.2.1) より，$y_j = Ux_j$ という変数変換をし，$|Ux_j - Ux_{j-1}|^2 = |x_j - x_{j-1}|^2$ という関係式を用いれば，
$$P[\widetilde{B}_{t_1} \in F_1, \ldots, \widetilde{B}_{t_k} \in F_k] = P[B_{t_1} \in U^{-1}F_1, \ldots, B_{t_k} \in U^{-1}F_k]$$
$$= \int_{U^{-1}F_1 \times \cdots \times U^{-1}F_k} p(t_1, 0, x_1)p(t_2 - t_1, x_1, x_2) \times \cdots$$
$$\times p(t_k - t_{k-1}, x_{k-1}, x_k)dx_1 \cdots dx_k$$
$$= \int_{F_1 \times \cdots \times F_k} p(t_1, 0, y_1)p(t_2 - t_1, y_1, y_2) \cdots p(t_k - t_{k-1}, y_{k-1}, y_k) \times$$
$$\times dy_1 \cdots dy_k$$
$$= P[B_{t_1} \in F_1, \ldots, B_{t_k} \in F_k].$$

2.17 a)
$$E[(Y_n(t,\cdot) - t)^2] = E\left[\left(\sum_{k=0}^{2^n-1}(\Delta B_k)^2 - \sum_{k=0}^{2^n-1}2^{-n}t\right)^2\right]$$

$$= E\left[\left\{\sum_{k=0}^{2^n-1}((\Delta B_k)^2 - 2^{-n}t)\right\}^2\right]$$

$$= E\left[\sum_{j,k=0}^{2^n-1}((\Delta B_j)^2 - 2^{-n}t)((\Delta B_k)^2 - 2^{-n}t)\right]$$

$$= \sum_{k=0}^{2^n-1} E[((\Delta B_k)^2 - 2^{-n}t)^2]$$

$$= \sum_{k=0}^{2^n-1} E[(\Delta B_k)^4 - 2 \cdot 2^{-2n}t^2 + 2^{-2n}t^2]$$

$$= \sum_{k=0}^{2^n-1} 2 \cdot 2^{-2n}t^2 = 2 \cdot 2^{-n}t^2 \to 0 \quad (n \to \infty).$$

b) これは次のような一般の結果から従う.『もし実数値関数のある区間での2次変分が正ならば,その区間での全変分は無限大である.』

3.1
$$tB_t = \sum_{j=0}^{n-1} \Delta(s_j B_j) = \sum_{j=0}^{n-1} s_j \Delta B_j + \sum_{j=0}^{n-1} B_{j+1} \Delta s_j$$

$$\to \int_0^t s dB_s + \int_0^t B_s ds \quad (n \to \infty).$$

3.4 (iii)と(iv)の確率過程はマルチンゲールである.しかし,(i)と(ii)のものはマルチンゲールではない.

3.9 もし $B_0 = 0$ ならば,$\int_0^T B_t \circ dB_t = \frac{1}{2}B_T^2$.

3.12 (i) a) $dX_t = (\gamma + \frac{1}{2}\alpha^2)X_t dt + \alpha X_t dB_t$.
 b) $dX_t = \frac{1}{2}\sin X_t[\cos X_t - t^2]dt + (t^2 + \cos X_t)dB_t$.
 (ii) a) $dX_t = (r - \frac{1}{2}\alpha^2)X_t dt + \alpha X_t \circ dB_t$.
 b) $dX_t = (2e^{-X_t} - X_t^3)dt + X_t^2 \circ dB_t$.

4.1 a) $dX_t = 2B_t dB_t + dt$.

b) $dX_t = (1 + \frac{1}{2}eB_t)dt + e^{B_t}dB_t$.
c) $dX_t = 2dt + 2B_1 dB_1(t) + 2B_2 dB_2(t)$.
d) $dX_t = \begin{pmatrix} dt \\ dB_t \end{pmatrix} = \begin{pmatrix} 1 \\ 0 \end{pmatrix} dt + \begin{pmatrix} 0 \\ 1 \end{pmatrix} dB_t$.
e) $dX_1(t) = dB_1(t) + dB_2(t) + dB_3(t)$,
$dX_2(t) = dt - B_3(t)dB_1(t) + 2B_2(t)dB_2(t) - B_1(t)dB_3(t)$.
もしくは $dX_t = \begin{pmatrix} dX_1(t) \\ dX_2(t) \end{pmatrix} = \begin{pmatrix} 0 \\ 1 \end{pmatrix} dt + \begin{pmatrix} 1 & 1 & 1 \\ -B_3(t) & 2B_2(t) & -B_1(t) \end{pmatrix} \begin{pmatrix} dB_1(t) \\ dB_2(t) \\ dB_3(t) \end{pmatrix}$.

4.5 もし $B_0 = 0$ ならば, $E[B_t^6] = 15t^3$.

5.3 $X_t = X_0 \cdot \exp\left(\left(r - \frac{1}{2}\sum_{k=1}^{n}\alpha_k^2\right)t + \sum_{k=1}^{n}\alpha_k B_k(t)\right)$ (ただし $B(0) = 0$).

5.4 (i) $B(0) = 0$ とする. $X_1(t) = X_1(0) + t + B_1(t)$,
$X_2(t) = X_2(0) + X_1(0)B_2(t) + \int_0^t s dB_2(s) + \int_0^t B_1(s)dB_2(s)$.
(ii) $X_t = e^t X_0 + \int_0^t e^{t-s} dB_t$.
(iii) $X_t = e^{-t}X_0 + e^{-t}B_t$ ($B_0 = 0$).

5.6 $Y_t = \exp(\alpha B_t - \frac{1}{2}\alpha^2 t)[Y_0 + r\int_0^t \exp(-\alpha B_s + \frac{1}{2}\alpha^2 s)ds]$ ($B_0 = 0$).

5.7 a) $X_t = m + (X_0 - m)e^{-t} + \sigma \int_0^t e^{s-t}dB_s$.
b) $E[X_t] = m + (X_0 - m)e^{-t}$, $\text{Var}[X_t] = \frac{\sigma^2}{2}[1 - e^{-2t}]$.

5.8 $X(t) = \begin{pmatrix} X_1(t) \\ X_2(t) \end{pmatrix} = \exp(tJ)X(0) + \exp(tJ)\int_0^t \exp(-sJ)MdB(s)$. ただし,
$$J = \begin{pmatrix} 0 & 1 \\ 1 & 0 \end{pmatrix}, \quad M = \begin{pmatrix} \alpha & 0 \\ 0 & \beta \end{pmatrix}, \quad dB(s) = \begin{pmatrix} dB_1(s) \\ dB_2(s) \end{pmatrix},$$
$$\exp(tJ) = I + tJ + \frac{t^2}{2}J^2 + \cdots + \frac{t^n}{n!}J^n + \cdots \in \mathbf{R}^{2\times 2}.$$
$J^2 = 1$ となることを用いて, 次のように表せる.

$$X_1(t) = X_1(0)\cosh(t) + X_2(0)\sinh(t) +$$
$$+ \int_0^t \alpha\cosh(t-s)dB_1(s) + \int_0^t \beta\sinh(t-s)dB_2(s),$$
$$X_2(t) = X_1(0)\sinh(t) + X_2(0)\cosh(t) +$$
$$+ \int_0^t \alpha\sinh(t-s)dB_1(s) + \beta\int_0^t \cosh(t-s)dB_2(s).$$

ただし, $\cosh\xi = \frac{1}{2}(e^\xi + e^{-\xi})$, $\sinh\xi = \frac{1}{2}(e^\xi - e^{-\xi})$.

5.11 ヒント. $\lim_{t\to 1}(1-t)\int_0^t \frac{dB_s}{1-s} = 0$ a.s. となることを証明するには, $M_t = \int_0^t \frac{dB_s}{1-s}$ $(0 \leq t < 1)$ とおき, マルチンゲール不等式を利用して次の評価式を証明せよ.

$$P[\sup\{(1-t)|M_t|; t \in [1-2^{-n}, 1-2^{-n-1}]\} > \varepsilon] \leq 2\varepsilon^{-2} \cdot 2^{-n}.$$

これより, ボレル・カンテリの補題を適用して,

$$A_n = \{\omega; \sup\{(1-t)|M_t|; t \in [1-2^{-n}, 1-2^{-n-1}]\} > 2^{-\frac{n}{4}}\}$$

とおけば, ほとんどすべての ω に対し $n(\omega)$ が存在し

$$n \geq n(\omega) \Rightarrow \omega \notin A_n$$

となることが言える.

5.16 c) $X_t = \exp(\alpha B_t - \frac{1}{2}\alpha^2 t)\left[x^2 + 2\int_0^t \exp(-2\alpha B_s + \alpha^2 s)ds\right]^{1/2}$.

7.1 a) $Af(x) = \mu x f'(x) + \frac{1}{2}\sigma^2 f''(x)$, $f \in C_0^2(\mathbf{R})$.
b) $Af(x) = rxf'(x) + \frac{1}{2}\alpha^2 x^2 f''(x)$, $f \in C_0^2(\mathbf{R})$.
c) $Af(y) = rf'(y) + \frac{1}{2}\alpha^2 y^2 f''(y)$, $f \in C_0^2(\mathbf{R})$.
d) $Af(t,x) = \frac{\partial f}{\partial t} + \mu x \frac{\partial f}{\partial x} + \frac{1}{2}\sigma^2 \frac{\partial^2 f}{\partial x^2}$, $f \in C_0^2(\mathbf{R}^2)$.
e) $Af(x_1, x_2) = \frac{\partial f}{\partial x_1} + x_2 \frac{\partial f}{\partial x_2} + \frac{1}{2}e^{2x_1}\frac{\partial^2 f}{\partial x_2^2}$, $f \in C_0^2(\mathbf{R}^2)$.
f) $Af(x_1, x_2) = \frac{\partial f}{\partial x_1} + \frac{1}{2}\frac{\partial^2 f}{\partial x_1^2} + \frac{1}{2}x_1^2 \frac{\partial^2 f}{\partial x_2^2}$, $f \in C_0^2(\mathbf{R}^2)$.
g) $Af(x_1,\ldots,x_n) = \sum_{k=1}^n r_k x_k \frac{\partial f}{\partial x_k} + \frac{1}{2}\sum_{i,j=1}^n x_i x_j (\sum_{k=1}^n \alpha_{ik}\alpha_{jk})\frac{\partial^2 f}{\partial x_i \partial x_j}$, $f \in C_0^2(\mathbf{R}^n)$.

7.2 a) $dX_t = dt + \sqrt{2}dB_t$.

b) $dX(t) = \begin{pmatrix} dX_1(t) \\ dX_2(t) \end{pmatrix} = \begin{pmatrix} 1 \\ cX_2(t) \end{pmatrix} dt + \begin{pmatrix} 0 \\ \alpha X_2(t) \end{pmatrix} dB_t.$

c) $dX(t) = \begin{pmatrix} dX_1(t) \\ dX_2(t) \end{pmatrix} = \begin{pmatrix} 2X_2(t) \\ \ln(1+X_1^2(t)+X_2^2(t)) \end{pmatrix} dt + \begin{pmatrix} X_1(t) & 1 \\ 1 & 0 \end{pmatrix} \begin{pmatrix} dB_1(t) \\ dB_2(t) \end{pmatrix}.$
(これ以外の拡散係数のとり方もある.)

7.4 a), b) $\tau_k = \inf\{t > 0; B_t^x = 0 \text{ もしくは } B_t^x = k\}$ $(k > x > 0)$ とし,
$$p_k = P^x[B_{\tau_k} = k]$$
とおく. $f(y) = y^2$ $(0 \le y \le k)$ に対しディンキンの公式を適用すれば
$$E^x[\tau_k] = k^2 p_k - x^2 \tag{S1}$$
となる. ところが, $f(y) = y$ $(0 \le y \le k)$ にディンキンの公式を適用すれば
$$kp_k = x \tag{S2}$$
である. これらを合わせて,
$$E^x[\tau] = \lim_{k \to \infty} E^x[\tau_k] = \lim_{k \to \infty} x(k - x) = \infty \tag{S3}$$
を得る. さらに (S.2) より
$$P^x[B_t = 0 \ (\exists t < \infty)] = \lim_{k \to \infty} P^x[B_{\tau_k} = 0] = \lim_{k \to \infty}(1 - p_k) = 1 \tag{S4}$$
となる. よって P^x-a.s. に $\tau < \infty$ である.

7.18 c) $p = \frac{\exp(-\frac{2bx}{\sigma^2}) - \exp(-\frac{2ab}{\sigma^2})}{\exp(-\frac{2b^2}{\sigma^2}) - \exp(-\frac{2ab}{\sigma^2})}.$

8.1 a) $g(t,x) = E^x[\phi(B_t)].$
b) $u(x) = E^x[\int_0^\infty e^{-\alpha t} \psi(B_t) dt].$

8.12 $dQ(\omega) = \exp(3B_1(T) - B_2(T) - 5T) dP(\omega).$

9.1 a) $dX_t = \begin{pmatrix} \alpha \\ 0 \end{pmatrix} dt + \begin{pmatrix} 0 \\ \beta \end{pmatrix} dB_t.$
b) $dX_t = \begin{pmatrix} a \\ b \end{pmatrix} dt + \begin{pmatrix} 1 & 0 \\ 0 & 1 \end{pmatrix} dB_t.$
c) $dX_t = \alpha X_t dt + \beta dB_t.$
d) $dX_t = \alpha dt + \beta X_t dB_t.$
e) $dX_t = \begin{pmatrix} dX_1(t) \\ dX_2(t) \end{pmatrix} = \begin{pmatrix} \ln(1+X_1^2(t)) \\ X_2(t) \end{pmatrix} dt + \sqrt{2} \begin{pmatrix} X_2(t) & 0 \\ X_1(t) & X_1(t) \end{pmatrix} \begin{pmatrix} dB_1(t) \\ dB_2(t) \end{pmatrix}.$

9.3 a) $u(t,x) = E^x[\phi(B_{T-t})].$
b) $u(t,x) = E^x[\psi(B_t)].$

9.8 a) $X_t \in \mathbf{R}^2$ を例 9.2.1 で定義した右方向への一様運動とする.このとき各 1 点集合 $\{(x_1, x_2)\}$ は尖細(したがって半極)であるが極集合ではない.
b) X_t を a)と同じのものとする.$\{a_k\}_{k=1}^\infty$ を有理数の全体とし,$H_k = \{(a_k, 1)\}$ ($k = 1, 2, \ldots$)とおく.このとき H_k は尖細ではあるが,$Q^{(x_1, 1)}[T_H = 0] = 1$ ($\forall x_1 \in \mathbf{R}$)となる.

9.10 $X_t = X_t^x$ を
$$dX_t = \alpha X_t dt + \beta X_t dB_t, \quad t \geq 0, \ X_0 = x > 0$$
の解とし,$Y_t = Y_t^{s,x} = (s+t, X_t^x)$ ($t \geq 0$)とおく.Y_t の生成作用素 $\widehat{A}$ は次で与えられる.
$$\widehat{A}f(s, x) = \frac{\partial f}{\partial s} + \alpha x \frac{\partial f}{\partial x} + \frac{1}{2}\beta^2 x^2 \frac{\partial^2 f}{\partial x^2}, \quad f \in C_0^2(\mathbf{R}^2).$$
さらに $D = \{(t, x); x > 0, t < T\}$ とすれば,
$$\tau_D := \inf\{t > 0; Y_t \notin D\} = \inf\{t > 0; s + t > T\} = T - s.$$
したがって,
$$Y_{\tau_D} = (T, X_{T-s})$$
となる.ゆえに,定理 9.3.3 から,解は次で与えられる.
$$f(s, x) = E\left[e^{-\rho T}\phi(X_{T-s}^s) + \int_0^{T-s} e^{-\rho(s+t)} K(X_t^x) dt\right].$$

10.1 a) $g^*(x) = \infty$, τ^* は存在しない.
b) $g^*(x) = \infty$, τ^* は存在しない.
c) $g^*(x) = 1$, $\tau^* = \inf\{t > 0; B_t = 0\}$.
d) $\rho < \frac{1}{2}$ ならば,$g^*(s, x) = \infty$ で τ^* は存在しない.
$\rho \geq \frac{1}{2}$ ならば,$g^*(s, x) = g(s, x) = e^{-\rho s}\cosh x$ で $\tau^* = 0$.

10.3 x_0 は次の方程式を満たす数として定まる.
$$x_0 = \sqrt{\frac{2}{\rho}} \cdot \frac{e^{2\sqrt{2\rho}x_0} + 1}{e^{2\sqrt{2\rho}x_0} - 1}.$$
そして $g^*(s, x) = e^{-\rho s} x_0^2 \frac{\cosh(\sqrt{2\rho}x)}{\cosh(\sqrt{2\rho}x_0)}$ ($-x_0 < x < x_0$)である.

10.9 もし $0 < \rho \leq 1$ ならば,$\gamma(x) = \frac{1}{\rho}x^2 + \frac{1}{\rho^2}$ となるが,τ^* は存在しない.もし $\rho > 1$ ならば

$$\gamma(x) = \begin{cases} \dfrac{1}{\rho}x^2 + \dfrac{1}{\rho^2} + C\cosh(\sqrt{2\rho}\,x), & |x| \leq x^* \text{ のとき}, \\ x^2, & |x| > x^* \text{ のとき}, \end{cases}$$
となる.ただし,$C > 0, x^* > 0$ は次で定める.
$$C\cosh(\sqrt{2\rho}\,x^*) = \left(1 - \dfrac{1}{\rho}\right)(x^*)^2 - \dfrac{1}{\rho^2},$$
$$C\sqrt{2\rho}\sinh(\sqrt{2\rho}\,x^*) = 2\left(1 - \dfrac{1}{\rho}\right)x^*.$$

10.12 もし $\rho > r$ ならば,$g^*(s,x) = e^{-\rho s}(x_0 - 1)^+ \left(\dfrac{x}{x_0}\right)^\gamma$, $\tau^* = \inf\{t > 0; X_t \geq x_0\}$ となる.ただし,
$$\gamma = \alpha^{-2}\left[\dfrac{1}{2}\alpha^2 - r + \sqrt{(\dfrac{1}{2}\alpha^2 - r)^2 + 2\alpha^2\rho}\,\right],$$
$$x_0 = \dfrac{\gamma}{\gamma - 1} \quad (\gamma > 1 \Leftrightarrow \rho > r).$$

10.13 もし $\alpha \leq \rho$ ならば $\tau^* = 0$ である.

もし $\rho < \alpha < \rho + \lambda$ ならば,
$$G^*(s,p,q) = \begin{cases} e^{-\rho s}pq, & 0 < pq < y_0 \text{ のとき}, \\ C_1(pq)^{\gamma_1} + \dfrac{\lambda}{\rho + \lambda - \alpha} \cdot pq - \dfrac{K}{\rho}, & pq \geq y_0 \text{ のとき}, \end{cases}$$
となる.ただし
$$\gamma_1 = \beta^{-2}\left[\dfrac{1}{2}\beta^2 + \lambda - \alpha - \sqrt{\left(\dfrac{1}{2}\beta^2 + \lambda - \alpha\right)^2 + 2\rho\beta^2}\,\right] < 0,$$
$$y_0 = \dfrac{(-\gamma_1)K(\rho + \lambda - \alpha)}{(1 - \gamma_1)\rho(\alpha - \rho)} > 0,$$
$$C_1 = \dfrac{(\alpha - \rho)y_0^{1 - \gamma_1}}{(-\gamma_1)(\rho + \lambda - \alpha)}.$$
このとき,続行領域は
$$D = \{(s,p,q); pq > y_0\}.$$
もし $\rho + \lambda \leq \alpha$ ならば $G^* = \infty$ となる.

11.6 $u^* = \dfrac{a_1 - a_2 - \sigma_2^2(1 - \gamma)}{(\sigma_1^2 + \sigma_2^2)(1 - \gamma)}$ (定数) であり,
$$\Phi(s,x) = e^{\lambda(t - t_1)}x^\gamma, \quad t < t_1, x > 0$$
となる.ただし
$$\lambda = \dfrac{1}{2}\gamma(1 - \gamma)[\sigma_1^2(u^*)^2 + \sigma_2^2(1 - u^*)^2] - \gamma[a_1 u^* + a_2(1 - u^*)].$$

11.11 ヒントの追加．関数 $a_\lambda(s), b_\lambda(s)$ $(\lambda \in \mathbf{R})$ を固定して，
$$\phi_\lambda(s,x) = a_\lambda(s)x^2 + b_\lambda(s)$$
という形の非制約問題の解を探せ．これを HJB 方程式に代入すれば次の関係式を得る．
$$a'_\lambda(s) = \frac{1}{\theta}a_\lambda^2(s) - 1, \quad s < t_1, \quad a_\lambda(t_1) = \lambda,$$
$$b'_\lambda(s) = -\sigma^2 a_\lambda(s), \quad s < t_1, \quad b_\lambda(t_1) = 0.$$
さらに最適制御は $u^*(s,x) = -\frac{1}{\theta}a_\lambda(s)x$ である．

これを $X_t^{u^*}$ の方程式に代入し，終端条件を用いて λ_0 を決定せよ．

簡単のために $s=0$ とおけば，$\lambda = \lambda_0$ は方程式
$$A\lambda^3 + B\lambda^2 + C\lambda + D = 0$$
の解として得られる．ただし
$$A = m^2(e^{t_1} - e^{-t_1})^2$$
$$B = m^2(e^{2t_1} + 2 - 3e^{-2t_1}) - \sigma^2(e^{t_1} - e^{-t_1})^2$$
$$C = m^2(-e^{2t_1} + 2 + 3e^{-2t_1}) - 4x^2 - 2\sigma^2(1 - e^{-2t_1})$$
$$D = -m^2(e^{t_1} + e^{-t_1})^2 + 4x^2 + \sigma^2(e^{2t_1} - e^{-2t_1}).$$

12.6 a) 裁定機会なし．
b) 裁定機会なし．
c) $\theta(t) = (0,1,1)$ が裁定ポートフォリオである．
d) 裁定機会なし．
e) 裁定機会あり．
f) 裁定機会なし．

12.7 a) 完備である．
b) 完備でない．たとえば，条件付き請求権
$$F(\omega) = \int_0^T B_3(t)dB_3(t) = \frac{1}{2}B_3^2(T) - \frac{1}{2}T$$
はヘッジできない．
c) 完備でない．
d) 完備でない．
e) 完備である．

f) 完備である.

12.12 c) $E_Q[\xi(T)F] = \sigma^{-1}x_1(\frac{\alpha}{\rho} - 1)(1 - e^{-\rho T})$. 複製ポートフォリオ $\theta(t) = (\theta_0(t), \theta_1(t))$ は,
$$\theta_1(t) = \sigma^{-1}\left[1 - \frac{\alpha}{\rho}(1 - e^{\rho(t-T)})\right]$$
とおき, $\theta_0(t)$ を (12.1.14) にしたがって定めることで得られる.

記号・用語

$\mathbf{R}^n$	n-次元ユークリッド空間
$\mathbf{R}^+$	非負実数の全体
$\mathbf{Q}$	有理数の全体
$\mathbf{Z}$	整数の全体
$\mathbf{Z}^+ = \mathbf{N}$	自然数の全体
$\mathbf{C}$	複素平面
$\mathbf{R}^{n \times m}$	$n \times m$-実行列の全体
A^T	行列 A の転置行列
$|C|$	$n \times n$-行列 C の行列式
$\mathbf{R}^n \simeq \mathbf{R}^{n \times 1}$	$\mathbf{R}^n$ に属するベクトルは $n \times 1$-行列と見なす
$\mathbf{C}^n = \mathbf{C} \times \cdots \times \mathbf{C}$	n-次元複素空間
$|x|^2 = x^2$	$\sum_{i=1}^{n} x_i^2 \ (x = (x_1, \ldots, x_n) \in \mathbf{R}^n)$
$x \cdot y$	内積 $\sum_{i=1}^{n} x_i y_i$ $(x = (x_1, \ldots, x_n), \ y = (y_1, \ldots, y_n) \in \mathbf{R}^n)$
x^+	$\max(x, 0) \ (x \in \mathbf{R})$

sign x	$\begin{cases} 1, & x \geq 0 \text{ のとき}, \\ -1, & x < 0 \text{ のとき}. \end{cases}$
$C(U,V)$	U 上定義された V に値をとる連続関数の空間
$C(U)$	$C(U,\mathbf{R})$
$C_0(U)$	コンパクトな台を持つ $C(U)$ の元の全体
$C^k = C^k(U)$	k 回連続的微分可能な $C(U,\mathbf{R})$ の元の全体
$C_0^k = C_0^k(U)$	コンパクトな台を持つ $C^k(U)$ の元の全体
$C^{k+\alpha}$	k 次微分が α-ヘルダー連続となる $C^k(U)$ の元の全体
$C^{1,2}(\mathbf{R} \times \mathbf{R}^n)$	$t \in \mathbf{R}$ に関しては C^1, $x \in \mathbf{R}^n$ に関しては C^2 となる関数 $f:\mathbf{R} \times \mathbf{R}^n \to \mathbf{R}$ の全体
$C_b(U)$	U 上の有界連続関数の全体
$f\|_K$	関数 f の集合 K への制限
$A = A_X$	伊藤拡散過程 X の生成作用素
$\mathcal{A} = \mathcal{A}_X$	伊藤拡散過程 X の特性作用素
$L = L_X$	C_0^2 上 A_X と, C^2 上 $\mathcal{A}_X$ と一致する 2 階の微分作用素
$B_t, \ (B_t, \mathcal{F}, \Omega, P^x)$	ブラウン運動
$\mathcal{D}_A$	作用素 A の定義域
∇	グラジエント作用素. $\nabla f = (\frac{\partial f}{\partial x_1}, \ldots, \frac{\partial f}{\partial x_n})$
Δ	ラプラシアン. $\Delta f = \sum_i \frac{\partial^2 f}{\partial x_i^2}$
L	$L = \sum_i b_i \frac{\partial}{\partial x_i} + \sum_{i,j} a_{ij} \frac{\partial^2}{\partial x_i \partial x_j}$ という形をした半楕円型 2 階微分作用素

R_α	レゾルベント作用素
a.a.　a.e.　a.s.	"ほとんどすべての","ほとんど至るところ","ほとんど確実に".
$\simeq$	法則の意味で一致する (8.5 節を見よ)
$E[Y] = E^\mu[Y] = \int Y d\mu$	確率変数 Y の測度 μ に関する期待値
$E[Y\|\mathcal{N}]$	σ-加法族 $\mathcal{N}$ を与えられたときの Y の条件付き期待値
$\mathcal{F}_\infty$	$\bigcup_{t>0} \mathcal{F}_t$ で生成される σ-加法族
$\mathcal{B}$	ボレル集合族
$\mathcal{F}_t,\ \mathcal{F}_t^{(m)}$	$\{B_s; s \leq t\}$ により生成される σ-加法族. ただし B_t は m-次元ブラウン運動.
$\mathcal{F}_\tau$	$\{B_{s\wedge\tau}; s \geq 0\}$ により生成される σ-加法族. ただし τ は停止時刻.
$\perp$	(ヒルベルト空間で) 直交する
$\mathcal{M}_t$	$\{X_s; s \leq t\}$ により生成される σ-加法族. ただし X_t は伊藤拡散過程.
$\mathcal{M}_\tau$	$\{X_{s\wedge\tau}; s \geq 0\}$ により生成される σ-加法族. ただし τ は停止時刻.
∂G	集合 G の境界
$\overline{G}$	集合 G の閉包
$G \subset\subset H$	$\overline{G}$ はコンパクトであり,さらに $\overline{G} \subset H$ となる
$d(y, K)$	点 $y \in \mathbf{R}^n$ と集合 $K \subset \mathbf{R}^n$ の距離

τ_G	確率過程 X_t の集合 G からの流出時刻. $\tau_G = \inf\{t > 0; X_t \notin G\}$
$\mathcal{V}(S,T)$, $\mathcal{V}^n(S,T)$	定義 3.3.1
$\mathcal{W}$, $\mathcal{W}^n$	定義 3.3.2
(H)	ハントの条件(9章)
HJB	ハミルトン=ヤコビ=ベルマン方程式(11章)
I_n	$n \times n$-単位行列
$\mathcal{X}_G$	集合 G の特性関数. $x \in G$ ならば $\chi(x) = 1$, $x \notin G$ ならば $\chi(x) = 0$
P^x	x を出発する B_t の確率法則
$P = P^0$	0 を出発する B_t の確率法則
Q^x	x を出発する X_t の確率法則 ($X_0 = x$)
$R^{(s,x)}$	$Y_t = (s+t, X_t^x)_{t \geq 0}$ ($Y_0 = (s,x)$) の確率法則(10章)
$Q^{s,x}$	$Y_t = (s+t, X_{s+t}^{s,x})_{t \geq 0}$ ($Y_0 = (s,x)$) の確率法則 (11章)
$P \ll Q$	測度 P は Q に対し絶対連続
$P \sim Q$	P は Q に同値な測度である. すなわち, $P \ll Q$ かつ $Q \ll P$
E^x, $E^{(s,x)}$, $E^{s,x}$	Q^x, $R^{(s,x)}$, $Q^{s,x}$ に関する期待値
E_Q	測度 Q に関する期待値
E	前後文から明らかな測度(通常 P^0)に関する期待値

$s \wedge t$	$\min(s,t)$
$s \vee t$	$\max(s,t)$
δ_x	x に集中したディラック測度
δ_{ij}	クロネッカーのデルタ. $i=j$ ならば $\delta_{ij}=1$, $i\neq j$ ならば $\delta_{ij}=0$
θ_t	ずらし. $\theta(f(X_s))=f(X_{t+s})$ (7章)
$\theta(t)$	ポートフォリオ((12.1.3)を見よ)
$V^\theta(t)$	$=\theta(t)\cdot X(t)$. 価値過程((12.1.4)を見よ)
$V_z^\theta(t)$	$=z+\int_0^t \theta(s)dX(s)$. 初期値が z のときにポートフォリオ $\theta(t)$ が時刻 t に生み出す価値(258, 262ページを見よ)
$\overline{X}(t)$	正規化された市場モデル((12.1.9)を見よ)
$\xi(t)$	減価ファクター((12.1.10)を見よ)
$:=$	「左辺を右辺で定義する」という記号
$\underline{\lim}, \overline{\lim}$	$\liminf, \limsup$
$\operatorname{ess\,inf} f$	$\sup\{M\in\mathbf{R}; f\geq M \text{ a.s.}\}$
$\operatorname{ess\,sup} f$	$\inf\{N\in\mathbf{R}; f\leq N \text{ a.s.}\}$
$\square$	証明終わり

参考文献

Aase, K. K. (1982): Stochastic continuous-time model reference adaptive systems with decreasing gain. *Advances in Appl. Prob.* **14**, 763–788

Aase, K. K. (1984): Optimum portfolio diversification in a general continuous time model. *Stoch. Proc. and their Applications* **18**, 81–98

Adler, R. J. (1981): *The Geometry of Random Fields.* Wiley & Sons

Andersen, E. S., Jessen, B. (1948): Some limit theorems on set-functions. *Danske Vid. Selsk. Mat.-Fys. Medd.* **25**, #5, 1–8

Arnold, L. (1973): *Stochastische Differentialgleichungen. Theorie und Anwendung.* Oldenbourg Verlag

Barles, G., Burdeau, J., Romano, M., Samsoen, N. (1995): Critical stock price near expiration. *Math. Finance* **5**, 77–95

Bather, J. A. (1970): Optimal stopping problems for Brownian motion. *Advances in Appl. Prob.* **2**, 259–286

Bather, J. A. (1997): *Bounds on optimal stopping times for the American put.* Preprint, University of Sussex

Beneš, V. E. (1974): Girsanov functionals and optimal bang-bang laws for final-value stochastic control. *Stoch. Proc. and Their Appl.* **2**, 127–140

Bensoussan, A. (1992): *Stochastic Control of Partially Observable Systems.* Cambridge Univ. Press

Bensoussan, A., Lions, J. L. (1978): *Applications des inéquations variationnelles en contrôle stochastique.* Dunod. (Applications of Variational Inequalities in Stochastic Control. North-Holland)

Bernard, A., Campbell, E. A., Davie, A. M. (1979): Brownian motion and generalized analytic and inner functions. *Ann. Inst. Fourier* **29**, 207–228

Bers, L., John, F., Schechter, M. (1964): *Partial Differential Equations.* Interscience

Biais, B., Bjørk, T., Cvitanic, J., El Karoui, N., Jouini, E., Rochet, J. C. (1997): *Financial Mathematics.* Lecture Notes in Mathematics, Vol. **1656**. Springer-Verlag

Black, F., Scholes, M. (1973): The pricing of options and corporate liabilities. *J. Political Economy* **81**, 637–654

Blumenthal, R. M., Getoor, R. K. (1968): *Markov Processes and Potential Theory*. Academic Press

Breiman, L. (1968): *Probability*. Addison-Wesley

Brekke, K. A., Øksendal, B. (1991): The high contact principle as a sufficiency condition for optimal stopping. In D. Lund and B. Øksendal (editors):Stochastic Models and Option Values. North-Holland, 187–208

Brown, B. M., Hewitt, J. I. (1975): Asymptotic likelihood theory for diffusion processes. *J. Appl. Prob.* **12**, 228–238

Bucy, R. S., Joseph, P. D. (1968): *Filtering for Stochastic Processes with Applications to Guidance*. Interscience

Chow, Y. S., Robbins, H., Siegmund, D. (1971): *Great Expectations: The Theory of Optimal Stopping*. Houghton Miffin Co.

Chung, K. L. (1974): *A Course in Probability Theory*. Academic Press

Chung, K. L. (1982): *Lectures from Markov Processes to Brownian Motion*. Springer-Verlag

Chung, K. L., Williams, R. (1990): *Introduction to Stochastic Integration*. Second Edition. Birkhäuser

Clark, J. M. (1970, 1971): The representation of functionals of Brownian motion by stochastic integrals. *Ann. Math. Stat.* **41** , 1282–1291 and **42**, 1778

Csink, L., Øksendal, B. (1983): Stochastic harmonic morphisms: functions mapping the paths of one diffusion into the paths of another. *Ann. Inst. Fourier* **330**, 219–240

Csink, L., Fitzsimmons, P.,Øksendal, B. (1990): A stochastic characterization of harmonic morphisms. *Math. Ann.* **287**, 1–18

Cutland, N. J., Kopp, P. E., Willinger, W. (1995): Stock price returns and the Joseph effect: A fractional version of the Black-Scholes model. In Bolthausen, Dozzi and Russo (editors): *Seminar on Stochastic Analysis, Random Fields and Applications*. Birkhäuser, 327–351

Davis, M. H. A. (1977): *Linear Estimation and Stochastic Control*. Chapman & Hall

Davis, M. H. A. (1984): Lectures on Stochastic Control and Nonlinear Filtering. *Tata Institute of Fundamental Research* **75**. Springer-Verlag

Davis, M. H. A. (1993): *Markov Models and Optimization*. Chapman & Hall, London

Davis, M. H. A., Vinter, R. B. (1985): *Stochastic Modelling and Control*. Chapman & Hall

Delbaen, F., Schachermayer, W. (1994): A general version of the fundamental theorem of asset pricing. *Math. Ann.* **300**, 463–520

Delbaen, F., Schachermayer, W. (1995): The existence of absolutely continuous local martingale measures. *Annals of Applied Probability* **5**, 926–945

Delbaen, F., Schachermayer, W. (1997): The fundamental theorem of asset pricing for unbounded stochastic processes. (To appear)

Dixit, A. K., Pindyck, R. S. (1994): *Investment under Uncertainty.* Princeton University Press

Doob, J. L. (1984): *Classical Potential Theory and Its Probabilistic Counterpart.* Springer-Verlag

Duffie, D. (1994): Martingales, arbitrage, and portfolio choice. *First European Congress of Mathematics,* vol. **II**, Birkhäuser, 3–21

Duffie, D. (1996): *Dynamic Asset Pricing Theory.* Second Edition. Princeton University Press

Durrett, R. (1984): *Brownian Motion and Martingales in Analysis.* Wadsworth Inc.

Dynkin, E. B. (1963): The optimum choice of the instant for stopping a Markov process. *Soviet Mathematics* **4**, 627–629

Dynkin, E. B. (1965 I): *Markov Processes,* vol. **I**. Springer-Verlag

Dynkin, E. B. (1965 II): *Markov Processes,* vol. **II**. Springer-Verlag

Dynkin, E. B., Yushkevich, A. A. (1979): *Controlled Markov Processes.* Springer-Verlag

Elliot, R. J. (1982): *Stochastic Calculus and Applications.* Springer-Verlag

Elworthy, K. D. (1982): *Stochastic Differential Equations on manifolds.* Cambridge University Press

Emery, M. (1989): *Stochastic Calculus in Manifolds.* Springer-Verlag

Fleming, W. H., Rishel, R. W. (1975): *Deterministic and Stochastic Optimal Control.* Springer-Verlag

Fleming, W. H., Soner, H. M. (1993): *Controlled Markov Processes and Viscosity Solutions.* Springer-Verlag

Folland, G. B. (1984): *Real Analysis.* J. Wiley & Sons

Freidlin, M. (1985): *Functional Integration and Partial Differential Equations.* Princeton University Press

Friedman, A. (1975): *Stochastic Differential Equations and Applications,* vol. **I**. Academic Press

Friedman, A. (1976): *Stochastic Differential Equations and Applications,* vol. **II**. Academic Press

Fukushima, M. (1980): *Dirichlet Forms and Markov Processes.* North-Holland/Kodansha

Gard, T. C. (1988): *Introduction to Stochastic Differential Equations.* Dekker

Gelb, A. (1974): *Applied Optimal Estimation.* MIT

Gihman: I. I., Skorohod, A. V. (1974a): *Stochastic Differential Equations.* Springer-Verlag

Gihman, I. I., Skorohod, A. V. (1974b): *The Theory of Stochastic Processes,* vol. **I**. Springer-Verlag

Gihman, I. I., Skorohod, A. V. (1979): *The Theory of Stochastic Processes,* vol. **III**. Springer-Verlag

Gihman, I. I., Skorohod, A. V. (1979): *Controlled Stochastic Processes.* Springer-Verlag

Grue, J. (1989): *Wave drift damping of the motions of moored platforms by the method of stochastic differential equations.* Manuscript, University of Oslo

Harrison, J. M., Kreps, D. (1979): Martingales and arbitrage in multiperiod securities markets. *J. Economic Theory* **20**, 381–408

Harrison, J. M., Pliska, S. (1981): Martingales and stochastic integrals in the theory of continuous trading. *Stoch. Proc. and Their Applications* **11**, 215–260

Harrison, J. M., Pliska, S. (1983): A stochastic calculus model of continuous trading: Complete markets. *Stoch. Proc. Appl.* **15**, 313–316

Hida, T. (1980): *Brownian Motion.* Springer-Verlag

Hida, T., Kuo, H.-H,, Potthoff, J., Streit, L. (1993): *White Noise. An Infinite Dimensional Approach.* Kluwer

Hoel, P. G., Port, S. C., Stone, C. J. (1972): *Introduction to Stochastic Processes.* Waveland Press, Illinois 60070

Hoffmann, K. (1962): *Banach Spaces of Analytic functions.* Prentice Hall

Holden, H., Øksendal, B., Ubøe, J., Zhang, T. (1996): *Stochastic Partial Differential Equations.* Birkhäuser

Hu, Y. (1997): *Ito-Wiener chaos expansion with exact residual and correlation, variance inequalities.* J. Theoret. Prob. 10, 835–848.

Ikeda, N., Watanabe, S. (1989): *Stochastic Differential Equations and Diffusion Processes.* Second Edition. North-Holland/Kodansha

Ito, K. (1951): Multiple Wiener integral. *J. Math. Soc. Japan* **3**, 157–169

Ito, K., McKean, H. P. (1965): *Diffusion Processes and Their Sample Paths.* Springer-Verlag

Jacod, J. (1979): *Calcul Stochastique et Problemes de Martingales.* Springer Lecture Notes in Math. **714**

Jacod, J., Shiryaev, A. N. (1987): *Limit Theorems for Stochastic Processes.* Springer-Verlag

Jaswinski, A. H. (1970): *Stochastic Processes and Filtering Theory.* Academic Press

Kallianpur, G. (1980): *Stochastic Filtering Theory.* Springer-Verlag

Kallianpur, G. (1997): *Stochastic Finance.* (Monograph to appear)

Karatzas, I. (1997): *Lectures on the Mathematics of Finance.* American Math. Soc.

Karatzas, I., Lehoczky, J., Shreve, S. E. (1987): Optimal portfolio and consumption decisions for a 'Small Investor' on a finite horizon. *SIAM J. Control and Optimization* **25**, 1157–1186

Karatzas, I., Ocone, D. (1991): A generalized Clark representation formula, with application to optimal portfolios. *Stochastics and Stochastics Reports* **34**, 187–220

Karatzas, I., Shreve, S. E. (1991): *Brownian Motion and Stochastic Calculus.* Second Edition. Springer-Verlag

Karatzas, I., Shreve, S. E. (1998): *Methods of Mathematical Finance.* Springer-Verlag.

Karlin, S., Taylor, H. (1975): *A First Course in Stochastic Processes.* Second Edition. Academic Press

Kloeden, P. E., Platen, E. (1992) : *Numerical Solution of Stochastic Differential Equations.* Springer-Verlag

Knight, F. B. (1981): *Essentials of Brownian Motion.* American Math. Soc.

Kopp, P. (1984): *Martingales and Stochastic Integrals.* Cambridge University Press

Krishnan, V. (1984):*Nonlinear Filtering and Smoothing: An Introduction to Martingales, Stochastic Integrals and Estimation.* J. Wiley & Sons

Krylov, N. V. (1980): *Controlled Diffusion Processes.* Springer-Verlag

Krylov, N. V., Zvonkin, A. K. (1981): On strong solutions of stochastic differential equations. *Sel. Math. Sov.* **I**, 19–61

Kushner, H. J. (1967): *Stochastic Stability and Control.* Academic Press

Lamperti, J. (1977): *Stochastic Processes.* Springer-Verlag

Lamberton, D., Lapeyre, B. (1996): *Introduction to Stochastic Calculus Applied to Finance.* Chapman & Hall

Lin, S. J. (1995): Stochastic analysis of fractional Brownian motions. *Stochastics* **55**, 121–140

Liptser, R. S., Shiryaev, A. N. (1977): *Statistics of Random Processes*, vol. **I**. Second Edition 1998. Springer-Verlag.

Liptser, R. S., Shiryaev, A. N. (1978): *Statistics of Random Processes*, vol. **II**. Second Edition 1998. Springer-Verlag.

McDonald, R., Siegel, D. (1986): The value of waiting to invest. *Quarterly J. of Economics* **101**, 707–727

McGarty T. P. (1974): *Stochastic Systems and State Estimation.* J. Wiley & Sons

McKean, H. P. (1965): A free boundary problem for the heat equation arising from a problem of mathematical economics. *Industrial managem. review* **60**, 32–39

McKean, H. P. (1969): *Stochastic Integrals.* Academic Press

Malliaris, A. G. (1983): Ito's calculus in financial decision making. *SIAM Review* **25**, 481–496

Malliaris, A. G., Brock, W. A. (1982): *Stochastic Methods in Economics and Finance.* North-Holland

Markowitz, H. M. (1976): *Portfolio Selection. Efficient Diversification of Investments.* Yale University Press

Maybeck, P. S. (1979): *Stochastic Models, Estimation, and Control.* Vols. 1–**3**. Academic Press

Merton, R. C. (1971): Optimum consumption and portfolio rules in a continuous-time model. *Journal of Economic Theory* **3**, 373–413

Merton, R. C. (1990): *Continuous-Time Finance*. Blackwell Publishers

Métivier, M., Pellaumail, J. (1980): *Stochastic Integration*. Academic Press

Meyer, P. A. (1966): *Probability and Potentials*. Blaisdell

Meyer, P. A. (1976): *Un cours sur les intégrales stochastiques. Sém. de Prob. X.* Lecture Notes in Mathematics, vol. **511**, Springer-Verlag, 245–400

Musiela, M., Rutkowski, M. (1997): *Martingale Methods in Financial Modelling*. Springer-Verlag

Ocone, D. (1984): Malliavin's calculus and stochastic integral: representation of functionals of diffusion processes. *Stochastics* **12**, 161–185

Øksendal, B. (1984): Finely harmonic morphisms, Brownian path preserving functions and conformal martingales. *Inventiones math.* **750**, 179–187

Øksendal, B. (1990): When is a stochastic integral a time change of a diffusion? *Journal of Theoretical Probability* **3**, 207–226

Øksendal, B. (1996): An Introduction to Malliavin Calculus with Application to Economics. Norwegian School of Economics and Business Administration Working Paper no. 3/96 (www.nhh.no/for/wp/)

Olsen, T. E., Stensland, G. (1987): *A note on the value of waiting to invest*. Manuscript CMI, N-5036 Fantoft, Norway

Pardoux, E. (1979): Stochastic partial differential equations and filtering of diffusion processes. *Stochastics* **3**, 127–167

Port, S., Stone, C. (1979): *Brownian Motion and Classical Potential Theory*. Academic Press

Protter, P. (1990): *Stochastic Integration and Differential Equations*. Springer-Verlag

Ramsey, F. P. (1928): A mathematical theory of saving. *Economic J.* **38**, 543–549

Rao, M. (1977): *Brownian Motion and Classical Potential Theory*. Aarhus Univ. Lecture Notes in Mathematics **47**

Rao, M. M. (1984): *Probability Theory with Applications*. Academic Press

Revuz, D., Yor, M. (1991): *Continuous Martingales and Brownian Motion*. Springer-Verlag

Rogers, L. C. G., Williams, D. (1987): *Diffusions, Markov Processes, and Martingales*. Vol. **2**. J. Wiley & Sons

Rozanov, Yu. A. (1982): *Markov Random Fields*. Springer-Verlag

Samuelson, P. A. (1965): Rational theory of warrant pricing. *Industrial managem. review* **6**, 13–32

Shiryayev, A. N. (1978): *Optimal Stopping Rules*. Springer-Verlag

Simon, B. (1979): *Functional Integration and Quantum Physics*. Academic Press

Snell, J. L. (1952): Applications of martingale system theorems. *Trans. Amer.*

Math. Soc. **73**, 293–312

Stratonovich, R. L. (1966): A new representation for stochastic integrals and equations. *J. SIAM Control* **4**, 362–371

Stroock, D. W. (1971): On the growth of stochastic integrals. *Z. Wahr. verw. Geb.* **18**, 340–344

Stroock, D. W. (1981): *Topics in Stochastic Differential Equations.* Tata Institute of Fundamental Research. Springer-Verlag

Stroock, D. W. (1993): *Probability Theory, An Analytic View.* Cambridge University Press

Stroock, D. W., Varadhan, S. R. S. (1979): *Multidimensional Diffusion Processes.* Springer-Verlag

Sussmann, H. J. (1978): On the gap between deterministic and stochastic ordinary differential equations. *Ann. Prob.* **60**, 19–41

Taraskin, A. (1974): On the asymptotic normality of vectorvalued stochastic integrals and estimates of drift parameters of a multidimensional diffusion process. *Theory Prob. Math. Statist.* **2**, 209–224

The Open University (1981): *Mathematical models and methods*, unit **11**. The Open University Press

Topsøe, F. (1978): An information theoretical game in connection with the maximum entropy principle (Danish). *Nordisk Matematisk Tidsskrift* **25/26**, 157–172

Turelli, M. (1977): Random environments and stochastic calculus. *Theor. Pop. Biology* **12**, 140–178

Ubøe, J, (1987): Conformal martingales and analytic functions. *Math. Scand.* **60**, 292–309

Van Moerbeke, P. (1974): An optimal stopping problem with linear reward. *Acta Mathematica* **132**, 111–151

Williams, D. (1979): *Diffusions, Markov Processes and Martingales.* J. Wiley & Sons

Williams, D. (1981) (editor): *Stochastic Integrals.* Lecture Notes in Mathematics, vol. **851**. Springer-Verlag

Williams, D. (1991): *Probability with Martingales.* Cambridge University Press

Wong, E. (1971): *Stochastic Processes in Information and Dynamical Systems.* McGraw-Hill

Wong, E. , Zakai, M. (1969): Riemann-Stieltjes approximations of stochastic integrals. *Z. Wahr. verw. Geb.* **120**, 87–97

Yor, M. (1992): *Some Aspects of Brownian Motion*, Part **I**. ETH Lectures in Math. Birkhäuser

Yor, M. (1997): *Some Aspects of Brownian Motion*, Part **II**. ETH Lectures in Math. Birkhäuser

訳者あとがき

　本書は Bernt Øksendal 著, Stochastic differential equations, An introduction with applications, 第 5 版 (1998) の訳です. 本書は確率微分方程式への速成の入門とそれに基づく応用が賑やかに述べられている面白い本です. 著者が第 1 版のまえがきで述べた「既存の専門書への橋渡し」としての役割を十二分に果たしていると思います. ただ, 専門書の門をくぐったとたんに全く別の世界が待っているのですが. また著者が希望したような「筋道がはっきりした」議論が展開されており, 確率微分方程式の応用が見通しよく述べられています. エクセンダール氏が言うように本書は「前菜」であると訳者も思います. 細部に拘泥せず, 一気呵成に読み通されるのがよいでしょう. 確率微分方程式に連なる広い世界がかいま見えることでしょう.

　本書に続く専門書は色々とあると思います. 応用に関しては本書に述べられている通りです. 確率微分方程式の解に関する詳細な結果(とそれに関する一般論)について知るには, Ikeda-Watanabe (1989), Karatzas-Shreve (1991), Revuz-Yor (1991), Stroock-Varadhan (1979) が良いでしょう. 日本語の教科書として

1. 確率微分方程式(渡辺信三著, 産業図書, 1975)
2. 確率微分方程式(舟木直久著, 現代数学の基礎 9, 岩波書店, 1997)

を挙げておきます. 1 には本書の 9 章までの話題についてより詳しい説明があり, 2 は大偏差原理, 無限次元確率微分方程式などの本書とは異なる話題を含んでいます.

　確率微分方程式の歴史は, 伊藤清先生がコルモゴロフの方程式に対する拡散

過程をその解を用いて構成されたことに始まります(「Markoff 過程ヲ定メル微分方程式」, 全国誌上数学談話会誌, **244** (1942) No. 1077, 1352–1400).その後確率解析として発展し, 様々な応用を生んだことは本書からも分かると思います. 本書では触れられませんでしたが, 最近20年ほどの間に確率解析が経路の空間 $C([0,\infty); \mathbf{R}^n)$ 上の「微積分学」として発展しています. これは創始者の Paul Malliavin 氏にちなんでマリアヴァン解析と呼ばれています. その発展においても確率微分方程式は重要な役割を果たしました. この解析により種々の量を「経路にわたる平均」として厳密に表わすことが可能となっており, そして多くの局面でその原理に基づき考察を展開できます. たとえば, 本書にしばしば現れた基本解 $p(t,x,y)$ も「経路にわたる平均」として表現されます.「経路にわたる平均」という考え方は量子力学のファインマン経路積分と同じ視点です. マリアヴァン解析については Ikeda-Watanabe (1989) に詳しいですが, 昨年出版された Malliavin 氏自身による Stochastic Analysis (Springer-Verlag, 1997) も面白い教科書になると思います.

原書のミスプリント, 誤りなどはできる限り修正・訂正しました. これらの修正についてはエクセンダール氏と電子メイルによる意見の交換を行いました. 度重なる問い合わせにも関わらず, 親切に, 丁寧に, そして素早く返答してくれた氏に心から感謝しています. 基本的には原書の通りに訳出しましたが, 原書の文章にいくらか言葉を補い議論のとびを埋めたところ, 議論を変更したところもあります. また, 脚注はすべて訳者の付けた補足です.

本書を読んで「確率微分方程式は色々と使えて面白いもののようだな」と感じていただければ幸いです.

1999 年 2 月

谷口 説男

索　引

■あ行
アメリカ型オプション, 329
アメリカ型コールオプション, 339, 344
アメリカ型プットオプション, 337
イェンセンの不等式, 352
一様可積分, 353
一様楕円, 210, 322
伊藤拡散過程, 126
伊藤過程, 50, 55
伊藤積分, 28, 31, 38
伊藤積分の等長性, 29, 32
伊藤の公式, 50, 56
伊藤の表現定理, 59
イノベーション過程, 97, 103
ヴォルテラ型積分方程式, 105
ウィナーの判定法, 208
X-調和, 202
h-変換, 149
エルミート多項式, 43
オプションの価格付け, 317
オルンシュタイン=ウーレンベック過程, 86

■か行
解析関数とブラウン運動, 89, 178

ガウス過程, 14
ガウス分布, 14
拡散過程（ディンキン）, 143
拡散係数, 125
確率過程, 10
確率空間, 8
確率収束, 22
確率制御, 267
確率測度, 8
確率微分方程式, 71
確率微分方程式（解の存在と一意性）, 77
確率微分方程式（強い解）, 82
確率微分方程式（弱い解）, 82
確率変数, 9
風巻の条件, 63
可測関数, 9
可測空間, 8
可測集合, 8
価値過程, 296
カルマン=ブーシー・フィルター, 2, 111, 118
観測, 94
完備確率空間, 8
幾何学的ブラウン運動, 73
基本財, 297

強フェラー過程, 212
共分散行列, 14, 347
強マルコフ性, 131
極集合, 192, 209
局所時間, 66, 84, 171
局所マルチンゲール, 148
ギルサノフの定理, 69, 180
ギルサノフ変換, 182
グリーン関数, 193, 220, 222, 228
グリーン作用素, 193
グリーン測度, 21, 219, 285
グリーンの公式, 220
グロンウォールの不等式 , 91
グロンウォールの不等式, 79
経路, 11
合成積, 358
効用関数, 4, 231, 281
効用率関数, 232
固有値, 224
コルモゴロフの拡張定理, 12
コルモゴロフの後退方程式, 156
コルモゴロフの前進方程式, 188
コルモゴロフの連続性定理, 16

■さ行
再帰的, 141
最小優調和優関数, 235
最小優平均値的優関数, 235
最大値原理, 226
裁定, 300
最適制御, 269
最適停止時刻, 231, 239, 243
最適停止時刻の一意性, 243
最適停止問題, 4, 231
最適停止問題に対する存在定理, 238
最適評価関数, 269
最適ポートフォリオ選択問題, 4, 280
最尤推定量, 115

サポート定理, 123
時間的に一様な, 126
時間変更, 172
時間変更の公式, 175
σ-加法族, 7
σ-加法族(関数が生成する), 9
σ-加法族(集合族が生成する), 8
事象, 8
2乗平均誤差, 109
2乗平均連続, 44
市場モデル, 295
市場モデル(完備な), 307
市場モデル(正規化された), 296
指数マルチンゲール, 63
修正, 15, 35
条件付き期待値, 350
消滅, 162
消滅の割合, 163
初等的な確率過程, 29
推移測度, 220
推定(線形, 可測), 100
スケーリング(ブラウン運動の), 21
ストラトノビッチ積分, 27, 39, 43
スネル包, 332
ずらし, 133
制御(決定論的), 269
制御(閉ループ), 269
制御(マルコフ), 270
生成作用素, 136, 138
正則点, 206, 225
0-1法則, 205
線形レギュレータ問題, 277
尖細, 209
全変分過程, 22
続行領域, 239

■た行
楕円型偏微分作用素, 197

多重伊藤積分, 42
Dudley の定理, 302
田中の公式, 66
チェビシェフの不等式, 18
超過的関数, 236
重複対数の法則, 74
調和拡大, 144
調和関数とブラウン運動, 178
調和測度, 135
調和測度(拡散過程の), 152
調和測度(ブラウン運動の), 146
直交増分, 97
強い意味の一意性, 82
停止時刻, 66, 129
定常, 23
T-条件付き請求権(アメリカ型), 329
T-条件付き請求権(複製可能な), 307
T-条件付き請求権(ヨーロッパ型), 307
ディリクレ=ポアソン混合問題, 197, 218
ディリクレ問題, 3, 200
ディリクレ問題(一般化された), 208
ディリクレ問題(確率論的), 203
ディンキンの公式, 139
適合, 28
適切(マルチンゲール問題が), 165
到達分布, 135
同値マルチンゲール測度, 303, 316
ドゥーブ=ディンキンの補題, 9
ドゥーブ=メイエー分解, 332
特性関数, 347
特性作用素, 141
独立, 10
独立な増分, 15, 24
ドリフト係数, 125

■な行
2次変分過程, 180
2次変分過程, 65
ノイズ, 1, 23
ノビコフの条件, 63

■は行
ハイコンタクト原理, 253, 255, 263
爆発, 78, 91
ハミルトン=ヤコビ=ベルマン方程式, 270
パラメータの推定, 114
半極集合, 209
半楕円型偏微分作用素, 197
ハントの条件(H), 209
非再帰的, 141
p 次変分過程, 21
非正則点, 206, 225
ファインマン=カッツの公式, 160, 228
フィルターの問題, 2, 94
フィルターの問題(線形), 96
フィルトレーション, 34, 42
フェラー連続, 158
複素ブラウン運動, 89
部分積分の公式, 52, 63
ブラウン運動, 3, 13
ブラウン運動($\mathcal{H}_t$-), 82
ブラウン運動(楕円上), 85
ブラウン運動(単位円周上), 76, 143
ブラウン運動(単位球面上), 176
ブラウン運動のグラフ, 139
ブラウン運動(リーマン多様体上), 178
ブラウン橋, 87
ブラック-ショールズの公式, 5
ブラック=ショールズの公式, 327, 343
分布(確率変数の), 9
分布関数, 17

分離原理, 269, 279
平均, 10
平均回帰オルンシュタイン=ウーレンベック過程, 87
平均値定理, 146
平均値的, 135
ベッセル過程, 56, 166
ベルマン原理, 289
ペロン=ウィナー=ブルロの解, 213
変分不等式, 256
ポアソン核, 226
ポアソン問題, 200
ポアソン問題(一般化された), 215
ポアソン問題(確率論的), 216
法則の意味で一致する, 166
補間, 121
ポートフォリオ, 4, 296
ポートフォリオ(許容可能な), 299
ポートフォリオ(自己充足的な), 296
ポートフォリオ(複製(ヘッジ)する), 307
ボレル=カンテリの補題, 19
ボレル集合，ボレル集合族, 9
ホワイトノイズ, 24, 71

■ま行
マリアヴァン微分, 61
マルコフ過程, 129
マルコフ性, 127
マルチンゲール, 34, 37, 354
マルチンゲール表現定理, 57, 61
マルチンゲール不等式, 35
マルチンゲール問題, 165

密度関数, 17

■や行
有限次元分布(確率過程の), 11
優調和関数, 233
優調和優関数, 235
優平均値的関数, 232
優平均値的優関数, 235
優マルチンゲール, 332, 354
優マルチンゲール収束定理, 354, 355
容量, 194
予測, 121
ヨーロッパ型オプション, 317
ヨーロッパ型コールオプション, 5, 318, 344
ヨーロッパ型プットオプション, 318
弱い意味の一意性, 82

■ら行
ラプラシアン, 65
ラプラス=ベルトラミ作用素, 178
ランジバン方程式, 86
リッカチ方程式, 109, 111, 118, 279
リプシッツ境界, 257, 357
リャプノフ方程式, 121
流出時刻, 130
レヴィの定理, 179
レヴィのブラウン運動の特徴付け, 180
劣マルチンゲール, 354

■わ行
わな, 142

【著者】
ベァーント・エクセンダール（Bernt Øksendal）
Department of Mathematics
University of Oslo
Box 1053, Blindern
N-0316 Oslo
Norway

【訳者】
谷口　説男（たにぐち　せつお）
1980年，大阪大学理学部数学科卒．理学博士．
現在，九州大学基幹教育院教授．
専攻：確率解析．

確率微分方程式　入門から応用まで

平成 24 年 1 月 20 日　発　　　行
令和 6 年 3 月 5 日　第17刷発行

訳　者　　谷　口　説　男

編　集　　シュプリンガー・ジャパン株式会社

発行者　　池　田　和　博

発行所　　丸善出版株式会社
〒101-0051 東京都千代田区神田神保町二丁目17番
編集：電話 (03)3512-3263／FAX (03)3512-3272
営業：電話 (03)3512-3256／FAX (03)3512-3270
https://www.maruzen-publishing.co.jp

© Maruzen Publishing Co., Ltd., 2012

印刷・製本／大日本印刷株式会社

ISBN 978-4-621-06176-3　C3041　　　　Printed in Japan

本書の無断複写は著作権法上での例外を除き禁じられています．

本書は，1999年3月にシュプリンガー・ジャパン株式会社より
出版された同名書籍を再出版したものです．